高等学校电子信息类“十三五”规划教材

单片机原理及接口技术
——基于C51+Proteus仿真

主　编　屈　霞　郑剑锋　佘世刚　韩学超

副主编　李云峰　万　军　张晓花

主　审　张　屹

西安电子科技大学出版社

内容简介

本书以单片机实践和创新应用为目标，基于C51编程语言，以Proteus 为虚拟仿真平台，结合趣味实际案例，系统介绍了MCS-51单片机片内功能部件及其应用、系统扩展和接口技术，其中包括以总线形式扩展存储器、各种并行接口、DAC和ADC等，并介绍了串口通信、各种异步串行扩展及通信协议设计案例，单总线、I^2C总线、SPI总线等扩展案例，以及SPI人机接口、SPI传感器、SPI Flash、SPI无线射频通信芯片、电磁继电器、光耦输入/输出、可控硅、固态继电器、各种电机等工程设计案例，同时对案例进行了软、硬件设计和仿真验证。

本书可作为各类工科、专科院校的自动化、电气工程、通信工程、电子工程、计算机、机电一体化、机械设计制造及自动化等专业单片机技术课程的教材或参考书，也可供从事单片机工程设计工作的技术人员参考。

★本书配有电子教案，需要者可在出版社网站下载。

图书在版编目(CIP)数据

单片机原理及接口技术：基于C51+Proteus仿真 / 屈霞等主编. —西安：西安电子科技大学出版社，2019.3(2019.4重印)

ISBN 978-7-5606-5264-1

Ⅰ. ① 单… Ⅱ. ① 屈… Ⅲ. ① 单片微型计算机—基础理论 ② 单片微型计算机—接口技术 Ⅳ. ① TP368.1

中国版本图书馆CIP数据核字(2019)第034781号

策划编辑 陆 滨

责任编辑 买永莲

出版发行 西安电子科技大学出版社(西安市太白南路2号)

电　　话 (029)88242885 88201467　　邮　　编 710071

网　　址 www.xduph.com　　电子邮箱 xdupfxb001@163.com

经　　销 新华书店

印刷单位 陕西天意印务有限责任公司

版　　次 2019年3月第1版 2019年4月第2次印刷

开　　本 787毫米×1092毫米 1/16 印 张 23

字　　数 548千字

印　　数 601～2600册

定　　价 54.00元

ISBN 978-7-5606-5264-1 / TP

XDUP 5566001-2

前　言

自从Intel公司以专利转让或技术交换形式把8051内核技术转让给Atmel、Philips、Maxim、DALLAS、ANALOG、宏晶科技公司等众多公司，以8051内核技术为主导的单片机取得了巨大的成功，在工业自动化、智能仪器仪表、家用电器、医用设备、武器装备、汽车电子设备、计算机网络和通信、终端及外部设备控制等领域得到了广泛的应用，占据了单片机市场的主导地位。

51系列单片机一直是我国多数高校及职业技术学院讲授的机型。目前，以汇编语言为编程语言的教材占多数，这有利于学生对单片机微控制器底层硬件资源的深层次学习，但由于汇编语言不是一种结构化的程序设计语言，学生理解和掌握起来都比较困难，编程效率也较低。

以“新工科”理念为先导，新的工科专业和工科的新要求对单片机原理与应用课程使用的教材提出了更高的要求。本书基于C51编程语言，以Proteus为虚拟仿真平台，结合具有一定趣味性的实用案例编写而成。书中优化与凝练了单片机片内资源的应用案例，增加了资源整合与功能集成的接口扩展实际案例，内容设计上致力于最大限度地启迪学生创新思维，激发学习兴趣，使教学情景化和动态化，体现了“学中做，做中学”的工程教育理念。

本书在编写中着重强调了如下几点：

(1) 基于MCS-51，从单片机实践和创新应用出发，探索新工科背景下单片机原理与应用课程的新形态教材建设和教学内容创新；采用C51编程设计和Proteus虚拟仿真工具，理论与实践结合，趣味和实用结合，并对所有案例进行软、硬件设计与仿真验证。

(2) 以专业跨界学生的融汇应用为目的，重点讲述80C51单片机片内功能部件的应用、总线扩展和接口技术，给出了当前工程技术中典型的电磁继电器、光耦输入与输出、双向可控硅、固态继电器、各种电机、SPI人机接口、SPI传感器、SPI Flash、SPI无线射频通信接口、单片机与PC间异步串行通信设计以及通信协议设计等实际案例。

(3) 本书内容力求体现系统性和完整性。首先系统介绍了单片机片内资源的开发应用；在片外各类并行接口设计中，采用了并行总线扩展原则，以总线形式扩展了存储器、各种并行接口、DAC和ADC等；在串口扩展中，介绍了各种异步串行扩展及协议编写，并设计了当前应用越来越广泛的单总线、I^2C总线、SPI总线等扩展案例。

本书共13章，第1章介绍了单片机的发展趋势和典型的单片机产品；第2章介绍了80C51单片机的内部总体结构、引脚功能和存储器结构；第3章介绍了C51语言编程基础；第4章介绍了80C51单片机I/O端口，并从工程应用的角度，介绍了单片机I/O口对简单输入/输出、电磁继电器、光耦、双向可控硅、固态继电器等的控制与仿真案例；

第 5 章介绍了 80C51 单片机的中断系统和中断服务函数的应用设计；第 6 章介绍了 80C51 单片机定时器/计数器的工作原理及应用设计；第 7 章从 MCS-51 单片机并行总线扩展的角度，系统介绍了片外存储器、并行 I/O 接口和 82C55 等接口扩展技术；第 8 章介绍了人机交互接口设计；第 9 章详细介绍了 80C51 单片机以并行总线形式扩展并行 DAC、并行 ADC 接口，以及串行 ADC 接口的扩展应用；第 10 章介绍了 80C51 单片机串口设计，包括单片机串口各种工作方式的应用方案、单片机间多机通信设计、单片机与 PC 异步串行通信以及通信协议的设计及仿真案例；第 11 章介绍了 80C51 单片机串行总线接口扩展，包括单总线串行扩展、I^2C 总线串行扩展、SPI 总线串行扩展等扩展技术及仿真案例；第 12 章介绍了单片机对直流电机、交流电机、无线通信设备等的控制与仿真案例；第 13 章介绍了 Keil C51 和 Proteus 虚拟仿真平台的设计、仿真以及联调。

本书由常州大学的屈霞担任主编，完成了全书的整体架构及第 4、5、6、7、9、10、11、12 章的编写及全书的统稿工作；常州大学的郑剑锋、佘世刚、韩学超担任副主编，其中，郑剑锋参与完成了本书的整体架构、目录的确定，第 3 章的编写以及第 12 章程序的仿真工作；佘世刚编写了第 2 章；韩学超编写了第 1 章、第 8 章和第 13 章。同时，常州大学的李云峰、万军、张晓花也参加了编写工作，其中，李云峰完成了第 6 章和第 9 章的程序调试与案例仿真，万军完成了第 5 章和第 10 章的程序调试与案例仿真，张晓花完成了第 7 章和第 11 章的程序调试与案例仿真。此外，硕士研究生贡启明和赵佳怡完成了课件的制作工作。

本书由河海大学张屹教授担任主审。张教授对本书细心审核，提出了宝贵的意见和建议。在此，我们表示衷心的感谢。

本书参考学时为 48～64 学时，任课教师可根据实际情况对内容进行取舍或者补充。

由于编者学识有限，书中疏漏之处在所难免，敬请广大读者批评和指正。

主编邮箱：quxia@cczu.edu.cn。

编　者

2018 年 10 月于常州大学

目　录

第1章　概　　述

1.1　单片机的概念

随着社会的发展和需求的提高，计算机技术在不断地更新与发展。起初，计算机主要用于数值计算，直到20世纪70年代，电子计算机方在数字逻辑运算、自动控制等方面显露出非凡的功能，随后，各种控制领域开始对计算机技术发展提出了与传统的大量高速计算完全不同的要求。这些要求包括面向控制对象、面向各种传感器信号、面向人机交互操作控制、能方便地嵌入工控应用系统中等。

为了实现上述要求，单片机应运而生。那么单片机到底是什么呢？

一台可以工作的计算机至少需要以下几个部件：CPU(中央处理器)、RAM(随机存取存储器)、ROM(只读存储器)、I/O接口(输入/输出接口)。这些部件在物理上对应若干个芯片，这些芯片被安装在一块印制线路板上，便组成了计算机的主板。如果将计算机主板的一部分功能部件进行裁剪，把余下的功能部件集成到一块芯片上，那么这个芯片就具有了计算机的基本属性，它就被称为单片微型计算机，简称单片机。

由此可见，单片机就是在一片半导体硅片上集成了中央处理单元(CPU)、存储器(RAM/ROM)和各种I/O接口的微型计算机。就其组成和功能而言，一块单片机芯片就是一台计算机。

单片机一词的英文最初是Single Chip Microcomputer，简称SCM。在单片机诞生时，SCM是一个准确、流行的称谓。随着在技术上、体系结构上不断扩展其控制功能，单片机已不能用“单片微型计算机”来准确表达其内涵，国际上逐渐采用微控制器(Micro Controller Unit，MCU)来代替“单片机”这一名称。又由于单片机在使用时，通常是处于测控系统的核心地位并嵌入其中的，因此国际上又把单片机称为嵌入式微控制器(Embedded Micro Controller Unit，EMCU)。在国内因为“单片机”一词已约定俗成，故而继续沿用。

1.2　单片机的发展历程及趋势

单片机诞生于20世纪70年代，如今已发展为上百种系列的近千个机种。

1.2.1　单片机的发展历程

单片机的发展历程大致可以分为4个阶段。

(1) 第一阶段(1974—1978年)：单片机的探索阶段，以Intel公司的MCS-48系列单片机为典型代表。MCS-48 的推出是单片机在工控领域的探索。此阶段的单片机片内含有 CPU、并行口、定时器、RAM 和 ROM 存储器等。因受集成电路技术的限制，CPU 指令系统功能相对较弱，存储器容量较小，I/O 部件种类和数量少，只能提供简单应用。

(2) 第二阶段(1978—1983 年)：单片机的完善阶段，典型代表是 Intel 公司在 MCS-48 单片机基础上推出的 MCS-51 系列单片机。它在以下几个方面奠定了典型的通用总线型单片机体系结构：① 完善的外部总线，设置了经典的 8 位单片机的总线结构，包括 8 位数据总线、16 位地址总线、控制总线及具有多机通信功能的串行通信接口；② CPU 外围功能单元的集中管理模式；③ 体现工控特性的位地址空间及位操作方式；④ 指令系统趋于丰富和完善，并且增加了许多突出控制功能的指令。

(3) 第三阶段(1983—1990 年)：单片机向微控制器发展的阶段，以 Intel 公司推出的 MCS-96 系列单片机为典型代表。此阶段的单片机将一些用于测控系统的模/数转换器(ADC)、程序运行监视器(WDT)、脉宽调制器(PWM)等纳入片中，增强了外围电路功能，体现了单片机的微控制器特征。微控制器 MCU 一词源于这一阶段。

(4) 第四阶段(1990 年至今)：微控制器的全面发展阶段。随着单片机在各个领域的全面深入发展和应用，出现了高速、大寻址范围、强运算能力的 8 位/16 位/32 位通用型单片机，以及小型廉价的专用型单片机。

1.2.2　单片机的发展趋势

自 20 世纪 90 年代以来，单片机进入了全面发展的时期，百花齐放，百家争鸣，世界上各大芯片制造公司都推出了自己的单片机，从 8 位、16 位到 32 位，数不胜数，应有尽有；有与主流 C51 系列兼容的，也有不兼容的，但都各具特色，为单片机的应用提供了广阔的天地。

纵观单片机的发展过程，可以预见单片机将会向着高性能化、大容量、外围电路内装化等方面发展。

1. CPU 的改进

(1) 增加 CPU 数据总线宽度。例如，各种 16 位单片机和 32 位单片机，数据处理能力要优于 8 位单片机。

(2) 采用双 CPU 结构，以提高数据处理能力。

2. 存储器的发展

(1) 加大存储容量。目前已有的单片机片内程序存储器容量可达 128 KB 甚至更多，片内数据存储器容量可达 1 KB 以上。

(2) 片内程序存储器采用闪烁(Flash)存储器，可不用外扩程序存储器，简化系统结构。闪烁存储器能在 +5 V 下读/写，既有静态 RAM 读/写操作简单的优点，又兼具 ROM 在掉电时数据不会丢失的优点。片内闪烁存储器的使用大大简化了应用系统结构。

3. 片内 I/O 的改进

增加并行口驱动能力，以减少外部驱动芯片。有的单片机可以直接输出大电流和高电压，以便能直接驱动 LED 和 VFD(荧光显示器)。

4. 低功耗化

现在的各单片机制造商基本都采用了 CMOS 工艺(互补金属氧化物半导体工艺)。CMOS 芯片除了低功耗特性之外，还具有功耗的可控性，使单片机可以工作在功耗精细管理状态。但由于 CMOS 的物理特征决定了其工作速度不够高，而 CHMOS(互补高密度金属氧化物半导体)工艺则具备了高速和低功耗的特点，更适合于要求低功耗的应用场合。所以这种工艺将是今后一段时期内单片机发展的主要途径。

5. 微型单片化

随着集成电路技术及工艺的不断发展，把所需的众多外围电路全部装入单片机内，即系统的单片化是目前单片机的发展趋势之一。除了最基本的 CPU、ROM、RAM 外，还可把 A/D 转换器、D/A 转换器、DMA 控制器、声音发生器、监视定时器、液晶驱动电路、锁相电路等一并集成在单片机芯片内。另外，单片机厂商还可以根据用户的要求量身定做，制造出别具特色的单片机芯片。

此外，鉴于现在的产品普遍要求体积小、重量轻，单片机除了功能强和功耗低外，还要具备体积小的特点。现有的众多单片机都具有多种封装形式，而其中的 SMD(表面封装)越来越受欢迎，因此单片机构成的系统正朝着微型化的方向发展。

1.3 单片机的特点及分类

1.3.1 单片机的特点

由于单片机是把微型计算机的主要部件集成在一块芯片上，即一块芯片就是一个微型计算机，因此，单片机具有以下特点：

(1) 优异的性能价格比。目前国内市场上有些单片机的芯片价格只有几元人民币，加上少量外围元件，就能构成一台功能相当丰富的智能化控制装置。

(2) 集成度高，体积小，可靠性好。单片机把各功能部件集成在一块芯片上，内部采用总线结构，减少了各芯片之间的连线，大大提高了单片机的可靠性与抗干扰能力。而且，由于单片机体积小，易于采取电磁屏蔽或密封措施，适合在恶劣环境下工作。

(3) 控制能力强。单片机指令丰富，能充分满足工业控制的各种要求。

(4) 低功耗，低电压，便于生产便携式产品。

(5) 易扩展。可根据需要并行或串行扩展，构成各种不同应用规模的控制系统。

1.3.2 单片机的分类

根据目前单片机的发展情况，可从通用性、总线结构、应用领域三个不同角度对其进行分类。

(1) 单片机按通用性可分为通用型和专用型。

通用型单片机的内部资源比较丰富，性能全面，而且通用性强，可覆盖多种应用要求。其用途很广，使用不同的接口电路及编制不同的应用程序就可完成不同的功能。

专用型单片机是针对某一种产品或某一种控制应用而专门设计的，设计时已使结构最简，软硬件应用最优，可靠性及应用成本最佳。专用型单片机用途比较专一，例如电子表里的单片机就是其中的一种。

(2) 单片机按总线结构可分为总线型和非总线型。

总线型单片机普遍设置有并行地址总线、数据总线、控制总线，这些引脚可以用来扩展并行外围器件。近年来许多单片机已把所需要的外围器件及外设接口集成到片内，而许多外围器件都可通过串行口与单片机连接，因此在许多情况下不需要并行扩展总线，可大大降低封装成本，减少芯片体积，这类单片机称为非总线型单片机。

(3) 单片机按应用领域可分为工控型和家电型。

一般而言，工控型单片机寻址范围大，运算能力强；而用于家电的单片机多为专用型，通常是小封装、低价格，外围器件、外设接口集成度高。

1.4 单片机的应用

单片机具有体积小、功耗低、控制功能强、扩展灵活、微型化和使用方便等优点，在下述的各个领域得到了广泛的应用。

1. 工业自动化

工业自动化控制是最早采用单片机控制的领域之一，在测控系统、过程控制、机电一体化设备中主要利用单片机实现逻辑控制、数据采集、运算处理、数据通信等。单片机在单独使用时可以实现一些小规模的控制功能，而作为底层测控单元与上位计算机结合时可以组成大规模工业自动化控制系统。特别在集机械、微电子和计算机技术于一体的机电一体化技术中，单片机将更容易发挥其优势。

2. 智能仪器仪表

单片机结合不同类型的传感器，可实现电压、功率、频率、湿度、温度、流量、速度、厚度、角度、长度、元素、压力等物理量的测量。单片机的使用，使得仪器仪表实现了数字化、智能化、微型化。以单片机为核心构成智能仪器仪表已经成为自动化仪器仪表发展的一种趋势。

3. 家用电器

单片机功能完善、体积小、价格低廉、易于嵌入，非常适合对家用电器的控制，现已广泛应用于洗衣机、空调、电视机、微波炉、电冰箱、电饭煲以及各种视听设备等。嵌入单片机的家用电器实现了智能化，是对传统家用电器的更新换代。

4. 计算机网络和通信领域

新型单片机普遍具备通信接口，可以方便地和计算机进行数据通信，为计算机和网络设备之间的连接服务创造了条件。现在的通信设备基本上都实现了单片机智能控制，从小型程控交换机到楼宇自动通信呼叫系统、列车无线通信，再到日常工作中随处可见的移动电话、集群移动通信、无线对讲机等。

5. 终端及外部设备控制

计算机网络终端设备(如银行终端)以及计算机外部设备(如打印机、复印机、传真机、绘图机等)中都使用了单片机。

6. 医用设备

单片机在医疗设施及医用设备中的用途亦相当广泛，例如在医用呼吸机、各种分析仪、医疗监护仪、超声波诊断设备及病床呼叫系统中的普遍使用。

7. 武器装备

在现代化的武器装备，如飞机、坦克、军舰、导弹、航天飞机导航系统等中，都嵌入了单片机。

8. 汽车电子设备

单片机已经广泛应用于各种汽车电子设备中，如汽车的集中显示系统、动力监测控制系统、自动驾驶系统、通信系统和运行监视器等装置都离不开单片机；特别是采用现场总线的汽车控制系统中，以单片机为核心的节点通过协调、高效的数据传送，不仅完成了复杂的控制功能，而且简化了系统结构。

1.5 典型的单片机产品

本节将介绍当今世界上一些著名的半导体厂商的典型的单片机产品，以使读者对目前的单片机产品有个大概的了解。

1.5.1 MCS-51 系列单片机

Intel 公司是最早推出单片机的大公司之一，MCS 是其生产的单片机的系列型号。Intel 公司的单片机产品有 MCS-48、MCS-51 和 MCS-96 三大系列几十个型号。MCS-51 系列单片机是 Intel 公司在 MCS-48 系列的基础上于 20 世纪 80 年代初发展起来的，是最早进入我国并在我国使用最为广泛的单片机主流品种。

MCS-51 系列单片机品种丰富，但经常使用的是基本型和增强型。

1. 基本型

其典型产品为 8031/8051/8751。8031 内部包括 1 个 8 位 CPU、128B RAM，21 个特殊功能寄存器(SFR)，4 个 8 位并行 I/O 口、1 个全双工串行口，2 个 16 位定时器/计数器，5 个中断源，片内无程序存储器，需外扩程序存储器芯片。

8051 在 8031 的基础上，片内集成了 4 KB ROM 的程序存储器。ROM 内的程序是公司制作芯片时，代为用户烧制的，一旦烧制完成，不能再擦写修改。

8751 与 8051 相比，片内集成了 4 KB 的 EPROM 作为程序存储器。用户可将程序固化在 EPROM 中，EPROM 中的内容可反复擦写修改。

2. 增强型

Intel 公司在 MCS-51 系列的三种基本型产品的基础上，又推出了增强型系列产品，即

52 子系列，其典型产品为 8032/8052/8752。它们的内部 RAM 增加到 256 B，内部程序存储器(8052/8752)扩展到 8 KB，16 位定时器/计数器增至 3 个，6 个中断源。

表 1-1 列出了基本型和增强型 MCS-51 系列单片机内部的硬件资源。

表 1-1　MCS-51 系列单片机的内部硬件资源

	型号	片内 程序存储器	片内 数据存储器	I/O 口线 /位	定时器/计数器 /个	中断源个数 /个
基本型	8031	无	128 B	32	2	5
	8051	4 KB ROM	128 B	32	2	5
	8751	4 KB EPROM	128 B	32	2	5
增强型	8032	无	256 B	32	3	6
	8052	8 KB ROM	256 B	32	3	6
	8752	8 KB EPROM	256 B	32	3	6

1.5.2　8051 内核的单片机

20 世纪 80 年代中期以后，Intel 将精力集中在高档 CPU 芯片的开发、研制上，淡出了单片机芯片的开发和生产。Intel 公司以专利转让或技术交换形式把 8051 内核技术转让给许多半导体芯片生产厂家，如 Atmel、Philips、Maxim、Winbond、ADI 等公司。这些厂家生产的兼容机与 8051 的内核结构、指令系统相同，采用 CMOS 工艺或 CHMOS 工艺，因此常用 80C51 系列来称呼所有具有 8051 指令系统的单片机，人们也习惯把这些兼容机的各种衍生品种统称为 51 系列单片机，或者简称为 51 单片机。

近年来，世界上单片机芯片生产厂商推出的与 80C51 兼容的主要产品如表 1-2 所示。

表 1-2　与 80C51 兼容的主要产品

生 产 厂 家	单 片 机 型 号
Atmel 公司	AT89C5x 系列(89C51/89S51、89C52/89S52 等)
Philips 公司	80C51/8xC552 系列
Cygnal 公司	C80C51F 系列高速 SOC 单片机
LG 公司	GMS90/97 系列低价高速单片机
ADI 公司	ADμC8xx 系列高精度单片机
Maxim 公司	DS89C420 高速(50MIPS)单片机系列
台湾华邦(Winbond)公司	W78C51、W77C51 系列高速低价单片机
宏晶科技公司	STC89C51 RC/RD+系列低价单片机
AMD 公司	8-515/535 单片机
Siemens 公司	SAB80512 单片机

1.5.3　PIC 内核的单片机

PIC 系列单片机是由美国 Microchip(微芯)公司推出的单片机产品。PIC 系列单片机型号众多，分为低档、中档和高档型产品，可满足各种需要。PIC 系列单片机 CPU 采用了 RISC 结构，属精简指令集，3 个级别的单片机分别有 33、35、58 条指令。同时，PIC 系列单片机采用了 Harvard(哈佛)双总线结构，这种结构有两种总线，即数据总线和指令总线。这两种总线可以采用不同的字长，如 8 位 PIC 系列单片机是 8 位机，所以其数据总线当然是 8 位。但基本级、中级和高级的 PIC 系列单片机分别有 12 位、14 位和 16 位的指令总线。这样，取指令时则经指令总线，取数据时则经数据总线，互不冲突。因此，它能使程序存储器的访问和数据存储器的访问并行处理。这种指令流水线结构的引入允许执行指令、取指令同步进行，使得指令可在一个周期内执行。此外，PIC 系列单片机功耗低(在 5 V、4 MHz 振荡频率时工作电流小于 2 mA)，可采用降低工作频率的方法降低功耗，睡眠方式下电流小于 15 μA，工作电压为 2.5～6 V，带负载能力强，每个 I/O 接口可提供 20 mA 上拉电流或 25 mA 灌电流。

PIC 系列单片机凭借其高速度、低电压、低功耗、大电流 LED 驱动能力和低价位 OTP 技术等优势，已被广泛应用在工业控制、智能仪器、家电控制、通信、汽车电子以及金融电子等各个领域，是当前市场份额增长最快的单片机之一。

习　题　1

一、填空题

1. 单片机还可称为__________或__________。

2. 单片机与通用计算机的不同之处在于将__________、__________和__________三部分，通过内部__________连接在一起，集成在一块芯片上。

3. 8031 与 8051 单片机的区别是__________。

二、简答题

1. 8051 单片机内部提供了哪些资源？

2. 单片机有哪些应用特点？主要应用在哪些领域？

3. 简述单片机的发展趋势。

第 2 章　51 单片机的硬件结构

单片机的应用设计是建立在熟悉硬件结构的基础上的，因此应首先掌握单片机硬件的基本结构和特点。本章讲述 80C51 单片机的内部结构、引脚功能、存储器、时序、低功耗设计等。

2.1　MCS-51 系列单片机简介

MCS-51 系列单片机是美国 Intel 公司于 1980 年推出的 8 位单片机，由 51 和 52 两个子系列组成。

51 子系列主要包含 8031、8051、8751 三个品种，有相同的指令系统与芯片引脚，只是片内 ROM 不同，其中 8031 芯片不带片内 ROM，8051 芯片带 4 KB ROM，8751 芯片带 4 KB EPROM。

52 子系列主要包括 8032、8052、8752 三种机型，与 51 子系列相比，片内 RAM 增至 256 B；8032 不带 ROM，8052 带 8 KB ROM，8752 带 8 KB EPROM；片内定时器/计数器增加至 3 个 16 位；中断源增至 6 个。

本书将以 MCS-51 子系列的衍生机型 80C51 为例介绍单片机的硬件结构。

2.2　80C51 的内部总体结构

Intel 的 MCS-51 系列单片机采用的是程序存储器与数据存储器合二为一的哈佛结构的形式，其衍生品 80C51 单片机采用的也是哈佛结构，对程序存储器和数据存储器分开进行寻址访问。其主要特点如下：

(1) 8 位 CPU。

(2) 片内振荡器(频率为 1.2～12 MHz)。

(3) 片内 RAM(128 B)。

(4) 片内 ROM(4 KB)。

(5) 程序存储器(64 KB)。

(6) 片外 RAM(64 KB)。

(7) 位寻址空间(128 bit)。

(8) 特殊功能寄存器(51 子系列 21 个)。

(9) 4 个 8 位可编程并口(P0、P1、P2、P3)。

(10) 2 个可编程的 16 位定时器/计数器(T0、T1)。

(11) 5 个中断源(2 个优先级别)。

(12) 1 个全双工的串行 I/O 接口。

(13) 111 条指令(含乘法和除法指令)。

(14) 片内单总线结构。

(15) 较强位处理能力。

(16) +5 V 电源供电。

80C51 与 8051 具有完全兼容的外形、引脚信号、总线、体系结构和指令系统等，80C51 在一块芯片上集成了 CPU、ROM、RAM、定时器/计数器和 I/O 接口等功能部件，某些型号内部集成了高速 I/O 口、ADC、PWM、WDT，具有低电压、微功耗、电磁兼容、串行扩展总线、控制网络总线等性能，改善了单片机的控制功能。80C52 单片机与 80C51 单片机的主要区别在于，其片内 ROM 和片内 RAM 的容量都扩大了一倍，分别为 8 KB 和 256 KB；此外还增加了一个 16 位定时计数器。

80C51 片内主要硬件结构如图 2-1 所示，由片内单一总线连接各功能部件，其 CPU 通过特殊功能寄存器(Special Function Register，SFR)对各功能部件进行集中控制。

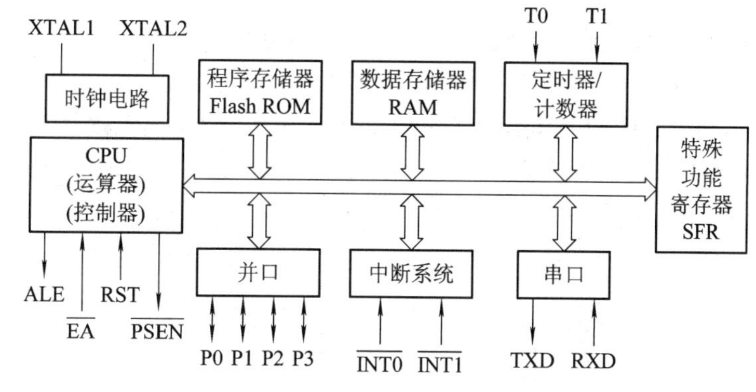

图 2-1　80C51 片内硬件结构

80C51 主要包含下列部件：

(1) 8 位 CPU。80C51 具有 8 位数据宽度的 CPU，CPU 由运算器和控制器两大部分构成，其中，运算器以算术逻辑运算单元 ALU 为核心，包含累加器 ACC(简称 A)、B 寄存器、暂存器、程序状态字寄存器 PSW、以进位标志位 C 为累加器的布尔处理器等，实现算术运算、逻辑运算、位运算(置 1、清 0、取反、转移、逻辑与、或以及位传送等)和数据传输等。控制器通过控制指令的读入、译码和执行，实现对各功能部件进行定时和逻辑控制。

(2) 片内振荡器及时钟电路。80C51(增强型)内置时钟电路可外接最高频率达 33 MHz 晶振，产生系统工作脉冲时序。

(3) 4 KB ROM 程序存储器。80C51 片内有 4 KB Flash ROM，用于存放用户程序、原始数据或表格。

(4) 128 B 片内 RAM 和 SFR。80C51 片内有 128 B RAM 和 128 B SFR。它们是统一编址的，用户能使用的 RAM 只有 128 个，用来存放读/写数据、中间结果等用户数据；SFR 则用来存放控制指令数据。

(5) 2 个 16 位定时器/计数器。80C51 有 2 个 16 位的可编程计数定时器/计数器，实现对内部定时或对外部脉冲计数功能，可控制程序中断转向。

(6) 64 KB 外部数据存储器和 64 KB 外部程序存储器。80C51 采用哈佛结构的程序存储器和数据存储器，具有最大寻址 64 KB 数据和 64 KB 程序存储器空间的控制电路。

(7) 32 个 I/O 线(4 个 6 位并行 I/O 端口)。80C51 共有 4 组 8 位 I/O 口(P0、P1、P2 或 P3)，提供对外的三总线传输。

(8) 一个可编程全双工串行口。80C51 内置一个全双工串行通信口，既可以用作异步通信收发器，也可以当同步移位器使用。

(9) 5 个中断源、2 个优先级嵌套中断结构。80C51 有 2 个外部中断源、2 个定时器/计数器中断源和 1 个串行中断源，并具有两级的优先级别选择。

此外，80C51 还具有低功耗模式，有两种软件可选择的低功耗节电工作模式。在空闲模式下，冻结 CPU，而 RAM 定时器、串行口和中断系统维持其功能。掉电模式下，保存 RAM 数据，时钟振荡停止，同时停止芯片内其他功能。

2.3　80C51 的引脚功能

单片机应用是软硬件结合的设计，因此首先应当熟悉各引脚的功能。

80C51 单片机主要有两种封装形式：40 引脚的双列直插 DIP(Dual In-line Package)封装和 44 引脚的方形 PLCC(Plastic Leaded Chip Carrier)封装。这两种封装的引脚配置如图 2-2 所示。其中，44 脚 PLCC 封装中比 DIP 封装多出的 4 只引脚没有使用。

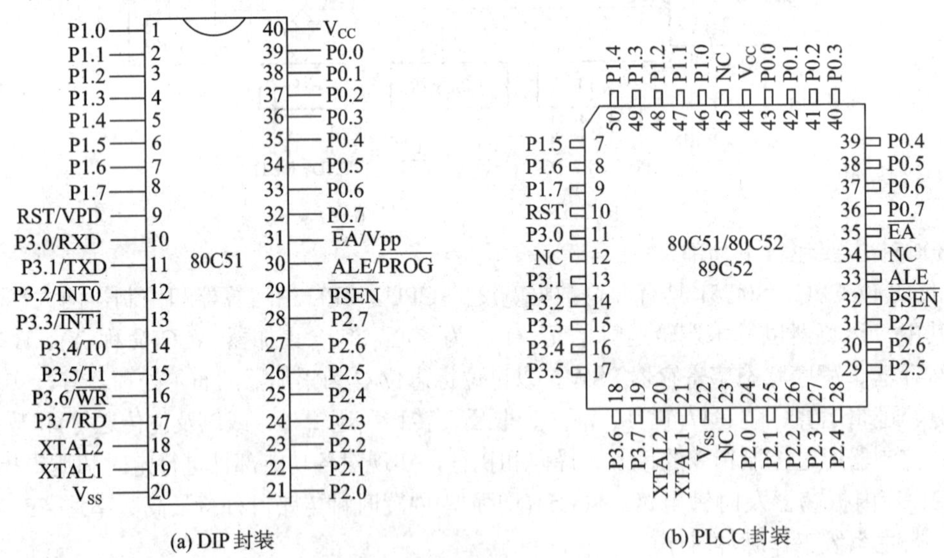

(a) DIP 封装　　(b) PLCC 封装

图 2-2　80C51 单片机引脚配置

80C51 的 40 只引脚按其功能可分为三类。

(1) 4 个电源及时钟引脚：电源引脚 V_{CC}、V_{SS}；外接晶体的时钟引脚 XTAL1、XTAL2。

(2) 4 个控制引脚：$\overline{\text{PSEN}}$、ALE、$\overline{\text{EA}}$、RST。

(3) 32 个 I/O 口引脚：4 个 8 位 I/O 口 P0、P1、P2、P3。

1. 主电源及时钟引脚

(1) V_{CC}(40 脚)：接 +5 V 电压。

(2) V_{SS}(20 脚)：接数字地。

(3) XTAL1(19 脚)：是构成片内时钟振荡器的反相放大器的输入端。采用外部时钟振荡器时，此引脚接时钟振荡器的输出信号。

(4) XTAL2(18 脚)：是构成片内振荡器的反相放大器的输出端。当使用片内时钟振荡器时，此引脚外接石英晶体另一端以及微调电容；采用外部振荡器时，此引脚应悬空。

2. 控制引脚

(1) RST/VPD(9 脚)：RST 为该引脚第一功能，为复位信号输入端，振荡器工作时，在 RST 脚上加上两个机器周期的高电平，就可使单片机复位。单片机正常工作时，此引脚应保持在 0.5 V 的低电平以下。

VPD 为该引脚第二功能，为备用电源。

(2) ALE/$\overline{\text{PROG}}$(30 脚)：ALE 为该引脚第一功能，为地址锁存控制信号输出端，访问外部存储器或 I/O 接口时，ALE 输出负跳变将 P0 口输出的低 8 位访问地址锁存在 273 之类的地址锁存器中。不访问外部存储器或 I/O 接口时，ALE 端周期性输出正脉冲信号(频率为晶振频率的 1/6)，故可作为外部触发信号或外部定时。当访问外部存储器或者 I/O 口时，将跳过一个 ALE 脉冲。

$\overline{\text{PROG}}$ 为引脚第二功能，当对片内 Flash 编程时，此引脚作为编程脉冲输入端。

(3) $\overline{\text{PSEN}}$(29 脚)：外部程序存储器的读选通输出信号，低电平有效。在从外部程序存储器读取指令期间，$\overline{\text{PSEN}}$ 引脚每个机器周期两次有效。访问片内程序存储器和外部数据存储器时，$\overline{\text{PSEN}}$ 信号不会出现。

(4) $\overline{\text{EA}}$/Vpp(31 脚)：$\overline{\text{EA}}$ 为该引脚第一功能，为内外程序存储器选择信号。

当 $\overline{\text{EA}}=1$，即保持高电平时，访问内部程序存储器，但在 PC(程序计数器)值超过 0xFFF(对于 80C51)或 0x1FFF(对于 80C52)时，将自动转去执行外部程序存储器指令。

当 $\overline{\text{EA}}=0$，即保持低电平时，仅访问外部程序存储器，读取的地址范围为 0x0000～0xFFFF，不管内部程序存储器是否存在。

Vpp 为该引脚第二功能，当对片内 Flash 编程时，此引脚接入编程电压。

3. 并行 I/O 引脚

80C51 单片机 4 个 I/O 口第一功能均为通用 I/O 口功能，除了 P1 口仅有第一功能外，其他口都有第二功能；各个口不作第二功能口使用时，可作为通用 I/O 口使用。

(1) P0 口(32～39 脚)。P0 口是漏极开路的 8 位双向三态 I/O 口。其第二功能用于外接存储器或 I/O 接口时，P0 口作为低 8 位地址总线及数据总线的分时复用口；P0 口也可作通用的 I/O 口，需加上拉电阻，这时为准双向口。P0 口作输入口时，应先向端口写 1；作输出口时，每个引脚可驱动 8 个 LS 型的 TTL 负载。

(2) P1 口(1～8 脚)。P1 口是准双向 8 位 I/O 口。由于这种接口输出没有高阻状态，输入也不能锁存，故不是真正的双向 I/O 口。P1 口能驱动(吸收或输出电流)4 个 LS 型的 TTL 负载。80C51 单片机 P1 口仅有通用 I/O 口的第一功能；对于 80C52、AT98S52 等单片机，P1 口某些引脚具有第二功能，如 P1.0 引脚的第二功能为定时器/计数器 T2 的外部计数信号输入端 T2，P1.1 引脚的第二功能为 T2 的捕捉/重装触发及方向控制 T2EN。

(3) P2 口(21～28 脚)。P2 口是准双向 8 位 I/O 口。其第二功能用于在访问外部存储器时，作为高 8 位地址总线送出高 8 位地址。P2 口不作高 8 位地址总线时，可作通用 I/O 口使用，当输入时，应先向端口输出锁存器写 1。P2 口作输出端口时，可驱动 4 个 LS 型 TTL 负载。

(4) P3 口(10～17 脚)。P3 口是准双向 8 位 I/O 口。在 80C51 中，P3 口作为第一功能使用时，为普通 I/O 口。P3 口能驱动(吸收或输出电流)4 个 LS 型的 TTL 负载。当 P3 口作为第二功能使用时，各引脚的定义如表 2-1 所示。

表 2-1　80C51 单片机 P3 口第二功能表

引脚	第二功能	说　明
P3.0	RXD	串行接收口
P3.1	TXD	串行发送口
P3.2	$\overline{\text{INT0}}$	外部中断 0 输入
P3.3	$\overline{\text{INT1}}$	外部中断 1 输入
P3.4	T0	T0 外部计数脉冲输入
P3.5	T1	T1 外部计数脉冲输入
P3.6	$\overline{\text{WR}}$	外部数据存储器/I/O 口写脉冲输出
P3.7	$\overline{\text{RD}}$	外部数据存储器/I/O 口读脉冲输出

2.4　80C51 单片机存储器结构

80C51 单片机是哈佛结构的单片机，程序存储器和数据存储器有独立的寻址空间、控制信号和功能。从逻辑上看，80C51 划分为三个存储器地址空间，即 64 KB 的程序存储器地址空间(片内、片外统一编址)、256 B 的内部数据存储器地址空间和 64 KB 的外部数据存储器地址空间。从物理地址空间看，80C51 有 5 个存储器地址空间：4 KB 的片内程序存储器、60 KB 的片外程序存储器(不使用片内 ROM 时可达 64 KB)、64 KB 的片外数据存储器和 I/O 接口、128 B 的片内数据存储器、128 B 的特殊功能寄存器。80C51 单片机的存储器配置如图 2-3 所示。下面分别叙述各存储器的配置特点。

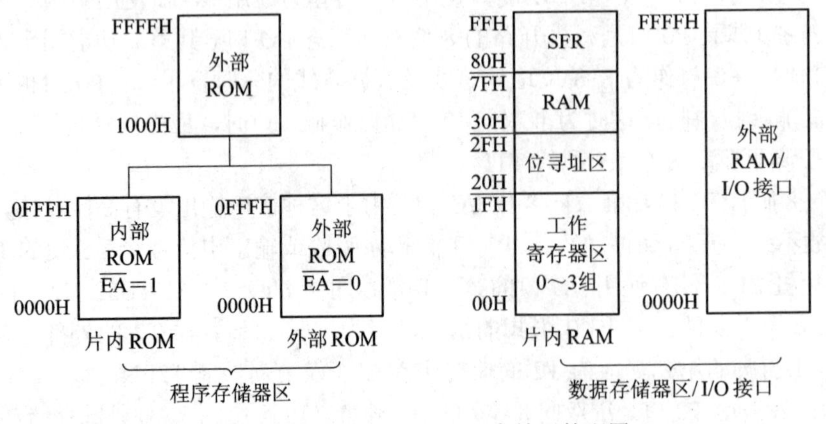

图 2-3　80C51 存储器的配置

1. 程序存储器

程序存储器用来存放编程完毕的固定程序和表格常数，其以 16 位程序计数器 PC 作下一条指令的地址指针，通过地址总线，可寻址地址空间 64 KB。在程序存储器空间应用中有以下说明：

(1) 80C51 单片机中，片内集成有 4 KB 的 Flash 存储器(AT89S52 片内为 8 KB，AT89C55 片内为 20 KB)，片外可外扩至 64 KB。64 KB 程序存储器的地址空间是统一的。是否使用片内 4 KB Flash ROM，取决于 $\overline{EA}$ 引脚的连接方式。

① 在正常运行时，应把 $\overline{EA}$ 引脚接 +5 V 电源，使程序从片内 ROM 开始执行。当 PC 值超出 4 KB 时，会自动转向外部程序存储器空间。因此，外部程序存储器地址空间为 1000H～FFFFH。

② 若直接将 $\overline{EA}$ 接地(如调试程序时)，单片机系统根据 PC 指针从 0000H～FFFFH 空间变化，只从外部程序存储器中取指、译码并执行，此时 80C51 单片机将忽略片内 0000H～FFFH 的 4 KB Flash 存储器中的程序代码。

(2) 80C51 单片机程序存储器的低地址单元被固定用于 5 个(80C52 为 6 个)中断源的中断服务程序的入口地址(中断向量)，5 个中断源对应的中断向量如表 2-2 所示(表中最后一列是 80C52 定时器 T2 的中断向量)。由于每个中断服务程序只占 8 个字节单元，所以一般中断向量处存放一条绝对跳转指令；实际中断服务程序在转移地址处存放。

(3) 从物理角度看，PC 在 80C51 的内部是独立的。PC 始终存放 CPU 下一条要执行的指令地址(程序存储器地址)，由于它是一个 16 位的寄存器，因此 80C51 单片机的寻址范围为 0～65535(64 KB)。执行指令时，PC 内容的低 8 位经 P0 口输出，高 8 位经 P2 口输出。复位后程序计数器 PC 内容为 0000H，因此系统从 0000H 单元开始取指执行；这是系统执行程序的起始地址，通常在该单元中存放一条跳转指令，使程序跳转到用户程序存放地址。

表 2-2　80C51 单片机中断服务子程序的入口地址

中 断 源	中断入口地址
外部中断 0($\overline{INT0}$)	0003H
定时器 T0 中断	000BH
外部中断 1($\overline{INT1}$)	0013H
定时器 T1 中断	001BH
串行口中断	0023H
定时器 T2 中断(80C52)	002BH

2. 数据存储器

80C51 单片机的数据存储器分为片内和片外两个地址空间。片内为 128 B(80C52 子系列为 256 B)，片外最多可扩 64 KB。

1) 片外数据存储器

当片内 128 B RAM 不够用时，最多可扩展 64 KB 外部数据存储器，地址范围为 0000H～0FFFFH。使用时注意，单片机 I/O 接口与片外数据存储器采用统一编址方式，即片外数据存储器连同 I/O 口一起总的扩展容量是 64 KB，且采用相同控制线、指令和寻址空间。

2) 片内数据存储器

图 2-4(a)所示是 80C51 单片机内部数据存储器的配置。内部数据存储器是最灵活的地址空间，它分成物理上独立且性质不同的 3 个区。

① 00H～7FH(0～127)单元组成低 128 B 地址空间的 RAM 区。

片内数据存储器按功能分成 3 个部分：工作寄存器区、位寻址区、用户 RAM 区，还包含堆栈区。

工作寄存器区包括 0 区～3 区 4 个通用工作寄存器区，占地址 00H～1FH 的 32 个单元，每个区有 8 个工作寄存器，编号分别为 R0～R7，各区中 R0～R7 的地址如图 2-4(b)所示。4 组工作寄存器区的切换可通过程序中改变程序状态字特殊功能寄存器 PSW 的 RS1 和 RS0 的四种组合状态实现，如表 2-3 所示。

表 2-3　RS1、RS0 与 4 组工作寄存器区的对应关系

RS1	RS0	所选的 4 组寄存器
0	0	0 区(内部 RAM 地址 00H～07H)
0	1	1 区(内部 RAM 地址 08H～0FH)
1	0	2 区(内部 RAM 地址 10H～17H)
1	1	3 区(内部 RAM 地址 18H～1FH)

位寻址区分布在内部 RAM 中 20H～2FH 的 16 个字节单元，每一个字节单元的 8 位都有一个位地址，故有 128 位，位地址范围为 00H～7FH，如表 2-4 所示。位寻址区的每一

FFH～80H	特殊功能寄存器(SFR)
7FH～30H	用户 RAM 区
2FH～20H	位寻址区(00～7F)
1FH～18H	工作寄存器区 3
17H～10H	工作寄存器区 2
0FH～08H	工作寄存器区 1
07H～00H	工作寄存器区 0

(a) 内部数据存储器配置

0 区		1 区		2 区		3 区	
地址	寄存器	地址	寄存器	地址	寄存器	地址	寄存器
00H	R0	08H	R0	10H	R0	18H	R0
01H	R1	09H	R1	11H	R1	19H	R1
02H	R2	0AH	R2	12H	R2	1AH	R2
03H	R3	0BH	R3	13H	R3	1BH	R3
04H	R4	0CH	R4	14H	R4	1CH	R4
05H	R5	0DH	R5	15H	R5	1DH	R5
06H	R6	0EH	R6	16H	R6	1EH	R6
07H	R7	0FH	R7	17H	R7	1FH	R7

(b) 通用工作寄存器区地址空间

图 2-4　80C51 内部数据存储器的配置

位可由程序直接设置。程序设计中，常把各种标志位、位控制变量设在位寻址区内。同样，位寻址区也可按字节寻址，作一般的数据缓冲器使用。

用户 RAM 区地址分布在 30H～7FH 字节单元，只能按字节寻址，一般可存放用户数据或者作为堆栈使用。

② 80H～FFH 的 128 B 地址空间的 SFR(特殊功能寄存器)映射在片内 RAM 区。

SFR 实质是各外围部件的控制寄存器及状态寄存器。由于 SFR 内容较重要，下面将专设一小节详细介绍。

③ 8052/80C52 单片机 80H～FFH 单元组成的高 128 B 的数据 RAM 区。

8052/80C52 单片机的片内高 128 B 的 RAM 与 SFR 是不同的物理空间，但是具有相同的字节地址(统一编址)，80C51 访问这两个不同区域时，通过不同的关键字区分。

表 2-4　80C51 内部 RAM 位寻址区域地址映像

字节地址	位地址							
	D7	D6	D5	D4	D3	D2	D1	D0
2FH	7FH	7EH	7DH	7CH	7BH	7AH	79H	78H
2EH	77H	76H	75H	74H	73H	72H	71H	70H
2DH	6FH	6EH	6DH	6CH	6BH	6AH	69H	68H
2CH	67H	66H	65H	64H	63H	62H	61H	60H
2BH	5FH	5EH	5DH	5CH	5BH	5AH	59H	58H
2AH	57H	56H	55H	54H	53H	52H	51H	50H
29H	4FH	4EH	4DH	4CH	4BH	4AH	49H	48H
28H	47H	46H	45H	44H	43H	42H	41H	40H
27H	3FH	3EH	3DH	3CH	3BH	3AH	39H	38H
26H	37H	36H	35H	34H	33H	32H	31H	30H
25H	2FH	2EH	2DH	2CH	2BH	2AH	29H	28H
24H	27H	26H	25H	24H	23H	22H	21H	20H
23H	1FH	1EH	1DH	1CH	1BH	1AH	19H	18H
22H	17H	16H	15H	14H	13H	12H	11H	10H
21H	0FH	0EH	0DH	0CH	0BH	0AH	09H	08H
20H	07H	06H	05H	04H	03H	02H	01H	00H

3. SFR

80C51 单片机内的累加器 ACC、I/O 口、定时器、串行口、中断等各种控制寄存器和状态寄存器都是以 SFR 的形式出现的，它们映射在内部 RAM 80H～FFH 地址空间，表 2-5 列出了 SFR 的助记标识符、名称及地址。其中字节地址可以被 8 整除的 SFR 均可位寻址。

表 2-5　80C51 SFR 的助记标识符、名称及地址

标 识 符	名　　称	字节地址	位地址
P0	P0 口	80H	80H～87H
SP	堆栈指针	81H	
DPTR	数据指针	83H 和 82H	
PCON	电源控制寄存器	87H	
TCON	定时器/计数器寄存器	88H	88H～8FH
TMOD	定时器/计数器方式控制寄存器	89H	
TL0	定时器/计数器 0(低位字节)	8AH	
TL1	定时器/计数器 1(低位字节)	8BH	
TH0	定时器/计数器 0(高位字节)	8CH	
TH1	定时器/计数器 1(高位字节)	8DH	
P1	P1 口	90H	90H～97H
SCON	串行控制寄存器	98H	98H～9FH
SBUF	串行数据缓冲器	99H	
P2	P2 口	0A0H	A0H～A7H
IE	中断允许寄存器	0A8H	A8H～AFH
P3	P3 口	0B0H	B0H～B7H
IP	中断优先级控制寄存器	0B8H	B8H～BFH
PSW	程序状态字	0D0H	D0H～D7H
ACC	累加器	0E0H	E0H～E7H
B	B 寄存器	0F0H	F0H～F7H

1) SFR 分类

SFR 分为以下 5 类。

(1) CPU 专用寄存器：累加器 ACC(E0H)、寄存器 B(F0H)、程序状态寄存器 PSW(D0H)、堆栈指针 SP(81H)、数据指针 DPTR(82H、83H)。

(2) 并行接口：P0～P3(80H、90H、A0H、B0H)。

(3) 串行接口：串口控制寄存器 SCON(98H)、串口数据缓冲器 SBUF(99H)、电源控制寄存器 PCON(87H)。

(4) 定时器/计数器：方式寄存器 TMOD(89H)、控制寄存器 TCON(88H)、初值寄存器 TH0(8CH)和 TL0(8AH)及 TH1(8DH)TL1(8BH)。

定时器/计数器 T2 相关寄存器(仅 52 子系列有)：定时器/计数器 2 控制寄存器 T2CON(C8H)、定时器/计数器 2 自动重装寄存器 RCAP2H(CBH)和 RCAP2L(CAH)、定时器/计数器 2 初值寄存器 TH2(CDH)和 TL2(CCH)。

(5) 中断系统：中断允许寄存器 IE(A8H)、中断优先级寄存器 IP(B8H)。

2) SFR 介绍

下面简单介绍部分 SFR。

(1) 累加器 ACC。累加器是最常用的 SFR。大部分单操作数指令和多数双操作数指令的一个操作数取自累加器。加、减、乘、除算术运算指令的运算结果都存放在累加器 ACC 中。

(2) B 寄存器。80C51 单片机在乘法和除法指令中用到 B 寄存器。乘法指令的两个操作数分别取自 B 寄存器和 A 寄存器，其结果高 8 位和低 8 位分别存放在 A、B 寄存器中。除法指令中，被除数取自 A 寄存器，除数取自 B 寄存器，商数存放于 A 寄存器，余数存放于 B 寄存器。在其他指令中，B 寄存器可作为 RAM 中的一个单元来使用。

(3) PSW。PSW 包含了程序运行状态的各种信息，其各位的含义如表 2-6 所示。其中 PSW.1 未用，其他各位说明如下：

表 2-6　程序状态字 PSW

D7(MSB)	D6	D5	D4	D3	D2	D1	D0(LSB)
CY	AC	F0	RS1	RS0	OV	—	P

① CY(PSW.7)：进位标志。在布尔处理机中，C 被认为是位累加器。在执行某些算术和逻辑指令时，可以被硬件或软件置 1 或清 0。如算术运算中，若最高位有进位或借位时，CY = 1，否则 CY = 0。

② AC(PSW.6)：辅助进位标志。当进行加法或减法操作而产生由 D3 位向 D4 位(低 4 位数向高 4 位数)进位或借位时，AC 将被硬件置 1，否则被清 0。AC 被用于十进制调整，详见 DA A 指令。

③ F0(PSW.5)：标志 0。用户可定义的一个状态标记，可以用软件来设置该位，例如用软件测试 F0 以控制程序的流向。

④ RS1、RS0(PSW.4，PSW.3)：寄存器区选择控制位 1 和 0。四个通用寄存器组的选择位，这两位的四种组合状态用来选择工作寄存器区的 0～3 区。可以用软件来置 1 或清 0。

⑤ OV(PSW.2)：溢出标志。当执行算术指令时，由硬件置 1 或清 0，以指示溢出状态。当带符号数运算结果超出 −128～+127 范围时，OV = 1，否则 OV = 0。当无符号数乘法结果超过 255，或当无符号数除法的除数为 0 时，OV = 1。

当执行加法时，若用 C6'表示 D6 向 D7 有进位，用 C7'表示 D7 向 CY 有进位，则有 $OV = C6' \oplus C7'$，即当 D6 向 D7 有进位而 D7 不向 CY 进位时，或 D6 不向 D7 进位而 D7 向 CY 有进位时，溢出标志 OV 置 1；否则清 0。

同样，在执行减法指令时，若 C6'和 C7'表示 D6 有借位和 D7 有借位，溢出计算公式相同。因此，溢出标志在硬件上可以用一个异或门获得。

⑥ P(PSW.0)：奇偶校验标志。每条指令执行完，若 A 中“1”的个数为奇数，则 P = 1；否则 P = 0，即偶校验方式。此标志位对串行通信中的数据传输有重要的意义。在串行通信中常用奇偶校验的办法来检验数据传输的可靠性。在发送端可根据 P 的值对数据的奇偶位置 1 或清 0。若通信协议中规定使用奇校验的办法，则 P = 0 时，应将数据(假定由 A 取得)的奇偶位置 1，否则就清 0。

(4) 栈指针 SP。栈指针 SP 指示堆栈顶部在内部 RAM 中的位置。系统复位后，SP 初始化为 07H，使得堆栈事实上由 08H 单元开始。由于 08H～1FH 空间属于工作寄存器区 1～3，

20H～2FH 空间为位寻址区，而程序设计中常用到这些区，因此在具体使用时应避开工作寄存器、位寻址区，一般设在 2FH 以后的单元；如工作寄存器和位寻址区未用，也可开辟为堆栈。

堆栈是按先入后出、后入先出的原则进行管理的一段存储区域，主要作为子程序调用、中断响应、子程序返回(RET)和中断返回(RETI)等操作时，保护断点和现场。

① 保护断点：预先把主程序的断点(PC 值)保存在堆栈中，以使程序能够正确返回。

② 现场保护：在子程序或者中断服务程序入口处，将用到的寄存器单元的内容压入堆栈，以便程序退出前出栈。

MCS-51 单片机是一种满递增的堆栈，即执行两种操作：数据压入(PUSH)堆栈时，SP 先自动加 1，再压入数据；数据弹出堆栈时，数据先出栈，SP 再自动减 1。

(5) 数据指针 DPTR。数据指针 DPTR 是一个 16 位特殊功能寄存器，高位字节寄存器用 DPH 表示，低位字节寄存器用 DPL 表示。DPTR 既可以作为一个 16 位寄存器 DPTR 来处理，也可作为两个独立的 8 位寄存器 DPH 和 DPL 来处理。DPTR 主要用来存放 16 位地址，以间址寄存器形式访问外部数据存储器、I/O 接口和程序存储器。

(6) 端口 P0～P3。专用寄存器 P0、P1、P2 和 P3 分别是 I/O 端口 P0～P3 的锁存器。

(7) 串行数据缓冲器 SBUF。串行数据缓冲器 SBUF 用于存放欲发送或已接收的数据，它实际上由两个独立的寄存器组成，一个是发送缓冲器，另一个是接收缓冲器。当要发送的数据传送到 SBUF 时，进入的是发送缓冲器。当要从 SBUF 读数据时，则取自接收缓冲器，取走的是刚接收到的数据。

(8) 定时器/计数器。80C51 系列中有两个 16 位定时器/计数器 T0 和 T1，各由两个独立的 8 位寄存器组成，共有 4 个独立的寄存器：TH0、TL0、TH1、TL1。不能将 T0、T1 当作一个 16 位寄存器来寻址。

(9) 其他控制寄存器。IP、IE、TMOD、TCON、SCON 和 PCON 等 SFR 包含有中断系统、定时器/计数器、串行口和供电方式的控制和状态位，这些寄存器将在有关章节中叙述。

2.5 单片机的时钟和复位电路

在单片机的设计和应用中，对振荡器、时钟电路、CPU 工作时序以及复位电路的了解是最基本的要求。可靠的时钟电路和复位电路的设计能有效地保证单片机工作的稳定。

2.5.1 时钟电路

时钟电路主要用于产生 80C51 执行指令时所必需的控制信号的各个节拍，单片机执行指令是在统一的时钟脉冲控制下一拍一拍地进行的，CPU 在执行指令时所需控制信号的时间顺序就是单片机的时序。

时钟电路发出的时序信号有两类，一类用于对片内定时器、中断系统等各个功能部件进行控制；另一类用于对片外存储器或 I/O 接口进行控制，这类时序对于分析、设计硬件接口电路至关重要。

执行指令时，CPU 首先到程序存储器中取指、译码并执行，所有过程都是以时钟控制信号为基准，有条不紊地严格执行的。为了保证各部件间的同步工作，单片机内部电路需在唯一的时钟信号下严格地按照时序工作。因此时钟电路的设计很重要，时钟频率直接决定着 80C51 单片机的速度，设计质量也影响着单片机应用系统的可靠性。

在 80C51 单片机内部有一个高增益反相放大器，这个反相放大器是用于构成振荡器的，但要形成时钟，外部还需要加一些附加电路。常用 80C51 时钟的产生方法有内部时钟和外部时钟两种。80C51 的最高时钟频率为 33 MHz。此外，时钟信号还可以为其他应用系统提供时钟。

1. 内部时钟方式

内部时钟方式是由单片机内部时钟电路自身产生时钟脉冲信号，如图 2-5 所示。利用单片机内部的高增益反相放大器可构成振荡器，在反相放大器的输入引脚 XTAL1 和输出引脚 XTAL2 两端外接晶振和微调电容，就构成稳定的自激振荡器，其发出的脉冲直接送入内部时钟电路，电路两端电容 C1 和 C2 对单片机频率有微调作用，电容通常为 30 pF。晶振频率通常选择 12 MHz，但在串口通信应用中，为得到准确的通信波特率，晶振频率一般选择 11.0592 MHz。为了减少寄生电容，保证振荡器稳定工作，晶振和电容安装时，应尽量靠近单片机芯片。

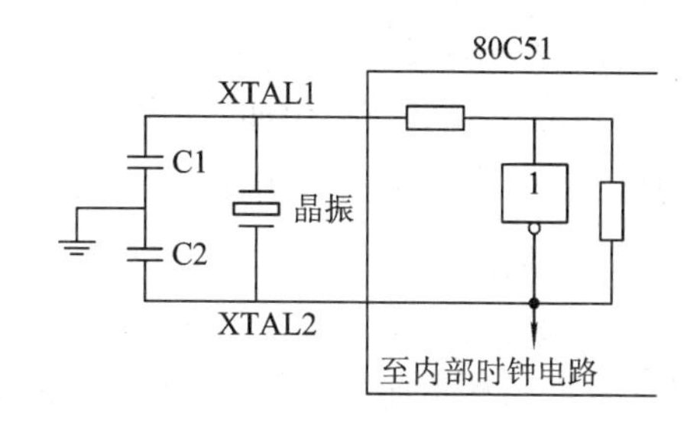

图 2-5　内部时钟电路

2. 外部时钟方式

外部时钟方式是由外部振荡器产生时钟脉冲信号送给单片机，如图 2-6 所示。在多片 80C51 同时工作，需要多片单片机之间保持时钟同步，即需要共同的外部时钟时使用。

因内部时钟发生器的信号取自反相放大器的输入端，80C51 采用外部时钟源时，外接时钟源直接接到 XTAL1 端，XTAL2 端悬空。

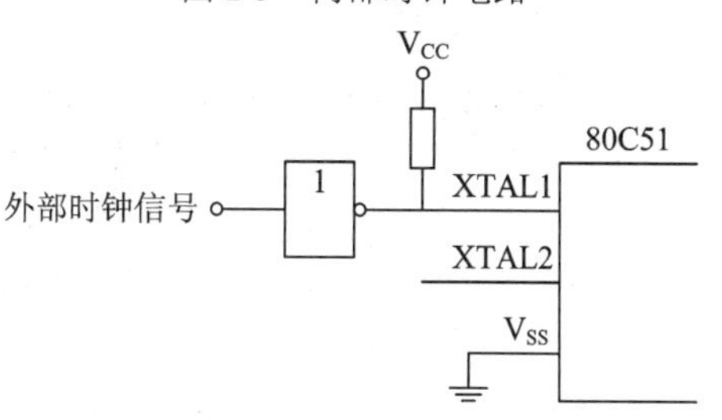

图 2-6　外部时钟电路

3. 时钟信号的输出

当需要为外部其他芯片提供时钟时，可先使用内部时钟方式产生时钟信号，再通过 XTAL1 或 XTAL2 提供时钟信号输出，此时需外部扩充电路增加驱动能力。常用的输出形式有两种，如图 2-7(a)和(b)所示。

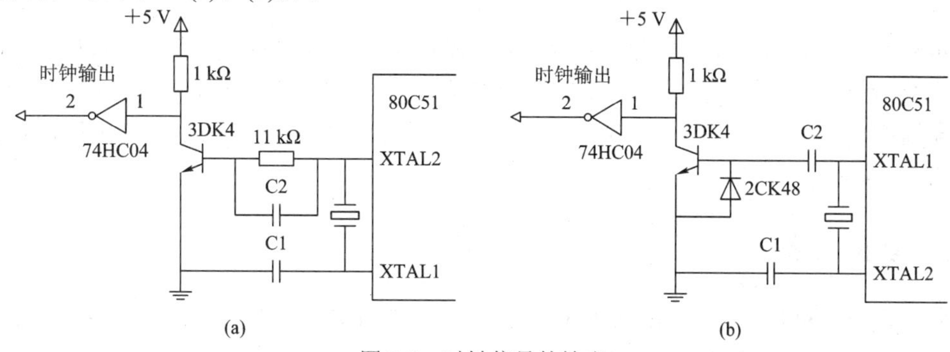

图 2-7　时钟信号的输出

2.5.2　指令时序

80C51 单片机执行指令时，各条指令可分解为若干基本微操作，这些微操作所对应的脉冲信号在时间上有严格的先后次序，称作单片机指令时序，如图 2-8 所示。描述单片机执行指令快慢程度的时间单位主要有振荡周期、状态周期、机器周期和指令周期 4 种。

1. 振荡周期

振荡周期是单片机时钟控制信号的基本时间单位，指为单片机提供时钟信号的振荡源的周期。若晶体振荡频率为 f_{osc}，则振荡周期 $T_{osc} = 1/f_{osc}$。如外接晶振 12 MHz 时，振荡周期为 1/12 MHz = 1/12 μs = 0.0833 μs

2. 状态周期

状态周期又称 S 周期，是振荡源信号经二分频后形成的周期脉冲信号，是振荡周期的两倍。如外接晶振 12 MHz 时，状态周期为 1/6 μs = 0.167 μs。

3. 机器周期

通常将单片机完成一个基本操作所需的时间称为机器周期，每个机器周期可完成取指令、读或写数据等基本操作。1 个机器周期固定为 12 个振荡周期。如外接晶振 12 MHz 时，机器周期＝1 μs。

4. 指令周期

指令周期是指单片机执行一条指令所需要的时间。80C51 典型的指令周期是一个机器周期，一个机器周期由 6 个状态(12 个振荡周期)组成。每个状态又分成两拍：P1 和 P2。所以，一个机器周期的 12 个振荡周期依次表示为 S1P1、S1P2、…、S6P1、S6P2。

由图 2-8 可知，ALE 在每个机器周期中两次有效：一次在 S1P2 与 S2P1 期间，另一次在 S4P2 与 S5P1 期间。

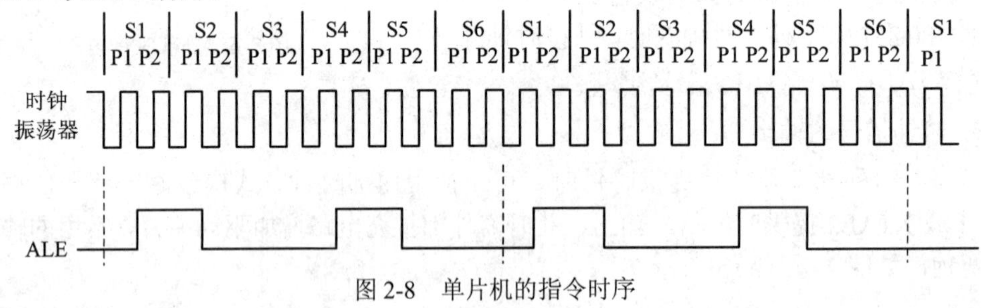

图 2-8　单片机的指令时序

单片机指令周期一般需要含有 1 个、2 个或者 4 个机器周期；其中大多数单字节指令和双字节指令，取出指令立即执行，需一个机器周期。三字节指令和部分双字节指令都是双机器周期，而乘、除法指令需要占用 4 个机器周期。所以，外接晶振 12 MHz 时，指令周期为 1～4 μs。

2.5.3　复位电路

复位是单片机片内寄存器的初始化过程。只要给 RST 引脚保持至少两个机器周期(24 个振荡器周期)的高电平，80C51 单片机将实现复位。

1. 复位过程

复位信号如图 2-9 所示，复位期间不产生 ALE 及 $\overline{\text{PSEN}}$ 信号，ALE 及 $\overline{\text{PSEN}}$ 被配置为输入状态，即 ALE = 1 和 $\overline{\text{PSEN}}$ = 1；直至 RST 端电平变低，结束复位。

复位后，各内部寄存器状态如表 2-7 所示，PC = 0000H，SP 为 07H，P0～P3 口的内容均为 0FFH，其他 SFR 有效位均为 0，复位操作不影响 RAM 的状态，内部 RAM 不断电(上电复位除外，上电时 RAM 内容不确定)，其中数据信息不丢失。当 RST 引脚返回低电平后，CPU 从 0 地址开始执行程序。

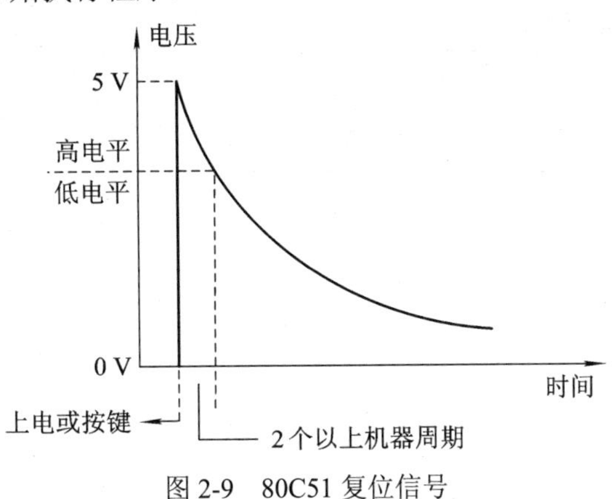

图 2-9　80C51 复位信号

表 2-7　80C51 内部寄存器复位状态

寄存器	复位状态	寄存器	复位状态
PC	0000H	TMOP	00H
ACC	00H	TCON	00H
B	00H	TH0	00H
PSW	00H	TL0	00H
SP	07H	TH1	00H
DPTR	0000H	TL1	00H
P0～P3	0FFH	SCON	00H
IP	xxx00000B	SBUF	0xxxxxxxB
IE	0xx00000B	PCON	0xxxxxxxB

2. 复位电路

80C51 单片机的复位是由外部复位电路实现的，在复位电路设计时，要兼顾上电复位和人工按键复位功能。图 2-10 给出了 80C51 单片机在实际应用中的 RC 外部复位电路。除了这些复位电路，还有一些电路设计会采用专用的电压监控和复位芯片来构成复位电路。

1) 上电自动复位电路原理

单片机上电后，+5 V 电源(V_{CC})通过电容 C 和电阻 R 回路，给电容 C 充电，并在 RST 引脚加一个短暂的高电平复位信号，随着充电的进行，复位信号电平逐渐降低；此复位信号高电平持续时间取决于电容 C 的充电时间，即充电时间越长，复位时间越长。增大电容或者增大电阻都可以增加复位时间。

2) 人工按键复位电路原理

按压按键后，接通了+5 V 电源(V_{CC})，通过两个电阻的分压回路，RST 端分压后产生高电平信号，按键按下的时间决定了复位时间。

当时钟频率选用 6 MHz 时，电容 C 的典型取值为 22 μF，两个电阻 R1 和 R2 的典型值分别为 220 Ω 和 1 kΩ。

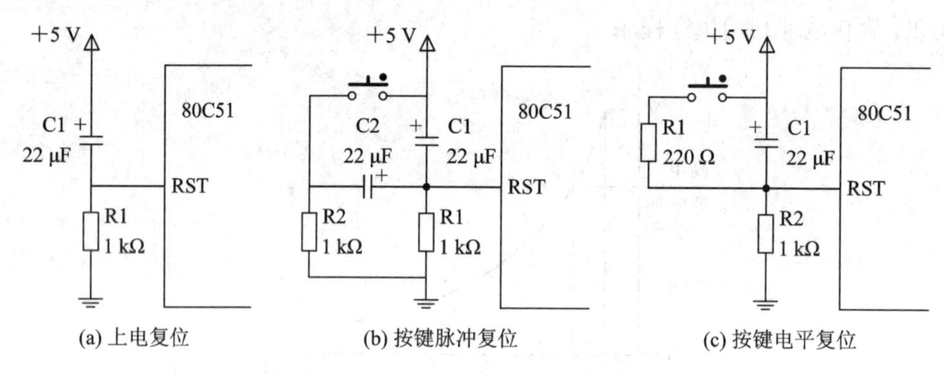

图 2-10　80C51 常用复位电路

2.6　单片机的低功耗节电方式

CHMOS 型单片机属于低功耗器件，具有空闲模式和掉电模式两种节电模式，80C51 单片机正常工作时电流是 11～20 mA，空闲模式电流是 1.7～5 mA，掉电模式电流为 5～50 μA。表 2-8 列出了单片机的三种工作模式下的电流消耗情况。

表 2-8　单片机三种工作模式下的电流消耗

模　式	运　行	空　闲	掉　电
电流(max)	11～20 mA	1.7～5 mA	5～50 μA

低功耗节电原则是让运行模式比空闲、掉电模式占用时间大大减少，从而减少消耗的能量，主要通过以下方法实现：

(1) 在开机状态下，靠中断唤醒 CPU，在短暂的时间内工作在运行模式，处理相应的事件，然后进入空闲(或掉电)模式。

(2) 在关机状态下，完全进入掉电模式。

80C51 单片机的空闲模式和掉电模式都是通过对特殊功能寄存器 PCON 中相关的位进行控制的，PCON 各位定义如表 2-9 所示。其中，IDL 为空闲控制位，IDL = 1，单片机进入空闲模式；PD 为掉电控制位，PD = 1，单片机进入掉电模式。

表 2-9　PCON 寄存器

PCON.7	PCON.6	PCON.5	PCON.4	PCON.3	PCON.2	PCON.1	PCON.0
SMOD	—	—	—	GF1	GF0	PD	IDL

2.6.1　空闲模式设计

1. 进入空闲模式

80C51 单片机执行如下指令使 IDL = 1，进入空闲模式：

```
PCON = 0x01;            // IDL 空闲控制位置 1
```

通过程序设计使待机方式位 PCON.0 或 IDL 置 1 时，单片机进入空闲模式。此时，CPU 处于休眠状态，而片内其时钟电路、中断、串口、定时/计数器等都保持工作状态，片内 RAM 和所有 SFR 内容保持不变，由于 CPU 耗电占单片机耗电的 80%～90%，因此大大降低了系统的功耗。

2. 退出空闲模式

中断或硬件复位两种方法都可以终止空闲模式。

在空闲模式下，中断系统仍在工作，当中断请求被响应后，硬件使得 IDL = 0，从而退出空闲模式，进入中断服务程序。

在空闲模式时，硬件复位，各个 SFR 恢复默认状态，PCON = 0，IDL = 0，退出空闲模式。

为了防止休眠被复位终止时对端口引脚意外写入的可能性，在生成待机模式的指令后不应紧跟对端口引脚的写指令。

2.6.2　掉电模式设计

1. 进入掉电模式

设置掉电模式的指令如下：

```
PCON = 0x02;            //掉电模式位 PD 或 PCON.1 置 1
```

单片机发生掉电时，振荡器停止工作，内部所有功能部件均停止工作，但片内 RAM 和 SFR 内容保持不变，有关端口的输出状态被保存在对应的 SFR 中。

2. 退出掉电模式

退出掉电模式的方法有外部中断唤醒和硬件复位两种，区别在于：使用外部中断唤醒单片机时，程序从断点处继续运行；而使用硬件复位唤醒单片机时，程序从 0000H 处开始执行。

习　题　2

一、填空题

1. ALE 引脚的作用是__________。
2. 当单片机晶振频率为 6 MHz 时，ALE 的频率为__________。
3. 在单片机既具有内部程序存储器，又有外部程序存储器时，其引脚 $\overline{EA}$ 应接______电平。
4. 当 MCS-51 引脚 ALE 信号有效时，表示在 P0 口稳定地送出了________地址。
5. 80C51 复位后，PC= 0H。若希望从片内存储器开始执行，$\overline{EA}$ 脚应接______电平。

6. MCS-51 单片机是采用__________电平复位。

7. MCS-51 读片外 ROM 时使用的控制信号是__________。

8. MCS-51 单片机有__________字节外部数据存储器地址空间。

9. MCS-51 单片机最大可扩展__________字节的 ROM。

10. MCS-51 单片机有__________字节外部 I/O 空间。

11. 8031 的片内 ROM 是__________KB，80C52 的片内 ROM 是__________KB。

12. 8051 片内有 128 B 的 RAM，可分为四个区，20H～2FH 为__________区。

13. 片内 RAM 字节地址 21H 单元中 D0 位的位地址为__________。

14. 8031 的 PSW 中 RS1 = 1、RS0 = 1，工作寄存器 R0～R7 的地址为__________。

15. 在 MCS-51 中，PC 和 DPTR 都用于提供地址，但 PC 是为访问程序存储器提供地址，而 DPTR 是为访问__________存储器提供地址。

16. 若累加器 A 中的数据为 01110010B，则 PSW 中的 P=__________。

17. 通过堆栈操作实现子程序调用时，首先要把__________的内容压入栈，以进行断点保护。调用子程序返回指令时，再进行出栈保护，把保护的断点送回到__________，先弹出的是原来__________中的内容。

18. 80C51 上电复位后，SP 的初值为__________，PC 初值为__________，PSW 的初值为__________。

19. 80C51 内部 SFR 的 P0 字节地址为__________。

20. 若要对 80C51 复位，RST 端应保持高电位__________个振荡周期。

二、简答题

1. MCS-51 单片机 DIP 封装有 40 条引脚，简述各引脚的功能。

2. 说明 MCS-51 单片机位寻址区的字节地址范围、位地址范围。

3. MCS-51 单片机有几组工作寄存器区？如何设置当前工作寄存器区？

4. MCS-51 单片机片内 RAM 字节地址范围是多少？

5. MCS-51 单片机 SFR 中的 P0、P1、P2、P3、ACC 字节地址是多少？各自的位地址范围是多少？

6. MCS-51 单片机位寻址空间有哪些？

7. 51 单片机系统的外接晶振为 12 MHz，试计算系统的振荡周期、状态周期、机器周期。

8. 简述 MCS-51 单片机 5 个独立的存储空间。

9. MCS-51 系列单片机的 8051 和 8052 单片机片内分别集成了哪些功能部件？

10. 简述 80C51 单片机有哪两种低功耗节电模式？说明两种低功耗节电模式的异同。

第 3 章　C51 语言编程基础

本章介绍基于 80C51 单片机的 C51 语言。在标准 C 语言基础上，重点介绍 C51 语言的数据类型和存储类型、C51 函数、C51 语言的基本运算、C51 语句及程序结构、C51 语言构造数据类型，为 C51 的程序开发打下基础。

3.1　C51 编程语言简介

C51 语言是 8051 单片机系统开发中实用的高级编程语言，是在标准 C 语言基础上针对 8051 硬件特点进行扩展，并向 8051 上移植。与 8051 汇编语言相比，C51 语言在可读性、可维护性上有明显优势，易学易用；便于模块化开发与资源共享，可移植性好，生成的代码效率高；采用较好的 C51 语言编译系统，编译代码效率可达到汇编语言的 90%。

1. C51 语言与汇编语言的比较

在 MCS-51 单片机程序的编写中， C51 语言与汇编语言的使用是不同的。汇编语言编写时需要考虑单片机存储器具体结构，熟悉其片内 RAM 与 SFR 的使用，并用物理地址处理端口数据。用 C51 语言不必像汇编语言那样具体分配存储器资源和处理端口数据，但对数据类型与变量的定义，必须要与单片机的存储结构相关联，否则编译器不能正确地映射定位。

2. C51 语言与标准 C 语言的区别

C51 语言与标准 C 语言程序主要区别是：C51 语言程序需根据 MCS-51 单片机存储器结构及内部功能资源定义数据类型和变量，而标准 C 语言程序不需要考虑与硬件相关的问题；C51 语言的数据类型、变量存储模式、输入/输出处理、函数等方面与标准的 C 语言有较大区别。其他的语法规则、程序结构及程序设计方法等与标准的 C 语言程序设计相同。

现在支持 MCS-51 系列单片机的 C51 语言编译器有很多种，如 American Automation、Avocet、BSO/TASKING、DUNFIELD SHAREWARE、KEIL C51 等。各种编译器的基本情况相同，但具体处理时有一定的区别，其中 KEIL/Franklin 以它的代码紧凑和使用方便等特点优于其他编译器，现在使用特别广泛。本书以 KEIL C51 编译器为例介绍 MCS-51 单片机 C 语言程序设计。

C51 语言基本语法、数据运算操作、程序控制语句以及函数的使用与标准 C 语言无明显差别，但正因为 C51 语言在标准 C 语言的基础上进行适合 8051 内核单片机硬件的扩展，所以有如下差别：

(1) C51 语言的库函数和标准 C 语言不同。标准 C 语言定义库函数按通用微型计算机定义，C51 库函数是按 MCS-51 单片机硬件定义的，故 C51 语言剔除了标准 C 语言中不适合于嵌入式控制器系统的库函数，如字符屏幕和图形函数。

(2) C51 语言数据类型与标准 C 数据类型有所不同，C51 语言在标准 C 的基础上增加了针对 MCS-51 单片机特有的 4 种数据类型。

(3) C51 语言变量存储模式与标准 C 中变量存储模式不同，其存储模式是与 MCS-51 单片机的存储器紧密相关的。

(4) C51 语言与标准 C 的输入/输出处理不同，C51 语言通过 MCS-51 串行口完成输入/输出，执行前必须对串行口进行初始化。

(5) C51 语言与标准 C 在函数使用中有区别，C51 语言有专门的中断函数。

(6) C51 语言有头文件。C51 语言通过头文件把 MCS-51 单片机内部的外设硬件资源(如定时器、中断、I/O 等)相应的特殊功能寄存器包含进来。

(7) C51 语言程序结构与标准 C 的有一点不同。鉴于 MCS-51 单片机有限的硬件资源，编译系统不允许太多的程序嵌套，也不支持 C 语言中的的递归特性。

3.2　C51 语言的数据类型

数据是 CPU 操作的对象，是有一定格式的数字或数值，其格式称为数据类型。

1. 数据类型

C51 语言支持的数据类型分为基本数据类型和组合数据类型，基本数据类型见表 3-1。由于 char 型与 short 型相同，float 型与 double 型相同，所以只列出其中一种；C51 语言专门针对 MCS-51 单片机的特殊功能寄存器型和位类型，扩展了 4 种数据类型，不能使用指针来对它们存取。组合型数据类型包括数组类型、指针类型、结构类型、联合类型等较复杂的数据类型。

表 3-1　C51 语言支持的基本数据类型

基本数据类型	长　度	取 值 范 围
unsigned char	1 字节	0～255，无符号字符变量
signed char	1 字节	−128～+127，有符号字符变量
unsigned int	2 字节	0～65 535，无符号整型变量
signed int	2 字节	−32 768～+32 767，有符号整型变量
unsigned long	4 字节	0～4 294 967 295，无符号长整型变量
signed long	4 字节	−2 147 483 648～+2 147 483 647，有符号长整型变量
float	4 字节	±1.175494E−38～±3.402 823E+38
bit	1 位	0 或 1
sbit	1 位	可位寻址的特殊功能寄存器的某位的绝对地址
sfr	1 字节	0x80～0xff
sfr16	2 字节	0～65 535
*	1～3 字节	对象指针

2. 对 C51 语言基本数据类型的说明

(1) char(字符型)。char(字符型)有 signed char 和 unsigned char 两种，默认为 signed char，用于存放一个单字节的数据。其中，signed char 用于定义带符号字节数据，用补码表示；unsigned char 用于存放一个字节的无符号数或存放西文字符，用 ASCII 码存放。

(2) int(整型)。int(整型)有 signed int 和 unsigned int 两种，默认为 signed int，用于存放一个双字节数据。其中，signed int 用于存放两字节带符号数，用补码表示；unsigned int 用于存放两字节无符号数。

(3) long(长整型)。long(长整型)有 signed long 和 unsigned long 两种，默认为 signed long，用于存放一个四字节数据。其中，signed long 用于存放四字节带符号数，用补码表示；unsigned long 用于存放四字节无符号数。

(4) float(浮点型)。float 型长度为四个字节，是格式符合 IEEE-754 标准的单精度浮点型数据，包含指数和尾数两部分，最高位为符号位，"1"表示负数，"0"表示正数，其次的 8 位为阶码，最后的 23 位为尾数的有效数位，由于尾数的整数部分隐含为"1"，所以尾数的精度为 24 位。

(5) *(指针型)。指针型本身就是一个变量，在这个变量中存放指向另一个数据的地址。

(6) sfr 及 sfr16(特殊功能寄存器型)。用于访问 MCS-51 单片机中的 SFR 数据，分 sfr 和 sfr16 两种。其中，sfr 为字节型，可访问 MCS-51 内部的所有特殊功能寄存器；sfr16 为双字节型，可访问 MCS-51 内部两个字节的特殊功能寄存器。C51 语言中对 SFR 访问必须先用 sfr 或 sfr16 声明。

【例 3-1】 sfr 及 sfr16 的应用举例。

```
sfr P0 = 0x80;           定义了 P0 端口，其特殊功能寄存器地址为 0x80
P0 = 0x0f;               将 P0 高 4 位清 0，低 4 位置高电平
sfr16 DPTR = 0x82;       //定义片内 DPH 及 DPL 组成的数据指针寄存器 DPTR，其中 DPL 字节
                         //地址为 82H，DPH 字节地址为 83H
DPTR = 0x 1200;          //将 DPTR 指向片外 RAM0x1200 单元
```

上面的例子用到 C51 语言的注释，关于注释，有两种用法，说明如下：

① 注释语句方法 1：//……，两个斜杠后面开始书写注释语句，只能注释一行，换行需加"//"。

② 注释语句方法 2：/*……*/，斜杠与星号结合，中间可以为多行注释，直到注释的结尾加"*/"。

(7) bit 及 sbit(位类型)。用于访问 MCS-51 单片机中的可寻址的位单元，分为 bit 和 sbit 两种，在内存中都只占一个二进制位，其值为"1"或"0"。其中 bit 定义普通的位变量，在 C51 语言编译器编译时，其位地址是可以变化的；sbit 则定义 SFR 的可寻址位，即值是 SFR 中某位的绝对地址，其位地址不可变。

【例 3-2】 sbit 的应用举例。

```
sfr P0 = 0x80;           //定义 P0 地址 0x80
sbit P0_1 = P0^1;        //定义 P0_1 位为 P0.1，符号"^"前是 SFR 名称，"^"后数字表示在
                         //寄存器中的位置，取值 0～7
P0_1 = 1;                //将 P0_1 置高电平
```

注意，不要把 bit 与 sbit 相混淆。bit 只能是二进制的 0 或 1。

在 C51 语言程序设计中，在出现运算中数据类型不一致的情况下，支持数据类型隐式转换，顺序如下：

bit→char→int→long→float

signed→unsigned

例如，当 char 型数据与 int 型数据运算时，将会把 char 型转换为 int 型数据，与 int 型数据运算后，将结果存为 int 型。C51 语言同样支持强制类型转换符“()”对数据类型强制转换。

3.3　数据存储类型

C51 定义的数据类型都必须定位在 8051 单片机的某一存储区中，否则没有任何实际意义。数据的存储类型指出其所在的单片机存储器的位置。C51 提供了 3 个不同的数据存储类型 data、idata 和 bdata 来访问片内数据存储区，提供了 2 个数据存储类型 xdata 和 pdata 来访问片外数据存储区。另外，C51 语言提供了 code 存储类型来访问程序存储区。C51 编译器支持以下 6 种数据存储类型，省略时将按编译模式默认数据存储类型，数据存储类型、大小和值域如表 3-2 所示。

表 3-2　数据存储类型、大小和值域

存储类型	存储区	描　述	长度/Byte	值域
data	DATA	片内 RAM 低 128 B，访问速度快	8	0～255
bdata	BDATA	片内 RAM 的可位寻址区(20H～2FH)，允许字节和位混合访问	1	0 或 1
idata	IDATA	间接寻址访问的片内 RAM，允许访问全部片内 256 字节 RAM	8	0～255
pdata	PDATA	用@Ri 间接访问的片外 RAM 的低 256 B	8	0～255
xdata	XDATA	用 DPTR 间接访问的片外 RAM，允许访问全部 64 K 片外 RAM	16	0～65536
code	CODE	程序存储器 ROM 64 K 空间	16	0～65536

对数据存储类型的说明如下：

(1) data。data 存储类型标识符声明的变量位于片内 RAM 低 128 字节的 DATA 区，寻址是最快的，可直接寻址；应把常使用的变量定义为 data 类型，但该区存储空间有限，包括程序变量、堆栈和寄存器组。

由于 C51 用默认的工作寄存器组来传递参数，这样 DATA 区至少失去 8 字节空间。另外，当内部堆栈溢出的时候，程序会复位。

(2) bdata。bdata 存储类型标识符声明的变量位于片内 RAM 的可位寻址区 BDATA 区(20H～2FH)，即片内 RAM 可位寻址的 16 字节存储区(字节地址为 20H～2FH)中的 128 个位。C51 编译器不允许在 BDATA 区中声明 float 和 double 型变量。

(3) idata。idata 存储类型标识符声明的变量位于 IDATA 区，即位于片内 256 字节 RAM，该区只能间接寻址，常用来存放使用比较频繁的变量，速度比直接寻址慢。与外部 RAM 寻址相比，其指令执行周期和代码长度相对较短。

(4) pdata。pdata 存储类型标识符声明的变量位于 PDATA 区，PDATA 区仅指定低 256 B 的外部 RAM 空间。

(5) xdata。xdata 存储类型标识符声明的变量位于 XDATA 区。xdata 存储类型标识符可指定外部数据区 64KB 内的任何地址。

(6) code。code 存储类型标识符声明的变量位于程序存储区 CODE。该存储区变量是不可改变的。

【例 3-3】 给变量定义存储类型。

```
char   data varl;           /*在片内 RAM 低 128 B 定义用直接寻址方式访问的字符型变量 var1*/
int   idata   var2;         /*在片内 RAM 256 B 定义用间接寻址方式访问的整型变量 var2*/
auto   unsigned   long   data   var3;     /*在片内 RAM 128 B 定义用直接寻址方式访问的自动
                                            无符号长整型变量 var3*/
extern   float   xdata   var4;            /*在片外 RAM 64 KB 空间定义用间接寻址方式访问的
                                            外部实型变量 var4*/
int   code   var5;                        /*在 ROM 空间定义整型变量 var5*/
unsign   char   bdata   var6;             /*在片内 RAM 位寻址区 20H～2FH 单元定义可字节
                                            处理和位处理的无符号字符型变量 var6*/
```

3.4　C51 的运算量

C51 语言支持常量和变量。

3.4.1　常量

C51 语言中支持整型常量、浮点型常量、字符型常量和字符串型常量。

1. 整型常量

整型常量根据其值分配不同的字节数，有以下几种形式：

(1) 十进制整数：如 125、0、–15 等。

(2) 十六进制整数：以 0x 开头，如 0xff 表示十六进制数 ffH。

(3) 长整数：当一个整数的值达到 4 个字节时，或者在一个整数后面加字母 L，如 255L。

2. 浮点型常量

浮点型常量即实型常数，可用十进制表示或指数表示。

(1) 十进制：即定点表示，如 0.256、79.9 等。

(2) 指数：表示形式如 67.89e–2。

3. 字符型常量

字符型常量用单引号引起，如'A'、'b'、'1'等，在内存中用一个字节存放，表示可显示的 ASCII 字符和不可显示的控制字符。当控制字符不可显示时，前面加上反斜杠“\”

组成转义字符。常用的转义字符如表 3-3 所示。

表 3-3　常用的转义字符

转义字符	含　义	ASCII 码(十六进制数)
\0	空字符(null)	00H
\n	换行符(LF)	0AH
\r	回车符(CR)	0DH
\t	水平制表符(HT)	09H
\b	退格符(BS)	08H
\f	换页符(FF)	0CH
\'	单引号	27H
\"	双引号	22H
\\	反斜杠	5CH

4. 字符串型常量

字符串型常量用双引号 " " 引起，如"B"、"789"、"abc" 等。在内存中存放时每个字符占一个字节，再加一个转义字符 "\0" 作为结束符。

3.4.2　变量

在 C51 语言中，变量必须先定义再使用，定义时指出其数据类型和存储模式。

1. 变量的格式

变量定义格式如下：

[存储种类]　数据类型说明符　[存储类型]　变量名 1[= 初值]，变量名 2[初值]…；

说明：

(1) 存储种类。存储种类指出在程序执行过程中变量作用的范围。C51 语言变量有自动(auto)、外部(extern)、静态(static)和寄存器(register)四种存储种类。如省略存储种类，该变量默认为自动变量。

① auto(自动变量)：其作用范围在定义它的函数体或复合语句内部，被执行时，才为该变量分配内存，结束时释放内存。

② extern(外部变量)：在函数体内使用已在该函数体外或其他程序中定义过的外部变量时，用 extern 说明该变量。外部变量定义后，被分配固定的内存，直到程序执行结束才释放。

③ static(静态变量)：分内部静态变量和外部静态变量。内部静态变量在函数体内部定义，在函数体内有效，当离开函数时值不变。外部静态变量在函数外部定义，它一直存在，且只在文件内部或模块内部有效。用 static 关键词定义的全局变量只能在源文件内使用，称为静态全局变量。用 extern 关键词声明的非静态全局变量可被其他文件引用。

④ register(寄存器变量)：register 定义的变量存放在单片机内部寄存器中，处理速度快。C51 语言编译器能自动识别程序中使用频度高的变量，作为寄存器变量，无需专门声明。

单片机的存储区间分为程序存储区、静态存储区和动态存储区 3 个部分。全局变量存放在静态存储区，程序开始运行时，就分配了存储空间；局部变量存放在动态存储区，只有该函数运行时，才分配存储空间。

(2) 数据类型说明符。数据类型说明符指明变量在存储器中所占的字节数。除基本数据类型和组合数据类型外，还可用 typedef 或#define 起别名，代替数据类型说明符对变量定义，格式如下：

```
typedef  C51 固有的数据类型说明符  别名;
```

或

```
#define  别名  C51 固有的数据类型说明符;
```

【例 3-4】 typedef 或 #define 的使用。

```
typedef  unsigned char  BYTE;
#define ucha  unsigned char;
BYTE  a1 = 0x12;
ucha  a2 = 0xff;
```

(3) 存储类型。单片机访问片外 RAM 比访问片内 RAM 相对慢，所以应把频繁使用的变量采用 data、bdata 或 idata 存储类型，把不太频繁使用的变量采用 pdata 或 xdata 存储类型。对于常量，只能采用 code 存储类型。

(4) 变量名。在 C51 语言中，变量名由字母、数字和下划线组成，必须由字母或下划线开始。变量名有两种：普通变量名和指针变量名。

2. 特殊功能寄存器变量(SFR)

在 C51 语言中，访问特殊功能寄存器须通过 sfr 或 sfr16 定义，定义时指明其物理地址，格式如下：

```
sfr
```

或

```
sfr16  特殊功能寄存器名 = 地址;
```

【例 3-5】 特殊功能寄存器的定义。

```
sfr  PSW = 0xd0;
sfr  SCON = 0x98;
sfr  TMOD = 0x89;
sfr  P1 = 0x90;
sfr16  DPTR = 0x82;
sfr16  T1 = 0x8A;
```

3. 位变量

在 C51 语言中，通过位类型符定义位变量，可以定义 bit 和 sbit 两种位变量。

(1) bit 位变量。bit 位类型符定义一般可位处理的位变量，可加 bdata、data、idata 等存储器类型，但只能是片内 RAM 的可位寻址区，格式如下：

```
bit  位变量名;
```

【例 3-6】 bit 型变量的定义。

```
bit  data  a1;        /*正确*/
```

```
bit  bdata  a2;      /*正确*/
bit  pdata  a3;      /*错误*/
bit  xdata  a4;      /*错误*/
```

(2) sbit 位变量。sbit 位类型符定义在可位寻址字节或特殊功能寄存器中的位，定义时须指明物理位地址，可以是位直接地址、可位寻址变量带位号、特殊功能寄存器名带位号，格式如下：

```
sbit  位变量名 = 位地址;
```

若为位直接地址，取值范围为 0x00～0xff；若是可位寻址变量带位号或特殊功能寄存器名带位号，则在之前须对可位寻址变量或特殊功能寄存器定义。字节地址与位号之间、特殊功能寄存器与位号之间一般用“^”作间隔。

【例 3-7】 sbit 型变量的定义。

```
sbit  OV = 0xd2;
sbit  CY = 0xd7;
unsigned  char  bdata  flag;
sbit  flag0 = flag^0;
sfr  P1 = 0x90;
sbit  P1_0 = P1^0;
sbit  P1_1 = P1^1;
sbit  P1_2 = P1^2;
sbit  P1_3 = P1^3;
sbit  P1_4 = P1^4;
sbit  P1_5 = P1^5;
sbit  P1_6 = P1^6;
sbit  P1_7 = P1^7;
```

在 C51 语言中，用“reg51.h”或“reg52.h”的头文件把 MCS-51 单片机的常用的 SFR 和特殊位进行了定义，使用时，只需用一条预处理命令 #include <reg52.h>把这个头文件包含到程序中。

3.5 数据存储模式

C51 语言编译器支持 SMALL 模式、COMPACT 模式和 LARGE 模式三种存储模式，不同之处在于在每种存储模式下函数或变量默认的存储类型不同。

变量的存储模式在程序中通过#pragma 预处理命令指定。函数的存储模式通过定义时后面带存储模式说明。如果省略，都隐含为 SMALL 模式。

1. SMALL 模式

在 SMALL 模式下编译时，函数参数和变量默认在片内 RAM 中，其存储器类型为 data。

2. COMPACT 模式

在 COMPACT 模式下编译时，函数参数和变量被默认在片外 RAM 低 256 B 空间，存储器类型为 pdata。

3. LARGE 模式

在 LARGE 模式下编译时，函数参数和变量被默认在片外 RAM 的 64 KB 空间，存储器类型为 xdata。

【例 3-8】 变量的存储模式。

```
#pragma   small                        /*变量的存储模式为 SMALL*/
char   x1;                             /*x1 变量存储器类型为 data */
int   xdata   y1;
#pragma   compact                      /*变量的存储模式为 COMPACT*/
char   x2;                             /* x2 变量存储器类型为 pdata */
int   xdata   y2;
int   func1(int   x3, int   y3)   large   /*函数的存储模式为 LARGE*/
{
    return(x3-y3);                     /*形参 x3 和 y3 的存储器类型为 xdata 型*/
}
int   func2(int   x4, int   y4)        /*函数的存储模式隐含为 SMALL*/
{
    return(x4*y4);                     /*形参 x4 和 y4 的存储器类型为 data */
}
```

3.6　C51 语言绝对地址的访问

C51 语言提供 3 种常用的通过绝对地址访问 8051 片内外 RAM、ROM 及 I/O 空间的方法。

1. 使用 C51 语言运行库中预定义宏

C51 语言编译器提供了 8 个宏定义来对 51 系列单片机的 code、data、pdata 和 xdata 空间进行绝对寻址，包括 CBYTE、CWORD、DBYTE、DWORD、XBYTE、XWORD、PBYTE、PWORD，其中：

(1) CBYTE 以字节形式对 code 区寻址；
(2) DBYTE 以字节形式对 data 区寻址；
(3) PBYTE 以字节形式对 pdata 区寻址；
(4) XBYTE 以字节形式对 xdata 区寻址；
(5) CWORD 以字形式对 code 区寻址；
(6) DWORD 以字形式对 data 区寻址；
(7) PWORD 以字形式对 pdata 区寻址；
(8) XWORD 以字形式对 xdata 区寻址。

宏定义原型放在 absacc.h 文件中，使用时须用预处理命令把该头文件包含到文件中，形式为

```
#include  <absacc.h>
```

访问形式如下：

```
宏名[地址]
```

【例 3-9】 绝对地址对存储单元的访问举例。

```
XBYTE[0xa000] = 0x5a;                 //向外部数据存储器 0xa000 单元赋值 5aH
#include  <absacc.h>                  /*将绝对地址头文件包含在文件中*/
#include  <reg52.h>                   /*将寄存器头文件包含在文件中*/
#define  uchar  unsigned  char        /*定义符号 uchar 为数据类型符 unsigned char*/
#define  uint  unsigned  int          /*定义符号 uint 为数据类型符 unsigned int*/
void  main(void)
{
    uchar  x1;
    uint   x2;
    var1 = PBYTE[0x2];                /*XBYTE[0x2]访问片外 RAM 的 0x0002 字节单元*/
    var2 = XWORD[0x4000];             /*XWORD[0x4000]访问片外 RAM 的 0x4000 字单元*/
    …
}
```

2. 使用 C51 语言扩展关键字_at_

使用_at_关键字对存储器空间绝对地址访问，访问形式如下：

```
[存储器类型]  数据类型说明符  变量名  _at_  地址常数;
```

其中，存储器类型为 data、bdata、idata、pdata 等，省略时按存储模式规定的默认存储器类型确定；数据类型为 C51 语言支持的数据类型；地址常数指定变量的绝对地址，必须在有效的存储器空间；使用_at_定义的变量必须为全局变量。

【例 3-10】 通过_at_实现绝对地址的访问。

```
#define  uchar  unsigned char        /*定义符号 uchar 为数据类型符 unsigned char*/
#define  uint  unsigned int          /*定义符号 uint 为数据类型符 unsigned int*/
data  uchar  x1 _at_ 0x30;           /*在 data 区中定义字节变量 x1，地址 30H*/
xdata  uint  x2 _at_ 0xff00;         /*在 xdata 区中定义字变量 x2，地址 0ff00H*/
void  main(void)
{
    x1 = 0x55;
    x2 = 0xabcd;
    …
}
```

【例 3-11】 把片内 RAM 30H 单元开始的 16 个单元内容清 0。

```
data unsigned char buf[16] _at_ 0x30;
void  main(void)
{
```

```
    unsigned char j;
    for(j = 0; j < 16; j++)
    {
        buf[j] = 0;
    }
}
```

3. 使用指针访问

通过指针，可对任意指定的存储器单元进行访问。

【例 3-12】 通过指针实现绝对地址的访问。

```
#define  uchar  unsigned char          /*定义符号 uchar 为数据类型符 unsigned char*/
#define  uint  unsigned int            /*定义符号 uint 为数据类型符 unsigned int*/
void  func(void)
{
    uchar  data  x1;
    uchar  pdata  *p1;      /*定义一个指向 pdata 区的指针 p1*/
    uint   xdata  *p2;      /*定义一个指向 xdata 区的指针 p2*/
    uchar  data   *p3;      /*定义一个指向 data 区的指针 p3*/
    p1 = 0xff;              /* p1 指针赋值，指向 pdata 区的 0ffH 单元*/
    p2 = 0x1200;            /* p2 指针赋值，指向 xdata 区的 1200H 单元*/
    *p1 = 0xff;             /*将数据 0xff 送到片外 RAM0ffH 单元*/
    *p2 = 0x1234;           /*将数据 0x1234 送到片外 RAM1200H 单元*/
    p3 = &x1;               /*p3 指针指向 data 区的 x1 变量*/
    *p3 = 0x56;             /*给变量 x1 赋值 56H*/
}
```

3.7　C51 语言的函数

函数是一个能完成一定功能的代码段。在 C51 语言中，函数是描述“子程序”和“过程”的术语。

C51 语言程序设计中，函数的数目不受限制，但一个 C51 程序必须至少有一个主函数，以 main 为名；主函数是唯一的，整个程序从主函数开始执行。

C51 语言还可建立和使用库函数，可由用户根据需求调用。

3.7.1　函数的分类

从结构上，函数分为两种：主函数 main( )和普通函数。普通函数又分为标准库函数和用户自定义函数两种。

1. 标准库函数

标准库函数是由 C51 编译器提供的。善于利用标准库函数，可提高编程效率。在调用 C51 库函数时，仅需要包含具有该函数说明的头文件即可。

2. 用户定义的函数

函数定义的一般格式如下：

```
函数类型  函数名(形式参数表)  [reentrant][interrupt m][using n] 形式参数说明
{
    局部变量定义
    函数体
}
```

说明：

(1) 函数类型。函数类型说明了函数返回值的类型。

(2) 函数名。函数名是用户为自定义函数取的名字，以便调用函数时使用。

(3) 形式参数表。形式参数表列出在主调函数与被调用函数间数据传递的形式参数。

【例 3-13】 定义一个返回两个整数的最大值的函数 max( )。

```
int max(int x, int y)
{
    int z;
    z = x>y?x : y;
    return(z);
}
```

也可以写成这样：

```
int  max(x, y)
int  x, y;
{
    int  z;
    z = x>y?x : y;
    return(z);
}
```

(4) reentrant 修饰符。reentrant 用于把函数定义为可重入函数，允许函数被递归调用。注意重入函数被调用时，实参表内不允许使用 bit 类型的参数。函数体内也不允许存在任何关于位变量的操作，更不能返回 bit 类型的值。

(5) interrupt m 修饰符。在 C51 程序设计中，使用 interrupt m 修饰符定义中断服务函数，系统编译时会自动添加现场保护、返回时自动恢复现场等程序段，并按 MCS-51 系统中断的处理方式将此函数安排在程序存储器中的相应位置。

m 为中断号，对于 MCS-51 子系列，m 的取值为 0～4；对于 MCS-52 子系列，m 取值 0～5。具体如下：

① 0——外部中断 0；

② 1——定时器/计数器 T0；

③ 2——外部中断 1；

④ 3——定时器/计数器 T1；

⑤ 4——串行口中断；

⑥ 5——定时器/计数器 T2。

编写 MCS-51 中断函数，需要注意：

① 中断函数不能传递参数，否则编译出错。

② 中断函数没有返回值，一般将其定义为 void 类型。

③ 不能直接调用中断函数，否则会产生编译错误。

④ 如果在中断函数中调用了其他函数，被调用函数所用寄存器须与中断函数一致。

⑤ C51 语言编译器在程序开始和结束处加上相应的程序，在程序开始处将 ACC、B、DPH、DPL 和 PSW 入栈保护，结束时出栈。如有 using n 修饰符，程序开始将 PSW 入栈后还要修改 PSW 中的工作寄存器组选择位。

⑥ C51 语言编译器从绝对地址 8m+3 处产生一个中断向量，实现到中断函数入口地址的绝对跳转。

⑦ 中断函数最好写在程序尾部，且禁止使用 extern 存储类型说明，以防其他程序调用。

【例 3-14】 编写一个用于统计外中断 0 的中断次数的中断服务程序。

```
extern  int  x;
void  int0( )  interrupt 0  using 1
{
    x++;
}
```

(6) using n 修饰符。修饰符 using n 用于指定本函数内使用的工作寄存器组，n 的取值为 0～3。在中断服务函数定义时，如果没有使用 using 关键字，中断函数中的所有工作寄存器的内容将被保存到堆栈中。

3.7.2　函数的调用与声明

1. 函数的调用

函数调用的一般形式如下：

```
函数名(实参列表);
```

若调用有参数的函数，实参列表包含多个实参时，各个实参间用逗号隔开。

2. 函数调用的方式

主调函数调用被调函数有 3 种方式：

(1) 函数语句。把被调用函数作为主调用函数的一个语句，此时函数完成某种操作，如

```
init1( );
```

(2) 函数表达式。此时被调用函数需要带有返回结果，以返回一个明确的数值参加表达式的运算，如

```
result = 5*max(a,b);
```

(3) 函数参数。被调用函数作为另一个函数的实参，如

x = min(a, max(b, c))

3. 自定义函数的声明

函数的声明是把函数名、函数类型以及形参类型、个数和顺序通知编译系统，以便调用时对照检查。函数的声明后面要加分号。在 C51 语言中，函数原型如下：

[extern]　函数类型　函数名(形式参数表)

如果函数在文件内，则声明时不用 extern，如果声明的函数在另一个文件中，声明时须带 extern。

【例 3-15】 函数的使用。

```
#include   <reg52.h>                //包含特殊功能寄存器库
#include   <stdio.h>                //包含 I/O 函数库
int   max(int x, int y);            //对 max 函数进行声明
void main(void)                     //主函数
{
    int   a, b;
    SCON = 0x52;                    //串口初始化
    TMOD = 0x20;
    TH1 = 0XF3;
    TR1 = 1;
    scanf("please input a, b: %d, %d", &a, &b);
    printf("\n");
    printf("max is: %d\n", max(a, b));
    while(1);
}
int   max(int x, int y)
{
    int   z;
    z = (x>=y?x:y);
    return(z);
}
```

4. 被调用函数具备的条件

(1) 被调用函数必须已经存在，如库函数或用户自定义的函数。

(2) 如果使用库函数，或使用其他文件定义的函数，应该在程序的开头用#include 语句将所有的函数信息包含到程序中。例如，#include<stdio.h>，将标准的输入、输出头文件 stdio.h(在函数库中)包含到程序中。

(3) 使用同一个文件中的自定义函数，需根据主调用函数与被调用函数的位置，决定是否对被调用函数说明：

① 被调用函数在主调用函数之后，一般应在主调用函数中、被调函数调用前，对被

调用函数的返回值类型做出说明。

② 被调用函数在主调用函数之前，不必说明。

③ 如果在文件的开头处，对被调函数做了声明，主调用函数中不必再做说明。

3.7.3　函数的嵌套与递归

1. 函数的嵌套

C51 语言编译器通常依靠设在片内 RAM 的堆栈来进行参数传递，故嵌套层数过多会导致堆栈空间不够而出错。

2. 函数的递归

递归指在一个函数中直接或间接调用函数本身，应通过条件控制结束递归调用，避免无终止自身调用。

【例 3-16】 递归求数的阶乘 n!。

程序如下：

```
#include  <reg52.h>          //包含特殊功能寄存器库
#include  <stdio.h>          //包含 I/O 函数库
long fac(int  n)  reentrant
{
    long  result;
    if  (n == 0)
       result = 1;
    else
       result = n*fac(n-1);          // n! = n' (n-1)!
    return(result);
}
main( )
{
    long  fac_result;
    fac_result = fac(12);
    while(1);
}
```

3.7.4　宏定义、文件包含及库函数

C51 语言同样支持宏定义、文件包含与条件编译。

1. 宏定义

宏定义语句属于预处理指令，分简单的宏定义和带参数的宏定义，使用宏可简化变量书写，提高程序的可读性和可维护性。

(1) 简单的宏定义。其格式如下：

```
#define 宏替换名 宏替换体
```

其中，#define 是宏定义指令的关键词，宏替换体可以是数值常数、算术表达式、字符和字符串等。

例如：

```
#define uchar unsigned char        /*宏定义无符号字符型变量*/
#define uint unsigned int          /*宏定义无符号整型变量*/
```

(2) 带参数的宏定义。其格式如下：

```
#define 宏替换名(形参)  带形参宏替换体
```

2. 文件包含

C51 语言用 #include 关键词在一个程序文件包含另一个文件。其一般格式为

```
#include <文件名>
```

或

```
#include "文件名"
```

其中，使用<文件名>格式，将在头文件目录中查找指定文件。而使用"文件名"格式时，将在当前的目录中查找。例如：

```
#include<stdio.h>        /*将标准的输入、输出头文件 stdio.h 包含进来*/
```

3. 库函数

C51 语言提供了丰富的可直接调用的库函数。下面介绍几类重要的库函数。

(1) reg51.h 或 reg52.h 中包含所有的 MCS-51 子系列及 MCS-52 子系列的 sfr 及其位定义。

(2) absacc.h 定义了绝对地址使用中的几个宏，以确定各种存储空间的绝对地址。

(3) stadio.h 定义了输入/输出流函数，默认 MCS-51 串口来作为数据的输入/输出。如果要修改为用户定义的 I/O 口读/写数据，例如，改为 LCD 显示，可以修改 lib 目录中的 getkey.c 及 putchar.c 源文件，然后在库中替换它们即可。

(4) stdlib.h 定义了动态内存分配函数。

(5) string.h 中定义了对缓冲区进行处理的复制、移动、比较等函数。

3.8 C51 语言的运算符

C51 语言的运算符与标准 C 语言的类似，主要有赋值运算符、算术运算符、关系运算符、逻辑运算符、位运算符、逗号运算符、条件和指针与地址运算符等。

1. 赋值运算符

在 C51 语言中，赋值运算符“=”将一个表达式赋给一个变量，允许在一个语句中同时给多个变量赋值，赋值顺序自右向左。赋值语句的格式如下：

```
变量 = 表达式;
```

【例 3-17】 赋值运算举例。

```
x = 7*5;              /*将 35 赋给变量 x*/
x = y = 0xff;         /*将常数 0xff 赋给变量 x 和 y*/
```

2. 算术运算符

C51 语言支持的算术运算符及其说明如表 3-4 所示。

表 3-4　算术运算符

运算符	说　明	举　例
+	加或取正值运算符	
-	减或取负值运算符	
*	乘运算符	
/	除运算符	x = 50.0/20.0;　　// x = 2.50; y = 25/20;　　// y = 1
%	取余运算符	x = 25%3;　　// x= 1
++	自增 1	y = x++;
		y = ++x
--	自减 1	y = x--;
		y = --x

在除运算中，浮点数相除，结果为浮点数，整数相除，结果为整数。在取余运算中，两个运算数必须为整数，结果为它们的余数。

3. 关系运算符

C51 语言支持 6 种关系运算符，如表 3-5 所示，用于比较两个表达式的大小，运算结果为逻辑量，成立为真(1)，不成立为假(0)。故常作为判别条件构造分支或循环程序。其一般形式如下：

表达式 1　关系运算符　表达式 2

其结果可以作为一个逻辑量参与逻辑运算。

注意：关系运算符“==”是由两个“=”组成。

表 3-5　关系运算符

运算符	说　明	举例(设 a = 5, b = 9)
>	大于	a > b; //结果为 0
<	小于	a < b; //结果为 1
>=	大于等于	a >= b; //结果为 0
<=	小于等于	a <= b; //结果为 1
==	等于	a == b; //结果为 0
!=	不等于	a != b; //结果为 1

4. 逻辑运算符

C51 语言有 3 种逻辑运算符，如表 3-6 所示。将关系表达式或逻辑量连接起来，求条件式的逻辑值。

表 3-6　逻辑运算符

<table>
<tr><th>运算符</th><th>说　明</th><th>举例(设 a = 8，b = 3，c = 0)</th></tr>
<tr><td>||</td><td>逻辑或，当条件式 1 与条件式 2 都为假时，结果为假(0 值)，否则为真(非 0 值)</td><td>b || c;　　//结果为 1</td></tr>
<tr><td>&&</td><td>逻辑与，当条件式 1 与条件式 2 都为真时结果为真(非 0 值)，否则为假(0 值)</td><td>a && c;　　//结果为 0</td></tr>
<tr><td>!</td><td>逻辑非，当条件式原来为真(非 0 值)，逻辑非后结果为假(0 值)。当条件式原来为假(0 值)，逻辑非后结果为真(非 0 值)</td><td>!a;　　//结果为 0</td></tr>
</table>

5. 位运算符

C51 语言位运算是对整数按位运算，但并不改变参与运算的变量的值。位运算符如表 3-7 所示。

表 3-7　位运算符

<table>
<tr><th>运算符</th><th>说　明</th><th>举例(a=0x54,b=0x3b)</th></tr>
<tr><td>&</td><td>按位与</td><td>a & b = 0x10</td></tr>
<tr><td>|</td><td>按位或</td><td>a | b = 0x7f</td></tr>
<tr><td>^</td><td>按位异或</td><td>a ^ b = 0x6f</td></tr>
<tr><td>~</td><td>按位取反</td><td>~a = 0xab</td></tr>
<tr><td><<</td><td>左移</td><td>a << 2 == 0x50</td></tr>
<tr><td>>></td><td>右移</td><td>b >> 2 = 0x0e</td></tr>
</table>

6. 复合赋值运算符

C51 语言支持在赋值运算符“=”的前面加上其他运算符，组成复合赋值运算符，多数双目运算都可以用复合赋值运算符简化表示。复合赋值运算符如表 3-8 所示。其一般格式如下：

变量　复合运算赋值符　表达式

表 3-8　复合赋值运算符

<table>
<tr><th>运算符</th><th>说　明</th><th>举　例</th></tr>
<tr><td>+=</td><td>加法赋值</td><td>a += 6 相当于 a = a+6</td></tr>
<tr><td>-=</td><td>减法赋值</td><td></td></tr>
<tr><td>*=</td><td>乘法赋值</td><td>a *= 5 相当于 a = a*5</td></tr>
<tr><td>/=</td><td>除法赋值</td><td></td></tr>
<tr><td>%=</td><td>取模赋值</td><td></td></tr>
<tr><td>&=</td><td>逻辑与赋值</td><td>b&=0x55;　// b = b&0x55</td></tr>
<tr><td>|=</td><td>逻辑或赋值</td><td></td></tr>
<tr><td>^=</td><td>逻辑异或赋值</td><td></td></tr>
<tr><td>~=</td><td>逻辑非赋值</td><td></td></tr>
<tr><td>>>=</td><td>右移位赋值</td><td>x >>= 2　相当于　x = x >> 2</td></tr>
<tr><td><<=</td><td>左移位赋值</td><td></td></tr>
</table>

7. 逗号运算符

在 C51 语言中，逗号“,”将两个以上的表达式连接起来。逗号表达式的一般格式为

表达式 1，表达式 2，…，表达式 n

程序执行时从左至右，依次计算出各个表达式的值，而逗号表达式的值是最右边的表达式(表达式 n)的值。

【例 3-18】 逗号运算举例。

```
x = (a=3, 6*3);          //结果 x 的值为 18
```

8. 条件运算符

条件运算符“?:”是 C51 语言唯一一个三目运算符，其将三个表达式连接在一起构成一个条件表达式。其一般格式为

逻辑表达式? 表达式 1 : 表达式 2

它先计算逻辑表达式值，当值为真(非 0 值)时，将表达式 1 的值作为条件表达式的值；当逻辑表达式的值为假(0 值)时，将表达式 2 的值作为条件表达式的值。

【例 3-19】 条件运算符举例。

```
max = (x>y) ? x : y;       //将 x 和 y 中较大的数赋值给变量 max
```

9. 指针与地址运算符

C51 语言数据类型支持用指针类型访问变量，指针变量用于存放该变量的地址，C51 语言提供指针及取地址两个运算符，如表 3-9 所示。指针运算符“*”放在指针变量前面，实现提取变量的内容。取地址运算符“&”放在变量的前面，提取变量的地址。

表 3-9　指针与取地址运算符

运算符	说　　明
*	指针运算符，提取变量的内容
&	取地址运算符，提取变量的地址

指针与取地址运算符的一般形式分别为

```
目标变量=*指针变量;        //提取指针变量所指存储单元内容给目标变量
指针变量=&目标变量;        //提取目标变量地址给指针变量
```

指针变量中仅存放地址(即指针型数据)。

【例 3-20】 指针与地址运算符举例。

```
int  x, * p1, * p2;            /*定义变量及指针变量*/
p1 = &x;                       /*指针变量 p1 获得变量 x 地址*/
* p1 = 0xff;                   /*等价于 x = 0xff*/
p2 = p1;                       /*使指针变量 p2 也指向 x*/
```

3.9　C51 语言语句及程序结构

C51 语言语句有表达式语句及复合语句，其程序结构分为顺序、分支和循环结构三类。

3.9.1　表达式语句

在表达式后加一个分号“;”，即构成表达式语句。表达式语句也可以一行放多个表达式，每个表达式后面必须带“;”。

【例 3-21】 表达式语句举例。

```
x = ++y/6;
x = 5; y = 0xff;
++i;
```

1. 空语句

空语句是表达式语句的特例，由一个“;”占一行形成。在程序设计中空语句通常用于两种情况：

(1) 提供标号，用以标记程序执行的位置。例如，下面空语句作为循环开始：

```
repeat: ;
        …
        goto   repeat;
```

(2) 由 while 关键词构成的循环语句后面加空语句，通常用于根据某位判断，不满足条件则等待；满足条件则接着执行下一句。

【例 3-22】 读取 80C51 单片机的串行口的数据，当没有接收到数据时等待；当接收到数据后，返回接收的数据。

```
#include   <reg51.h>
char   getchar( )
{   char   a;
    while(!RI);           // RI 为 0，表示没有接收到数据，等待
    a = SBUF;
    RI = 0;
    return(a);
}
```

2. return 语句

return 语句放在函数最后位置，控制函数返回调用该函数的位置。return 语句返回时可带回返回值。return 语句格式如下：

```
return;
```

和

```
return (表达式);
```

第 2 种形式将表达式的值作为函数的返回值，常将计算的值返回给主调用函数。

3.9.2　复合语句

C51 语言中，复合语句用一个大括号“{ }”将若干条语句组合在一起，可视为一条单

语句，内部的各条语句仍需以分号“；”结束。复合语句的一般形式为

```
{
    局部变量定义;
    语句1;
    语句2;
}
```

在 C51 语言中复合语句一般作为函数体出现；复合语句中的单语句可以是变量的定义语句，即局部变量，它仅在当前这个复合语句中有效。

3.9.3　C51 语言程序基本结构

C51 语言的程序按结构分顺序、分支和循环三类。

1. 顺序结构

顺序结构是最基本的结构，程序由低地址到高地址依次执行，从 main( )函数开始，一直执行到程序结束。

2. 分支结构

分支结构又叫选择结构，在 C51 语言中，实现分支控制的语句有 if 语句与 switch/case 语句。其中，if 结构有 if/else 和 if/else if。if/else 结构根据判定结果执行两种操作之一，if/else if 语句通过 if 语句嵌套实现串行多分支选择，switch/case 语句实现多分支选择。

(1) if 语句。if 语句根据给定条件是否满足，执行两种操作之一，C51 语言支持三种 if 形式：

① 形式 1：if 结构。

```
if (表达式)   {语句;}
```

【例 3-23】 x 与 y 的比较。

```
if (a>b)   {max = a; min = b;}
```

② 形式 2：if/else 结构。

```
if (表达式)   {语句 1;}   else {语句 2;}
```

【例 3-24】 求 x 与 y 的较大值。

```
if   (x>y)   max = x;
else   max = y;
```

③ 形式 3：if/else if 结构。

```
if (表达式 1) {语句 1;}
else   if (表达式 2) {语句 2;}
else   if (表达式 3) {语句 3;}
…
else   if (表达式 n-1) {语句 n-1；}
else   {语句 n;}
```

if/else if 语句通过 if 语句的嵌套，实现串行多分支选择结构。注意 if 与 else 的关系，else 总是与它前面最近的一个 if 语句相对应。

【例 3-25】 if 语句的嵌套举例。

```
if (x>100) {y=1;}
else   if (x>50) {y=2;}
else   if (x>30) {y=3;}
else   if (x>20) {y=4;}
else   {y=5;}
```

(2) switch/case 语句。if 语句仅有两个分支可选，而 switch/case 语句是多分支选择语句。其中 switch 括号内表达式与某一 case 中常量表达式值一致时，执行后面的语句，遇到 break 语句则退出 switch 选择语句(如果遗忘 break 语句，则将执行后续的 case 语句)。若所有 case 表达式都不能与 switch 表达式相匹配，就执行 default 语句，通过不加 break 语句，结束后退出 switch 结构。

switch 语句的一般形式如下：

```
switch   (表达式 1)
{   case   常量表达式 1:{语句 1;}break;
    case   常量表达式 2:{语句 2;}break;
    …
    case   常量表达式 n:{语句 n;}break;
    default:{语句 n+1;}
}
```

对 swicth/case 语句，有如下说明：

① 每一 case 语句中常量表达式须不相同。

② 各个 case 及 default 出现位置不影响执行的结果。

【例 3-26】 在单片机程序设计中，常用 switch 语句作为键盘中按键按下的判别，并根据按下键的键号跳向各自的分支处理程序。

```
input:   keynum=keyscan( );
switch(keynum)
{
    case 1:   key1( ); break;   //如果按下键为 1 键，则执行函数 key1( )
    case 2:   key2( ); break;   //如果按下键为 2 键，则执行函数 key2( )
    case 3:   key3( ); break;   //如果按下键为 3 键，则执行函数 key3( )
    case 4:   key4( ); break;   //如果按下键为 4 键，则执行函数 key4( )
    …
    default:goto input
}
```

程序中通过 keyscan( )函数完成键盘扫描，该函数得到按键键值，将键值赋予变量 keynum。再根据不同的按键值，执行不同的键值处理函数。

3. 循环结构

C51 语言实现循环结构的语句有 while 语句、do-while 语句和 for 语句三种。在 C51

语言中，允许三种循环结构相互嵌套。

(1) while 语句。在 C51 语言中用于实现当型循环结构。其语法形式为

```
while(表达式)
{
    循环体语句;
}
```

while 语句表达式是能否循环的条件，当表达式为非 0(真)时，执行循环体语句；当表达式为 0(假)时，程序执行循环结构外的语句。

其特点是：先测试条件，后执行循环体。如条件第一次就不成立，则不会执行循环体。

while 循环结构的特点是：循环条件测试在循环体开头，要想执行重复操作，首先必须进行循环条件的测试；如条件不成立，则循环体内的重复操作一次也不能执行。

【例 3-27】 用 while 语句实现 1～100 的累加和。

```
int   i, s = 0;              //定义整型变量 x 和 y
i=1;
while   (i <= 100)           //累加 1～100 之和在 s 中
{
    s = s+i;
    i++;
}
```

(2) do-while 语句。在 C51 语言中用于实现直到型循环结构。其语法形式为

```
do
{
    循环体语句;
}
while(表达式);
```

其特点是：先执行循环体语句，再计算表达式。如表达式非 0(真)，继续执行循环体，直到表达式为 0(假)，结束循环，因此循环体内的语句至少会被执行一次。

while 循环与 do-while 循环，都要能使 while 表达式的值变为 0，否则，会陷入无限循环。

【例 3-28】 用 do while 语句实现计算并输出 1～100 的累加和。

```
int   i,s=0;          //定义整型变量 x 和 y
i=1;
do                    //累加 1～100 之和在 s 中
{
    s=s+i;
    i++;
}
while   (i<=100);
```

(3) for 语句。for 循环是最常用的循环，可用于循环次数已知或者循环次数未知而能给出循环条件的情况，可替代 while 语句。其 for 语法形式为

```
for(表达式 1; 表达式 2; 表达式 3)
{
    循环体语句;
}
```

for 语句带三个表达式，执行过程如下：

① 求解表达式 1，表达式 1 用来设定初值。

② 求解表达式 2，如满足条件，执行下一步；若不满足条件，退出循环。

③ 执行循环体。

④ 求解表达式 3，转向步骤②。

【例 3-29】 用 for 语句实现计算并输出 1～100 的累加和。

```
int   i, s = 0;                          //定义整型变量 x 和 y
for (i = 1; i <= 100; i++)  s = s+i;     //累加 1～100 之和在 s 中
```

4. 循环结构的特殊使用

下面介绍循环结构的两种特殊使用情况：无限循环和软件延时。

(1) 无限循环设计。在 C51 语言程序设计中，经常需要编写无限循环，可采用以下三种方法：

① while(1)形式。单片机控制程序一般是无限循环的过程：

```
while(1)
{
    循环体语句;
}
```

② for(; ;)形式。3 个表达式都没有，表示不设初值，循环变量自动更新，无条件执行循环，该语句相当于 while(1)。

```
for(; ;)
{
    循环体语句;
}
```

③ 使用 do-while(1)的结构。

```
do
{
    循环体语句;
} while(1);
```

(2) 软件延时设计。MCS-51 单片机通常用程序段的执行时间来实现软件延时，若采用汇编语言编程，每条语句执行时间都可以精确计算；采用 C51 语言编程，考虑到不同编译器会产生不同延时，可以估算，但不是特别准确。

C51 软件延时通常采用 for 循环结构来实现，即循环执行指令，靠一定数量的时钟周期来计时。

【例 3-30】 编写一个延时 1 ms 程序，设单片机晶振频率是 12 MHz，则每个机器周期为 1 μs。

可以用嵌套结构构造一个延时程序：

```
void  delay(unsigned  int  x)
{
    unsigned  char j;
    while(x--)
    { for (j = 0; j < 125; j++); }
}
```

分析：用内循环构造一个基准延时，将上述代码段编译成汇编代码，for 循环内部大约延时 8 μs，调用时通过参数设置外循环的次数，这样就可以形成各种延时关系。考虑到不同编译器会有差别，可对 j 的上限值 125 调整。

5. C51 语言控制转移语句

C51 语言控制程序转移的语句有 break 语句、continue 语句和 goto 语句三种。其中，如需要根据判定条件跳出程序段，可采用 break 语句或 continue 语句；若要跳转到任意代码处，可采用 goto 语句。

(1) break 语句。在分支和循环结构中，当条件满足时，可采用 break 语句强行退出 break 所在的组合语句。

【例 3-31】 下面一段程序用于计算圆的面积。

```
for (x = 1; x <= 10; x++)
{
   area = pi*x*x;
   if (area > 50) break;
}
```

上述程序中，当计算出面积大于 50 时，由 break 语句退出 for 循环。

(2) continue 语句。在 C51 语言的循环结构中，当条件满足时结束本次循环，可采用 continue 语句，跳过 continue 下面的语句，程序转向循环判定。

【例 3-32】 计算 0～500 间不能被 3 整除的数的个数。

```
unsigned  int x,i;
x = 0;
for (i = 0; i <= 500; i++)
{
   if (i%3==0)   continue;
   x++;
}
```

在程序中，当 i 能被 3 整除时，执行 continue 语句，结束本次循环，不会累加，只有不能被 3 整除时才累加。

(3) goto 语句。goto 语句是无条件转移语句。其基本格式如下：

```
goto  标号
```

【例 3-33】 无条件转移语句 goto 举例。

```
loop:
goto loop;
```

3.10　C51 语言构造数据类型

3.10.1　C51 语言的数组

数组是同类数据的有序结合，由数组名标识。C51 语言中常用的数组是一维数组、二维数组和字符数组。

1. 一维数组

一维数组只有一个下标，C51 语言中数组的下标是从 0 开始的，定义时的形式如下：

数据类型　数组名[元素个数][={初值, 初值, …}];

说明：

(1) 数据类型表明数组各个元素存储的数据类型。

(2) 数组名是数组的标识符，取名方法与变量相同。

(3) 元素个数取值要为整型常量，用方括号“[ ]”括起来，说明数组元素的个数，可以省略。

(4) 初值在数组定义时是可选项。数组元素可以在定义时赋值，或定义后赋值。如定义时赋值，必须带等号，初值间用逗号分隔，将初值用花括号括起来，可以对部分元素赋值。只用逗号占位的初值默认为 0。

【例 3-34】 定义数组举例。

```
unsigned  char  x[10];                //定义一个无符号字符数组 x，元素个数为 10
unsigned  int  y[5]={1, 2, 3, , };    //定义无符号整型数组 y，赋初值 1、2、3、0、0
```

C51 语言中引用数组时，只能引用数组中的各元素，不能一次引用整个数组。但如果是字符数组，则可以一次引用整个数组。

2. 二维数组或多维数组

二维数组或多维数组分别指具有两个或两个以上下标的数组。二维数组的定义形式如下：

数据类型　数组名[行数] [列数];

其中，行数和列数都是常量表达式。

【例 3-35】 二维数组举例。

```
int  buf [5] [4]        /*buf 数组，有 5 行 4 列共 20 个整型元素* /
```

二维数组可以在定义时进行整体初始化，也可在定义后单个进行赋值。

【例 3-36】 二维数组初始化举例。

```
int a[3] [4]={1, 2, 3, 4}, {5, 6, 7, 8}, {9, 10, 11, 12};  /* a 数组全部初始化*/
int b[3] [4]={1, 3, 5, 7}, {2, 4, 6, 8},{ };                /* b 数组部分初始化，未初始化的元素为 0* /
```

3. 字符数组

字符数组用来存放字符数据。

【例 3-37】 字符数组举例。

```
uchar code Str_Line2[ ] = {"常州大学"};
uchar code TX_Addr[ ] = {0x34,0x43,0x10,0x10,0x01};
uchar code TX_Buffer[ ] = {0xfe,0xfd,0xfb,0xf7,0xef,0xdf,0xbf,0x7f};
char   string [10] = {'C', 'H', 'A', 'N', 'G', 'Z' , 'Hz' , 'O', 'U' , '\0' };
```

string [ ] 定义了一个长度为 10 的字符型数组，并将 10 个字符(其中包括一个字符串结束标志 '\0')赋给了 string[0]～string[9]。每个单引号括起来的字符为一个字节的 ASCII 码值。

C51 语言还允许用字符串直接给字符数组置初值。

【例 3-38】 字符串给字符数组置初值举例。

```
string [10] = {"CHANGZHOU"};
```

由双引号构成字符串常量，C51 语言编译器会自动在字符串尾添加结束符'\0'。

在 C51 语言的编程中，数组经常被作为表来查找。例如，在 LED 显示程序中常用来设计段选码和位选码表，将表事先放在程序存储器中供查找。

3.10.2　C51 语言的指针

指针是 C51 语言中的一个重要概念，能有效地表达复杂的数据结构；可以动态地分配存储器，直接操作内存地址。

C51 语言支持两种指针类型：存储器指针和一般指针。在定义指针变量时，若直接给出指针变量指向变量的存储器类型，则是存储器指针；反之为一般指针。

指针变量的定义与变量的定义相似，定义形式为

```
数据类型  [存储器类型]  *指针变量;
```

说明：

(1) 数据类型说明指针变量指向变量的数据类型。

(2) 存储器类型是 C51 编译器的一种扩展，可选择；存在与否，决定是存储器指针或者一般指针。

(3) 存储器指针和一般指针所占的存储字节是不同的。存储器指针如指向 data、bdata、idata、pdata 存储类型变量，则指针仅需要 1 B；若指向 code、xdata 存储器类型，则需要 2 B。一般指针都占用 3 字节，1 个字节存放存储器类型，2 个字节存放指针指向数据地址的高字节和低字节。

【例 3-39】 指针变量定义举例。

```
uchar data *isd _ptr;            /*定义一个指向片内 RAM 字符变量的指针变量 isd_ptr，
                                   该指针在内存中占 1 个字节*/
float   xdata   * back_ ptr;     /*定义指向片外 RAM 字符变量的指针变量 back_ptr，
                                   该指针在内存中占 2 个字节*/
char    * py;                    /*定义指向字符变量的指针变量 py*/
```

```
int  * px;          /*定义指向整型变量的指针变量 px*/
```

存储器指针比一般指针效率高，所占空间小，建议优先使用存储器指针。

3.10.3　C51 语言结构

C51 语言支持结构这种组合数据类型，它是将不同类型的变量组合形成的一种集合体。

1. 结构与结构变量的定义

结构是一种组合数据类型，结构变量则是取值为结构的变量。结构与结构变量的定义方式如下：

(1) 先定义结构，再定义结构变量，格式如下：

```
struct  结构名
{结构元素};
```

其中，结构元素是结构中的各个成员，定义时须指出各成员数据类型。

结构变量的定义如下：

```
struct  结构名  结构变量 1，结构变量 2，…;
```

【例 3-40】 定义日期结构类型 date1，由三个成员 year、month、day 组成；定义结构变量 d1 和 d2。

```
struct  date1
{
    int  year;
    char  month, day;
}
struct  date1  d1, d2;
```

(2) 同时定义结构和结构变量名，格式如下：

```
struct  结构名
{结构元素} 结构变量 1, 结构变量 2, …;
```

【例 3-41】 对于上面的日期结构变量 d1 和 d2 可以按以下格式定义：

```
struct  date
{
   int  year;
   char  month, day;
}d1, d2;
```

对于结构与结构变量的说明：

(1) 结构的成员可以是基本数据类型、指针、数组、其他结构类型变量。其他结构类型不能是自己。

(2) 结构中的成员仅在该结构中起作用，所以可以与代码中其他变量的名称相同。

(3) 定义结构变量时可以加各种修饰符对它说明。

2. 结构变量的引用格式

结构变量的引用格式如下：

结构变量.结构元素

或

结构变量名->结构元素

其中，“.”是结构的成员运算符，如果结构元素又是另一个结构变量，可继续用成员运算符，找到最终的结构元素。

【例 3-42】 定义结构 DataStr，为其取别名 DataInf。

程序如下：

```
typedef struct DataStr
{   unsigned char StationInf [16];
    unsigned long GpsInf[2];
    unsigned char SoundInf[2];
}DataInf;
DataInf code MainInf[5] =
{
    "武进世贸中心      ", 964533, 704352, 22, 40,
    "永安花苑          ", 962247, 694832, 42, 60,
    "常州大学武进校    ", 962862, 693595, 62, 80,
    "常州科教城        ", 964744, 686544, 82, 100,
    "和平路鸣新路      ", 96518, 682177, 102, 120
};
unsigned long x;
x = MainInf[0].GpsInf[0];      //引用 MainInf[0].GpsInf[0]，得到 964533 赋值给 x
```

首先定义结构 DataStr，为其取别名 DataInf，定义了 5 个结构变量数组，通过结构变量的引用 MainInf[0].GpsInf[0]，得到 964533 赋值给 x。

3.10.4 联合

在 C51 语言中，支持联合这种组合类型，它与结构的区别是：结构中各变量在内存中占用不同的存储空间，而联合的各变量在内存中的存放采用的是“覆盖技术”，即不同变量分时占用同一内存，提高了内存的利用率。

1. 联合的定义

(1) 先定义联合类型，再定义联合变量，格式如下：

```
union   联合类型名
{成员}；
```

定义联合变量，格式如下：

```
union   联合类型名   变量列表；
```

【例 3-43】 联合定义举例。

```
union   data
{
```

```
    float   i;
    int   j;
    char   k;
}
union   data   a,b,c;
```

(2) 同时定义联合类型和联合变量，格式如下：

```
union   联合类型名
{成员}变量列表;
```

【例 3-44】 定义联合类型的同时定义联合变量举例。

```
union   data
{
    float   i;
    int   j;
    char   k;
}data   a,b,c;
```

虽然定义联合时，仅将结构定义中的关键字 struct 换成 union，但两者在内存的分配上完全不同。结构变量中各个元素都占用内存；而联合变量仅占结构变量元素中长度最大一个的空间。另外，结构变量各个元素可同时访问，而同一时刻只能对一个联合变量访问。

2. 联合变量的引用

联合变量中元素的引用与结构变量使用方法相同，形式如下：

```
联合变量名.联合元素
```

或

```
联合变量名->联合元素
```

【例 3-45】 对于前面定义的联合变量 a、b、c 中的元素可以通过下面形式引用。

```
a.i;          //引用联合变量 a 中的 float 型元素 i
b.j;          //引用联合变量 b 中的 int 型元素 j
c.k;          //引用联合变量 c 中的 char 型元素 k
```

3.10.5 枚举

枚举数据类型是带名字的整型常量的集合，其整型常量包含该类型变量的所有的合法值。定义枚举数据类型时应当列出该类型变量的所有可取值。

(1) 先定义枚举类型，再定义枚举变量，格式如下：

```
enum   枚举名   {枚举值};
enum   枚举名   枚举变量;
```

(2) 同时定义枚举类型和枚举变量，格式如下：

```
enum   枚举名   {枚举值列表}枚举变量;
```

【例 3-46】 定义一个星期枚举变量 w1。

```
enum   week   {Sun,Mon,Tue,Wed,Thu,Fri,Sat};
```

```
enum  week  d1;
```

或

```
enum  week  {Sun, Mon, Tue, Wed, Thu, Fri, Sat} w1;
```

习　题　3

一、填空题

1. 与汇编语言相比，C51 语言的优点是具有_______、_______、_______、_______等。

2. C51 提供了两种不同的数据存储类型________和________来访问片外数据存储区。

3. C51 提供了 code 存储类型来访问__________。

4. 任何程序总是由三种基本结构组成：顺序、分支和_________。

5. 单片机的工作过程实际上就是_________。

二、简答题

1. C51 语言头文件中包含什么内容？

2. C51 在标准 C 的基础上，扩展了哪几种数据类型？

3. bit 与 sbit 定义的位变量有什么区别？

4. C51 有哪几种数据存储类型？各数据类型对应 8051 单片机的哪部分存储空间？

5. 对于 SMALL 存储模式，所有变量默认位于 8051 单片机什么位置？

6. 说明三种数据存储模式，即 SMALL 模式、COMPACT 模式、LARGE 模式之间的差别。

7. C51 提取指针变量内容与地址分别用什么运算符？

8. C51 实现分支控制的语句有哪几种？区别是什么？

9. C51 实现循环结构的语句有哪几种？区别是什么？

三、编程题

1. 编写 C51 程序，将 80C51 单片机片外 1000H 为首地址的连续 16 个单元的内容，读入到片内 RAM 的 30H～3fH 单元中。

2. 编写将 80C51 单片机片内一组 RAM 单元清 0 的函数，函数内不包括这组 RAM 单元的起始地址和单元个数，起始地址和单元个数参数应在执行函数前由主函数赋值。

第 4 章　80C51 单片机 I/O 端口及应用

80C51 单片机共有 4 个 8 位双向 I/O 端口，即 P0～P3 口，它们都被定义为 SFR，可以按字节寻址输入或输出，每一位还能按位寻址，便于实现位控功能。

P0 口为三态双向口，负载能力为 8 个 LS 型 TTL 门电路；作为一般的 I/O 口使用时，P0 口是一个准双向口。P1、P2、P3 口也为准双向口(用作输入线时，口锁存器必须先写入“1”，故称为准双向口)，负载能力为 4 个 LS 型 TTL 电路。

4.1　P0 口

P0 口是具有双功能的 8 位并行 I/O 口，字节寻址地址为 80H，位地址为 80H~87H。

1. P0 口的位电路结构

P0 口的 8 位都具有如图 4-1 所示的位电路结构，由 1 个锁存器、1 个转换开关、2 个场效应管构成的输出驱动电路、2 个输入缓冲器、1 个反相器及 1 个与门构成。

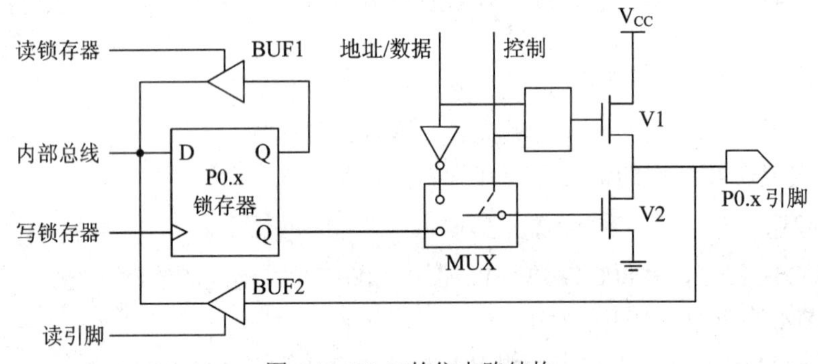

图 4-1　P0 口的位电路结构

2. P0 口工作原理

(1) P0 口作为地址/数据总线分时复用口。当 80C51 单片机外部扩展存储器或者 I/O 接口芯片，需要 P0 口作为地址/数据总线分时使用时，“控制”信号输出高电平；转换开关 MUX 将 V2 与反相器输出端接通，同时“与门”开锁，“地址/数据”信号通过与门驱动 V1 管，并通过反相器驱动 V2 管，使得 P0.x 引脚的输出状态随“地址/数据”状态的变化而变化。其具体输出过程如下：

① 当“地址/数据”内容为 1 时，“与门”输出 1，V1 场效应管导通，而 V2 场效应管截止，P0.x 输出为 1。

② 当“地址/数据”内容为 0 时，“与门”输出 0，V1 场效应管截止，而 V2 场效应管导通，P0.x 输出为 0。可见上方场效应管起到内部上拉电阻作用。

(2) P0 口作为通用 I/O 口。当 80C51 单片机不作地址/数据总线使用时，可作为第一功能，即通用 I/O 口使用，此时“控制”信号输出低电平；MUX 将 V2 与锁存器的 Q 反端接通。同时，“与门”输出为低电平，使得场效应管 V1 处于截止状态，此时输出级是漏极开路的开漏电路。P0 口用作一般 I/O 口的具体过程如下：

① P0 口作为 I/O 口输出时，来自 CPU 的“写”脉冲加在锁存器时钟端 CP 上，由内部总线输出的数据从 D 端进入，经反相后出现在 Q 反端，再经 V2 管反相，于是在 P0.x 位引脚上的数据正好与内部总线上的输出数据一致。

注意，当 P0 口作为输出口使用时，输出级属开漏电路，在 P0.x 引脚应外接上拉电阻。

② P0 口作为 I/O 口输入时，端口中的两个三态缓冲器用于读操作。读操作有 2 种：读锁存器和读引脚。

读引脚：当执行一般的端口输入指令时，引脚上的外部信号既加在三态缓冲器 BUF2 的输入端，又加在场效应管 V2 漏极上；若此时 V2 导通，则引脚上的电位被钳在 0 电平上。为使读引脚能正确地读入，在输入数据时，要先向锁存器置“1”，使其 Q 反端为 0，使输出级 V1 和 V2 两个管子均被截止，引脚处于悬浮状态；作高阻抗输入。“读引脚”脉冲把三态缓冲器打开，于是引脚上的数据经缓冲器到内部总线。

读锁存器：这种读操作是为了“读-修改-写”指令的需要，即先读端口，再对读入的数据修改，然后再写入锁存器。例如，逻辑与、或非等指令。

3. P0 口使用说明

(1) 当 P0 口用作地址/数据总线使用时(第二功能)，是一个真正的双向口，直接与外部扩展的存储器或 I/O 连接，输出/输入 8 位数据作为数据，同时通过与地址译码器连接，输出低 8 位地址。

(2) 当 P0 口作通用 I/O 口使用时(第一功能)，需要在片外接上拉电阻，此时端口不存在高阻抗的悬浮状态，因此是一个准双向口。

(3) P0 口读引脚(端口)时，输出锁存器需要先置“1”再读；若没有置“1”，将读出锁存器内容。

【例 4-1】 读 P0.3 引脚，若为高电平，将变量 aa 加 1。

读引脚前，先将 P0 口置 1。

```
unsigned int aa = 0x00,
sbit   P0_3 = P0^3;
P0 = 0xff;
while(P0_3 == 1) { aa = aa+1; }
```

4.2 P1 口

P1 口是一个内部自带上拉电阻的 8 位准双向 I/O 口。80C51 单片机 P1 口只作通用 I/O 口，字节寻址地址为 90H，位地址为 90H～97H。

1. P1 口的位电路结构

P1 口的 8 位都具有如图 4-2 所示的位电路结构，由 1 个锁存器、1 个场效应管输出驱动电路、2 个输入缓冲器、1 个上拉电阻构成。

2. P1 口的工作原理

(1) 当 P1 口作输出口时，若内部总线将“1”写入锁存器，使输出场效应驱动管 V 截止，输出线由内部上拉电阻拉成高电平；若内部总线将 0 写入锁存器，V 导通，输出 0。

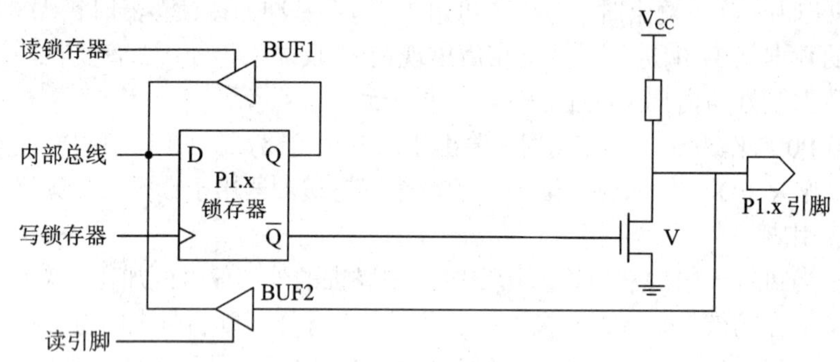

图 4-2　P1 口的位电路结构

(2) 当 P1 口作输入口时，分读引脚和读锁存器状态两种情况。读引脚时，打开下面三态门 BUF2，可读入引脚上信息；读锁存器状态时，将打开上面三态门 BUF1，此时 P1 口进行“读-修改-写”操作。

① P1 口读引脚输入信息时，必须先置“1”锁存器，使 V 截止；此时，输入端的电平随输入信号而变，经缓冲器 BUF2 进入内部总线。

② P1 口读锁存器时，锁存器内容经打开的 BUF1，进入内部总线。

3. P1 口使用说明

(1) P1 口内部具有上拉电阻，可以直接被集电极开路或漏极开路的电路驱动，不必外接上拉电阻。

(2) P1 口内部自带上拉电阻，没有高阻抗输入状态，是 8 位准双向口。

(3) P1 口读引脚(端口)输入时，必须先向锁存器置“1”，再读锁存器。

4.3　P2 口

P2 口是一个具有双功能的 8 位准双向 I/O 口，字节寻址地址为 A0H，位地址为 A0H～A7H。

1. P2 口位电路结构

P2 口的 8 位都具有如图 4-3 所示的位电路结构，由 1 个锁存器、1 个切换开关、1 个场效应管输出驱动电路、2 个输入缓冲器及 1 个反相器构成。

2. P2 口的工作原理

P2 口既可以作高 8 位地址总线使用，也可以作为 I/O 口使用。

(1) P2 口作为高 8 位地址总线输出，受内部“控制”信号作用，多路开关 MUX 向上与“地址”输出信号接通，经反相器和场效应管反相后，“地址”信号输出在端口引脚线上。

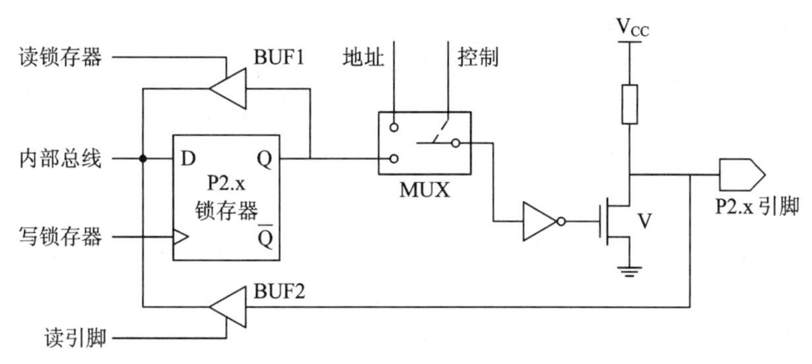

图 4-3　P2 口的位电路结构

(2) P2 口作为通用 I/O 口使用，受内部“控制”信号作用，多路开关 MUX 向下与锁存器输出端 Q 接通。

① CPU 输出数据“1 或 0”时，数据经内部总线进入锁存器，由锁存器输出端 Q 经反相器和场效应管反相后，输出在端口引脚线上，P2.x 输出数据与 CPU 输出数据一致。

② 当 P2 口作输入口时，有读引脚和读锁存器状态两种情况。

读引脚时，必须先置“1”锁存器，使 V 截止；P2.x 引脚上的电平经下面三态门 BUF2 进入内部总线。

读锁存器状态时，上面三态门 BUF1 打开，此时 P2.x 锁存器内容经 Q 端通过 BUF1 进入内部总线，属于“读-修改-写”操作。

3. P2 口使用说明

(1) P2 口作高 8 位地址总线时，与 P0 口输出的(经地址锁存器输出的)低 8 位地址总线共同构成 16 位地址总线，寻址 64 KB 存储器或者 I/O 接口地址空间。

(2) P2 口作通用 I/O 口使用时，是一个准双向口，当读引脚(端口)输入时，须先向锁存器置“1”，再读锁存器。

4.4　P3 口

P3 口是具有双功能的 8 位准双向 I/O 口，字节寻址地址为 B0H，位地址为 B0H～B7H。

1. P3 口的位电路结构

P3 口的 8 位都具有如图 4-4 所示的位电路结构，由 1 个锁存器、1 个与非门、1 个场效应管驱动电路、2 个输入缓冲器、1 个上拉电阻构成。由图可见，P3 口的各端口线有第二输入功能、第二输出功能、通用 I/O 口功能选择。

2. P3 口的工作原理

(1) 第二输入功能及第二输出功能。

① 当 P3 口作为第二输入功能时，锁存器须先置“1”，“第二输出功能”端此时也为 1，“与非门”输出为 0，保证场效应管 V 截止，P3.x 引脚的信号经过输入缓冲器得到。

② 当 P3 口作为第二输出功能时，锁存器也必须先置“1”，打开“与非门”，则“第二输出功能”线输出的“0 或 1”信号经过“与非门”和场效应管 V 的 2 次反向，使得 P3.x

内容与第二输出功能线输出的内容一致。

(2) 当 P3 口作为第一功能，即 I/O 口功能时，也分两种情况。

① P3 口作为 I/O 口输出时，“第二输出功能”输出高电平，“与非门”开启。CPU 输出的“1 或 0”信号，由内部总线经锁存器输出，经过“与非门”和场效应管 2 次反向，使得 P3.x 引脚输出与 CPU 输出一致。

② P3 口作为 I/O 口输入时，若要“读引脚”，输出锁存器同样需要置“1”，“第二输出功能”端也置 1，使得场效应管 V 截止，P3.x 引脚信息经下端 2 个输入三态门到内部总线。如果锁存器不置 1 就读，则锁存器锁存内容经 Q 端输出，通过读锁存器控制的三态门到内部总线，实现读锁存器操作。

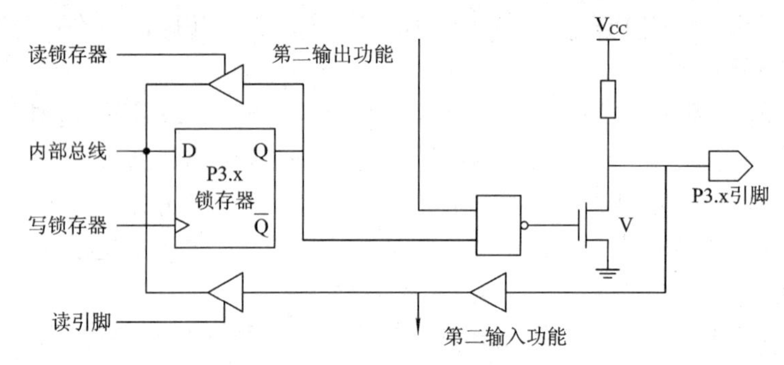

图 4-4　P3 口的位电路结构

3. P3 口使用说明

(1) P3 口内部具有上拉电阻，没有高阻态，为准双向口，不必外接上拉电阻。

(2) P3 口优先考虑第二功能，某一位只有不作为第二功能使用时，才可考虑 I/O 口的功能。

(3) P3 口读引脚(端口)输入和第二功能输入时，必须先向锁存器置“1”，再读锁存器。

4.5　I/O 口简单输入/输出设计

【例 4-2】 开关控制 8 只 LED 计数与显示电路如图 4-5 所示，P3.1 连接开关 SW1，P1.0～P1.7 连接 8 个发光二极管 LED0～LED7。编写程序实现 SW1 每上下拨动一次，8 个发光二极管按十六进制方式加亮一点。

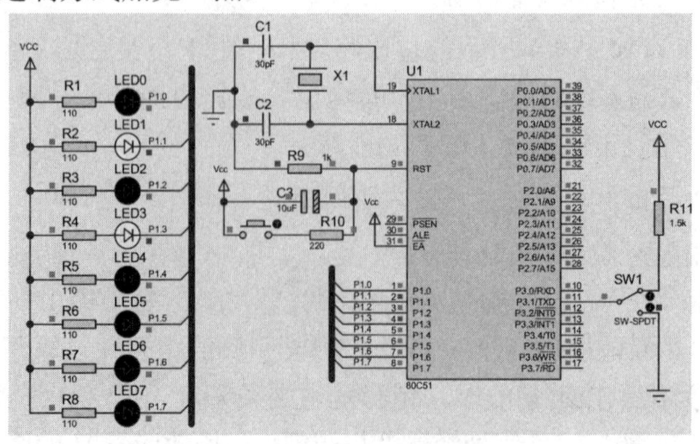

图 4-5　开关控制 8 只 LED 计数与显示

参考程序：

```
#include<reg51.h>
sbit  P3_1 = P3^1;
void delay(unsigned int i)                    //延时
{
    unsigned int j, k;
    for(k = 0; k < i; k++)
    for(j = 0; j < 125; j++);
}
void  main(void)
{
    unsigned int x=0x00, temp=0x00;
    P1=0xff;
    while(1)
    {  while(P3_1==1);              //P3.1 为高电平
       delay(10);                   //调用延时程序
       while(P3_1==0);              //P3.1 为低电平
       delay(10);                   //调用延时程序
       x=x+1;
       temp=x;
       x=~x;                        //二极管低电平点亮
       P1=x;                        //送 P1 口
       x=temp;
    }
}
```

【例 4-3】 利用单片机的 P1 口接 8 个发光二极管，P2 口接 8 个开关，要求实现：当开关动作时，对应的发光二极管亮或灭，电路如图 4-6 所示。

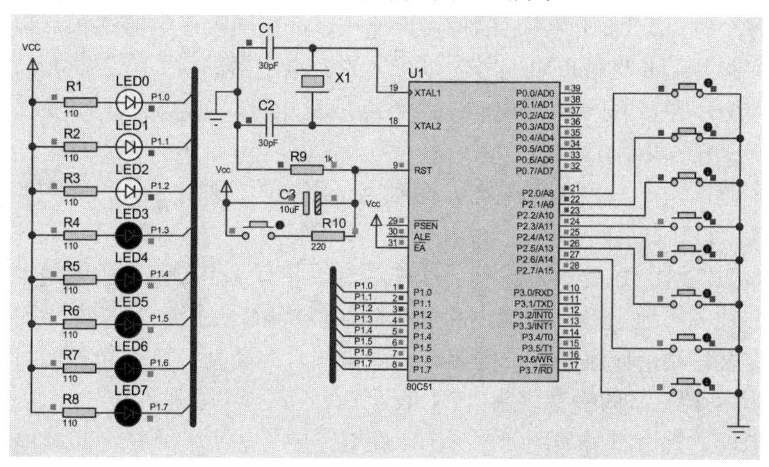

图 4-6　利用 I/O 口实现开关控制 LED

只需把 P2 口的内容读出后，通过 P1 口输出即可。

参考程序：

```
#include  <reg51.h>
void  main(void)
{
    unsigned  char  i;
    P2=0xff;
    for(; ;)
    {  i = P2;
       P1 = i; }
}
```

4.6　单片机 I/O 口控制电磁继电器

在控制系统中，常常存在电子电路与电气电路的互相连接问题，需要电子电路控制电气电路的执行元件，例如电动机、电磁铁、电灯等，同时实现电子线路与电气电路的电隔离，以保护电子电路和人身的安全，继电器在其中起了重要的桥梁作用。

继电器有固态继电器 SSR 和电磁继电器，常用的继电器大部分属于电磁式继电器。电磁继电器是自动控制电路中常用的一种元件，是用较小电流控制较大电流的一种自动开关。电磁继电器是由铁芯、线圈、衔铁、触点以及底座等构成的，触点有动触点和静触点之分。固态继电器是一种由集成电路和分立元件组合而成的一体化无触点电子开关器件，其功能与电磁继电器基本相似。

1. 电磁继电器的电路符号和触点形式

电磁继电器的线圈只有一个，但其带触点的簧片则常设置多组。在电路中，表示继电器时可画出线圈与控制电路的有关触点。线圈用长方框表示，标有继电器的文字符号 K 或 KR。触点有两种表示方法：一种是把它们直接画在长方框的一侧，此表示法比较直观；另一种是把各个触点分别画到各自的控制电路中，常在同一继电器的触点与线圈旁分别标注相同的文字符号，并将触点组编号，以示区别。继电器的触点有三种形式。

(1) 动合型(H 型)。线圈不通电时，两触点是断开的，通电后，两个触点闭合(以“合”字的拼音字头“H”表示)。

(2) 动断型(D 型)。线圈不通电时，两触点是闭合的，通电后，两个触点断开(用“断”字的拼音字头“D”表示)。

(3) 转换型(Z 型)。这是触点组型。这种触点组共有 3 个触点，中间是动触点，上下各一个静触点。线圈不通电时，动触点和一个静触点接触(一个断开，另一个闭合)；线圈通电后，动触点就移动，使原来断开的闭合、原来闭合的断开，达到转换的目的。触点组称为转换触点(用“转”字的拼音字头“Z”表示)。

电磁继电器的常用符号如图 4-7 所示。在电路中，触点的画法应按线圈不通电时的原始状态画出。

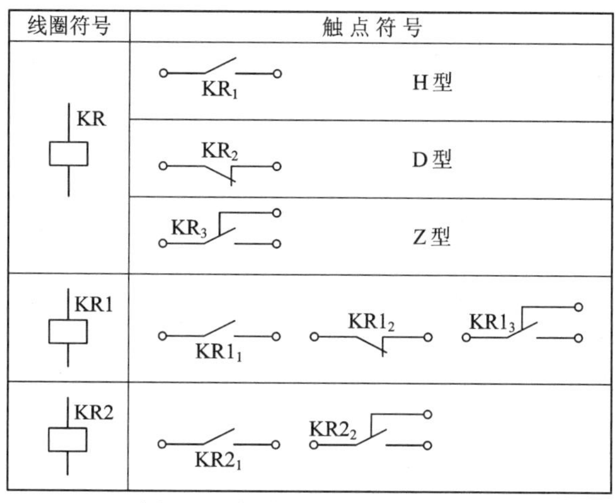

图 4-7　电磁继电器的电路符号

2. 电磁继电器的工作原理

电磁继电器是一种功率开关器件，输入开关信号，只要让继电器的吸合线圈通过一定的电流，线圈产生的磁力就会带动衔铁移动，从而带动开关点的接通和断开，由此控制电路的通或断。电磁继电器主要用于低压控高压或小电流控大电流的场合，由于继电器的强电触点与吸合线圈之间是隔离的，所以继电器控制输出电路不需要专门设计隔离电路。

3. 电磁继电器接口电路

【例 4-4】 利用单片机 I/O 口控制继电器的开合，实现对外部装置的控制。电路如图 4-8 所示，由于单片机引脚的驱动能力有限，控制端 P2.5 引脚连接一个 NPN 三极管，当 P2.5 输出低电平时，继电器不工作；当 P2.5 输出高电平时，继电器工作，常开触点吸合，LED 将随继电器的开关连接到电源端而点亮。图中，继电器电路在继电器的线圈两头加一个二极管 D1 以吸收继电器线圈断电时产生的反电势，从而保护晶体管，防止干扰。

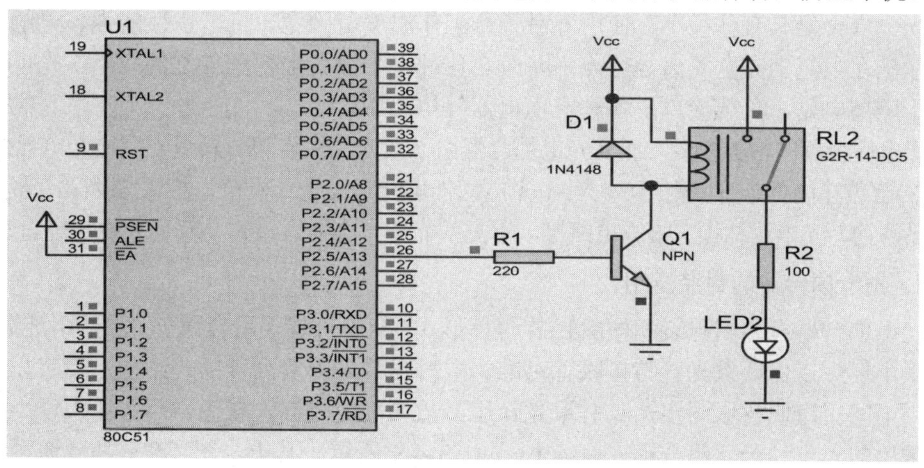

图 4-8　利用单片机 I/O 口控制继电器的开合

参考程序：

```
#include<reg51.h>
sbit  P2_5 = P2^5;
```

```
void delay(unsigned int i)
{   unsigned int j, k;
    for(k = 0; k < i; k++)
    for(j = 0; j < 125; j++);
}
void main(void)
{   while(1)
    {   P2_5 = 0;
        delay(1000);
        P2_5 = 1;
        delay(1000);
    }
}
```

4.7　单片机 I/O 口控制光耦

在单片机控制系统中，单片机总要对被控对象实现控制操作。后向通道是计算机实现控制运算处理后，对被控对象的输出通道接口。

后向通道的特点是弱电控制强电，即小信号输出实现大功率控制。常见的被控对象有电机、电磁开关等。

后向通道往往所处环境恶劣，控制对象多为大功率伺服驱动机构，电磁干扰较为严重。为防止干扰窜入和保证系统的安全，通常采用光电耦合器实现信号的传输，同时又可将系统与现场隔离开。

光电耦合器具有体积小、使用寿命长、工作温度范围宽、抗干扰性能强、无触点且输入与输出在电气上完全隔离等特点，因而在各种电子设备上得到广泛的应用。光电耦合器可用于隔离电路、负载接口及各种家用电器等电路中。

光电耦合器的种类较多，通常光电耦合器由一发光二极管和一只受光控的光电元件(或光敏元件)封装在同一个管壳内组成，其中光电元件可能是发光二极管、光电三极管、光敏电阻、光控晶闸管、光电达林顿、集成电路等。常见的光电耦合器有管式、双列直杆式等封装形成。

1. 光电耦合器的封装及组合

光电耦合器有金属封装和塑料封装两种形式。金属封装采用金属外壳，且用玻璃绝缘，芯片采用环焊以保证发光管与接收管对准。塑料封装采用双列直插式结构，管芯先装于管脚上，中间用透明树脂固定，具有聚光作用，故灵敏度较高，较为常用。

常用的光电耦合器组合形式有 4 种，如图 4-9 所示。其中，图 4-9(a)是普通型光电耦合器，用于 100 kHz 以下频率的装置中；图 4-9(b)是高速型光电耦合器，响应速度高；图 4-9(c)是达林顿输出型光电耦合器，具有达林顿输出的一切特性，可直接用于驱动较低频率的负载；图 4-9(d)是晶闸管输出型光电耦合器，其输出部分为光控晶闸管，常用于大功率的隔离驱动场合。在实际应用中，可根据实际需要选用结构简单的器件，以降低成本。

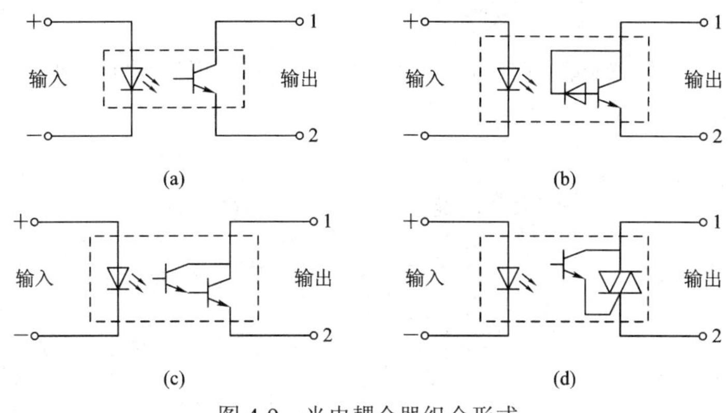

图 4-9　光电耦合器组合形式

2. 光电耦合器的工作原理

光电耦合器是通过光电元器件来实现功能的。光电元器件是一种光电转换装置，它的输出特性与二极管或三极管基本相同，不同的是光电元器件接收的是光能量。以光电三极管为例，其导通与截止是由发光二极管所加正向电压控制的。当发光二极管加上正向电压时，发光二极管有电流通过，发光，使光电三极管内阻减小而导通；反之，当发光二极管不加正向电压或所加正向电压很小时，发光二极管中无电流或通过电流很小，发光强度减弱，光电三极管的内阻增大而截止。

由于发光二极管与光电三极管之间是通过光来传递信息的，没有电气上的联系，从而实现了电气上的隔离。因此，光电耦合器广泛地应用于信号隔离、开关电路、数/模转换、逻辑电路、长线传输、过载保护、高压控制和电路变换。

3. 光电耦合器的接口电路

光电耦合技术广泛用于测量控制系统，典型的光电耦合器 TLP521-4 的应用电路如图 4-10 所示，其中，VD 为发光二极管，V_{CC} 为工作电源，R1 为限流电阻，R2 为三极管负载电阻，当 P1.0～P1.3 输出高电平时，发光二极管无电流流过，因此不发光，光电三极管 V 没有接收到光能量，处于截止状态，输出电压 $V_o = V_{CC}$。当 P1.0～P1.3 输出低电平时，有电流流过 4 个发光二极管 VD1～VD4，产生红外光线，V1～V4 接收到光能量，从工作区进入饱和区，光电三极管导通，V_{o1}～V_{o4} 均为 0V，输出低电平。

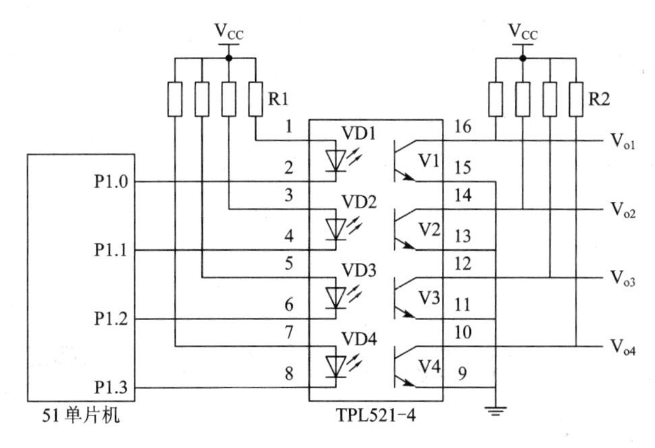

图 4-10　开单片机与 TLP521-4 接口电路

光电耦合器可以作为测控系统输入接口或者输出接口，光电耦合器作为单片机输入设备隔离器的例子可参考第 5 章的例 5-5。

【例 4-5】 用单片机 I/O 口控制光电耦合器，电路如图 4-11 所示，当 P2.7 引脚输出低电平时，光耦工作，使灯泡点亮。

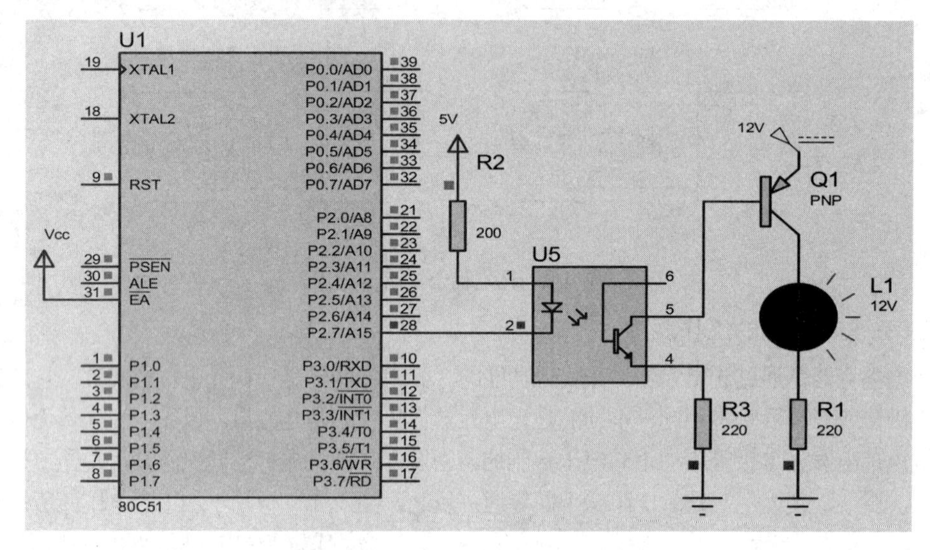

图 4-11　单片机 I/O 口控制光电耦合器

参考程序：

```
#include<reg51.h>
sbit   P2_7=P2^7;
void delay(unsigned int i)
{   unsigned int j, k;
    for(k = 0; k < i; k++)
    for(j = 0; j < 125; j++);
}
void main(void)
{   while(1)
    {     P2_7 = 0;
          delay(1000);
          P2_7 = 1;
          delay(1000);
    }
}
```

4.8　单片机 I/O 口控制双向可控硅

4.8.1　晶闸管工作原理

晶闸管又称为可控硅(SCR)，是一种大功率半导体器件，它既可作为控制开关，又具有单向导电的整流功能。通常晶闸管作为用较小的功率控制较大的功率的接口。在交、直流电动机调速系统、调功系统、随动系统和无触点开关等方面均获得广泛的应用。

晶闸管分单向可控硅和双向可控硅两类。

1. 单向可控硅

单向可控硅电路如图 4-12 所示，具有三个电极：阳极 A、阴极 C、控制极(门极)G。当控制极 G 不加电压时，其 AC 两端加上正向电压，正向电流很小，晶闸管并不导通，处于正向阻断状态；当 AC 加上正向电压，且控制极上 G 也加上正向电压时，晶闸管便进入导通状态。此时，管压降仅 1 V 左右，当控制电压消失，晶闸管仍保持导通状态。控制电压通常采用脉冲形式，以降低触发功耗。晶闸管不具有自关断能力，要切断负载电流，只有使阳极电流减小到维持电流以下，或加反向电压来关断。在交流回路中应用，当电流过零和进入负半周时，自动关断，需再次导通，必须重加控制信号。

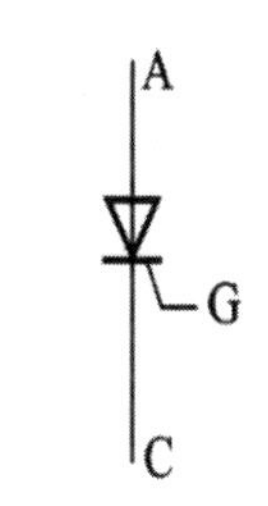

图 4-12　单向可控硅电路

2. 双向晶闸管

交流电路中常采用双向晶闸管，如图 4-13 所示，把两只反并联的晶闸管制作在同一片硅片上，控制极共用一个，以保证电流能沿正反两个方向流通。其原理说明如下：

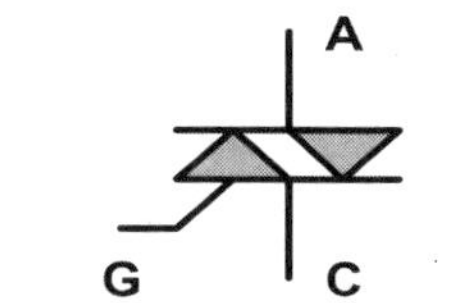

图 4-13　双向晶闸管结构

(1) 控制极 G 不加电压时，A、C 间呈高阻抗，管子截止。

(2) 当 AC 间电压＞1.5 V 时，不论极性如何，均可使 G 触发电流控制其导通。

(3) 交流工作时，当每一半周交替时，纯阻负载一般能恢复截止；但在感性负载情况下，电流相位滞后于电压，电流过零，可能反向电压超过转折电压，使管子反向导通。所以，要求管子能承受反向电压，一般要加 RC 吸收回路。

(4) A、C 可调换使用，触发极性可正可负。

双向可控硅经常用作交流调压、调温、调功和无触点开关，以往用硬件产生触发脉冲的测控方式不够灵活，在单片机测控系统中可利用软件产生触发脉冲。

4.8.2　单片机 I/O 口控制双向可控硅接口设计

光耦合双向可控硅驱动器常作为单片机输出与双向可控硅之间较理想的接口器件，典型的产品有 MOTOROLA 公司的 MOC3000 系列的光耦合双向可控硅驱动器，一般为六引脚双列直插式封装，由发光二极管和双向可控硅两部分组成，发光二极管常由砷化镓发光二极管构成，在正向电流(5～15 mA)作用下能发出红外光，触发硅光敏双向可控硅双向导通。

单片机 I/O 口控制双向可控硅接口典型电路如图 4-14 所示，通常利用软件控制单片机 I/O 口，使得光耦合双向可控硅驱动器发光，光敏双向可控硅双向导通，进一步触发外部的双向晶闸管导通。当 P2.0 输出高电平时，MOC3052 输出端的双向晶闸管关断，外部双向晶闸管也关断。电阻 R1 的作用是限制流过 MOC3052 输出端的电流。

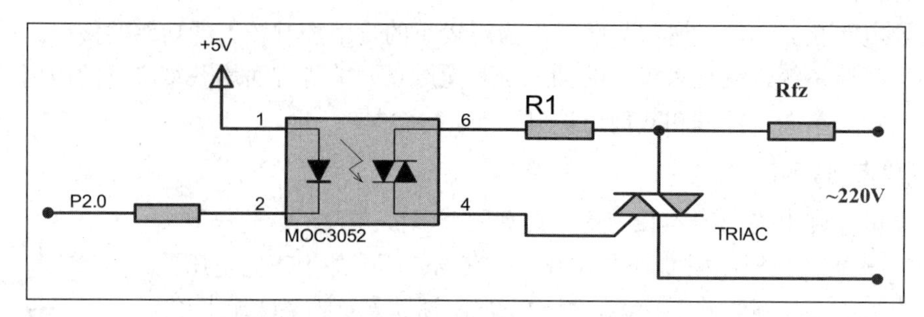

图 4-14　光耦合双向可控硅驱动器接口电路

【例 4-6】 用单片机 I/O 口控制双向可控硅，电路如图 4-15 所示，当按下 K1 开关并释放时，单片机 P2.0 取反。当 P2.0 为 0 时，光耦导通并触发可控硅，灯泡 L1 点亮，反之则熄灭。

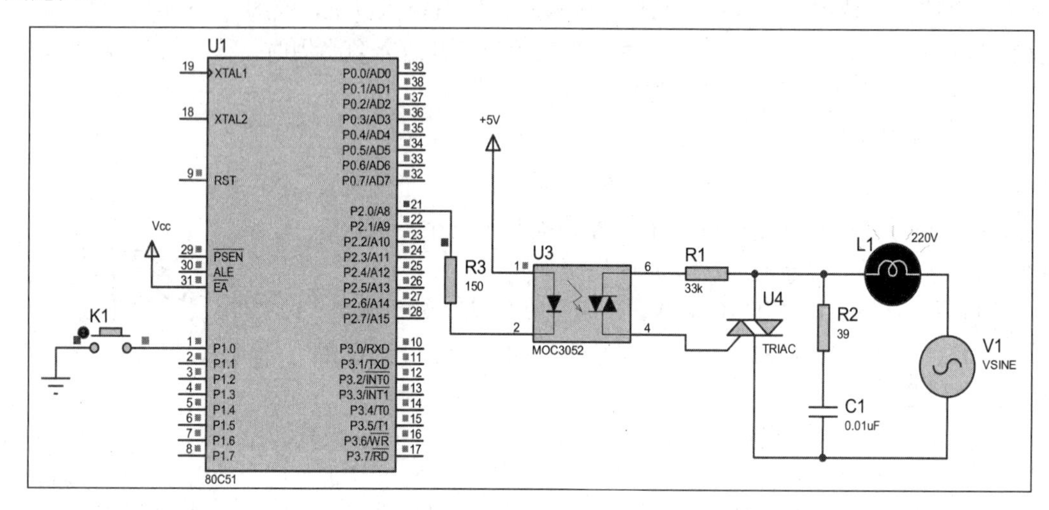

图 4-15　单片机 I/O 口控制双向可控硅

参考程序：

```
#include<reg51.h>
sbit   P2_0 = P2^0;
sbit   K1 = P1^0;
void delay(unsigned int i)
{
    unsigned int j, k;
    for(k = 0; k < i; k++)
    for(j = 0; j < 125; j++);
}
void main(void)
{
    P2_0=1;
    while(1)
    {
```

```
        if(K1==0)
        {
            delay(10);
            if(K1==0)
            {
                while(K1==0);
                P2_0=~P2_0;}
        }
    }
}
```

4.9　单片机 I/O 口控制固态继电器

固态继电器是一种新型的无触点电子继电器，其输入端仅要求输入很小的控制电流，与 TTL、HTL、CMOS 等集成电路具有较好的兼容性，输入端可以控制输出端的通断。

1. 固态继电器内部结构

固态继电器是一种四端器件，其内部结构如图 4-16 所示，由输入端、输出端、光耦合器、过零开关和吸收电路组成，具有两端输入和两端输出，输入、输出之间用光耦合器隔离。

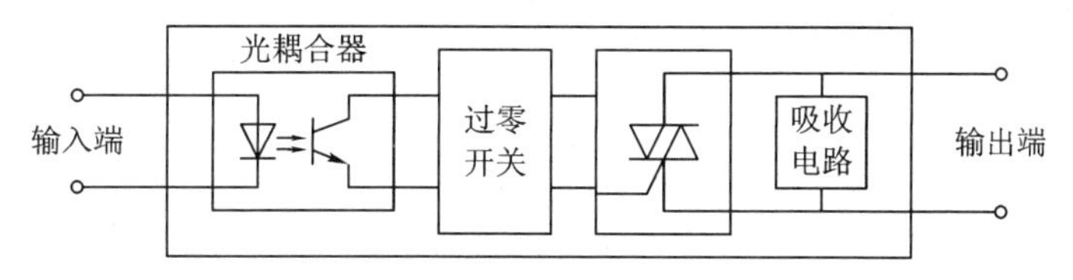

图 4-16　固体继电器内部结构

过零开关使得输出开关点在输出端电压于过零的瞬间接通或者断开，以减少由于开关电流造成的干扰。为了防止外电路中的尖峰电压或浪涌电流对开关器件造成的破坏，在输出端回路并联有吸收网络。

2. 固态继电器的主要特点

(1) 低噪声。过零型固态继电器在导通和断开时都是在过零点进行的。

(2) 可靠性高。因为没有机械触点，全封闭封装，所以耐冲击、耐腐蚀、寿命长。

(3) 承受浪涌电流大。一般可达额定值的 6～10 倍。

(4) 驱动功率小。驱动电流只需 10 mA。

(5) 对电源的适应性强。

(6) 抗干扰能力强。

3. 单片机控制固态继电器的接口

图 4-17 是使用固态继电器实现控制单向伺服电动机可逆运转的实例。

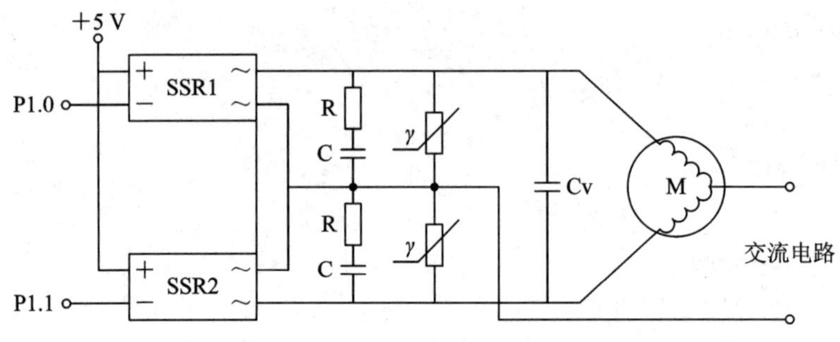

图 4-17　单片机控制固态继电器

习　题　4

一、填空题

1. P0 的功能是____________。

2. P3 口中 P3.5 位的第二功能符号为__________。

3. 若要从 80C51 的 P1 口输入数据，必须对该口先__________。

4. 80C51 的并行 I/O 口(P0～P3)用作通用 I/O 口时，当口由原输出状态变为输入状态方式时，应先向口的锁存器进行___________操作，再进行输入操作才正确。

5. 80C51 单片机复位时，P0～P3 口的各引脚为____________电平。

二、简答题

下图简述 80C51 内部四个并行 I/O 口的功能。

三、编程题

1. 编写程序，从 P1.6 引脚输出 10 个方波。

2. 编程读下图 P1.4～P1.7 口的开关状态，并送 P1.0～P1.3 指示灯显示。

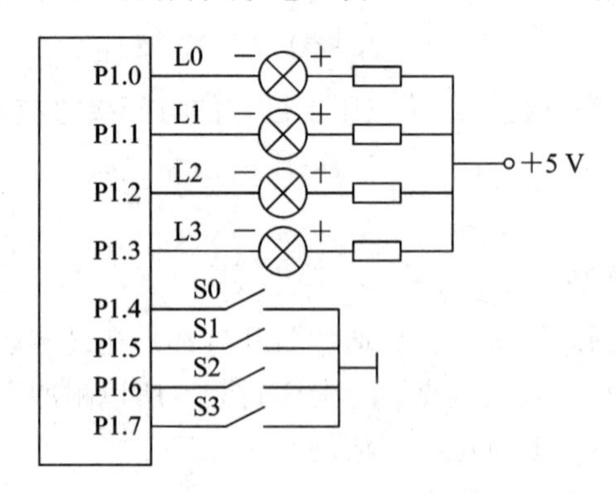

第 5 章　80C51 单片机的中断系统

本章介绍 80C51 单片机片内重要功能部件中断系统的结构、工作原理和应用设计。通过本章的学习，读者将掌握中断系统相关的特殊功能寄存器的使用，能熟练设计中断系统初始化程序以及中断函数。

5.1　中断的概念

在嵌入式系统(包括单片机)应用中，当内部、外部随机事件发生时，能及时响应并实时处理都是利用中断技术实现的。

中断是指 CPU 正在执行程序的过程中，CPU 内部或外部某一事件(如内部定时器/计数器的溢出或外部信号通过某一个引脚发生电平的变化、引脚脉冲沿跳变等)作为中断源向 CPU 发出中断请求信号，要求 CPU 暂时终止当前正在执行的程序，转去执行相应的中断服务程序，待中断服务请求处理完毕后，再回到原来被中断的程序处(断点)继续执行。这种程序在执行过程中由于内部或外界的随机事件而被中间打断的情况称为“中断”。单片机对中断源中断服务请求的整个响应和处理过程如图 5-1 所示。

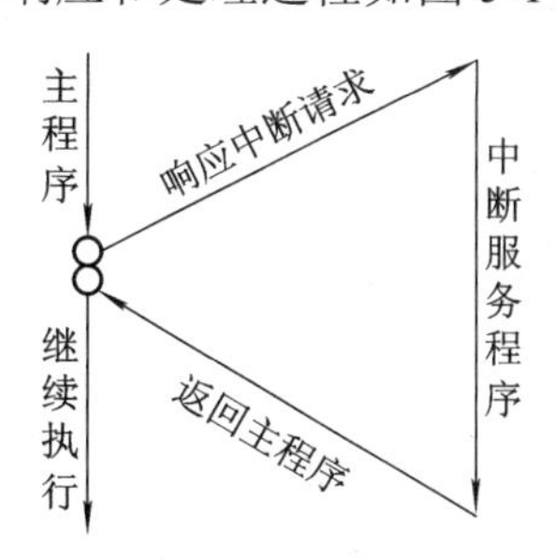

图 5-1　单片机中断响应和处理过程图

中断的发生是由内部或外部因素随机决定的，程序中无法事先安排调用指令，所以响应中断服务程序的过程是由硬件自动完成的。这种模式的实现依靠中断系统，中断系统是单片机的重要组成部分，实时控制、故障自动处理、计算机与外设间数据传送一般采用中断系统。中断系统的应用大大提高了单片机的工作效率。

80C51 单片机具有比较完善的中断系统，下面介绍其中断系统的结构及功能。

5.2　80C51 中断系统的结构

80C51 中断系统的结构如图 5-2 所示。80C51 单片机系统有 5 个中断请求源，分为两个中断优先级，中断服务程序可实现两级嵌套，中断系统功能的实现是通过软件对 SFR 进行控制，每个中断源可独立设置为允许中断或关中断状态，每个中断源可独立设置为高优先级或低优先级。

5.2.1　中断源及中断标志位

80C51 单片机有 5 个中断源，各中断源是否有中断请求，是由中断请求标志位来表示的。中断源及请求标志位如表 5-1 所示。中断源的中断请求标志位分别由 TCON 和 SCON 的相应位锁存。

表 5-1　中断源及标志位

序号	中断源	中断标志位	说　明
1	$\overline{\text{INT0}}$(外部中断 0)	IE0	当引脚 $\overline{\text{INT0}}$ (P3.2)有中断请求时，IE0=1
2	定时器 0 溢出中断	TF0	当 T0 定时时间到或 T0(P3.4)引脚外部计数脉冲计数满时，TF0 = 1
3	$\overline{\text{INT1}}$(外部中断 1)	IE1	当引脚 $\overline{\text{INT1}}$ (P3.3)有中断请求时，IE1 = 1
4	定时器 1 溢出中断	TF1	当 T1 定时时间到或 T1(P3.5)引脚外部计数脉冲计数满时，TF1 = 1
5	串行中断	RI 或 TI	当串口每发送完一帧数据时，TI = 1；当串口每接收完一帧数据时，RI = 1

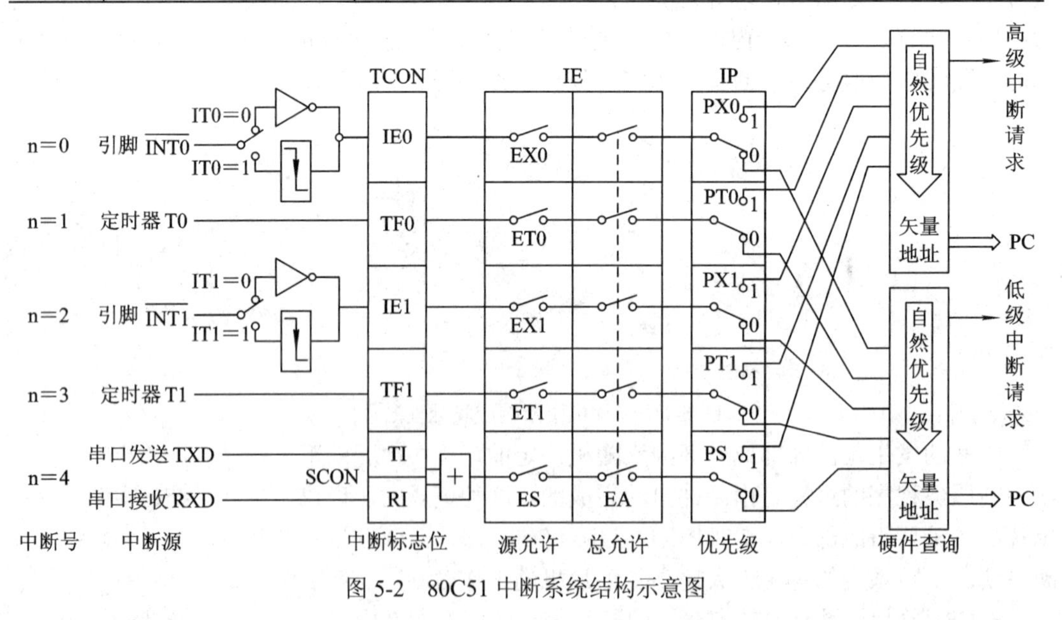

图 5-2　80C51 中断系统结构示意图

5.2.2　中断控制寄存器

80C51 通过对 4 个特殊功能寄存器的设置来控制 5 个中断源是否允许中断、各中断源的中断优先级别、中断申请方式以及标识是否有中断请求等。用于中断控制和标识的 4 个 SFR 分别是定时器/计数器及外部中断控制寄存器 TCON、串行口控制寄存器 SCON、中断允许控制寄存器 IE 以及中断优先级控制寄存器 IP。

1. TCON

TCON 字节地址为 88H，每位可以单独寻址和设置，每位名称、位地址及含义如表 5-2 所示。TCON 中包含 2 位外部中断请求源的中断触发方式控制位，还包括与中断有关的 4 位标志位。

表 5-2　TCON 寄存器

位地址	8FH	8EH	8DH	8CH	8BH	8AH	89H	88H
TCON	TF1	TR1	TF0	TR0	IE1	IT1	IE0	IT0

(1) TCON 中与外部中断有关的 2 位控制位。

① IT0：外部中断 0 的中断触发方式控制位。

IT0 = 0 时，外部中断 0 为电平触发方式，若引脚 P3.2 为低电平，则 IE0 自动置 1，表示有中断请求。

IT0 = 1 时，外部中断 0 为跳沿触发方式，若 CPU 检测到引脚 P3.2 有由高到低的负跳边沿，则使 IE0 置 1，表示有中断请求。

② IT1：外部中断 1 的中断触发方式控制位。其含义与 IT0 类同。

(2) 外部中断触发方式。有关外部中断触发方式的说明如下：

① 若 ITx(x = 0，1) = 0，为电平触发方式。在引脚 P3.2(P3.3)上被检测的低电平必须保持到 CPU 响应该中断时为止，且在中断服务程序返回前变为高电平，以免在中断返回后又再次响应该中断而出错。所以电平触发方式适用于外部中断请求输入为低电平(为被 CPU 采样到，低电平应至少保持 12 个振荡周期)，且能在中断服务程序中撤销请求源的情况。

② 若 ITx = 1，则为跳沿触发方式。CPU 在连续的两个机器周期中，前一个机器周期从 P3.2(P3.3)引脚上检测到高电平，后一个机器周期检测到低电平，才置位 IEx(IE0 或 IE1)，由 IEx 发出中断请求。所以跳变触发方式的外部中断，要求输入的负脉冲宽度至少保持 12 个振荡周期，以确保检测到引脚上的电平跳变。

(3) TCON 中与中断有关的标志位。TCON 中与中断有关的标志位有 4 位，功能如下：

① IE0：外部中断 0 的中断请求标志位。当单片机检测到外部中断 0 引脚(P3.2)上出现有效的中断请求信号时，由硬件使 IE0 置 1。当 CPU 响应该中断请求时，由硬件自动对 IE0 清 0。

② IE1：外部中断 1 的中断请求标志位，其含义与 IE0 类同。

③ TF0：定时器/计数器 T0 的溢出中断请求标志位，启动定时器 T0 后，T0 从设置初值开始加 1 计数。当计数器 T0 最高位产生溢出时，由硬件自动对 TF0 置 1，并向 CPU 发出中断请求。当 CPU 响应中断时，由硬件自动使 TF0 清 0。

④ TF1：定时器/计数器 T1 的溢出中断请求标志位，含义与 TF0 相同。

2. SCON

SCON 字节地址为 98H，每位可以单独寻址和设置，每位名称、位地址如表 5-3 所示。SCON 中包含 2 位与串口中断有关的标志位。

表 5-3　SCON 寄存器

位地址	9FH	9EH	9DH	9CH	9BH	9AH	99H	98H
SCON	SM0	SM1	SM2	REN	TB8	RB8	TI	RI

(1) 串行口发送中断请求标志 TI。CPU 每发送完一帧数据，此时 SBUF 寄存器空，硬件自动对 TI 置 1，请求中断。CPU 响应中断后，必须在中断服务程序中用指令对 TI 清 0。

(2) 串行口接收中断请求标志 RI。串行口接收完一帧数据，此时 SBUF 寄存器满，硬件自动对 RI 置 1，请求中断。CPU 响应中断后，必须在中断服务程序中用指令对 RI 清 0。

3. 中断允许控制寄存器 IE

IE 字节地址为 A8H,每位可以单独寻址并设置,每位名称、位地址如表 5-4 所示。80C51 单片机对中断的开放和关闭采用两级控制。第一级是设置了 1 个总中断控制位 EA(IE.7 位)，第二级设置了 5 个中断源的中断开放与否的中断请求允许控制位。

表 5-4　IE 寄存器

位地址	AFH	—	—	ACH	ABH	AAH	A9H	A8H
IE	EA	—	—	ES	ET1	EX1	ET0	EX0

(1) 中断允许总控制位 EA。EA = 0，关闭所有中断；EA = 1，开放所有中断，但是否允许各中断源的中断请求，还取决于各中断源的中断允许控制位的设置。

(2) 串行口的中断允许位 ES。ES = 0，禁止串口中断；ES = 1，允许串口中断。

(3) 定时器/计数器 T1 的中断允许位 ET1。ET1 = 0，禁止 T1 中断；ET1 = 1，允许 T1 中断。

(4) 外部中断 1($\overline{INT1}$)的中断允许位 EX1。EX1 = 0，禁止外部中断 1 中断；EX1 = 1，允许外部中断 1 中断。

(5) 定时器/计数器 T0 的中断允许位 ET0。ET0 = 0，禁止 T0 中断；ET0 = 1，允许 T0 中断。

(6) 外部中断 0($\overline{INT0}$)的中断允许位 EX0。EX0=0，禁止外部中断 0 中断；EX0 = 1，允许外部中断 0 中断。

4. 中断优先级控制寄存器 IP

80C51 单片机设有两级中断优先级,可设置 IP 寄存器相应位实现 2 级中断优先级选择。IP 字节地址为 B8H，各位名称、位地址及含义如表 5-5 所示。

表 5-5　IP 寄存器

位地址	—	—	BCH	BBH	BAH	B9H	B8H
IP	—	—	PS	PT1	PX1	PT0	PX0

(1) 串行口中断优先级控制位 PS。PS = 1，设置串口高优先级；PS = 0，设置串口低优先级。

(2) 定时器/计数器 T1 中断优先级控制位 PT1。PT1 = 1，设置 T1 高优先级；PT1 = 0，设置 T1 低优先级。

(3) 外部中断 1 优先级控制位 PX1。PX1 = 1，设置外部中断 1 高优先级；PX1 = 0，设置外部中断 1 低优先级。

(4) 定时器/计数器 T0 中断控制位 PT0。PT0 = 1，设置 T0 高优先级；PT0 = 0，设置 T0 低优先级。

(5) 外部中断 0 中断优先级控制位 PX0。PX0 = 1，设置外部中断 0 高优先级；PX0 = 0，设置外部中断 0 低优先级。

80C51 单片机复位后，IP = 0，5 个中断源都处于低优先级中断。

80C51 单片机中断系统设置中断优先级控制寄存器 IP 和中断允许寄存器 IE 后，如果几个同一优先级的中断源同时向 CPU 申请中断，CPU 通过内部顺序查询逻辑电路，按自然优先级顺序确定应该响应哪个中断请求。自然优先级由硬件形成，其排列如表 5-6 所示，依次为外部中断 0、定时器 0 溢出中断、外部中断 1、定时器 1 溢出中断、串行口中断。5 个中断源中断请求响应后，程序分别转向对应的 5 个固定的中断入口地址(中断向量)，具体地址如表 5-6 所示。

表 5-6 中断源入口地址及同一优先级下的自然优先顺序

中 断 源	中断入口地址(中断向量 8n+3)	同级中断自然优先顺序
外部中断 0	0003H	最高 ↓ 最低
定时器/计数器 T0	000BH	
外部中断 1	0013H	
定时器/计数器 T1	001BH	
串行口中断	0023H	

【例 5-1】 允许开放外部中断 0、外部中断 1 中断，并选择外部中断 0 为跳沿触发方式，外部中断 1 为电平触发方式，并设置外部中断 1 具有高的优先级。

参考程序：

```
{ …
    EA = 1;          //开放总中断
    EX0 = 1;         //允许外部中断 0 中断
    EX1 = 1;         //允许外部中断 1 中断
    IT0 = 1;         //设置外部中断 0 为跳沿触发方式
    IT1 = 0;         //设置外部中断 1 为电平触发方式
    PX1 = 1;         //外部中断 1 具有高优先级
    …
}
```

5.3 中断响应过程

80C51 单片机对中断源中断请求作出响应，必须满足中断响应条件；中断请求也会遇到被封锁的情况，中断还会出现嵌套。本节讨论中断响应的过程及中断响应时间。

1. 满足中断响应需要的条件

CPU 对中断请求进行响应，必须检测到下面 5 个条件：

(1) 中断允许总控制位开放，即 EA = 1。

(2) 某一中断源有请求信号，即中断源对应的中断标志位为 1。

(3) 该中断源对应的中断允许位置 1。

(4) 无同级或更高级中断正在服务。

(5) 当前的指令周期已经结束，且当前指令不是 RETI 或访问 IE 和 IP 的指令。

CPU 响应中断时，第一步，置位相应的优先级激活触发器，以便封锁同级和低级的中断。第二步，把程序计数器 PC 的内容压入堆栈(但不自动保存程序状态字 PSW)，同时把被响应的中断服务程序的入口地址装入 PC。第三步，在硬件的控制下，程序转向被响应的中断向量，执行中断请求需要的中断服务程序。

2. 中断请求被封锁的情况

单片机 CPU 在每个机器周期的 S5P2 节拍采样中断标志，在下一个机器周期对采样到的中断源查询。如果遇到下列 3 种情况之一，对该中断源的响应被封锁。

(1) CPU 正在处理同级或高级的中断。

(2) 现行的机器周期不是当前所执行指令的最后一个机器周期。

(3) 当前正在执行的指令是中断返回指令(RETI)或是对 IE 或 IP 寄存器访问的指令。

3. 中断的嵌套

80C51 单片机有两个中断优先级。当 CPU 正在执行中断服务程序，又有其他中断源发出中断申请时，CPU 要分析判断，决定是否响应该中断。判决规则如下：

(1) 若是同级中断源申请中断，CPU 将不予理睬；

(2) 若是高级中断源申请中断，CPU 将转去响应高级中断请求，待高级中断服务程序执行完毕，CPU 再转回低级中断服务程序断点处接着执行。

这就是中断的嵌套。二级中断嵌套程序执行过程如图 5-3 所示。

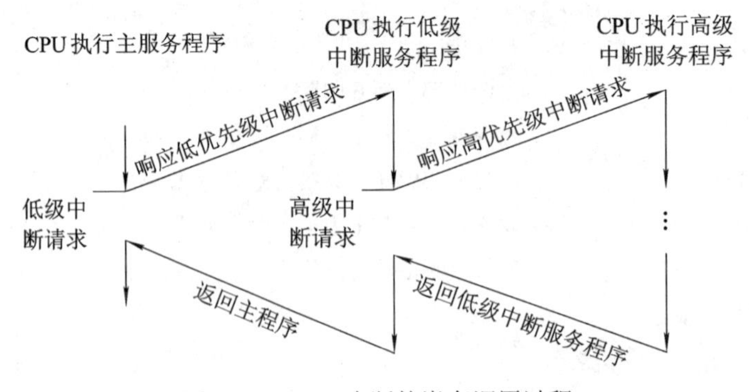

图 5-3　80C51 中断的嵌套调用过程

4. 中断响应时间

以外部中断响应为例，单片机在每个机器周期的 S5P2 时，采集外部中断 $\overline{INT0}$ 和 $\overline{INT1}$ 的引脚电平，并锁存到 IE0 和 IE1 中，这个设置 IE0 和 IEl 的标志位在下一个机器周期才被查询电路查询。如果产生了中断请求，而且满足响应的条件，CPU 响应中断后，由硬件生成一条双机器周期的长调用指令转到相应的中断向量处，因此，从中断请求有效到执行中断服务程序的时间间隔至少需要 3 个完整的机器周期。

如果中断请求被封锁，那么 80C51 将需要更长的响应时间。

(1) 若同级的或高优先级中断已经在执行，则等待时间取决于正在处理的中断服务程序的长度。

(2) 若正在执行的是 RETI 指令或者是访问 IE 或 IP 指令，指令执行时间为 2 个机器周期，则 CPU 接着还需要执行一条指令才响应中断；如果这条指令是需要最长时间指令，即 4 个机器周期的 MUL 或 DIV 指令，另外加上执行由硬件生成的 2 个机器周期的长调用指令转到相应的中断向量处所需时间，外部中断响应最长时间为 8 个机器周期。

这样，在单片机应用系统中只有一个中断源的情况下，响应时间总是在 3～8 个机器周期之间。

5.4　中断服务函数及应用

在第 3 章中已简要介绍中断服务函数，C51 中定义了中断函数来编写中断服务程序，大大减轻了编写中断服务程序的复杂程度。本节介绍中断服务函数的设计及应用。

5.4.1　中断服务函数

C51 中专门设计了 interrupt 修饰符来定义中断服务函数，对声明为中断服务程序的函数，在系统编译时会自动将当前工作寄存器区内容入栈、函数返回前将被保护的内容出栈，并将中断服务函数安排在程序存储器中的相应位置。

中断服务函数的格式为

函数类型　函数名(void)interrupt n using m

说明：

(1) 中断函数没有返回值，函数类型建议用 void 类型。

(2) interrupt 后的 n 为中断号，对于 MCS-51 子系列(如 80C51)，n 取值为 0～4；对 MCS-52 子系列，n 取值为 0～5；中断服务程序从 8×n+3 的中断向量处开始执行。中断号与中断向量的对应关系如表 5-7 所示。

表 5-7　中断号与中断向量的对应关系

中断号 n	中　断　源	中断向量 8n+3
0	外部中断 0	0003H
1	定时器/计数器 T0	000BH
2	外部中断 1	0013H
3	定时器/计数器 T1	001BH
4	串行口中断	0023H
5	定时器/计数器 T2	002BH

(3) 关键字 using 是可选项，后面的 m 用来选择 4 个工作寄存器区，m 取值为 0～3。工作寄存器区及地址如表 5-8 所示。

表 5-8　工作寄存器区及地址

工作寄存器区 m	RS1 RS0	工作寄存器	工作寄存器在 RAM 中的地址
0	00	R0～R7	00～07H
1	01	R0～R7	08～0FH
2	10	R0～R7	10～17H
3	11	R0～R7	18～1FH

中断服务函数中如果选用 using m，程序执行开始会自动将 PSW 入栈，并修改 PSW 中的工作寄存器组选择位 RS1、RS0 到 m 指定的工作区。

(4) 在中断服务程序中调用其他函数，必须保证所调用函数使用的工作寄存器区与中断函数使用的寄存器区不同。

5.4.2　外部中断服务函数应用设计

本节通过几个案例，介绍有关外部中断应用程序的设计。

【例 5-2】 电路如图 5-4 所示，设计一个对外部中断 0 计数的程序。在 80C51 单片机的 P1 口连接 8 只 LED，在外部中断 0 输入引脚 P3.2 连接一个按钮开关 K。要求如下：

(1) 每按一次 K，产生外部中断 0 请求，在外部中断 0 服务程序中统计中断发生的次数。

(2) 主程序实现在 8 个 LED 上按十六进制方式显示中断次数。

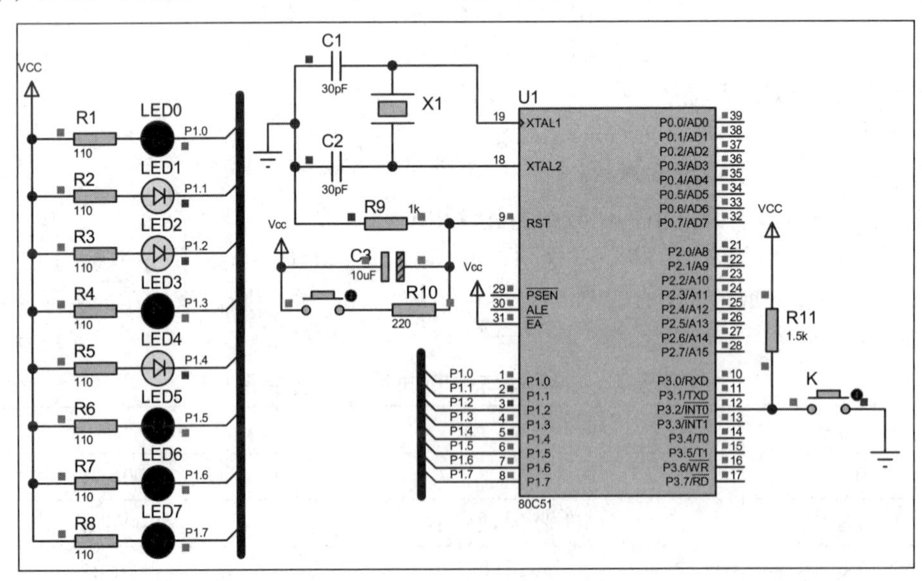

图 5-4　一个外部中断计数电路

参考程序：

```
#include <reg51.h>
#define uchar unsigned char
```

```
uchar a=0x00;
void   Delay(unsigned   int   x)           //延时 1 ms 函数
{
    uchar j;
    while(x--)
{    for (j = 0; j < 125; j++);}
}
void   main( )                    //主函数
{   uchar temp;
    EA = 1;                       //开放总中断
    EX0 = 1;                      //允许外部中断 0 中断
    IT0 = 1;                      //外部中断 0 为负跳变触发方式
    while(1)
    {   temp=a;
        temp = ~temp;
        P1 = temp;   }
}
void int0( ) interrupt 0          //外部中断 0 服务程序
{
    a = a+1;
}
```

【例 5-3】 设计两个外部中断嵌套程序，电路如图 5-5 所示。在 80C51 单片机的 P0 口连接 8 只 LED，在外部中断 0 输入引脚 P3.2 和外部中断 1 输入引脚 P3.3 各接一个按钮开关 K1 和 K2。要求如下：

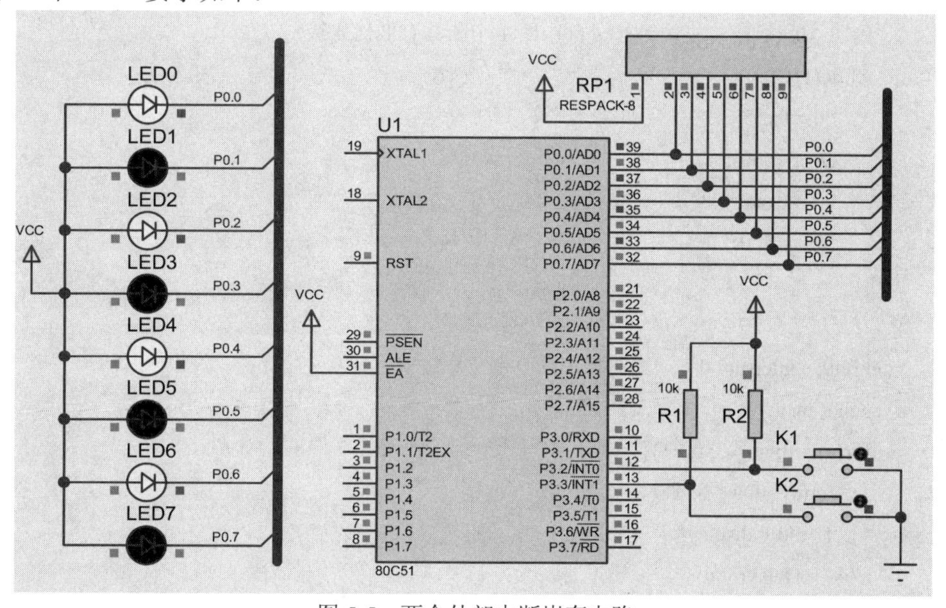

图 5-5　两个外部中断嵌套电路

(1) K1 和 K2 均未按下时，P0 口连接的 8 只 LED 呈间隔点亮后交替。

(2) 按下 K1，产生高优先级的外部中断 0 请求，在中断服务程序中使 8 只 LED 自上而下流水点亮，显示 3 遍。

(3) 按下 K2，产生低优先级的外部中断 1 请求，在中断服务程序中使 8 只 LED 自下而上流水点亮，显示 3 遍。

参考程序：

```
#include <reg51.h>
#include <intrins.h>
#define uchar unsigned char
uchar display[8] = {0xfe, 0xfd, 0xfb, 0xf7, 0xef, 0xdf, 0xbf, 0x7f};
void  Delay(unsigned  int  x)       //延时 1 ms 函数
{
    uchar j;
    while(x--)
    {  for (j = 0; j < 125; j++); }
}
void  main( )                    //主函数
{
    EA=1;                        //开放总中断
    EX0 = 1;                     //允许外部中断 0 中断
    EX1 = 1;                     //允许外部中断 1 中断
    IT0 = 1;                     //外部中断 0 为负跳变触发方式
    IT1 = 1;                     //外部中断 1 为负跳变触发方式
    PX0 = 1;                     //外部中断 0 中断具有高优先级
    PX1 = 0;                     //外部中断 1 中断具有低优先级
    while(1)
    {  P0 = 0x55;
       Delay(500);
       P0 = 0xaa;
       Delay(500);
    }
}
void int0( ) interrupt 0        //外部中断 0 服务程序
{  uchar m, a;
   for(m = 0; m < 3; m++){
       for(a = 0; a < 8; a++)
       {  P0 = display[a];
          Delay(500);
       }
```

```
    }
}
void int1( ) interrupt 2            //外部中断 0 服务程序
{
    uchar n;
    P0 = 0x7f;
    Delay(500);
    for(n = 0; n < 23; n++)
    {   P0 = _cror_(P0,1);
        Delay(500);
    }
}
```

【例 5-4】 设计单片机响应 8 个外部中断，电路如图 5-6 所示。8 只开关 K1～K8 一端接地，另一端连接 80C51 单片机的 P2 口，同时连接 8 输入与非门 74LS30 的 8 个输入端。74LS30 输出端经反相器 74LS04 连接至单片机外部中断 0 输入引脚 P3.2，当某个开关按下，表示某个相应外部中断发生，此时地电位信号通过按下的开关送与非门 74LS30 输入端，74LS30 输出的高电平经反相器 74LS04 取反，生成的低电平信号作为外部中断 0 的请求信号。单片机响应外部中断 0 后，在中断程序中通过 P2 口查询发生的外部中断号。编程实现如下要求：

(1) K1～K8 均未按下时，P1 口连接的 8 只 LED 呈间隔点亮。

(2) 若 8 只开关对应 P1 口连接的 8 个 LED，当按下某一个开关时，则相应的 LED 点亮。

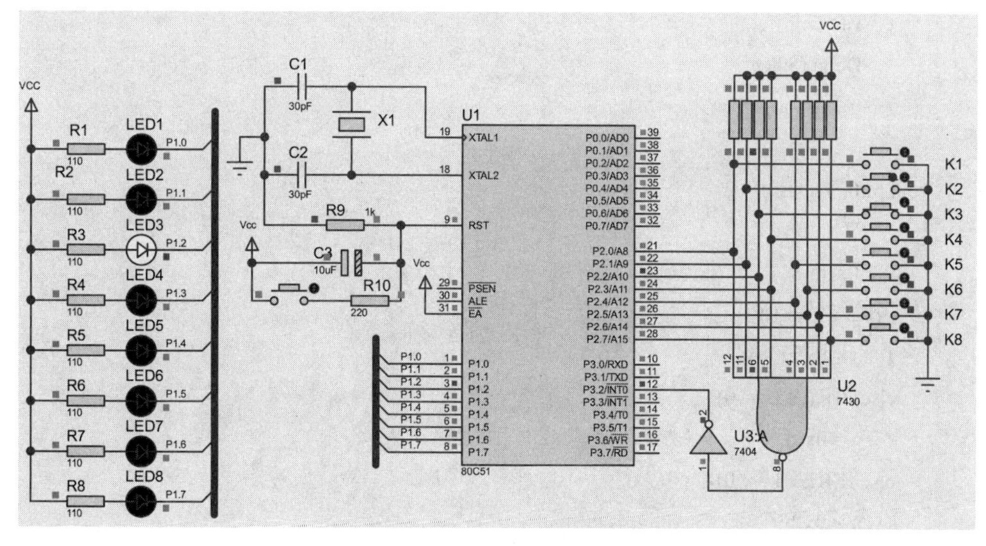

图 5-6　单片机响应 8 个外部中断

参考程序：

```
#include <reg51.h>
#include <intrins.h>
#define uchar unsigned char
```

```
sbit KEY1 = P2^0;
sbit KEY2 = P2^1;
sbit KEY3 = P2^2;
sbit KEY4 = P2^3;
sbit KEY5 = P2^4;
sbit KEY6 = P2^5;
sbit KEY7 = P2^6;
sbit KEY8 = P2^7;
uchar a = 0x55;
void   Delay(unsigned   int   x)
{   uchar j;
    while(x--)
{   for (j = 0; j < 125; j++);   }
}
void   main( )
{   EA = 1;
    EX0 = 1;
    IT0 = 1;
    P1 = a;
    Delay(500);
    while(1)
    {   P1 = a;
        Delay(500);
    }
}
void int0( ) interrupt 0
{
    P2=0xff;
    if(KEY1 == 0)
    {   a = 0xfe;   }
    else if(KEY2 == 0)
    {   a = 0xfd;   }
    else if(KEY3 == 0)
    {   a = 0xfb;   }
    else if(KEY4 == 0)
    {   a = 0xf7;   }
    else if(KEY5 == 0)
    {   a = 0xef;   }
    else if(KEY6 == 0)
```

```
        {   a = 0xdf;   }
        else if(KEY7 == 0)
        {   a = 0xbf;   }
        else if(KEY8 == 0)
        {   a = 0x7f;   }
        else {a = 0x00;}
    }
```

【例 5-5】 将光电耦合器作为开关输入信号与单片机 I/O 口之间的隔离器，接口电路如图 5-7 所示。光电耦合器的发光二极管正极连接开关 K1，光敏三极管发射极通过 74LS04 连接单片机外部中断 0 输入引脚 P3.2。开关 K1 打开时，光电耦合器的发光二极管无电流，不发光，光敏三极管不导通，P3.2 引脚输入高电平；当开关 K1 闭合时，光电耦合器的光电二极管导通且发光，使得光敏三极管导通，其发射极为高电平，经过 74LS04 反向后，向单片机外部中断 0 申请中断。编程实现如下要求：

(1) K1 未按下时，P1 口连接的 8 只 LED 呈间隔点亮。

(2) 按下 K1，负跳变产生外部中断 0 请求，在中断服务程序中使 8 只 LED 自上而下流水点亮，显示 2 遍。

参考 C 程序：

```
#include <reg51.h>
#include <intrins.h>
#define uchar unsigned char
uchar display[8] = {0xfe, 0xfd, 0xfb, 0xf7, 0xef, 0xdf, 0xbf, 0x7f};
void  Delay(unsigned  int  x)            //延时 1ms 函数
{  uchar j;
   while(x--)
   { for (j = 0; j < 125; j++);  }
}
void  main( )                            //主函数
{  EA = 1;                               //开放总中断
   EX0 = 1;                              //允许外部中断 0 中断
   IT0 = 1;                              //外部中断 0 为负跳变触发方式
   while(1)
   {  P1 = 0x55;
   }
}
void int0( ) interrupt 0                //外部中断 0 服务程序
{  uchar m, a;
   for(m = 0; m < 2; m++){
      for(a = 0; a < 8; a++)
      {  P1 = display[a];
```

```
            Delay(500);
        }
    }
}
```

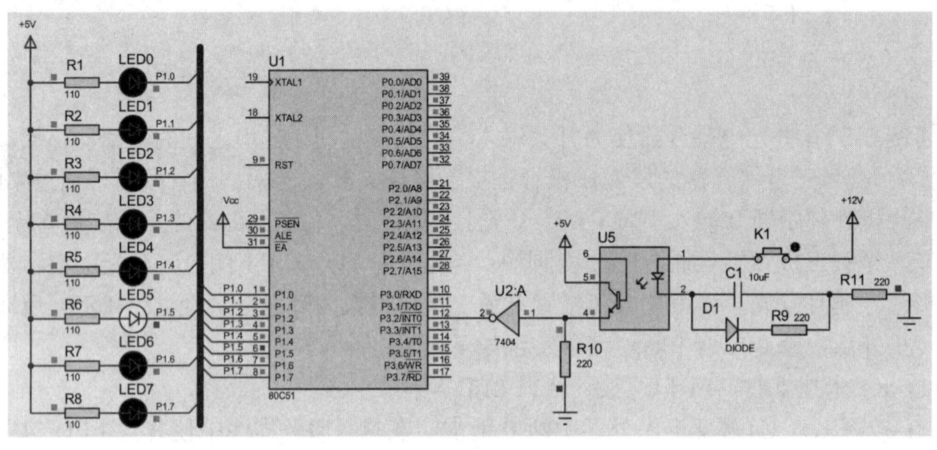

图 5-7　光电耦合器作为开关输入信号与单片机 I/O 口的隔离电路

习　题　5

一、填空题

1. 80C51 单片机有__________个中断源。

2. 80C51 单片机 CPU 响应某中断请求时，将会自动转向中断入口地址去执行，外部中断 0 入口地址为________H。

3. 定时器 T1 对应的中断入口地址为_________。

4. 若(IP) = 00010100B，则优先级最高者为_________，最低者为_________。

5. 80C51 单片机的外部中断的触发方式有两种，分别是负电平和_________。

6. 80C51 响应_________中断时，其中断标志只能由软件清除。

二、简答题

1. 简述 80C51 单片机的所有中断源。中断源的自然优先级次序是什么？

2. 简述 80C51 单片机 5 个中断源及对应的中断入口地址。

3. 80C51 单片机哪些中断源的中断标志在响应中断时由硬件自动清除？哪些中断源必须用软件清除？

4. 简述 80C51 单片机 CPU 响应中断的条件。

5. 简述 80C51 单片机的中断响应过程。

6. 80C51 单片机响应外部中断的典型时间是多少？在哪些情况下，CPU 将推迟对外部中断请求的响应？

第 6 章　80C51 单片机定时器/计数器

在工业测控应用中，经常需要产生精确的定时或者延时控制，如果采用软件定时，则需要占用 CPU 运行时间，降低单片机工作效率；许多场合还要用到对外部事件计数的功能。MCS-51 系列中 51 子系列单片机片内集成 2 个 16 位可编程控制的定时器/计数器 T0 和 T1；52 子系列片内集成 3 个，第 3 个是定时器 T2。T0、T1 是 MCS-51 单片机的片内功能部件，它们既可用作定时器方式，又可用作计数器方式。

本章主要介绍 80C51 单片机定时器/计数器 T0 和 T1 的结构、工作原理及应用。

6.1　定时器/计数器 T0 和 T1 的结构及工作原理

只有掌握 T0 和 T1 的结构及工作原理，才能熟练使用 MCS-51 系列单片机片内的定时器和计数器。

6.1.1　定时器/计数器 T0 和 T1 的结构

80C51 单片机定时器/计数器 T0、T1 的结构如图 6-1 所示，T0、T1 是两个 16 位加法计数器，T0 由 TH0 和 TL0 两个 SFR 组成加计数单元，T1 由 TH1 和 TL1 两个 SFR 组成加计数单元。TH1、TL1、TH0、TL0 只能按照字节访问。

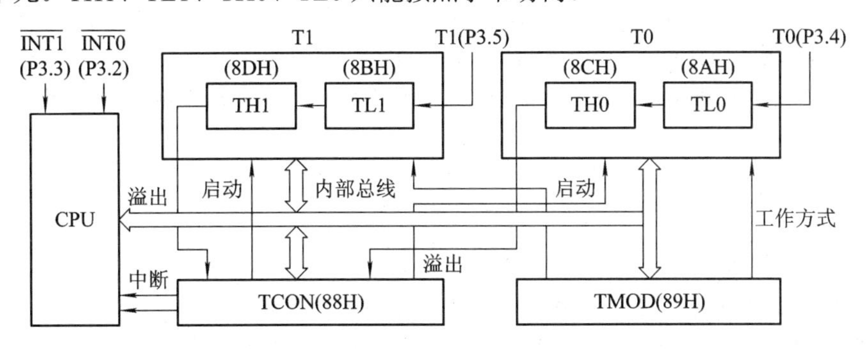

图 6-1　80C51 定时器/计数器的基本结构

对 T0、T1 定时或计数的模式、工作方式选择以及控制是由两个 SFR TCON 和 TMOD 的设置确定的。TMOD、TCON 与 T0 计数单元 TH0 和 TL0、T1 计数单元 TH1 和 TL1 间通过内部总线及逻辑电路连接，TMOD 用于控制定时器的模式和工作方式，TCON 用于控制定时器的启动与停止。一旦设置好 T0(或 T1)的工作方式并启动，T0(或 T1)就开始独立工作，不占 CPU 操作时间。当加计数器计满，置位 TF0(或 TF1)。 CPU 可通过软件主动查询是否定时时间到或计数满，也可以选择定时中断。

6.1.2 80C51 单片机定时器/计数器的工作原理

定时器/计数器 T0、T1 都可以独立设定为定时模式或者计数模式，定时器和计数器的实质都是加计数器，区别在于计数信号来源不同。

1. 定时器的原理

T0(或 T1)用作定时器时，是对内部机器周期 T_{cy} 的加计数器，即每个机器周期 TH0、TL0(或 TH1、TL1)计数器在初值的基础上加 1，计满溢出时，置位 TF0(或 TF1)，也可以选择产生中断请求。因此，一个 N 位的加 1 计数器，从初值 a 开始每个机器周期加 1 计数，直至溢出，定时时间 T 为

$$T = T_{cy}(2^N - a) \tag{6-1}$$

式中，T_{cy} 为机器周期，a 为计数初值，N 是由定时方式决定的，当 T0、T1 工作在方式 0、1 和 2 时，N 取值分别为 13、16 和 8。

【例 6-1】 设单片机晶振频率为 24 MHz，T0、T1 工作在方式 0、1、2，最大定时时间各为多少?

在初值为 0 时，有最大的定时时间：

$$T_{cy} = \frac{12}{f_{osc}} = \frac{12}{24 \times 10^6} = 0.5(\mu s)$$

所以 T0(或 T1)在工作方式 0 下，其最大定时时间为

$$T_{MAX} = 2^{13} \times T_{cy} = 2^{13} \times 0.5 \times 10^{-6} = 4.096\ (ms)$$

同样可以求得方式 1 下的最大定时时间为 32.768 ms；方式 2 下的最大定时时间为 0.128 ms。

2. 计数器的原理

T0(或 T1)用作计数器时，是对 P3.4 引脚(或 P3.5)输入的外部脉冲的加计数器，即每输入一个外部脉冲(每当外部脉冲产生负跳变)，TH0、TL0(或 TH1、TL1)计数器在初值 a 基础上加 1，计满溢出时置位 TF0(或 TF1)，也可以选择产生中断请求。因此，一个 N 位的加计数器，从初值 a 开始每来一个外部脉冲加 1 计数，直至溢出，计数总个数 C 为

$$C= 2^N - a \tag{6-2}$$

式中，a 为计数初值，N 是由计数方式决定的，当 T0、T1 工作在方式 0、1 和 2 时，N 取值分别为 13、16 和 8。

由于单片机需要两个机器周期来识别一个从“1”到“0”的跳变，因此外部计数脉冲的最高计数频率为晶振频率的 1/24。

【例 6-2】 单片机 T0、T1 在计数器各种方式下工作时，计数范围各为多少?

由于初值 a 取值为 0～$2^N - 1$，所以 T0、T1 工作在计数器方式 0 下，N = 13，计数范围是 1～8192(2^{13})；

在工作方式 1 下，N = 16，计数范围是 1～65 536(2^{16})。

在工作方式 2 下，N = 8，计数范围是 1～256(2^8)。

3. T0 和 T1 的主要特性

(1) T0 和 T1 可以通过编程选择定时模式或者计数模式，定时和计数的区别是：定时

是对内部机器周期计数实现的，而计数是对外部信号计数实现的。

(2) T0 和 T1 均可通过编程设定多种工作方式，其中 T0 有 4 种工作方式，T1 有 3 种工作方式，T2 有 3 种工作方式。

(3) T0 和 T1 定时时间到或计数满时，都会使计数器溢出，从而置位相应的溢出位，是否定时到或计数满可通过查询或中断方式处理。

6.2　定时器/计数器 T0 和 T1 的控制寄存器

对 T0 和 T1 的控制主要通过设置 TMOD 和 TCON 这两个 SFR 来实现。TMOD 用来确定 T0 和 T1 的工作模式及工作方式，TCON 用来设定和表征 T0 和 T1 的工作过程。

1. 定时器/计数器方式寄存器 TMOD

TMOD 字节地址为 89H，其格式如表 6-1 所示。TMOD 的 8 位分为 2 组，2 组含义相同，高 4 位为 T1 的控制字段，低 4 位为 T0 的控制字段。

表 6-1　TMOD 寄存器

TMOD	D7	D6	D5	D4	D3	D2	D1	D0
(89H)	GATE	$C/\overline{T}$	M1	M0	GATE	$C/\overline{T}$	M1	M0
	←T1→				←T0→			

1) M1 位和 M0 位

M1 和 M0 为工作方式控制位，其含义如表 6-2 所示(其中 i=0，1)。

表 6-2　定时器工作方式控制位

M1	M0	工作方式	功　　能
0	0	方式 0	THi 的 8 位和 TLi 的低 5 位构成 13 位计数器
0	1	方式 1	THi 的 8 位和 TLi 的 8 位构成 16 位计数器
1	0	方式 2	自动重装初值的 8 位计数器，TLi 溢出，THi 内容自动送入 TLi
1	1	方式 3	定时器 T0 分成两个 8 位计数器，T1 停止工作

2) $C/\overline{T}$ 位

$C/\overline{T}$ 位为定时与计数的模式选择位。$C/\overline{T}=0$ 时，设置为定时器模式；$C/\overline{T}=1$ 时，设置为计数器模式。

3) 门控位 GATE

当 GATE = 0 时，仅控制位 TR0(或 TR1)置 1 可启动 T0(或 T1)。仅 TR0(或 TR1)清 0 可停止 T0(或 T1)工作。

当 GATE = 1 时，控制位 TR0(或 TR1)置 1，同时还需 $\overline{INT0}$(或 $\overline{INT1}$)引脚为高电平方可启动定时器，即允许外部硬件通过 P3.2(或 P3.3)控制 T0(或 T1)启动。

TMOD 不能位寻址，只能用字节指令一次设置 8 位。复位时，TMOD = 00H。

例如：要求 T1 非门控，定时模式，工作方式为方式 1，则语句为

```
TMOD = 0x10;
```

2. 定时器/计数器控制寄存器 TCON

TCON 的字节地址为 88H，可以位寻址，清溢出标志位或启动定时器都可以用位操作指令。TCON 的格式如表 6-3 所示，TCON 低 4 位用于控制外部中断，在第 5 章中已介绍，TCON 高 4 位的功能是控制 T0(或 T1)的启动、停止以及标志 T0(或 T1)的溢出。当系统复位时，TCON = 0x00。

表 6-3　TCON 寄存器

TCON	D7	D6	D5	D4	D3	D2	D1	D0
(88H)	TF1	TR1	TF0	TR0	IE1	IT1	IE0	IT0

TCON 低 4 位含义如下：

(1) T1 溢出标志位 TF1。当 T1 计满数溢出时，由硬件自动置 TF1 = 1，向 CPU 发出 T1 中断请求，在中断允许时响应。进入中断服务程序后，由硬件自动使 TF1 = 0。当中断屏蔽时，TF1 可由软件查询，此时只能由指令清 0(编写 TF1 = 0 语句)。

(2) T1 运行控制位 TR1。TR1 = 0 时，关闭 T1。TR1 = 1 时，分两种情况：当 GATE = 0 时，启动 T1；当 GATE = 1 时，$\overline{\text{INT1}}$ 引脚为高电平，才可以启动 T1。

(3) T0 溢出标志位 TF0。其功能及操作情况同 TF1。

(4) T0 运行控制位 TR0。其功能及操作情况同 TR1。

6.3　定时器/计数器 T0 和 T1 的工作方式

80C51 片内 T0、T1 可以通过对特殊功能寄存器 TMOD 中 M1、M0 两位的设置来选择工作方式，其中 T0 有方式 0、1、2 和 3 四种工作方式；T1 有方式 0、1 和 2 共三种工作方式。

1. 工作方式 0

当 M1、M0 设置为 00 时，T0(或 T1)工作在方式 0。T0 方式 0 的逻辑图如图 6-2 所示。

1) 计数器单元

在方式 0 下，16 位计数器单元只用了 13 位，由 TH0 的 8 位和 TL0 的低 5 位组成一个 13 位计数器，TL0(或 TL1)的高 3 位未用。方式 0 计数器单元如图 6-3 所示，当 TL0(TL1)的低 5 位溢出时，会向 TH0(TH1)进位，当 13 位计数器加 1 到全“1”后，再加 1 就溢出。这时，置 TCON 的溢出标志位 TF0(TF1)为 1，同时把 13 位 TH0 和 TL0(或 TH1 和 TL1)变为全“0”。

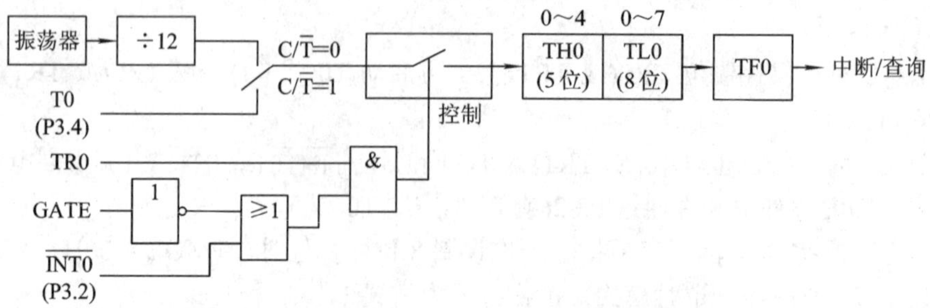

图 6-2　T0 方式 0 逻辑图

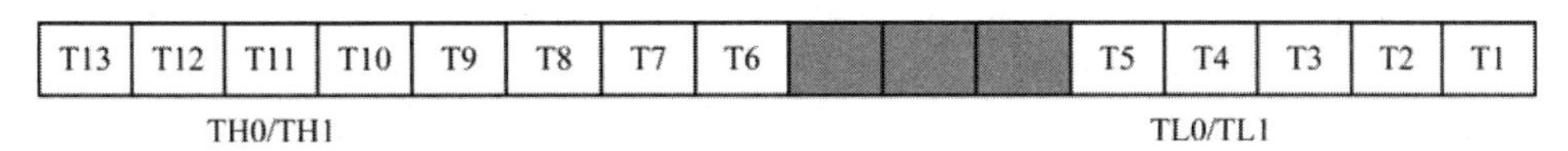

图 6-3　T0 和 T1 方式 0 计数器单元

2) 定时/计数模式控制位 $C/\overline{T}$

① $C/\overline{T}=0$：为定时器工作模式，对内部机器周期信号计数。

② $C/\overline{T}=1$：为计数器工作模式，对 P3.4(或 P3.5)引脚外部输入脉冲负跳变计数。

(3) 定时/计数运行控制位 GATE。GATE 位决定了 T0(或 T1)的运行取决于软件控制还是由硬件–软件共同控制。

① GATE = 0 时，若 TR0/TR1 = 1，则 13 位计数器开始计数；若 TR0/TR1=0，则 T0(或 T1)关闭。

② GATE = 1 时，运行控制由硬件–软件共同控制，即计数器启动由 TR0/TR1=1 和 $\overline{INT0}/\overline{INT1}$ 引脚为高电平两个条件来决定。

2. 工作方式 1

当 M1、M0 设置为 01 时，T0(或 T1)工作在方式 1。T0 方式 1 的逻辑图如图 6-4 所示。

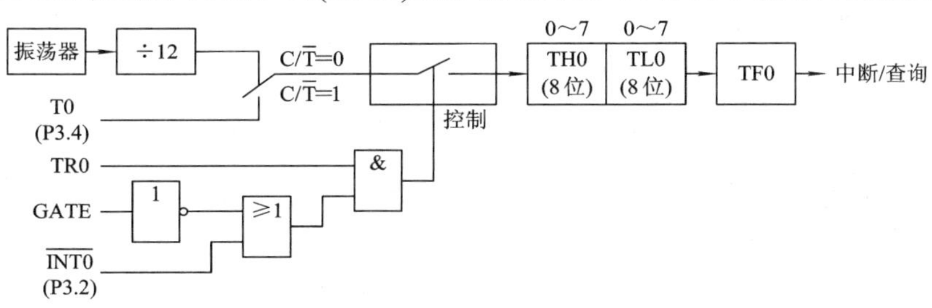

图 6-4　T0 方式 1 逻辑图

方式 1 和方式 0 的工作过程相同，唯一的差别是 TH0 的 8 位和 TL0 的 8 位组成一个 16 位计数器单元。当 TL0(TL1)的 8 位溢出时，会向 TH0(TH1)进位，当 16 位计数器加 1 到全“1”后，再加 1 就溢出。这时，置 TCON 溢出标志位 TF0(TF1)为 1，同时把计数器变为全“0”。其他 GATE、$C/\overline{T}$、$\overline{INT0}/\overline{INT1}$、TR0/TR1 等控制位都与方式 0 相同。

3. 工作方式 2

当 M1、M0 设置为 10 时，T0(或 T1)工作在方式 2。T0 方式 2 的逻辑图如图 6-5 所示。方式 2 把 TL0(TL1)配置成一个可以自动恢复初值(初始常数自动重新装入)的 8 位计数器，TH0(TH1)作为常数缓冲器，由软件预置值；当 TL0(TL1)溢出时，一方面使溢出标志 TF0(TR1)置 1，同时把 TH0(TH1)中的 8 位数据重新装入 TL0(TL1)中。

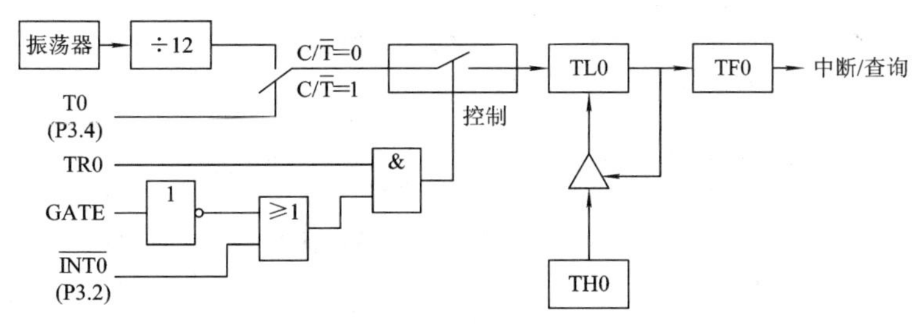

图 6-5　T0 方式 2 逻辑图

在实际应用中，工作方式 0 和工作方式 1 在定时时间到或者计数满产生溢出时，计数单元清 0；如果想循环定时或者循环计数就需要频繁重新给计数单元装初值，这不但影响定时/计数，也给程序设计带来麻烦。方式 2 常用于循环精确的定时/计数控制。

例如，80C51 单片机晶振频率为 12 MHz，希望每隔 200 μs 产生一个定时控制脉冲，可在定时方式 2 下，把 TH0 和 TL0 同时预置为 56 实现。

方式 2 还用作串行口波特率发生器。

4. 工作方式 3

方式 3 只适用于 T0。方式 3 使 80C51 具有 3 个定时器/计数器(增加了一个附加的 8 位定时器/计数器)。

1) T0 工作在方式 3

当 TMOD 的低 2 位为 11 时，T0 设置为方式 3，将使 TL0 和 TH0 成为两个相互独立的 8 位计数器，如图 6-6 所示。TL0 利用 T0 自身的 P3.4 引脚、C/$\overline{T}$、GATE、TR0 和 $\overline{INT0}$ 等控制位以及 TF0 状态位，它的操作与方式 0 和方式 1 类似。而 TH0 被规定为只用作定时器功能(对机器周期计数)，并借用了 T1 的 TR1 和 TF1 控制位。

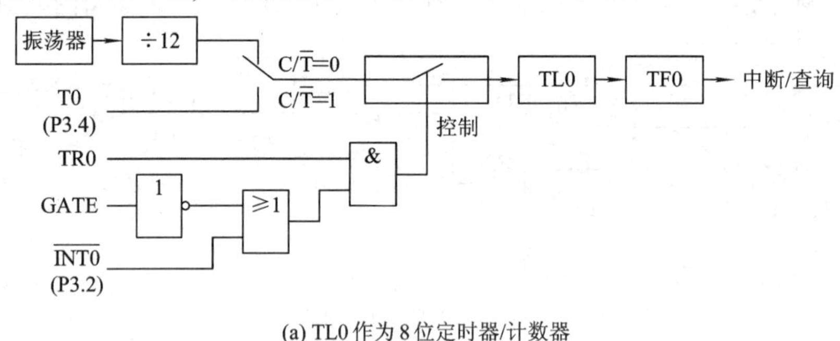

(a) TL0 作为 8 位定时器/计数器

(b) TH0 作为 8 位定时器

图 6-6　定时器/计数器 T0 工作方式 3

2) T0 工作在方式 3 下的 T1

通常，当 T1 用作串口波特率发生器时，T0 才定义为方式 3，以增加一个 8 位计数器。

T0 工作在方式 3 时，TH0 使用了 T1 的中断标志位(TF1)，这时 T1 还可以设置为方式 0～2，用于任何不需要中断控制的场合，或用作串行口的波特率发生器。

① T1 工作在方式 0。T1 工作在方式 0，作为波特率发生器，需要设置 M1、M0 = 00，工作示意图如图 6-7 所示。

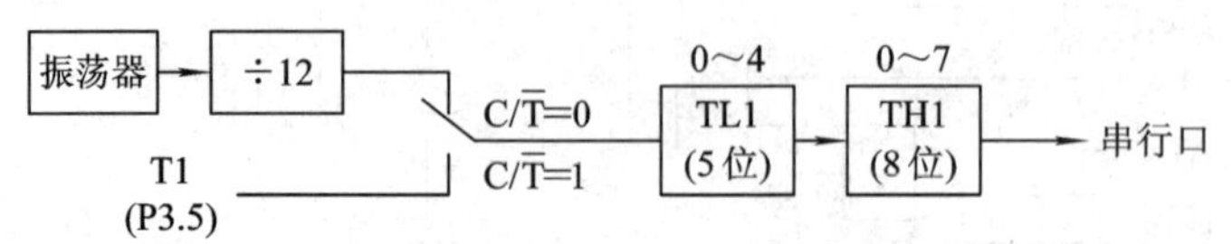

图 6-7　T0 工作在方式 3 下(T1 工作在方式 0)工作示意图

② T1 工作在方式 1。T1 工作在方式 1，作为波特率发生器，需要设置 M1、M0 = 01，

工作示意图如图 6-8 所示。

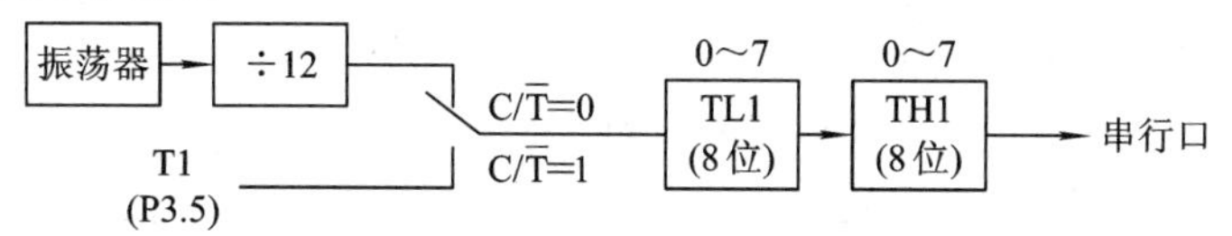

图 6-8　T0 工作在方式 3 下(T1 工作在方式 1)工作示意图

③ T1 工作在方式 2。T1 工作在方式 2，由于方式 2 可循环计数或定时，不需要重置计数初值，在波特率产生器中常用；需要设置 M1、M0 = 10，工作示意图如图 6-9 所示。

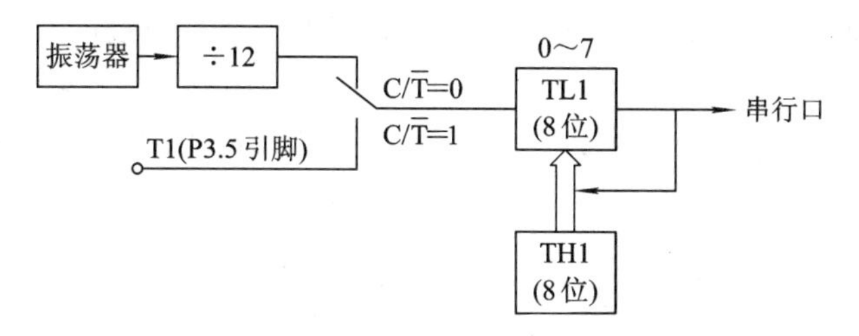

图 6-9　T0 工作在方式 3 下(T1 工作在方式 2)工作示意图

6.4　定时器/计数器 T0 和 T1 的应用

本节介绍 T0、T1 的初始化设计及编程应用。

1. T0 和 T1 的初始化

由于 T0 和 T1 的功能实现是由软件编程确定的，所以使用前首先要初始化，步骤如下：

(1) 确定工作模式与工作方式，为 TMOD 赋值。

(2) 确定计数器单元初值，为 T0 计数单元 TH0、TL0(或 T1 计数单元 TH1、TL1)预置初值。

① 计数器初值的计算：

$$a = 2^N - C$$

其中，a 为计数初值，C 为需要的计数个数，N 是由计数方式决定的，N 取值为 13、16、8。

【例 6-3】 编程实现利用 T1 方式 2 对外部 TTL 电平的脉冲个数进行计数，要求计满 100 个脉冲溢出，计算计数器初值。

$$a = 2^8 - 100 = 156$$

② 定时器初值的计算：

$$a = 2^N - \frac{T}{T_{cy}}$$

其中，a 为计数初值，T_{cy} 为机器周期，N 是由定时方式决定的，N 取值为 13、16、8。

【例 6-4】 单片机晶振频率为 12 MHz，要求 T0 定时 2 ms，计算定时器 T0 初值。

由于 T0 工作在方式 2 和方式 3 下时的最大定时时间只有 0.256 ms，因此要获得 2 ms 的定时时间，定时器可以工作在方式 0 或方式 1。

若用方式 0，定时器初值为

$$T_C = 2\text{^}13 - T / T_{cy} = 2\text{^}13 - 2 * 10\text{^}3 / 1 = 6192 = 0x1830$$

即：TH0 装 0x0C1；TL0 装 0x10(高三位为 0)。

若用方式 1，定时器初值为

$$T_C = 2\text{^}16 - 2 * 10\text{^}3 / 1 = 63536 = 0xF830$$

即：TH0 应装 0xF8；TL0 应装 0x30。

(3) 若需要定时器时间到或计数满时采用定时器中断服务程序处理，可设置 IE 开放中断，还可根据需要设置中断优先级寄存器 IP。

(4) 给 TCON 送命令字，以启动或禁止定时器/计数器的运行。

(5) 确定定时时间到或计数满，以便进行相应的处理。若用查询方式则不需要第(3)步，可查询溢出标志位 TF0(或 TF1)，溢出标志为 1，则进行相应处理；若用中断方式处理，设置 IE、TR0(TR1)后，一旦 TF0(或 TF1)标志为 1，则自动转向中断服务程序。

2. T0、T1 的编程应用

【例 6-5】 T0 和 T1 作为计数器的应用电路如图 6-10 所示，外部计数输入端 T0(P3.2)接一按钮开关 K1，外部计数输入端 T1(P3.5)接信号源，P1.7 引脚接一 LED 灯。要求：按下开关 K1 开始对信号源计数，当计满 10 个脉冲时，LED 闪烁 10 次，T0、T1 都采用中断方式。

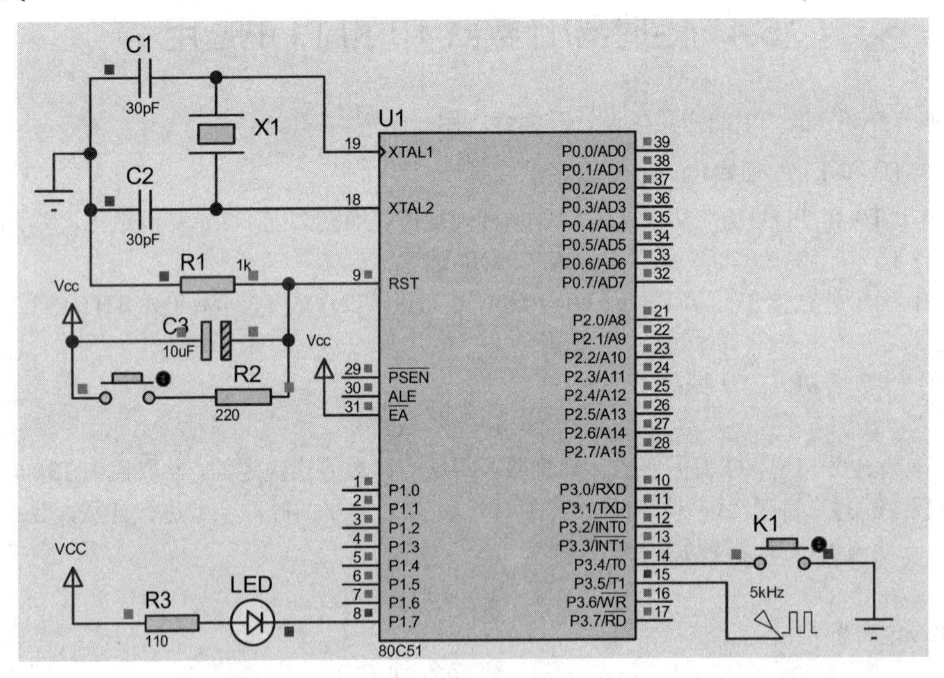

图 6-10　两个计数器的使用

(1) 确定 TMOD。T0、T1 都计数，T0 计数 1 次，选择方式 1；T1 计数 10 次，选择方式 1；都选择非门控，所以 TMOD = 0x55。

(2) 确定计数初值。T0 计数 1 次，选择方式 1，计数初值为 65 535 = 0xFFFF，TH0 = 0xFF，TL0 = 0xFF；T1 计数 10 次，选择方式 1，计数初值为 65 536 – 10 = 65 526 = 0xFFF6，TH1 = 0xFF，TL1 = 0xF6。

(3) 设置 IE、IP。由于 T0、T1 均采用中断方式，不设置优先级。IE = 0x8A，IP = 0。

(4) 启动 T0、T1。T0 启动在主程序中，T1 启动在 T0 的中断服务程序中。

参考程序：

```
#include  <reg51.h>
#define uchar unsigned char
sbit  P1_7 = P1^7;
void  Delay(unsigned  int  x)          //延时 1 ms 函数
{
    uchar j;
    while(x--)
    { for (j = 0; j < 125; j++); }
}
void  main( )
{
    TMOD = 0x55;
    TH0 = 0xFF;
    TL0 = 0xFF;
    TH1 = 0xFF;
    TL1 = 0xF6;
    IE = 0x8A;
    TR0 = 1;
    P1_7 = 1;
    while(1);
}
void  c0(void)  interrupt 1            // T0 中断服务程序
{
    TR0=0;
    TR1 = 1;
}
void  c1(void)  interrupt 3            // T1 中断服务程序
{  uchar i;
    for(i = 0; i < 10; i++)
    {  P1_7 = 0;
        Delay(500);
        P1_7 = 1;
        Delay(500);
    }
    TR1 = 0;
}
```

在实际应用中，经常用 T0、T1 产生精确的周期性波形。利用 T0、T1 产生周期性波形的思想是：利用 T0、T1 定时，定时时间到，对输出端作相应的处理。如产生方波，可在定时时间到时对输出端取反。

【例 6-6】 电路如图 6-11 所示，设 80C51 晶振频率为 12 MHz，用 T1 编程实现从 P1.7 引脚输出频率为 2 kHz 的音频信号。

分析：从 P1.7 引脚输出频率为 2 kHz 的超声波，即周期为 500 μs 的方波，可定时 250 μs，定时时间到时，让 P1.7 取反一次。T1 分别工作于方式 0、方式 1、方式 2，可分别采用查询和中断方式实现。当晶振频率为 12 MHz 时，机器周期为 1 μs。

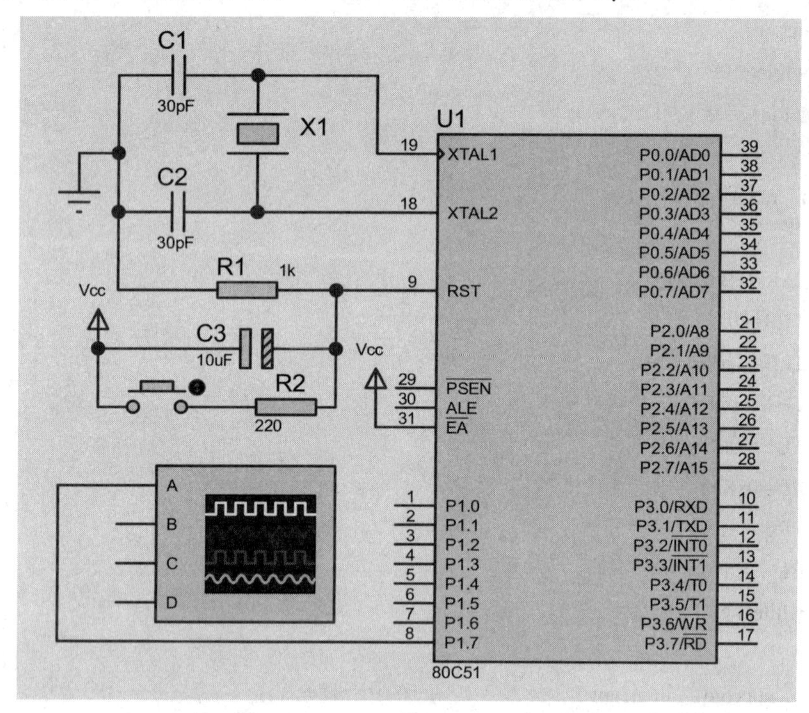

图 6-11　定时器 T1 产生超声波

(1) T1 采用方式 0、中断方式处理。方式控制字应设定为 00000000B(0x00)。定时 250 μs，初值 X = 8192 – 250 / 1 = 7942 = 0x1F06，则 TH1 = 0xF8，TL1 = 0x06。

参考程序：

```
#include  <reg51.h>  //包含特殊功能寄存器库
sbit   P1_7 = P1^7;
void   main( )
{
    TMOD = 0x00;
    TH1 = 0xF8;
    TL1 = 0x06;
    EA = 1;
    ET1 = 1;
    TR1 = 1;
    while(1);
```

```
}
void   til(void)   interrupt 3   //中断服务程序
{  TH1 = 0xF8;
   TL1 = 0x06;
   P1_7=!P1_7;
}
```

仿真时，用鼠标右键单击虚拟数字示波器，在菜单中选择“Digital Oscilloscope”选项，调整时间旋钮到合适位置，会看到 P1.7 引脚输出给 A 通道的频率为 2 kHz 的音频信号，如图 6-12 所示。

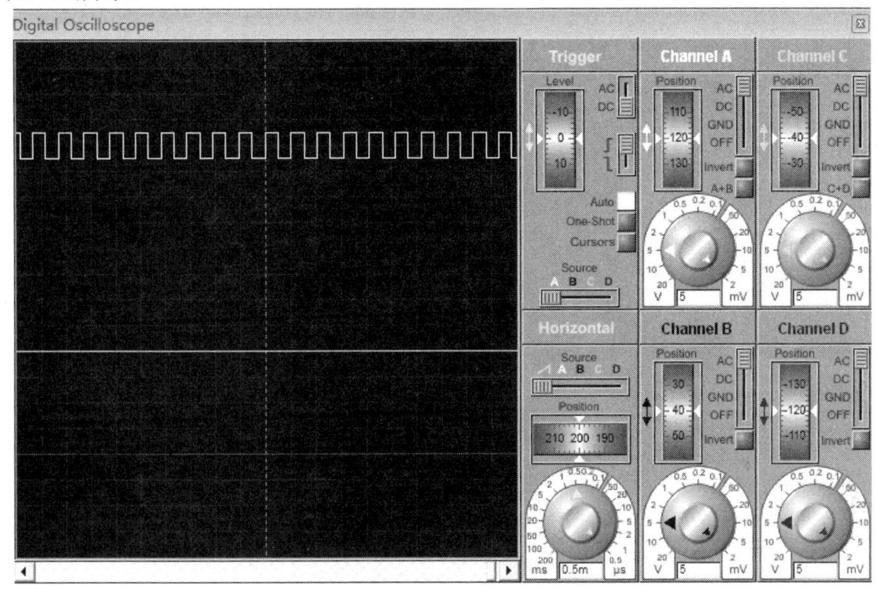

图 6-12　频率为 2 kHz 的音频信号

(2) T1 采用方式 1、中断方式处理。方式控制字应设定为 00010000B(0x10)。定时 250 μs，初值 X = 65 536 – 250 / 1 = 65 286 = FF06，则 TH0 = 0xFF，TL0 = 0x06。

参考程序：

```
#include   <reg51.h>   //包含特殊功能寄存器库
sbit   P1_7 = P1^7;
void   main( )
{
    TMOD = 0x10;
    TH1 = 0xFF;
    TL1 = 0x06;
    EA = 1;
    ET1 = 1;
    TR1 = 1;
    while(1);
}
```

```
void  ti1 (void)  interrupt 3        //中断服务程序
{  TH1 = 0xFF;
   TL1 = 0x06;
   P1_7 = !P1_7;
}
```

(3) T1 采用方式 2、中断方式处理。方式控制字应设定为 00100000B(0x20)。定时 250 μs，初值 X = 256 – 250 / 1 = 06，则 TH0 = TL0 = 0x06。

参考程序：

```
#include  <reg51.h>                  //包含特殊功能寄存器库
sbit  P1_7 = P1^7;
void  main( )
{
   TMOD = 0x20;
   TH1 = 0x06;
   TL1 = 0x06;
   EA = 1;
   ET1 = 1;
   TR1 = 1;
   while(1);
}
void  ti0(void)  interrupt 3         //中断服务程序
{
   P1_7=!P1_7;
}
```

(4) T1 采用方式 2、查询方式处理。

参考程序：

```
#include  <reg51.h>                  //包含特殊功能寄存器库
sbit  P1_7 = P1^7;
void  main( )
{
   char  i;
   TMOD = 0x20;
   TH0 = 0x06; TL0 = 0x06;
   TR1 = 1;
   for(; ;)
   {
      if (TF1)  { TF1 = 0; P1_7 = ! P1_7;}     //查询计数溢出
   }
}
```

若需要定时器定时时间超过定时器最大值，即方式 1 时定时 2^{16} 个机器周期，用一个定时器直接处理不能实现，可用两个定时器级联或一个定时器配合软件计数方式处理。

【例 6-7】 电路如图 6-13 所示，设晶振频率为 12 MHz，定时控制 P1 口连接的 8 只 LED 自上而下点亮的跑马灯，每只灯点亮 0.5 s。

分析：每只灯点亮 0.5 s，这时应产生 500 ms 的周期性的定时，定时时间到时点亮下一盏灯。可用 T0 产生 10 ms 定时，然后对 10 ms 计数 50 次或用 T1 对 10 ms 计数 50 次实现。

晶振频率为 12 MHz，T0 定时 10 ms，可选方式 1，则 TMOD = 00000001B(0x01)，初值 X = 65 536 – 10000 / 1 = 55 536 = 1101100011110000B，则 TH0 = 11011000B = 0xD8，TL0 = 11110000B = 0xF0。

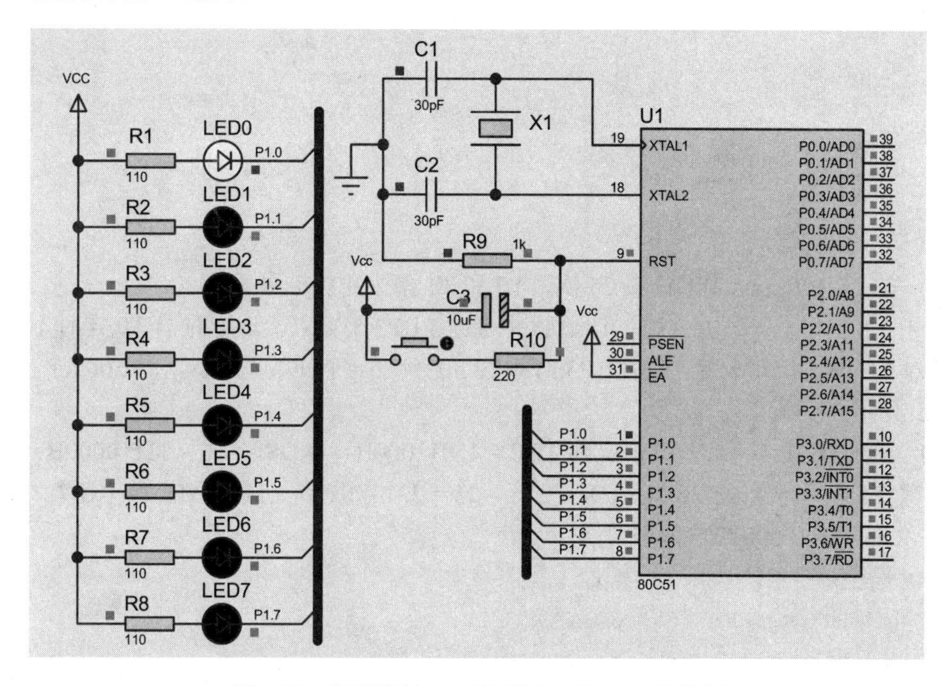

图 6-13　定时控制 P1 口连接的 8 只 LED 跑马灯

(1) T0 定时 10 ms、软件计数 50 次，采用中断处理方式。

参考程序：

```
#include   <reg51.h>                    //包含特殊功能寄存器库
#include <intrins.h>
#define uchar unsigned char
uchar   i;
void   main( )
{
    TMOD = 0x01;
    TH0 = 0xD8;
    TL0 = 0xF0;
    EA = 1;
```

```
    ET0 = 1;
    i = 0;
    TR0 = 1;
    P1 = 0xFE;
    while(1);
}
void   time0_int(void)   interrupt 1          // T0 中断服务程序
{
    TH0 = 0xD8;
    TL0 = 0xF0;
    i++;
    if(i==50)
    {
        P1 = _crol_(P1,1);
        i = 0;}
}
```

(2) T0 定时 10 ms、T1 计数 25 次，T0 和 T1 都采用中断处理方式。

由于 T1 工作于计数方式时，计数脉冲通过 T1(P3.5)输入，设定时器 T0 定时 10 ms 时间到，对 T1(P3.5)取反一次，则 T1(P3.5)每 20 ms 产生一个计数脉冲。定时 500 ms 需要 T1 计数 25 次。

T0 工作于方式 1，定时 10 ms，则 TH0 = 11011000B = 0xD8，TL0 = 11110000B = 0xF0。设计数器 T1 工作于方式 2，初值 X = 256 – 25 = 231 = 0xE7，TH1 = TL1 = 0xE7。方式控制字 TMOD = 01100001B = 0x61。

参考程序：

```
#include   <reg51.h>
#include <intrins.h>
#define uchar unsigned char
sbit   P3_5 = P3^5;
void   main( )
{
    TMOD = 0x61;
    TH0 = 0xD8;
    TL0 = 0xF0;
    TH1 = 0xE7;
    TL1 = 0xE7;
    EA = 1;
    ET0 = 1;
    ET1 = 1;
    TR0 = 1;
```

```
    TR1 = 1;
    P1 = 0xFE;
    while(1);
}
void  time0_int(void)  interrupt 1        // T0 中断服务程序
{
    TH0 = 0xD8;
    TL0 = 0xF0;
    P3_5 = !P3_5;
}
void  time1_int(void)  interrupt 3        // T1 中断服务程序
{
    P1 = _crol_(P1, 1);
}
```

【例 6-8】 利用门控位 GATE 测量正脉冲信号的宽度。

模式控制寄存器 TMOD 中的 GATE 位置 1 时，可使 T0(或 T1)的启动受外部引脚$\overline{INT1}$和 TR0(或$\overline{INT1}$和 TR1)的共同控制，利用这个特点，可测量引脚$\overline{INT0}$($\overline{INT1}$)引脚上正脉冲的宽度，即正脉冲中包含的机器周期数。

测量正脉冲信号宽度的电路原理如图 6-14 所示，T0 的计数输入端$\overline{INT0}$外接信号源，P2、P1 口外接 16 只 LED，用于以二进制形式显示周期信号的高电平中包含的机器周期数。其中 P2 口显示低 8 位，P1 口显示高 8 位。设置信号源周期数，LED 显示的脉冲信号宽度会发生变化。

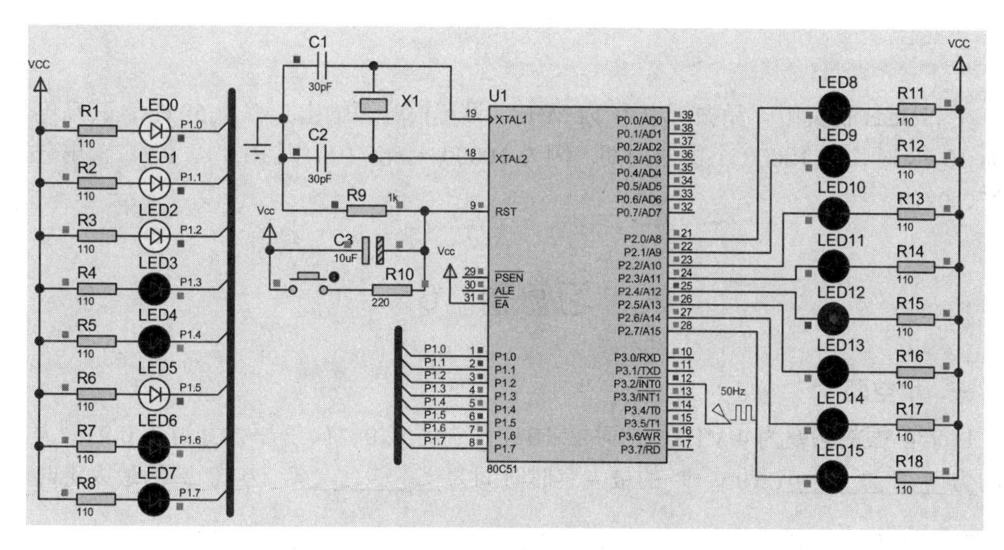

图 6-14　测量正脉冲信号宽度电路

参考程序：

```
#include<reg51.h>
#define uint unsigned int
```

```
#define uchar unsigned char
sbit P3_2 = P3^2;              //位变量定义
void delay(uint z)             //延时函数
{   uint x,y;
    for(x = z; x > 0; x--)
    for(y = 110; y > 0; y--);
}
void main( )
{
    while(1)
    {
        TMOD = 0x09;               //定时器 T0 为方式 1 定时
        TH0 = 0;
        TL0 = 0;
        while(P3_2==1);            //等待 INT0 变低
        TR0=1;                     //启动 T0
        while(P3_2==0);            //INT0 变高，T0 开始计数
        while(P3_2==1);            //INT0 变低
        TR0 = 0;
        P1 = ~TH0;
        P2 = ~TL0;
        delay(200);
    }
}
```

在 Proteus 仿真中，晶振频率为 12 MHz，设置信号源输出频率为 50 Hz，其高电平宽度为 10 ms 时，即 10000 个机器周期，因为 10000 = 0x2710，则 P1 口、P2 口输出分别为 0x27、0x10。

习　题　6

一、填空题

1. 若晶振的频率为 4 MHz，定时器 T0 工作在方式 0、1、2 下，其方式 0 的最大定时时间为____________，方式 1 的最大定时时间为____________，方式 2 的最大定时时间为____________。

2. 定时器 T0 用作定时器模式时，其计数脉冲由_______提供，定时时间与______有关。

3. 定时器/计数器 T0 用作计数器模式时，若晶振频率为 12 MHz，则外部输入的计数脉冲的最高频率为_________。

4. 定时器/计数器 T1 测量某正单脉冲的宽度，采用_________方式可得到最大量程。

若晶振频率为 12 MHz，则允许测量的最大脉冲宽度为______________。

二、简答题

1. 简述 80C51 T0、T1 定时器和计数器工作的差别。

2. 简述 80C51 单片机有几个几位的定时器/计数器，是加计数还是减计数？

3. 80C51 单片机各有几种工作方式？每种工作方式有何特点？怎么设置各种工作方式？

4. 当 GATE = 0 时，如何启动 T1 工作？当 GATE = 1 时，如何启动 T1 工作？

5. 简述定时器/计数器的工作方式 2 的特点。该方式适用于哪些应用场合？

6. 当定时器 T0 用于方式 3 时，应该如何控制定时器 T1 的启动和关闭？

7. 80C51 采用晶振频率为 24 MHz，定时器/计数器工作在方式 0、1、2 下，试计算各种方式下最大定时时间。

三、编程题

1. 若单片机晶振为 12 MHz，利用定时器 1 方式 2，产生 20 μs 的定时，试编写定时器 1 初始化程序。

2. 若单片机晶振为 12 MHz，利用定时器 1 方式 1，产生 10 μs 的定时，在 P1.0 脚产生周期为 20 μs 方波，试编写定时器 1 初始化程序。

3. 若单片机的晶体振荡器的频率为 12 MHz，T0 工作方式 1 对外部脉冲计数，每计满 200 个脉冲后，T0 转为定时。定时 2 ms 后，又转为计数工作方式，如此循环，试编写程序实现该控制方式。

4. 若单片机的晶振频率为 12 MHz，要求使用 T0，采用方式 2 定时，在 P1.0 输出周期为 550 μs、占空比为 10∶1 的矩形脉冲。请编程实现之。

第 7 章　单片机系统的并行扩展

MCS-51 系列单片机虽具有很强的功能，但片内驻留的程序存储器容量、数据存储器容量、并行 I/O 口等是有限的，在不能满足应用系统需要时，需要进行系统扩展。系统扩展分为并行扩展和串行扩展，本章介绍应用系统的并行扩展，第 11 章将介绍串行扩展。

7.1　MCS-51 单片机的最小系统

单片机最小系统，是指一个可用的最小配置系统。根据片内有无程序存储器，MCS-51 单片机最小系统分为两种情况，若单片机内部程序存储器资源已能满足系统需要，则增加晶振及复位电路直接构成最小系统。

1. 8051/8052 的最小系统

8051/8052 片内有 4 KB(8052 有 8 KB)ROM/EPROM，因此，仅需要外接晶振和复位电路就可构成最小系统。8051/8052 的最小系统如图 7-1 所示。

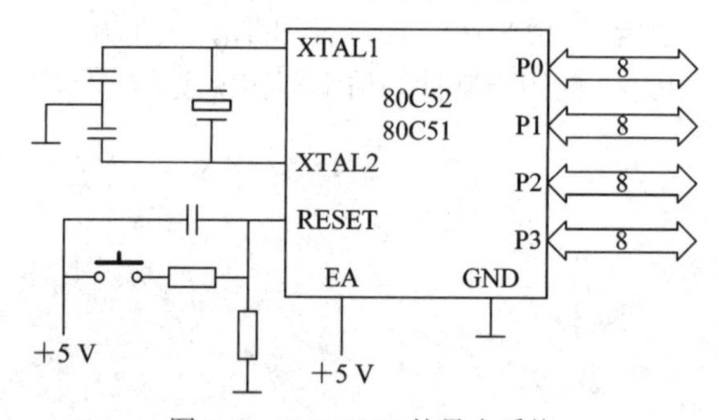

图 7-1　8051/8052 的最小系统

8051/8052 的最小系统特点如下：

(1) 片外无需扩展存储器，P0、P1、P2、P3 都可以作为用户 I/O 口。

(2) 片内有 128 B(地址 00H～7FH)RAM，无片外数据存储器。

(3) 内部有 4 KB(地址空间 0000H～0FFFH)ROM，EA 应接高电平。

2. 8031 的最小应用系统

8031 片内无程序存储器片，其最小应用系统不仅要外接晶体振荡器和复位电路，还应扩展程序存储器，8031 最小应用系统如图 7-2 所示。

该最小系统特点如下：

(1) P0 在扩展程序存储器时作为低 8 位地址/数据分时复用线，P2 口作为高 8 位地址线，不能作为 I/O 线，只有 P1、P3 可作为 I/O 口使用。

(2) 片内有 128 B(地址空间 00 H～7 FH)RAM，没有片外 RAM。

(3) 片外扩展了程序存储器，其地址空间随芯片容量不同而不一样。图 7-2 中使用的是 27512 芯片，容量为 64 KB(地址空间为 0000H～FFFFH)。由于只使用片外程序存储器，EA 接低电平。

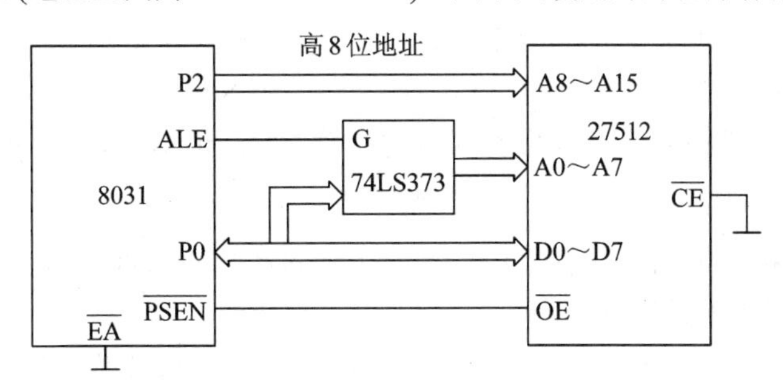

图 7-2　8031/8032 的最小应用系统

7.2　MCS-51 单片机系统并行扩展技术

根据单片机应用系统具体应用中需要的 ROM、RAM 及 I/O 空间，可以方便地设计并行扩展。本节首先介绍并行扩展总线原理，然后简单概述 I/O 接口扩展，最后重点介绍并行扩展地址译码技术。

7.2.1　并行扩展总线原理

本小节介绍并行扩展的三总线结构、并行扩展遵循的扩展原则，以及单片机系统并行扩展的内容。

1. 三总线结构

MCS-51 单片机外部都有单独的并行地址总线、数据总线、控制总线。其中 P0 口作数据总线和低 8 位地址总线复用。为了能把分时复用的数据总线和地址总线分离，以便同外部扩展的芯片正确连接，需要在单片机的外部增加地址锁存器(例如 74LS373)，从而构成三总线结构，如图 7-3 所示。

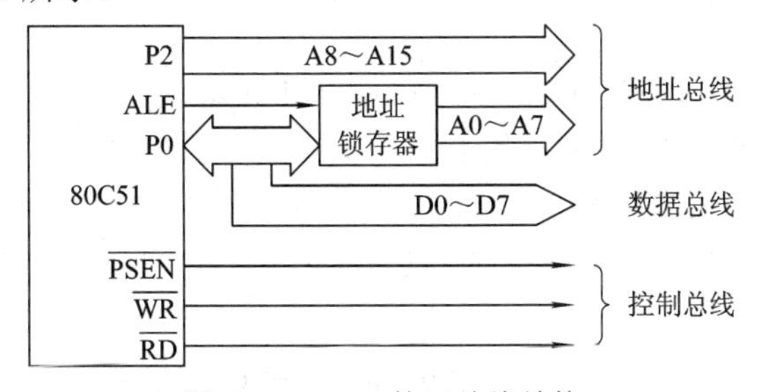

图 7-3　80C51 的三总线结构

(1) 地址总线。单片机地址总线(Address Bus，AB)用于单向传送单片机送出的地址信号，以便进行存储器单元和 I/O 端口的选择。地址总线的数目决定了可直接访问的存储单元和 I/O 端口的数目。

地址总线由 P2 构成的高 8 位地址与 P0 构成的低 8 位地址组成 16 位地址总线，达到 64 KB 的寻址能力。实际应用中，如果不需要扩展 16 位地址，扩展后剩余的地址线仍可作一般 I/O 口使用。

(2) 数据总线。数据总线(Data Bus，DB)用于单片机与存储器(或 I/O 接口)间双向的数据传送。MCS-51 单片机的数据总线与其字长一致，为 8 位。

(3) 控制总线。控制总线(Control Bus，CB)是控制片外 ROM、RAM 和 I/O 口读/写操作的。

2. 并行扩展原则

MCS-51 单片机系统的并行总线接口扩展是通过扩展三总线实现的，总结为“三总线对接”，连线时应遵守下列原则：

(1) 单片机扩展存储器和 I/O 口芯片时，双方数据线与数据线相连，地址线与地址线相连，控制线与控制线相连。

(2) 扩展多片存储器和 I/O 口芯片时，控制线相同的芯片地址线不能相同，地址线相同的芯片控制线不能相同。

(3) 由于只有片选信号有效的芯片才被选中，当一类芯片仅有 1 片时，片选端可接地；当同类芯片存在多片时，可用单片机地址线(通常是高位地址线)通过线选法或译码法(全译码和部分译码)等方法分时选中各芯片片选端。在单片机应用中大多采用线选法。

3. 单片机系统并行扩展的内容

MCS-51 单片机系统并行扩展的内容包括外部存储器的扩展(外部 RAM、ROM)和 I/O 接口部件的扩展，主要包含如下内容：

(1) 外部 ROM 的扩展。

① 紫外线擦除的 EPROM：主要有 Intel 2716(2 KB)、2732(4 KB)、2764(8 KB)、27128(16 KB)、27256(32 KB)和 27512(64 KB)等。

② 电擦除的 EEPROM：主要有高压(+21 V)电写入的 2816 和 2817(2 KB)，以及 +5 V 电写入的 2816A 和 2817A(2 KB)等。

(2) 外部 RAM 的扩展。

① 静态 RAM：有 Intel 6116(2 KB)、6264(8 KB)、62256(32 KB)等。

② 动态 RAM：主要是 2164A(64 KB × 1)。

(3) I/O 接口的扩展。

① 专用 I/O 扩展：有 8255(3 × 8 并行口)、8243 (4 × 4 并行口)。

② 复合芯片：8155 具有可编程的 I/O 及 RAM 扩展接口电路，含有 2 个 8 位 I/O 口、1 个 6 位 I/O 口、256 个 RAM 字节单元，具有 1 个 14 位的减法定时器/计数器。

③ TTL 芯片：通过 P0 口扩展的锁存、缓冲器有 74LS373、74LS273、74LS244、74LS245。

(4) 其他。

其他的主要有 8259、8279、ADC0809、8251 和 DAC0832 等。

7.2.2　I/O 接口扩展概述

由于 MCS-51 的 I/O 接口和外部 RAM 是统一编址的，因此，可以把外部 64 KB 的 RAM 空间的一部分用作扩展 I/O 的地址空间。这样，单片机可以像访问外部 RAM 一样访问 I/O

接口，对其进行读/写。Intel 公司常用外围器件如表 7-1 所示。

表 7-1　Intel 公司常用外围器件

序号	型　号	名　　称
1	82C55	可编程外围并行接口
2	8155/8156	可编程 RAM 及 I/O 扩展接口
3	8243	I/O 扩展接口
4	8279	可编程键盘/显示接口
5	8251	可编程通信接口
6	8253	可编程定时/计时器

7.2.3　并行扩展地址译码技术

并行扩展包括片外存储器的扩展(RAM 和 ROM)和 I/O 接口的扩展，其中，片外 ROM 有独立的 64 KB 地址空间，I/O 口与片外 RAM 统一编址，占据相同的 64 KB 地址空间。扩展时，占据相同地址空间的芯片要共同划分单片机 64KB 地址空间。

1. 并行扩展的地址译码方法

并行扩展的核心问题是扩展芯片的编址问题，即给存储单元和 I/O 接口单元分配地址。对于扩展多个存储器和 I/O 接口芯片的单片机系统，编址分为两个层次：扩展芯片的选择和扩展芯片片内单元的选择。

占据相同地址空间的扩展芯片(ROM 之间或者 RAM 和 I/O 之间)与单片机地址连接方式如下：

(1) 片内单元的选择：单片机地址总线 A0～A15 由低位到高位与扩展芯片片内地址线顺次相接，选中芯片片内单元。

(2) 对存储器芯片、I/O 接口芯片访问时，片选端信号必须有效。单片机的剩余高位地址线作为片选线，经译码后与扩展芯片的片选端相接，选中芯片。

(3) 扩展芯片的选择：由高位地址实现，扩展芯片片选端连接方式有线选法和译码法。

1) 线选法

若系统只扩展少量的 ROM 或者少量的 RAM 和 I/O 接口，可采用线选法，即把单片机单独的地址线(通常是 P2 的某一条线)连接到扩展芯片片选端上，只要此地址线为低电平，就选中该芯片。线选法的连接方法有多种：一线二用、一线一选和综合线选方式。

线选法的特点：电路简单，不需另外增加硬件电路，体积小，成本低。由于除了片选端和片内地址是确定的，其余单片机地址无论取 1 或 0，都不会影响对片内单元的确定，因此会出现地址重叠。

2) 译码法

译码法分全译码和部分译码，全译码需使用地址译码器。当译码器输入为某一个固定编码时，其输出只有某一个固定的引脚为低电平，其余的为高电平。因此，使用较少的单片机地址信号编码即可产生较多的译码信号，从而实现对多块 ROM 或者多块 RAM 和 I/O

器件的选择。

(1) 全译码。全译码就是扩展芯片的地址线与单片机系统的地址线顺次相接后，剩余的单片机高位地址线全部参加译码。由于地址译码器使用了全部剩余高位地址线，地址与存储单元一一对应，也就是 1 个存储单元只占用 1 个唯一的地址。

全译码的特点：存储器芯片的地址空间是唯一确定的，但译码电路相对复杂。常用的译码器有 74LS138(3-8 译码器)、74LS139(双 2-4 译码器)和 74LS154(4-16 译码器)。

(2) 部分译码。部分译码即单片机系统的地址线与扩展芯片的片内地址线顺次相接后，剩余的单片机高位地址线仅一部分参加译码。

部分译码的特点：由于地址译码器仅使用部分剩余地址线，没有使用的地址取 0 和 1 都可行，使得 1 个存储单元或 I/O 接口单元占用了多个地址。扩展芯片的地址空间有重叠，造成单片机系统地址空间的浪费。

2. 避免地址重叠方法

在并行扩展芯片编址时，对于某一扩展芯片，如果单片机地址线部分没有用到，没用到的地址可取 0 或 1，使得 1 个存储单元或 I/O 接口单元占用了多个地址，出现了扩展芯片单元地址重叠。避免单元地址重叠的方法如下：

(1) 用来选择其他芯片的片选地址线取为 1，其他未用到的地址线全取为 1。

(2) 用来选择其他芯片的片选地址线取为 1，其他未用到的地址线全取为 0。

3. 典型 3–8 译码器 74LS138

74LS138 译码器是一种常用的地址译码器芯片，其引脚如图 7-4 所示，其中，$\overline{Y0}$、$\overline{Y1}$、$\overline{Y2}$、$\overline{Y3}$、$\overline{Y4}$、$\overline{Y5}$、$\overline{Y6}$、$\overline{Y7}$ 为 8 个输出端，C、B、A 为译码输入端，其 8 种逻辑组合选通各输出端。G1、$\overline{G2A}$、$\overline{G2B}$ 为控制端，只有当 G1 为“1”，且 $\overline{G2A}$、$\overline{G2B}$ 均为“0”时，译码器才能译码输出；否则译码器的 8 个输出端全为高阻状态。74LS138 译码器控制端、译码输入端与输出端之间的译码关系如表 7-2 所示。

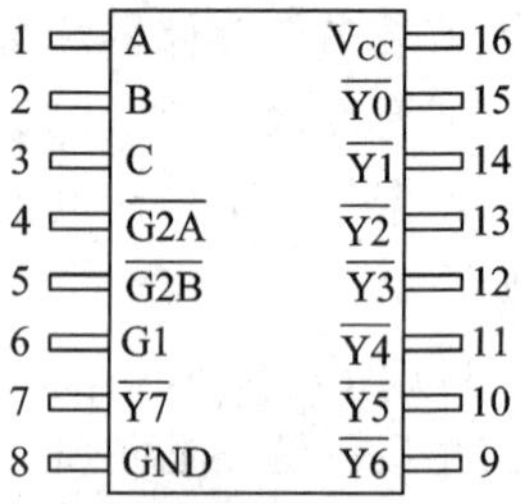

引脚	名称	名称	引脚
1	A	V_{CC}	16
2	B	$\overline{Y0}$	15
3	C	$\overline{Y1}$	14
4	$\overline{G2A}$	$\overline{Y2}$	13
5	$\overline{G2B}$	$\overline{Y3}$	12
6	G1	$\overline{Y4}$	11
7	$\overline{Y7}$	$\overline{Y5}$	10
8	GND	$\overline{Y6}$	9

图 7-4　74LS138 译码器引脚

表 7-2　74LS138 译码器真值表

控制端			输入端	输出端
G1	$\overline{G2A}$	$\overline{G2B}$	C B A	$\overline{Y7}$、$\overline{Y6}$、$\overline{Y5}$、$\overline{Y4}$、$\overline{Y3}$、$\overline{Y2}$、$\overline{Y1}$、$\overline{Y0}$
1	0	0	0 0 0	1 1 1 1 1 1 1 0
1	0	0	0 0 1	1 1 1 1 1 1 0 1
1	0	0	0 1 0	1 1 1 1 1 0 1 1
1	0	0	0 1 1	1 1 1 1 0 1 1 1
1	0	0	1 0 0	1 1 1 0 1 1 1 1
1	0	0	1 0 1	1 1 0 1 1 1 1 1
1	0	0	1 1 0	1 0 1 1 1 1 1 1
1	0	0	1 1 1	0 1 1 1 1 1 1 1
其他			x x x	1 1 1 1 1 1 1 1

4. 并行扩展地址译码的应用

【例 7-1】 80C51 单片机采用线选法扩展 RAM 和 I/O 接口，电路如图 7-5 所示，单片机扩展 1 片 RAM 芯片 6116(存储容量为 2KB)，扩展 I/O 接口 82C55、8155、DAC0832 和定时/计数器 8253 等各 1 片。扩展外围芯片除了片选端外，还有片内地址，将单片机地址总线 A0～A15 由低位到高位的顺序与 RAM 地址线、I/O 片内地址线依次相接，由于 6116 内部有 2KB 的存储空间，占用 11 根地址线，单片机剩余高位地址线 A11～A15 依次直接与各芯片片选端相接。将 A11 接 6116 片选端，A12 接 82C55 片选端，A13 接 8155 片选端、A14 接 DAC0832 片选端，A15 接定时器/计数器 8253 片选端。除片内地址和片选端外，各扩展芯片未用到的地址位均设成“1”状态(也可设成“0”状态)，根据图 7-5 中地址线的连接方法，则各芯片地址如表 7-3 所示。

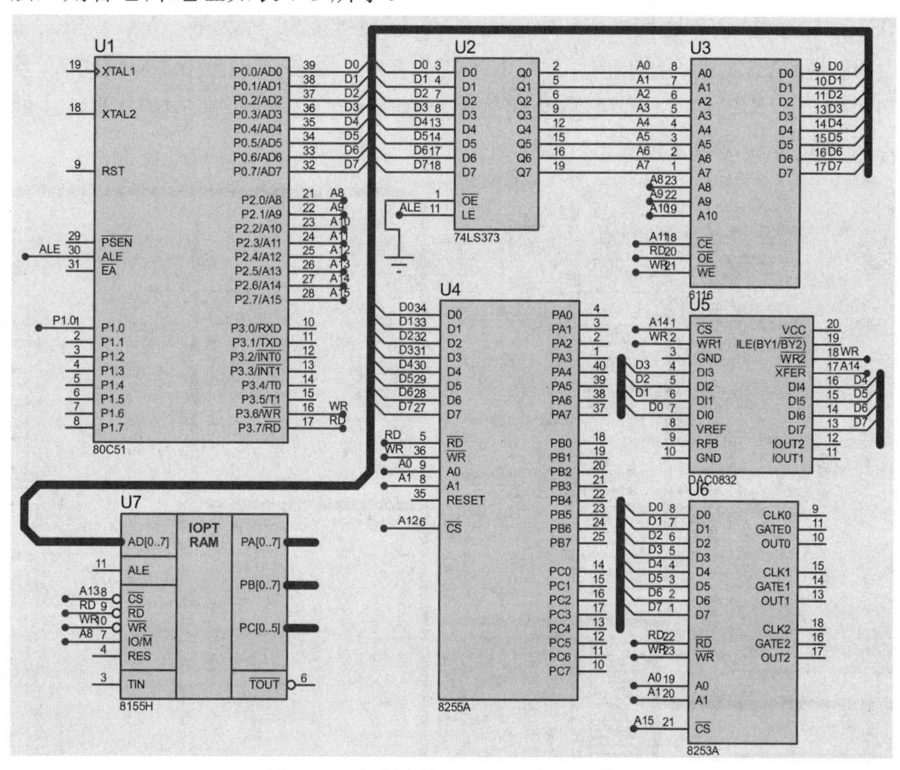

图 7-5　片选法扩展 RAM 和 I/O 接口

表 7-3　线选法方式 RAM 及 I/O 地址译码表

扩展芯片		地址选择线(A15～A0)	片内地址单元数	地址编码
6116		1111 0xxx xxxx xxxx	2048	0xf000～0xf7ff
82C55		1110 1111 1111 11xx	4	0xeffc～0xefff
8155	RAM	1101 1110 xxxx xxxx	256	0xde00～0xdeff
	I/O	1101 1111 1111 1xxx	6	0xdff8～0xdffd
DAC0832		1011 1111 1111 1111	1	0xbfff
8253		0111 1111 1111 11 xx	4	0x7ffc～0x7fff

对于 RAM 和 I/O 容量较大的应用系统，当扩展芯片所需的片选线多于可利用的高位地址线时，常采用地址译码法。它将低位地址线作为芯片片内地址，用译码器对剩余高位地址线译码，译出的信号作为片选线。

【例 7-2】 80C51 单片机采用全译码方式扩展 RAM 和 I/O 接口，电路如图 7-6 所示，单片机扩展 2 片 RAM 芯片 6264(存储容量为 8 KB)、2 片 RAM 芯片 6116(存储容量为 2 KB)，扩展 I/O 接口 82C55、8155、DAC0832 和定时器/计数器 8253 等各一片。

由于片内单元数最多的 6264 是 8 KB RAM，需要 13 条低位地址线(A0～A12)为片内单元寻址，高位地址线仅剩 3 条(A13～A15)，不能对 8 个芯片采用线选法编址，此时，可采用全译码方式，用一片 74LS138 分别选通 8 个扩展芯片的片选线。图 7-6 中，将 A15～A13 连接 74LS138 的 C、B、A 输入端，Y0 连接定时器/计数器 8253 片选端，Y1 连接 D/A 变换器 0832 片选端，Y2 连接 8155 片选端，Y3 连接 82C55 片选端，Y4、Y5 分别连接 2 片 6116 片选端，Y6、Y7 分别连接 2 片 6264 片选端。除片内地址和片选端外，各扩展芯片未用到的地址位均设成“1”状态(也可设成“0”状态)，根据图 7-6 中地址线的连接方法，则各芯片地址如表 7-4 所示。

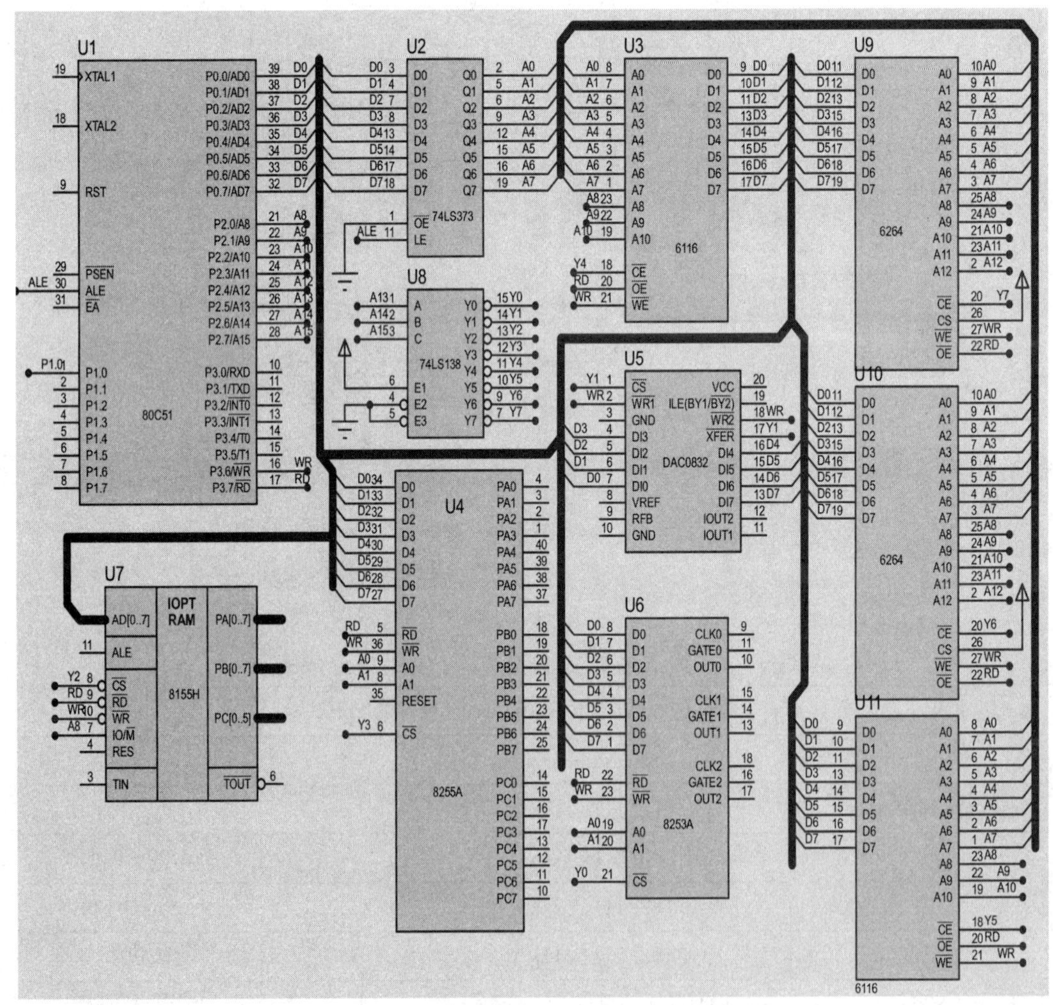

图 7-6　全译码扩展 RAM 和 I/O 接口

表 7-4　全译码方式 RAM 及 I/O 地址译码表

扩展芯片		地址选择线(A15～A0)	片内地址单元数	地址编码
8253(U6)		0001 1111 1111 11 xx	4	0x1ffc～0x1fff
DAC0832(U5)		0011 1111 1111 1111	1	0x3fff
8155U7	RAM	0101 1111 1111 1xxx	6	0x5ff8～0x5ffd
	I/O			
82C55(U4)		0111 1111 1111 11xx	4	0x7ffc～0x7fff
6116(U3)		1001 1xxx xxxx xxxx	2048	0x9800～0x9fff
6116(U11)		1011 1xxx xxxx xxxx	2048	0xb800～0xbfff
6264(U10)		110x xxxx xxxx xxxx	8192	0xc000～0xdfff
6264(U9)		111x xxxx xxxx xxxx	8192	0xe000～0xffff

7.3　存储器扩展技术

本节首先介绍存储器扩展的一般方法，然后介绍如何扩展程序存储器和数据存储器。

7.3.1　存储器概述

一个最小的单片机系统必须包括程序存储器和数据存储器。存储器是单片机系统的主要组成部分，运行程序、处理数据和存储数据都需要存储器。

1. 存储器的主要指标

存储器的主要指标有存储容量和存取速度。

(1) 存储容量用字数′位数表示，或者用位数表示。

(2) 存取速度用完成一次存取需要的时间表示。高速存储器的存取时间仅有 10 ns 左右。

选择存储器件的考虑因素有易失性、只读性、位容量、功耗、速度、价格和可靠性等。

2. 存储器的类型

存储器的主要类型如下：

(1) 掩膜 ROM(ROM)：在制造过程中编程，只适合于大批量生产。

(2) 可编程 ROM(PROM)：用独立的编程器写入，只能写入一次。

(3) 可擦除可编程 ROM(EPROM)：电信号编程，紫外线擦除的只读存储器芯片。

(4) 电可擦除可编程 ROM(EEPROM)：电信号编程，电擦除。读/写操作与 RAM 相似，写入速度稍慢。

(5) 随机存储器(RAM)：易失性的存储器包括静态存储器 SRAM(Static Random Access Memory)和动态存储器 DRAM(Dynamic Random Access Memory)。SRAM 和 DRAM 在掉电的时候均会失去保存的数据。

(6) 闪存(Flash Memory)：又称闪烁存储器，简称闪存。电改写，电擦除，读/写速度快(70 ns)，读/写次数多(1 万次)。

(7) 铁电存储器(FRAM)：将 ROM 的非易失性数据存储特性和 RAM 的无限次读/写、高速读/写以及低功耗等优势结合在一起。FRAM 产品包括各种接口(如工业标准的串口和并口)，具有工业标准的封装类型和密度(4 Kb、16 Kb、64 Kb、256 Kb 和 1 Mb 等)。

3. 扩展存储器所需芯片数目的确定

若扩展存储器字长与单片机字长一致，则只需扩展容量。所需芯片数目按下式确定：

$$芯片数目=\frac{系统扩展容量}{存储器芯片容量} \tag{7-1}$$

若所选存储器芯片字长与单片机字长不一致，则不仅需扩展容量，还需扩展字。所需芯片数目按下式确定：

$$芯片数目=\frac{扩展总容量}{存储器芯片容量}\times\frac{系统字长}{存储器芯片长量} \tag{7-2}$$

4. 存储器扩展的一般方法

(1) 地址总线 16 位，可扩展片外程序存储器 64 KB，地址为 0x0000～0xFFFF；可扩展片外数据存储器及 I/O 口共 64 KB，地址为 0x0000～0xFFFF。

(2) 存储器芯片的地址线的数目由芯片的容量决定。容量(Q)与地址线数目(N)满足关系式 $Q = 2^N$。一般来说，存储器芯片的地址线数目总是少于单片机地址总线的数目；连接时，存储器芯片的地址线与单片机的地址总线(A0～A15)按从低到高的顺序依次相接。连接后，单片机的高位地址线如有剩余，剩余地址线一般作为译码线，译码输出与存储器芯片的片选信号线 $\overline{CS}$ 相接。

(3) 对外扩的程序存储器芯片，其输出允许控制线 $\overline{OE}$ 与单片机的 $\overline{PSEN}$ 信号线相连；对外扩的数据存储器芯片，其输出允许控制线 $\overline{OE}$ 和写控制线 $\overline{WE}$ 分别与单片机的读信号线 $\overline{RD}$ 和写信号线 $\overline{WR}$ 相连。

(4) 存储器芯片的数据线与单片机的数据总线(P0.0～P0.7)按由低到高的顺序依次相接。

【例 7-3】 在 80C51 片外扩展 24 KB RAM，采用 6264 芯片，计算需要几片 6264 芯片。

解：根据公式(7-1)可得

$$芯片数=\frac{24\ KB}{8\ KB}=3\ 片$$

5. 常用的存储器

1) EPROM 存储器

EPROM 是以往单片机最常选用的一种紫外线可擦除可编程的存储器，主要有 27C 系列的 EPROM，如 27C16(2 KB)、27C32(4 KB)、27C64(8 KB)、27C128(16 KB)、27C256(32 KB)，除了 27C16 和 27C32 为 24 个引脚外，其余均为 28 个引脚。扩展程序存储器时，应尽量用大容量的芯片。

2) EEPROM 存储器

常用的 AT24C02 是采用 CMOS 工艺制作的串行 EEPROM 存储器，它具有可用电擦除的 256 字节的容量，由 3～15 V 电源进行供电。AT24C02 将在 11.3.4 节具有 I^2C 串行总线的 EEPROM AT24C02 的设计中介绍。

3) 典型的 SRAM 存储器

Intel SRAM 的典型芯片有 6116(2 K × 8 位)、6264(8 K × 8 位)、62256(32 K × 8 位)、628128(128 K × 8 位)等。其中，6264 芯片应用较广泛。6264 是一种 8 KB × 8 的静态存储器，它采用 CMOS 工艺，数据存取时间为 200 ns。其内部组成包括 512 × 16 × 8 的存储器矩阵、行/列地址译码器以及数据输入/输出控制逻辑电路。在存储器读周期，选中单元的 8 位数据经过列 I/O 控制电路输出；在存储器写周期，外部 8 位数据经过输入数据控制电路和列 I/O 控制电路写入所选中的单元。6264 有 28 个引脚，引脚结构如图 7-7 所示，采用双列直插式结构，使用单一 +5 V 电源。其引脚功能如下：

① A0～A12：输入地址线，寻址范围为 8 KB。

② D0～D7：双向数据线。

③ $\overline{\text{CE}}$：片选线。

④ $\overline{\text{WE}}$：写允许信号。输入低电平有效，读操作时要求其无效。

⑤ $\overline{\text{OE}}$：读允许信号。输入低电平有效，即选中单元输出允许。

⑥ V_{CC}：接 +5 V 电源(图中未显示)。

⑦ GND：接地。

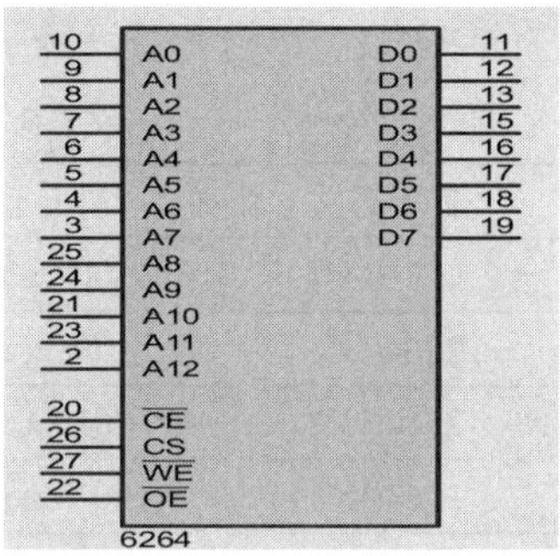

图 7-7　6264 引脚结构

6264 的 $\overline{\text{WE}}$、$\overline{\text{CE}}$、$\overline{\text{OE}}$、CS 共同作用决定了芯片的运行方式，如表 7-5 所示。

表 7-5　6264 的操作逻辑表

$\overline{\text{CE}}$	CS	$\overline{\text{OE}}$	$\overline{\text{WE}}$	方　式	D0～D7
0	1	1	1	输出禁止	高阻
0	1	0	1	读数据	输出
0	1	1	0	写数据	输入
1	X	X	X	未选中	高阻
X	0	X	X	未选中	高阻

7.3.2　程序存储器的扩展

51 系列单片机为外部程序存储器的扩展提供了专门的读指令控制信号 $\overline{\text{PSEN}}$，使外部程序存储器形成独立的 64 KB 空间。

1. 单片程序存储器的扩展

【例 7-4】 80C51 单片机扩展单片 27C64A 作为程序存储器，电路如图 7-8 所示。27C64A 是 8 K × 8 位的 EPROM 芯片，将单片机地址 A12～A0 连接 2764 片内地址 A12～A0，27C64 片选端 $\overline{\text{CE}}$ 直接接地，单片机程序存储器读选通信号 $\overline{\text{PSEN}}$ 接 2764 的 $\overline{\text{OE}}$ 端，由此 A15～A0 组成 8 个重叠的地址范围，如表 7-6 所示。

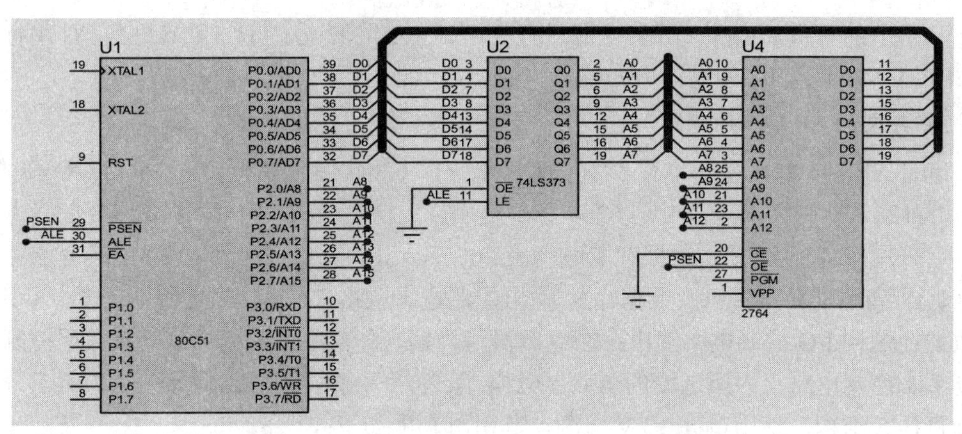

图 7-8　单片机扩展单片 27C64A 程序存储器

表 7-6　单片 27C64A 程序存储器重叠地址表

扩展芯片	地址选择线(A15～A0)	片内地址单元数	地址编码
2764(U4)	000 x xxxx xxxx xxxx	8192	0x0000～0x1fff
2764(U4)	001 x xxxx xxxx xxxx	8192	0x2000～0x3fff
2764(U4)	010 x xxxx xxxx xxxx	8192	0x4000～0x5fff
2764(U4)	011 x xxxx xxxx xxxx	8192	0x6000～0x7fff
2764(U4)	100 x xxxx xxxx xxxx	8192	0x8000～0x9fff
2764(U4)	101 x xxxx xxxx xxxx	8192	0xa000～0xbfff
2764(U4)	110 x xxxx xxxx xxxx	8192	0xc000～0xdfff
2764(U4)	111 x xxxx xxxx xxxx	8192	0xe000～0xffff

2. 多片程序存储器的扩展

【例 7-5】 80C51 单片机扩展 2 片 27C64A 作为程序存储器，电路如图 7-9 所示。图中，A15 连接 27C64A (U3) $\overline{\text{CE}}$ 端，并经过 74LS04 反相后连接 27C64A (U4) $\overline{\text{CE}}$ 端，由于单片机地址 A12～A0 连接 2 片 2764 片内地址 A12～A0，剩余地址 A13、A14 可以是 0 或者 1，组成 4 种逻辑状态，由此，2 片 27C64A 各有 4 组重叠地址空间，且各占据 32 KB 的程序存储空间，如表 7-7 所示。

表 7-7　单片 27C64A 程序存储器重叠地址表

扩展芯片	地址选择线(A15～A0)	片内地址单元数	地址编码
2764(U3)	000 x xxxx xxxx xxxx	8192	0x0000～0x1fff
2764(U3)	001 x xxxx xxxx xxxx	8192	0x2000～0x3fff
2764(U3)	010 x xxxx xxxx xxxx	8192	0x4000～0x5fff
2764(U3)	011 x xxxx xxxx xxxx	8192	0x6000～0x7fff
2764(U4)	100 x xxxx xxxx xxxx	8192	0x8000～0x9fff
2764(U4)	101 x xxxx xxxx xxxx	8192	0xa000～0xbfff
2764(U4)	110 x xxxx xxxx xxxx	8192	0xc000～0xdfff
2764(U4)	111 x xxxx xxxx xxxx	8192	0xe000～0xffff

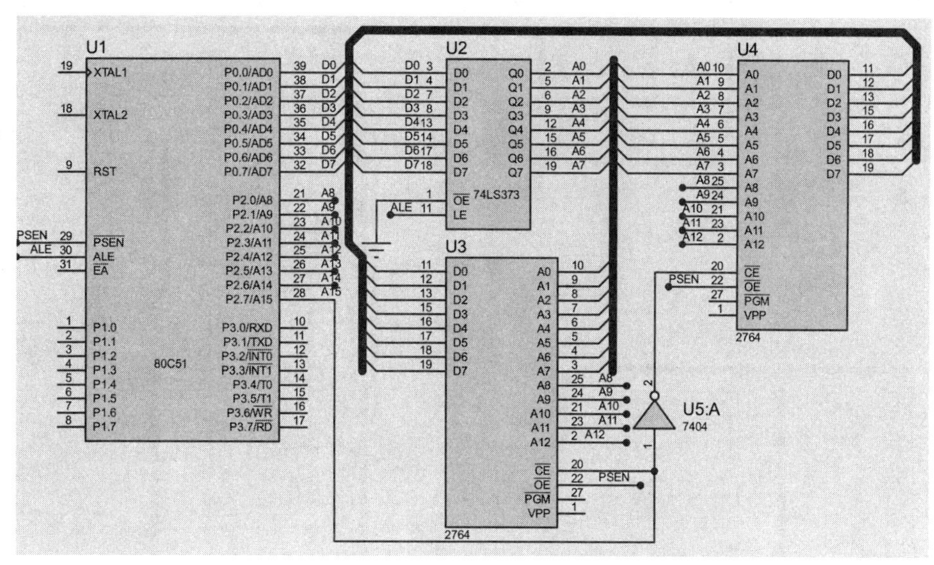

图 7-9　单片机扩展 27C64A 作为程序存储器

7.3.3　数据存储器的扩展

51 子系列单片机片内只有 128 B 数据 RAM，对于数据处理量不大的智能仪表及控制系统，片内的数据存储器完全够用。但在单片机需要采集及处理的数据量较大时，需要考虑扩展片外 RAM，可扩展的最大容量为 64 KB。目前使用的 RAM 有两类，即静态 RAM 和动态 RAM。

在单片机系统中，外部扩展的大多为静态 RAM，如 6116、6264、62256。随着串行接口芯片技术的发展，现多采用串行接口 EEPROM 存储器，如 24CXX 系列等。

【例 7-6】 80C51 单片机采用全译码方式扩展 8 片 6264RAM，电路如图 7-10 所示。单片机地址 A12～A0 连接 8 片 6264 片内地址 A12～A0，剩余地址 A15、A14、A13 连接 74LS138 译码器的 C、B、A 输入端，译码器输出端 Y0 连接 6264(U3)片选端，Y1 连接 6264(U4)片选端，Y2 连接 6264(U5)片选端，Y3 连接 6264(U6)片选端，Y4 连接 6264(U7)片选端，Y5 连接 6264(U9)片选端，Y6 连接 6264(U10)片选端，Y7 连接 6264(U11)片选端。根据图 7-10 中地址线的连接方法，全地址译码如表 7-8 所示。采用全地址译码方式，单片机发地址码时，每次只能选中一个存储单元。同类存储器间不会产生地址重叠的问题。

表 7-8　扩展 8 片 6264RAM 地址表

扩展芯片	地址选择线(A15～A0)	片内地址单元数	地址编码
6264(U3)	000 x xxxx xxxx xxxx	8192	0x0000～0x1fff
6264(U4)	001 x xxxx xxxx xxxx	8192	0x2000～0x3fff
6264(U5)	010 x xxxx xxxx xxxx	8192	0x4000～0x5fff
6264(U6)	011 x xxxx xxxx xxxx	8192	0x6000～0x7fff
6264(U7)	100 x xxxx xxxx xxxx	8192	0x8000～0x9fff
6264(U9)	101 x xxxx xxxx xxxx	8192	0xa000～0xbfff
6264(U10)	110 x xxxx xxxx xxxx	8192	0xc000～0xdfff
6264(U11)	111 x xxxx xxxx xxxx	8192	0xe000～0xffff

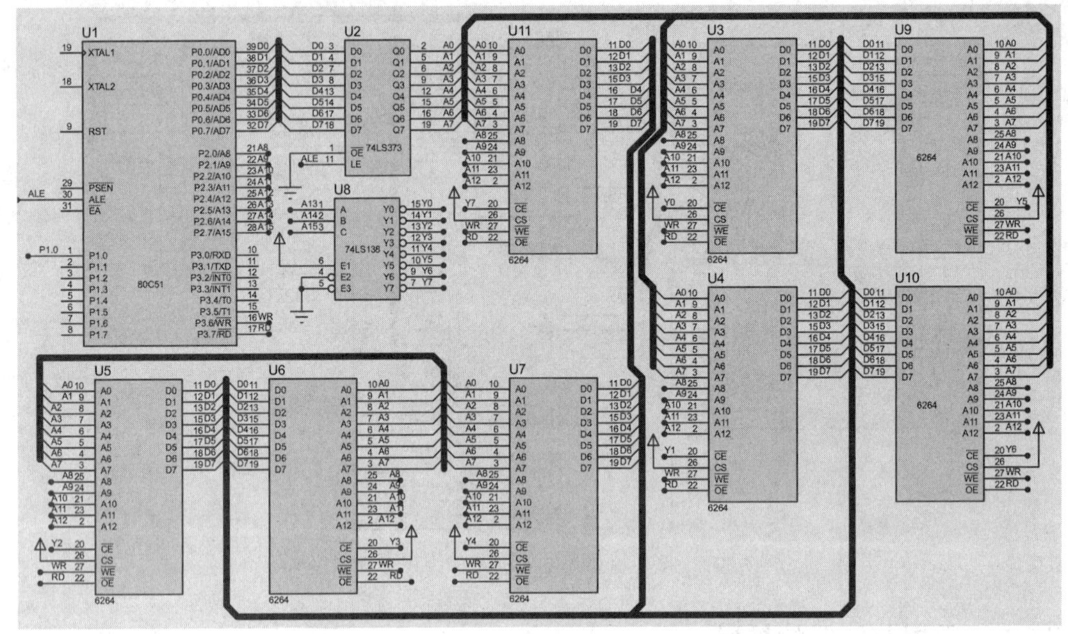

图 7-10　单片机全译码扩展 8 片 6264RAM

【例 7-7】80C51 单片机采用部分译码器法扩展 2 片 8 KB EPROM2764，2 片 8KB RAM 6264，电路如图 7-11 所示。A13 和 A14 分别连接 2-4 译码器 74LS139 输入端 A、B，74LS139 输出端 Y0 连接 6264(U3)片选端，Y1 连接 6264(U4)片选端，Y2 连接 2764(U5)片选端，Y3 连接 2764(U6)片选端，80C51 地址 A15 引脚未连接线，使得当单片机地址输出时，A15 可以为 0 或者 1，因此每个芯片都有 2 个 8 KB 的地址空间。表 7-9 是 80C51 扩展 2 片 2764 和 2 片 6264 的地址表。

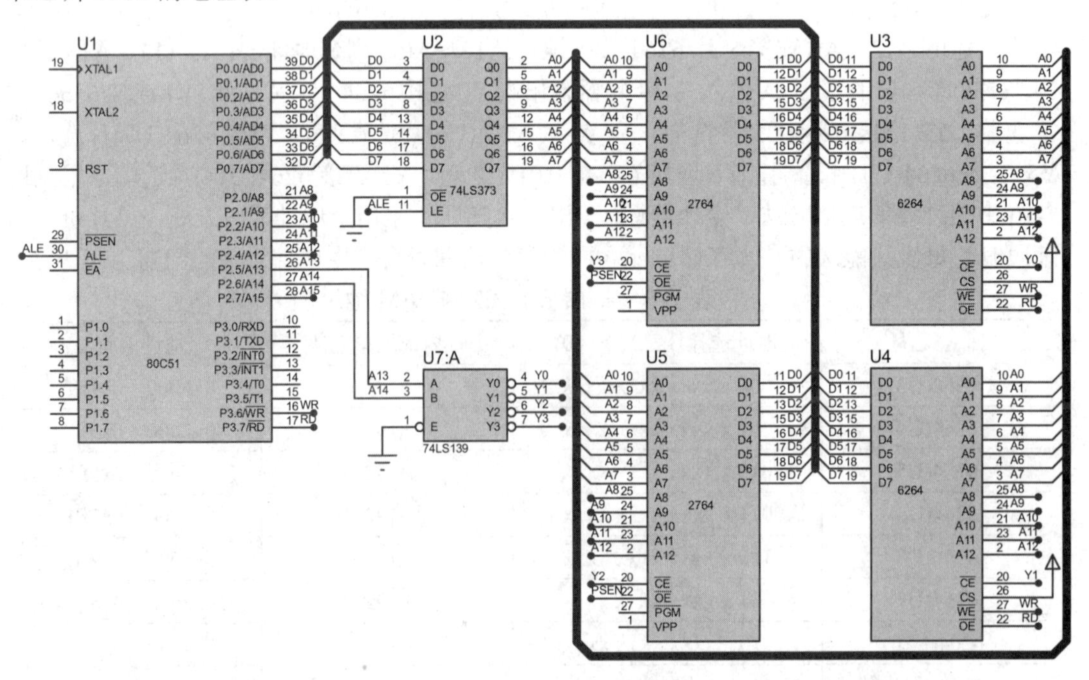

图 7-11　采用部分译码器法扩展 2 片 8 KB EPROM 2764 和 2 片 8 KB RAM 6264

表 7-9　扩展 2 片 2764 和 2 片 6264 地址表

扩展芯片	地址选择线(A15～A0)	片内地址单元数	地址编码
6264(U3)	000 x xxxx xxxx xxxx	8192	0x0000～0x1fff
6264(U3)	100 x xxxx xxxx xxxx	8192	0x8000～0x9fff
6264(U4)	001 x xxxx xxxx xxxx	8192	0x2000～0x3fff
6264(U4)	101 x xxxx xxxx xxxx	8192	0xa000～0xbfff
2764(U5)	010 x xxxx xxxx xxxx	8192	0x4000～0x5fff
2764(U5)	110x xxxx xxxx xxxx	8192	0xc000～0xdfff
2764(U6)	011 x xxxx xxxx xxxx	8192	0x6000～0x7fff
2764(U6)	111 x xxxx xxxx xxxx	8192	0xe000～0xffff

7.4　I/O 接口扩展概述

I/O(输入/输出)接口是 MCS-51 与外设交换数字信息的桥梁，也属于系统扩展的一部分。MCS-51 真正用作 I/O 口线的只有 P1 口的 8 位 I/O 线和 P3 口的某些位线。在多数应用系统中，MCS-51 单片机都需要外扩 I/O 接口电路。

1. I/O 接口的功能

I/O 接口电路应满足以下要求：

(1) 实现和不同外设的速度匹配。大多数外设的速度很慢，无法和 μs 量级的单片机速度相比。单片机只有在确认外设已为数据传送做好准备的前提下，才能进行 I/O 操作。外设是否准备好，需 I/O 接口电路与外设之间传送状态信息。

(2) 输出数据锁存。由于单片机工作速度快，数据在数据总线上保留的时间十分短暂，无法满足慢速外设接收数据的要求。I/O 电路应具有数据锁存器，以保证接收设备可靠接收数据。

(3) 输入数据三态缓冲。输入设备向单片机输入数据，但数据总线上面可能“挂”有多个数据源，为不发生冲突，只允许当前正在进行数据传送的数据源使用数据总线，其余的应处于隔离状态。

2. I/O 接口与 I/O 端口的区别

I/O 接口(Interface)是指单片机与外设间的 I/O 接口芯片。I/O 端口(Port)是指具有端口地址的寄存器或缓冲器。一个 I/O 接口芯片可以有多个 I/O 端口，每个 I/O 端口是一个数据口、命令口或者状态口。

3. I/O 端口编址

I/O 端口编址是指给所有 I/O 接口中的寄存器编址，I/O 端口编址有两种方式：独立编址与统一编址。

(1) 独立编址方式。I/O 寄存器地址空间和存储器地址空间分开编址，但需专门读/写 I/O 的指令和控制信号。

(2) 统一编址方式。I/O 寄存器与数据存储器单元同等对待，统一编址；不需要专门的

I/O 指令，直接使用访问数据存储器的指令进行 I/O 操作，简单、方便且功能强。

MCS-51 使用统一编址的方式。

4. I/O 数据的传送方式

为实现 MCS-51 和不同速度的外设的匹配，I/O 接口必须选择恰当的 I/O 数据传送方式。I/O 数据传送方式有同步传送、查询传送和中断传送。

(1) 同步传送方式(无条件传送)。当外设速度和单片机的速度相当时，常采用同步传送方式，最典型的同步传送就是单片机和外部数据存储器之间的数据传送。

(2) 查询传送方式(条件传送，异步式传送)。MCS-51 查询外设“准备好”后，再进行数据传送。

查询传送方式通用性好，硬件连线和查询程序十分简单，但是效率不高。为提高效率，通常采用中断传送方式。

(3) 中断传送方式。外设准备好后，发出中断请求，单片机进入与外设数据传送的中断服务程序，进行数据的传送，中断服务完成后又返回主程序继续执行。中断传送方式工作效率高。

7.5　简单 74 系列并行 I/O 接口的扩展

MCS-51 有四组 I/O 口 P0～P3，但是在某些特定的场合，可能会出现 I/O 口不够用的情况，需要通过扩展 I/O 以满足使用的需要。

在 MCS-51 单片机应用系统中，经常采用 74 系列 TTL 电路或 4000 系列 CMOS 电平的锁存器或三态门电路构成简单并行 I/O 口。例如，74LS273、74LS373、74LS377 等锁存器可构成输出口，74LS244 缓冲驱动器可作为输入口，74LS245 三态输出 8 路收/发驱动器可作为双向口使用。这种应用通常是利用 P0 口的第二功能扩展 I/O。由于 P0 口第二功能是地址/数据总线分时复用，扩展的原则是“输出要锁存，输入要三态缓冲或锁存选通”。

【例 7-8】 80C51 单片机利用 74LS244 和 74LS373 芯片扩展简单 I/O 口，电路如图 7-12 所示，将 P0 口扩展成简单的输入、输出口的电路。74LS244 是缓冲驱动器，扩展为输入口，连接 8 个按钮开关；74LS373 扩展为输出口，连接 8 个 LED 发光二极管，用来显示 8 个按钮开关状态，某位开关为低电平时二极管发光。

74LS373 和 74LS244 的工作受 80C51 的 P2.7、$\overline{RD}$、$\overline{WR}$ 三条控制线控制。当 P2.7 = 0，$\overline{RD}$ = 0($\overline{WR}$ = 1)时选中 74LS244，8 位开关的状态被读入单片机 P0 口。当 P2.7 = 0，$\overline{WR}$ = 0($\overline{RD}$ = 1)时选中 74LS373，80C51 单片机 P0 口数据锁存到 74LS373。可见，74LS244 和 74LS373 具有相同的端口地址：0x7fff。单片机读数据时，选中 74LS244；单片机输出数据时，选中 74LS373。

参考程序：

```
#include<reg51.h>
#include<absacc.h>
#define uchar unsigned char
#define IN244 XBYTE[0x7fff]                    //输入端口地址
#define OUT273 XBYTE[0x7fff]                   //输出端口地址
```

```
void main(void)
{   uchar a;
    while(1)
    {
        a = IN244;                  //读 244 数据
        OUT273 = a;                 //输出数据给 373，驱动二极管显示
    }
}
```

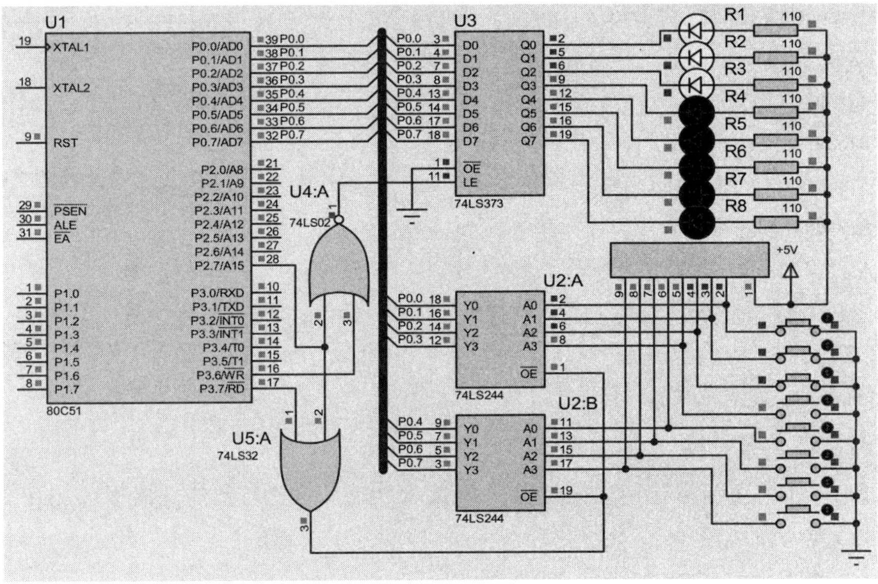

图 7-12　利用 74LS244 和 74LS373 芯片扩展简单 I/O 口

7.6　通用可编程 I/O 接口芯片 82C55 的扩展

82C55 是一种通用的可编程并行 I/O 接口芯片，用于几乎所有的微型机系统中，如 8086、MCS-51、Z80CPU 系统等。82C55 有 3 个 8 位带锁存或缓冲的数据端口，可与外设并行交换数据。用户可用程序来选择多种操作方式，成为 CPU 与外设之间灵活的并行输入/输出接口芯片。

7.6.1　并行 I/O 接口芯片 82C55

下面介绍 82C55 的应用特性。

1. 82C55 的引脚信号

82C55 采用双列直插式封装，共 40 引脚，如图 7-13 所示，各引脚信号功能如下：

(1) D7～D0：三态双向数据线，与单片机的数据总线 P0 相连，用来传送数据信息。

(2) PA7～PA0：PA 口的 8 根 I/O 信号线，与外部设备连接。

(3) PB7～PB0：PB 口的 8 根 I/O 信号线，与外部设备连接。

(4) PC7～PC0：PC 口的 8 根 I/O 信号线，与外部设备连接。

(5) $\overline{CS}$：片选信号线，低电平有效时，选中 82C55 芯片。

(6) $\overline{RD}$：读信号线，低电平有效时，控制从 82C55 三个数据端口寄存器之一读出信息。

(7) $\overline{WR}$：写信号线，低电平有效，用于控制向 82C55 四个数据端口和控制端口之一写入信息。

(8) A1、A0：地址线，其逻辑关系组合成为四个端口的地址译码信号。

A1 A0 = 00，选中 PA 口；

A1 A0 = 01，选中 PB 口；

A1 A0 = 10，选中 PC 口；

A1 A0 = 11，选中控制口。

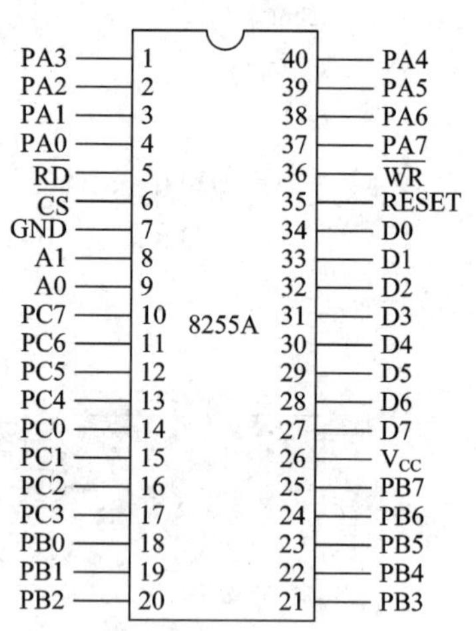

图 7-13　82C55 引脚

(9) RESET：复位信号线，高电平有效。

(10) V_{CC}：+5 V 电源线。

(11) GND：地信号线。

2. 82C55 内部结构

82C55 内部结构如图 7-14 所示，分为两部分功能部件：与微处理器接口的功能部件和与外设接口的功能部件。

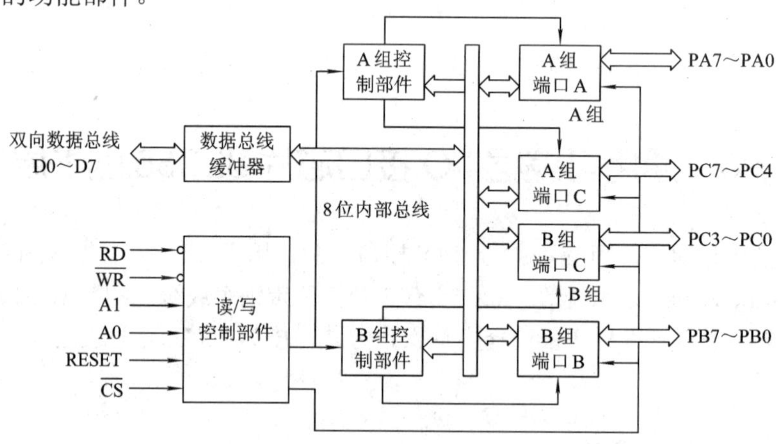

图 7-14　82C55 内部结构

1) 与外设的接口部分

82C55 片内有三个彼此独立的 8 位数据端口 PA 口、PB 口、PC 口。

(1) PA 口：由一个 8 位的输入锁存器和一个 8 位的输出锁存器及缓冲器组成。

(2) PB 口：由一个 8 位的数据输入缓冲器和一个 8 位的数据输出锁存器及缓冲器组成。

(3) PC 口：由一个 8 位的数据输入缓冲器和一个 8 位的数据输出锁存器组成。

PA 口、PB 口和 PC 口都可作为独立的输入口和输出口使用，PA 口适合双向数据传输。

在方式 1 和方式 2 应用中，PC 端口的某些位固定配合 PA 口和 PB 口的工作。

2) 与微处理器的接口部分

(1) 数据总线缓冲器。数据总线缓冲器是一个双向的三态 8 位缓冲器，是 82C55 和系统数据总线连接的通道，传送输入/输出数据、CPU 发出的控制字及外设的状态信息。

(2) 内部控制部分——A 组、B 组控制电路。82C55 内部控制部分包含 A 组、B 组控制电路两部分，A 组控制 PA 口和 PC 口的高 4 位(PC4～PC7)。B 组控制 PB 口和 PC 口的低 4 位(PC0～PC3)。

内部控制的功能是执行单片机 CPU 写入的“控制字”，接收读/写控制部件的读/写命令，决定 A、B 组的工作方式和读/写操作。

(3) 读/写控制逻辑。将单片机送来的地址线(A1、A0)、控制线（$\overline{WR}$、RESET、$\overline{RD}$ 和 $\overline{CS}$)组合，根据相应的逻辑关系，把 CPU 的控制字、数据送至控制端口或数据端口，或将外设状态、外设输入数据通过相应数据端口送到 CPU。82C55 控制信号对 4 个端口执行的操作情况如表 7-10 所示。

表 7-10　82C55 控制信号对 4 个端口执行的操作

$\overline{CS}$	$\overline{RD}$	$\overline{WR}$	A1A0	执行的操作
0	0	1	0　0	PA 口→数据总线
0	1	0	0　0	PA 口←数据总线
0	0	1	0　1	PB 口→数据总线
0	1	0	0　1	PB 口←数据总线
0	0	1	1　0	PC 口→数据总线
0	1	0	1　0	PC 口←数据总线
0	1	0	1　1	D7 = 1，写入控制字，数据总线→控制寄存器
0	1	0	1　1	D7 = 0，对 C 口置/复位，数据总线→控制寄存器
0	0	1	1　1	非法信号组合
0	1	1	x　x	D7～D0 为高阻状态
1	x	x	x　x	D7～D0 为高阻状态

3. 82C55 的工作方式、控制字和编程

1) 82C55 的工作方式

82C55 有三种工作方式：方式 0、方式 1、方式 2。

(1) 方式 0：基本输入/输出方式，适用于 PA 口、PB 口、PC 口。

(2) 方式 1：选通工作方式，适用于 PA 口、PB 口。

(3) 方式 2：双向传送方式，仅适合 PA 口。

2) 控制字

单片机 CPU 向 82C55 控制寄存器输出两种不同的控制字，决定 82C55 工作方式和 3 个数据端口执行的输入/输出操作。控制字分为工作方式控制字和 PC 置 1/置 0 控制字两种。两种控制字都必须写入控制寄存器才能发挥作用。

(1) 工作方式控制字。82C55 三种工作方式由方式控制字决定。工作方式控制字的特

征是最高位 D7 = 1，格式如图 7-15 所示。

① D7 位为特征位。D7 = 1 表示为工作方式控制字。

② D6、D5 用于设定 PA 的工作方式。

③ D4、D3 用于设定 PA 口和 PC 口的高 4 位是输入还是输出。

④ D2 用于设定 PB 的工作方式。

⑤ D1、D0 用于设定 PB 口和 PC 口的低 4 位是输入还是输出。

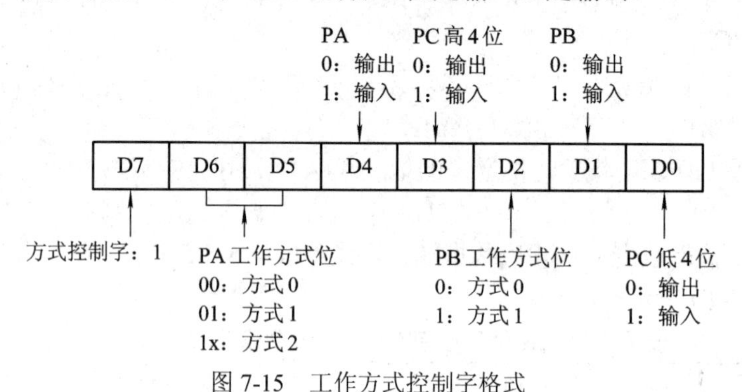

图 7-15　工作方式控制字格式

【例 7-9】 设 82C55 作扫描键盘和数码管显示接口芯片，PA 口工作于方式 0，控制七段数码管输出段选码；PC 口工作于方式 0，作为键盘扫描线输出；PB 口工作于方式 0，作为键盘输入线；设 82C55 控制口地址为 0x7ff3，写出 82C55 初始化语句。

参考程序：

```
#include    <absacc.h>
#define COM8255 XBYTE[0x7ff3]              //控制寄存器地址
void main(void)
{
    COM8255 = 0x82;                        //写入 82C55 控制寄存器
        ...
}
```

(2) PC 置 1/置 0 控制字。82C55 在与 CPU 传输数据的过程中，有时需要将 C 端口的某几位作为控制位或状态位来使用，或需要将 C 端口按位设置以配合 PA 或 PB 的工作，需将 PC 按位置 1 或清 0。PC 置 1/置 0 控制字的格式如图 7-16 所示，说明如下：

① D7=0，D7 位为特征位，D7 = 0 表示 PC 口按位置位/复位控制字。

② D6、D5、D4，这三位不用。

③ D3、D2、D1，选择 PC 口当中的某一位。

④ D0 用于置位或清 0 设置，D0 = 0，则 PC 按位清 0；D0 = 1，则 PC 置 1。

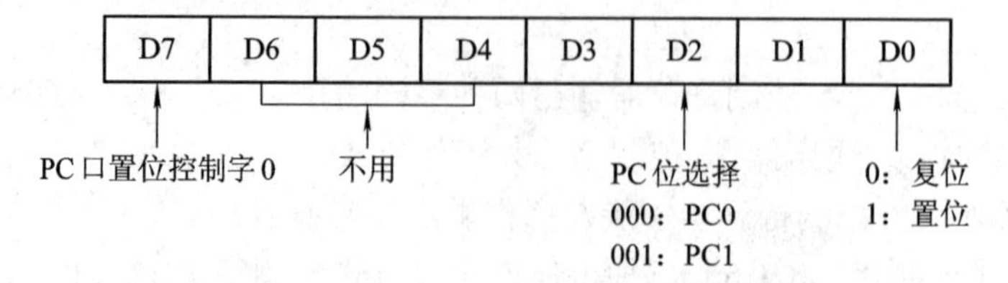

图 7-16　PC 置 1/置 0 控制字的格式

【例 7-10】 设计采用 82C55 的 PC7 产生方波。设 82C55 控制口地址为 0x7ff3，向 82C55 控制口写入 0x0f，则 PC7 置 1；向 82C55 控制口写入 0xe，则 PC7 清 0。

参考程序：

```
#include <absacc.h>
#define uint unsigned int
#define COM8255 XBYTE[0x7ff3]        //控制口地址
void delay(uint z)                   //延时函数
{
    uint x, y;
    for(x = z; x > 0; x--)
    for(y = 110; y > 0; y--);
}
void main(void)
{
    COM8255 = 0x0f;                  // PC7 置 1
    delay(5);
    COM8255 = 0xe;                   // PC7 清 0
    delay(5);
}
```

7.6.2　并行 I/O 接口 82C55 的三种工作方式

82C55 的 PA、PB 和 PC 三个数据口具有三种工作方式。

1. 工作方式 0

方式 0 是基本的输入/输出工作方式，提供简单的输入和输出操作，不需要固定应答信号。PA 口、PB 口和 PC 口(PC 口分为 2 个 4 位使用)都可工作在方式 0 下。方式 0 特点如下：

(1) 具有两个 8 位端口(PA、PB)和两个 4 位端口(PC 口的高 4 位和 PC 口的低 4 位)。

(2) 任何一个端口都可以设定为输入或者输出。

(3) 每一个端口输出时可锁存，输入时可缓冲。

PA 口、PB 口和 PC 口三个数据口都具有输出锁存器和输入缓冲器，可工作在方式 0 的以下情况：

(1) 适用于无条件传输数据的设备，如读一组开关状态、控制一组指示灯；不使用应答信号，CPU 可以随时读出开关状态，随时把一组数据送指示灯显示。

(2) 键盘扫描。

2. 工作方式 1

工作方式 1 是选通输入/输出方式，仅适用于 PA 口和 PB 口。当 PA 口和 PB 口在方式 1 下进行数据的输入/输出时，必须利用 PC 口某些位提供选通和应答信号，即 PA 口和 PB

口输入/输出是由 PC 口固定位的硬件状态决定的。此时 PA 口和 PB 口既可以作输入，也可以作输出，输入和输出都具有锁存能力。

1) 方式 1 输入

无论是 PA 口输入还是 PB 口输入，都需用 PC 口固定的三位作应答信号，一位作中断允许控制位。方式 1 输入时各应答信号如图 7-17 所示。

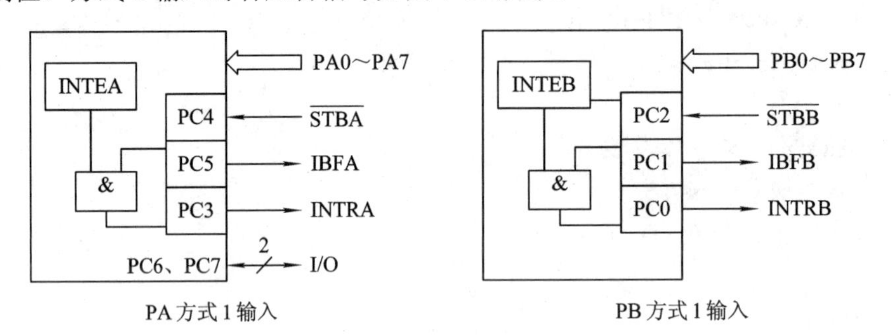

图 7-17　方式 1 输入时应答信号

(1) $\overline{STB}$：外设输入给 82C55 的“输入选通”信号，低电平有效。

(2) IBF：82C55 输出给外设的“输入缓冲器满”信号，高电平有效。

(3) INTR：82C55 送给 CPU 的“中断请求”信号，高电平有效。

(4) INTE：82C55 内部为控制中断而设置的“中断允许”信号，可通过对 PC4(PA 口)和 PC2(PB 口)的置位/复位控制字来开放中断或禁止。

当 82C55 PA 或 PB 工作在方式 1 选通输入方式时，单片机可以采用查询输入或中断输入两种方式读取外设数据：

(1) 采用查询方式输入时，单片机可以查询 82C55 的输入缓冲器信号 IBF；若 IBF 为高，则 CPU 读入数据。

(2) 采用中断方式输入时，应该先用 C 口置 1/置 0 的控制字使相应的端口允许中断，即使 INTEA(PC4) = 1 或 INTEB(PC2) = 1，然后将中断请求信号 INTR 送单片机外部中断。

以 PA 工作于方式 1 输入为例，其工作过程如下：

① 当外设向 82C55 PA7～PA0 引脚输入数据时，外设需要在 $\overline{STBA}$ 上送入一个低电平选通信号。

② 82C55 接收到 $\overline{STBA}$ 后，首先将 PA7～PA0 上数据存入 PA 口的输入数据缓冲/锁存器，接着将 IBFA 变为高电平，通知外设，PA 接收到输入数据。

③ 当 82C55 检测到 $\overline{STBA}$ 由低电平变为高电平、IBFA(PC5) = 1 和 INTEA(PC4) = 1 同时满足时，使 INTRA(PC3)变为高电平，INTRA 可向单片机发出外部中断请求。其中，INTEA(PC4) = 1 的设置可由 PC4 置/复位控制字来控制。

④ 单片机响应 INTRA 中断后，在中断服务程序中读取 PA 中的输入数据。当数据被读走后，INTRA 中断请求撤销，IBFA 清 0，外设可以传送下一个数据。

2) 方式 1 输出

无论是 PA 口输出还是 PB 口输出，都需要 PC 口固定的三位作应答信号，一位作中断允许控制位。方式 1 输出时，各应答信号如图 7-18 所示。

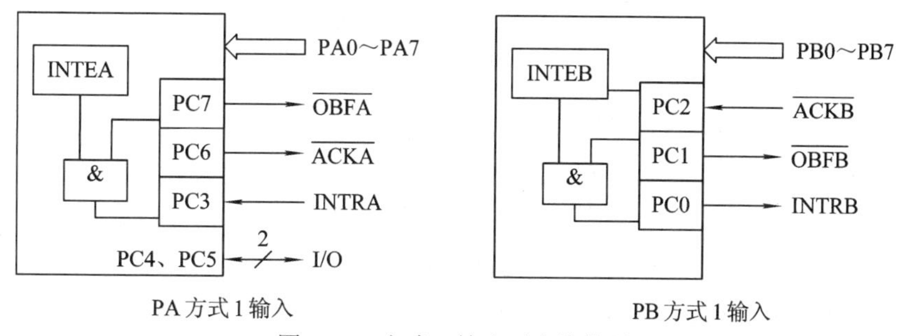

图 7-18　方式 1 输出时应答信号

(1) $\overline{OBF}$：82C55 输出给外设的“输出缓冲器满”信号，低电平有效，表示 82C55 已经接收到单片机输出的数据。

(2) $\overline{ACK}$：外设取走 82C55 中的数据后，送给 82C55 的“应答”信号，低电平有效。

(3) INTR：82C55 送给单片机 CPU 的“中断请求”信号，高电平有效。

(4) INTE：82C55 内部“中断允许”信号，含义与选通输入一致，只是对应 C 口的位与选通输入不同，是通过 PC6(若允许 PA 口中断)和 PC2(若允许 PB 口中断)的置位/复位来允许或禁止中断。

以 PA 工作于方式 1 输出为例，其工作过程如下：

(1) 当 82C55 接收到单片机输出的数据后，将 $\overline{OBFA}$ (PC7)变为低电平，作为对外设的通知信号。

(2) 外设从 PA 口取走输出数据后，将 $\overline{ACKA}$ 变为低电平，告诉 82C55 其已接收到数据。

(3) 82C55 同时检测到 $\overline{ACKA}$ = 0、$\overline{OBFA}$ = 1 和 INTEA = 1 时，使 INTRA = 1，可作为向单片机的中断请求信号。

(4) 单片机响应 INTRA 中断请求后，在中断服务程序中向 PA 口输出下一个数据。

当 82C55 PA 或 PB 工作在方式 1 选通输出方式时，单片机可以采用查询方式或者中断方式向外设输出数据。

(1) 采用查询方式输出时，单片机可以查询 82C55 的输出缓冲器满 OBF 信号，一旦由低电平变高电平，则 CPU 可继续输出数据。

(2) 采用中断方式输出时，应该先用 C 口置 1/置 0 的控制字使相应的端口允许中断，即使 INTEA(PC6) = 1 或 INTEB(PC2) = 1，然后将中断请求信号 INTR 送单片机外部中断。

3. 工作方式 2(双向选通传输方式)

工作方式 2 是双向选通传输方式，只适用于 PA 口，即 82C55 的 PA 口工作于选通方式 2 输出和选通方式 2 输入，并且输入和输出都是锁存的。它使用 C 口的 5 位作应答信号，两位作中断允许控制位，PA 口方式 2 工作时应答信号如图 7-19 所示。其中，PA7～PA0 引脚为双向 I/O 总线。当输入时，PA 口受 $\overline{STBA}$ 和 IBFA 控制，工作原理如方式 1 输入；当输出时，PA 口受 $\overline{OBFA}$、$\overline{ACKA}$ 控制，工作原理如方式 1 输出。

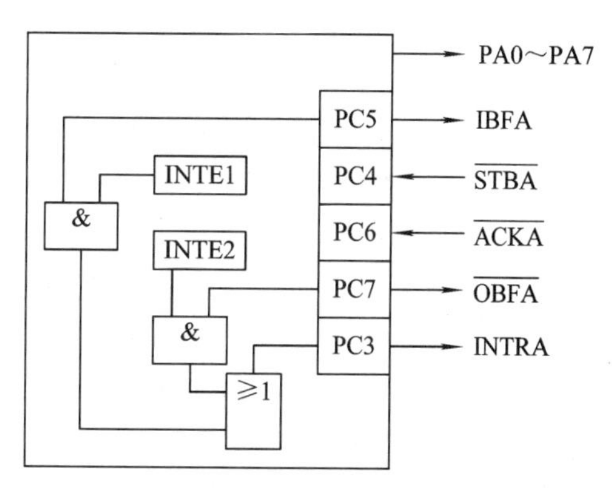

图 7-19　方式 2 工作时应答信号

7.6.3　80C51 单片机与 82C55 的接口设计

下面通过案例介绍 82C55 与单片机的接口应用。

【例 7-11】 80C51 单片机通过 82C55 扩展并行 I/O 口电路如图 7-20 所示，82C55 PC 口接 8 只开关，PA 口接 8 只指示灯。将开关状态送指示灯。在接口电路中，P0.1、P0.0 经过地址锁存器 74LS373 后与 82C55 的 A1、A0 连接；P2.7 与片选端 $\overline{\text{CS}}$ 相连；单片机的控制线 $\overline{\text{RD}}$ 和 $\overline{\text{WR}}$ 端与 82C55 的 $\overline{\text{RD}}$ 、$\overline{\text{WR}}$ 直接相连；单片机数据总线 P0.0～P0.7 与 82C55 的数据线 D0～D7 直接连接。可以确定一组 82C55 的 A 口、B 口、C 口及控制口的地址分别为 0x7ff0、0x7ff1、0x7ff2、0x7ff3。

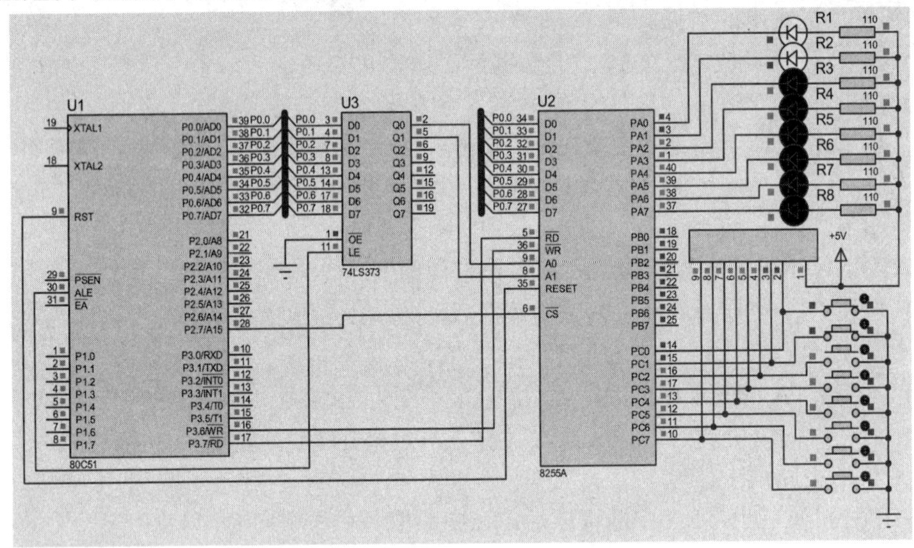

图 7-20　82C55 并行扩展 I/O 口电路

参考程序：

```
#include  <reg51.h>
#include  <absacc.h>          //定义绝对地址访问
#define  uchar  unsigned  char
#define  P8255A  XBYTE[0x7ff0]
#define  P8255B  XBYTE[0x7ff1]
#define  P8255C  XBYTE[0x7ff2]
#define  COM8255 XBYTE[0x7ff3]
void  main(void)
{  uchar temp;
   XBYTE[0x7ff3] = 0x89;              // 82C55 初始化
   while(1)
   {  temp = P8255C;
      P8255A = temp;
   }
}
```

【例 7-12】 单片机扩展 82C55 实现一个 8 位 LED 动态显示的接口电路，如图 7-21 所示，8 只数码管分别滚动显示单个数字 0～7，数码管为共阴极。82C55 的 PA 口、PC 口都工作于方式 0 输出。PA 口输出段选码，PC 口输出位选码，可以确定一组 82C55 的 A 口、B 口、C 口及控制口的地址分别为 0x7ff0、0x7ff1、0x7ff2、0x7ff3。虚拟仿真运行中，即使扫描速度加快，数码管的余辉也不能像实际电路那样体现出来；只能实现一位一位滚动点亮，不能看到同时显示的效果；若是实际硬件电路，通过软件控制扫描速度，可实现“多位同时点亮”效果。

参考程序：

```
#include  <reg51.h>
#include  <absacc.h>                              //定义绝对地址访问
#define  uchar  unsigned  char
#define  uint  unsigned  int
#define  P8255A   XBYTE[0x7ff0]
#define  P8255B   XBYTE[0x7ff1]
#define  P8255C   XBYTE[0x7ff2]
#define  COM8255 XBYTE[0x7ff3]
void  Delay(uint);                                //声明延时函数
void  display(void);                              //声明显示函数
uchar  disbuf[8] = {0, 1, 2, 3, 4, 5, 6, 7};      //定义显示缓冲区
uchar  segbuf[16] = {0x3f, 0x06, 0x5b, 0x4f, 0x66, 0x6d, 0x7d, 0x07,
                 0x7f, 0x6f, 0x77, 0x7c, 0x39, 0x5e, 0x79, 0x71};      // 0～F 段选码表
uchar  bitbuf[8] = {0xfe, 0xfd, 0xfb, 0xf7, 0xef, 0xdf, 0xbf, 0x7f};   //位选码表
void  main(void)
{
   COM8255 = 0x80;              // 82C55 初始化
   while(1)
   {display(); }                //调显示函数
}
void Delay(unsigned int x)      //延时函数
{  unsigned int j;
   while(x--)
   for(j = 0; j < 120; j++);
}
void  display(void)             //显示
{
   uchar  i;
   for  (i = 0; i < 8; i++)
   {
      P8255A = segbuf[disbuf[i]];               //送段选码
```

```
        P8255C = bitbuf[i];                    //送位选码
        Delay(200);                            //延时
    }
}
```

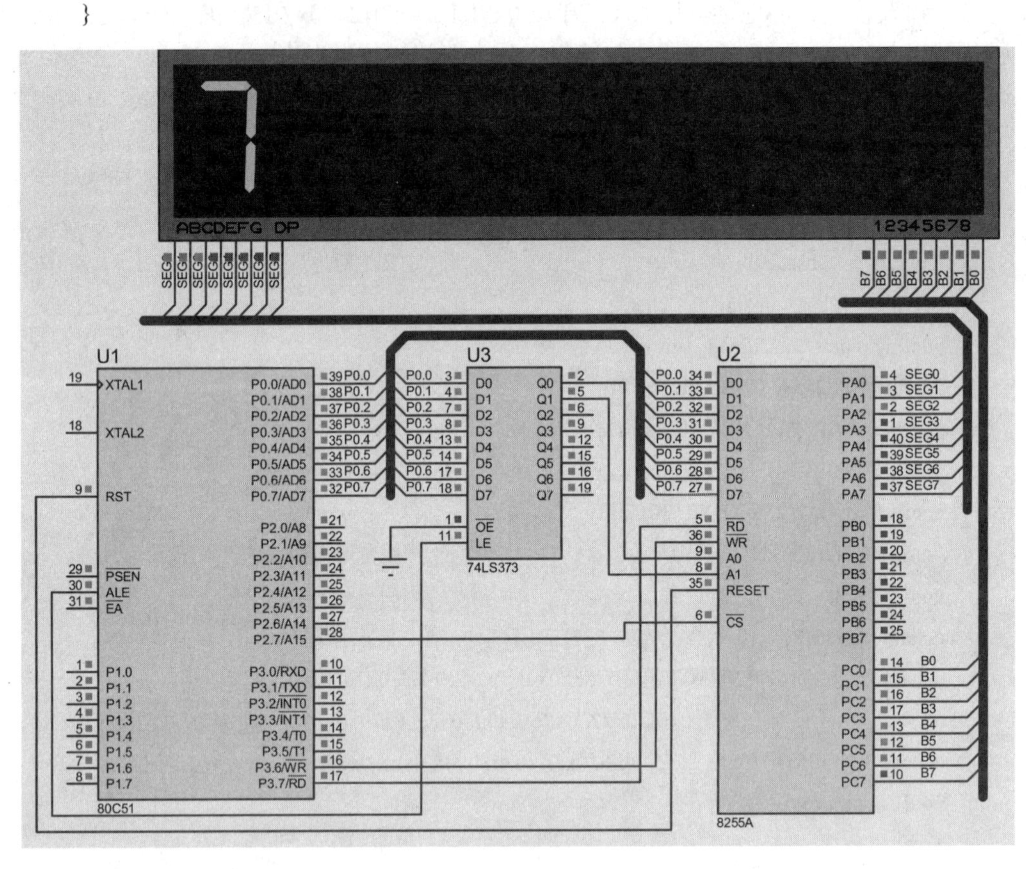

图 7-21　单片机扩展 82C55 实现 8 位 LED 动态显示接口电路

习　题　7

一、填空题

1. 74LS138 是具有 3 个输入的译码器芯片，用其输出作片选信号，最多可在________块芯片中选其中任一块。

2. I/O 编址技术有统一编址和__________两种。

3. 在单片机中，I/O 数据传送的控制方式有无条件传送方式、查询方式和________。

4. 单片机扩展并行 I/O 接口的基本要求是：输出应具有___________功能，输入应具有___________功能。

5. 扩展一片 82C55 可以增加___________个并行口。

6. 从同步、异步方式的角度，82C55 的基本输入/输出方式属于__________通信，选通输入/输出和双向传送方式属于__________通信。

二、简答题

1. 简述在 80C51 单片机系统中，外接程序存储器和数据存储器共 16 位地址线和 8 位数据线，但是不会发生冲突的原因。

2. 简述并行扩展时三总线连接的基本原则。

3. 简述单片机地址译码的三种方式，并比较它们的特点。

4. 10 根地址线可选多少存储字节单元？64 MB 存储单元需要几根地址线？

5. Winbond 27C512 的容量是多少？有几根地址线？

6. MCS-51 单片机对 I/O 数据传送的控制方式是什么？分别在哪些场合下使用？

7. 80C51 单片机扩展 8 片 2764(8k × 8 位)，利用全地址译码法画出电路，并分析地址范围。

8. I/O 接口的功能是什么？I/O 接口和 I/O 端口有什么区别？

9. 在简单的 I/O 接口扩展中，常用的缓冲器和锁存器有哪些？

10. 常用的I/O端口编址有哪两种方式？它们各有什么特点？80C51 单片机的I/O端口编址采用的是哪种方式？

11. 82C55 的“方式控制字”和“PC 口按位置位/复位控制字”都可以写入 82C55 的同一控制寄存器，82C55 如何区分这两个控制字？

三、编程题

1. 将 80C51 单片机片外数据存储器的 2000H 单元内容传送到 2100H 单元。编程实现之。

2. 已知 82C55 PA 口接 8 只开关，PB 口接 8 只指示灯，将开关状态送指示灯，写出主要程序(82C55A 口地址 FF7CH，B 口地址 FF7DH)。

3. 将内部 RAM 80H 单元内容送外部 RAM 70H 单元。编写程序。

4. 设 82C55 PB 口接 8 只开关， PA 口接 8 只指示灯，将开关状态送指示灯，写出初始化程序。(设 82C55 A 口、B 口、C 口及其控制口地址分别是 0x7F7C～0x7F7F。)

第 8 章　人机交互接口设计

大多数的单片机应用系统，都需要配置输入外设和输出外设，即人机对话装置。常用的输入外设为键盘，常用的输出外设有 LED 显示器、LCD 显示器等。

8.1　键 盘 接 口

键盘是单片机应用系统中最基本的输入设备，通过键盘输入数据或命令，是人工干预单片机的主要手段。键盘按其结构形式可分为编码键盘和非编码键盘。

编码键盘采用硬件方法完成键盘识别功能，每按下一个键，键盘通过其编码电路自动产生一个编码信息，即键码。这种键盘使用方便，但硬件较复杂，计算机所用键盘即为编码键盘。非编码键盘是由软件完成键盘识别功能的，它利用一套专用键盘编码程序来识别按键的位置，并转换成相应的编码信息，形成键码。这种键盘硬件简单，广泛用于各种单片机应用系统中。下面介绍主要的非编码键盘的工作原理及其工作方式。

8.1.1　键盘的工作原理

1. 按键的特性

键盘实质上是一组按键开关的集合，单片机系统中最常用的键盘是机械式按键键盘。如图 8-1(a)所示，按键开关的两端分别连接行线和列线，通过键盘开关机械触点的断开、闭合，行线电压信号的输出波形如图 8-1(b)所示。

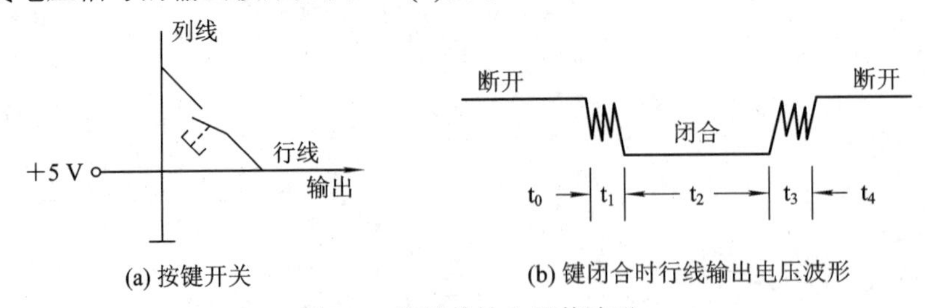

图 8-1　按键的输入及其波形

按键在闭合或断开瞬间，触点由于机械弹性作用会出现抖动现象，然后才能稳定。图 8-1(b)中，t_1 和 t_3 分别为键的闭合和断开过程中的抖动期，抖动时间长短与开关的机械特性有关，一般为 5～10 ms，t_2 为稳定的闭合期，其时间由按键动作确定，一般为十分之几秒到几秒，t_0、t_4 为断开期。

2. 按键的确认

按键的闭合与断开，反映在行线输出电压上就是呈现高电平或低电平。如果按键断开，行线呈现高电平；反之，按键闭合时，行线呈现低电平。所以通过对行线电平的检测，便可确认按键按下与否。为了确保单片机对一次按键动作只确认一次有效，必须消除抖动期 t_1 和 t_3 的影响。

3. 按键去抖

抖动现象会引起 CPU 对一次键盘操作进行多次处理，从而可能产生错误，因而必须设法消除抖动。通过去抖动处理，可以得到按键闭合与断开的稳定状态。可以通过硬件或软件的方法消除按键抖动。硬件方法是加去抖动电路，如可通过 RS 触发器实现硬件去抖动。软件方法消除按键抖动的基本思想是：在第一次检测到有键按下时，该键所对应的行线为低电平，执行一段延时 10 ms 的子程序后，确认该行线电平是否仍为低电平，如果仍为低电平，则确认该行确实有键按下。当按键松开时，行线的低电平变为高电平，执行一段延时 10 ms 的子程序后，检测该行线为高电平，说明按键确实已松开。通常多采用软件方法。

8.1.2　键盘的接口电路

常用的键盘接口有两种：一种是独立式键盘接口；另一种是矩阵式键盘接口。

1. 独立式键盘接口

独立式键盘就是每个按键各接一根 I/O 输入线，所有按键有一个公共地或公共正端，通过检测 I/O 输入线的电平状态，可以很容易地判断哪个按键被按下；各个按键之间是相互独立、互不影响的。

当按键数目较多时，独立式键盘接口电路需要的输入线较多，故该种键盘电路仅适用于按键数目较少的应用系统。下面从实际应用的角度介绍几种独立式键盘的接口。

图 8-2(a)所示为查询方式的独立式键盘接口电路，按键直接与单片机的 I/O 口线相连，通过读 I/O 口，判断 I/O 口线的电平状态，即可识别出按下的键。图 8-2(b)所示为中断方式的独立式键盘接口电路，只有在键盘有按键按下时才进行处理，所以实时性强，效率高。当键盘中有按键按下时，8 输入与非门 74LS30 的输出经过 74LS04 反相后向单片机的中断请求输入引脚 $\overline{\text{INT0}}$ 发出低电平的中断请求信号，单片机响应中断后，在中断服务程序中对按下的键进行识别。

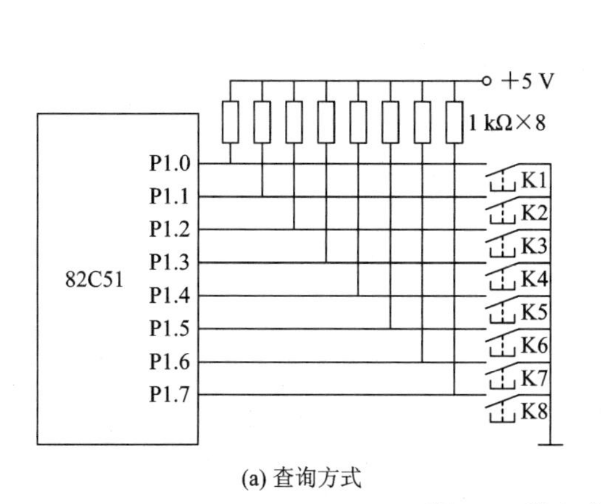

(a) 查询方式

(b) 中断方式

图 8-2　独立式键盘接口电路

【例 8-1】 对于图 8-2(a)所示的独立式键盘，采用查询方式读取键值，并根据不同键值，进行相应的键处理。

参考程序：

```
#include<reg51.h>
void main()
{
    unsigned char keyvalue;
    do
    {
        P1 = 0xff;
        keyvalue = P1;                  //从 P1 口读入键盘状态
        keyvalue = ~keyvalue;           //键盘状态取反
        switch(keyvalue)
        {
          case 1: …;                    //处理 K1 键
                break;
         case 2: …;                     //处理 K2 键
                break;
          case 4: …;                    //处理 K3 键
                break;
          case 8: …;                    //处理 K4 键
                break;
          case 16: …;                   //处理 K5 键
                break;
          case 32: …;                   //处理 K6 键
                break;
          case 64:…;                    //处理 K7 键
                break;
          case 128:…;                   //处理 K8 键
                break;
          default:                      //无按下键处理
                break;
        }
    }
    while(1);
}
```

【例 8-2】 对于图 8-2(b)所示的独立式键盘，编写中断方式的键盘处理程序。

参考程序：

```
#include<reg51.h>
```

```
bit keyflag;                    // keyflag 为有键按下的标志位
unsigned char keyvalue;         // keyvalue 为键值
void delay (unsigned int n);    //软件延时 n ms 函数

void main(void)
{
    IE = 0x81;                  //中断允许设置
    IP = 0x01;                  //中断优先级设置
    keyflag = 0;
    do
    {   if(keyflag)             //如果标志 keyflag = 1，则有键按下
        {
            keyvalue = ~keyvalue;   //键值取反
            switch(keyvalue)        //根据按下键的键值进行分支跳转
            {
                case 1: ...;        //处理 K1 键
                    break;
                case 2: ...;        //处理 K2 键
                    break;
                case 4: ...;        //处理 K3 键
                    break;
                case 8: ...;        //处理 K4 键
                    break;
                case 16: ...;       //处理 K5 键
                    break;
                case 32: ...;       //处理 K6 键
                    break;
                case 64: ...;       //处理 K7 键
                    break;
                case 128:...;       //处理 K8 键
                    break;
                default:            //无按下键处理
                    break;
            }
            keyflag = 0;            //清除按键按下标志
        }
    }while(1);
}
```

```
void int0( ) interrupt 0            //有键按下，进入中断函数
{
    unsigned char rekey;
    IE = 0x80;                      //屏蔽中断
    keyflag = 0;                    //设置键按下标志位
    P1 = 0xff;                      // P1 口锁存器置 1
    keyvalue = P1;                  //从 P1 口读入键盘状态
    delay(10);                      //延时 10 ms 去抖
    rekey = P1;                     //再次读取 P1 口状态
    if(keyvalue == rekey)
    {
        keyflag = 1;                //有键按下，设置标志位为 1
    }
    IE = 0x81;                      //中断允许
}

void delay (unsigned int n)         //延时 n ms 函数
{   unsigned int   i, j;
    for(i = 0; i < n; i++)
        for(j = 0; j < 125; j++) ;
}
```

程序中用到了外部中断 $\overline{INT0}$。当没有键按下时，标志 keyflag=0，程序一直执行“do{ }while( )”循环。当有键按下时，则 74LS04 的输出端产生低电平，向单片机的 $\overline{INT0}$ 脚发出中断请求信号，单片机响应中断，执行中断函数，在中断函数中把 keyflag 置 1，并得到键值。当执行完中断函数后，再进入“do{ }while( )”循环，此时由于“if(keyflag)”中的 keyflag =1，则可根据键值 keyvalue，执行“switch(keyvalue)”分支语句，进行按下键的处理。

此外，还可以采用扩展的 I/O 口作为独立式按键接口电路。图 8-3 所示为采用 82C55 扩展的独立式键盘接口。

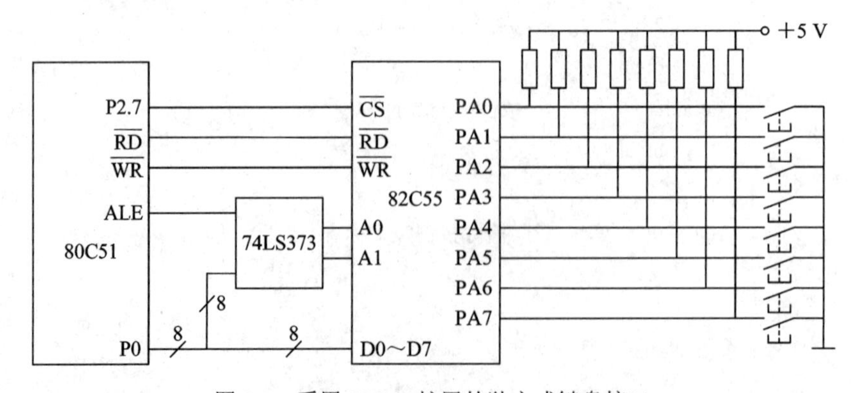

图 8-3　采用 82C55 扩展的独立式键盘接口

在上述几种独立式键盘电路中，各按键均采用了上拉电阻，这是为了保证在按键断开时，各 I/O 口有确定的高电平；当然如果输入口线内部已有上拉电阻，则外电路的上拉电阻可省去。

独立式按键的识别和编程都比较简单，只需把与按键相连的 I/O 口线的状态读入到单片机内，如为高电平，则按键没有按下；如为低电平，先延时 10ms 去抖，再读该 I/O 口线的状态；若仍为低电平，则认为确实有键按下。

2. 矩阵式键盘接口

矩阵式键盘由行线和列线组成，按键位于由行、列母线构成的矩阵电路的交叉点处。如图 8-4(a)所示，一个 3 × 3 的行列结构可以构成一个 9 个按键的键盘；如图 8-4(b)所示，一个 4 × 4 的行列结构可以构成一个 16 个按键的键盘。显然，在按键数目较多的场合，矩阵式键盘与独立式键盘相比，要节省很多的 I/O 口线。所以矩阵式键盘接口多用于按键数目较多的场合。

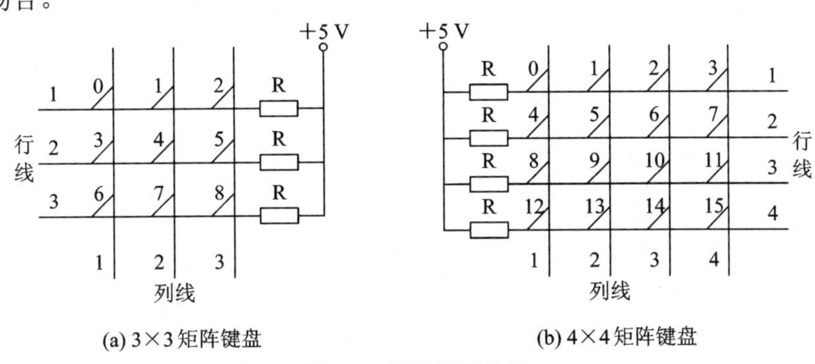

图 8-4　矩阵键盘结构

(1) 矩阵式键盘工作原理。按键设在行、列线交点上。行线通过上拉电阻接到+5V 上。无按键按下时，行线处于高电平状态；有按键按下时，行线电平状态将由与此行线相连的列线的电平决定。列线的电平如果为低，则行线电平为低；列线的电平如果为高，则行线的电平也为高。这一点是识别行列式键盘按键是否按下的关键所在。由于行列式键盘中行、列线为多键共用，各按键均影响该键所在行和列的电平，因此各按键彼此将相互发生影响，所以必须将行、列线信号配合起来并做适当的处理，才能确定闭合键的位置。

(2) 按键的识别方法。扫描法是常用的按键识别方法，可分两步进行：第一步，识别键盘有无键按下；第二步，如有键被按下，识别出具体的按键。

下面以图 8-4(b)所示的键 7 被按下为例，说明扫描法识别此键的过程。

第一步，识别键盘有无键按下。首先把所有的列线均置为低电平，然后检查各行线电平是否都为高电平，如果不全为高电平，则说明有键被按下，否则说明无键被按下。当键 7 按下时，第二行线电平为低电平，但还不能确定是键 7 被按下，因为如果同一行的键 4、5 或 6 之一被按下，行线也会呈现低电平。所以，通过这一步只能得出第二行有键被按下的结论。

第二步，识别出哪个按键被按下。采用扫描法，在某一时刻只将一条列线置为低电平，其余所有列线均置为高电平。当第一列为低电平，其余各列为高电平时，因为是键 7 被按下，所以这时第二行的行线处于高电平状态；而当第二列为低电平，其余各列为高电平时，同样发现第二行的行线仍处于高电平状态；直到将第四列置为低电平，其余各列为高电平时，第二行的行线变为低电平状态，由此可判定第二行第四列交叉点处的按键，即 7 号键被按下。

综上所述，扫描法的思想是：先把某一列置为低电平，其余各列置为高电平，检查各行线电平的变化，如果某行线电平为低，可确定此行此列交叉点处的按键被按下。

下面来看一个采用 Proteus 虚拟仿真的矩阵式键盘的实际案例。

【例 8-3】 如图 8-5 所示的 4 × 4 矩阵键盘，其行线、列线与单片机的 P1.7～P1.0 连接，图中 4 个发光二极管用来显示矩阵键盘的键号，其显示由单片机的 P0.3～P0.0 控制，当键盘上的某一键被按下时，发光二极管显示对应的键号。例如，1 号键按下时，通过发光二极管的亮灭显示“0001”；E 键按下时，发光二极管显示“1110”。

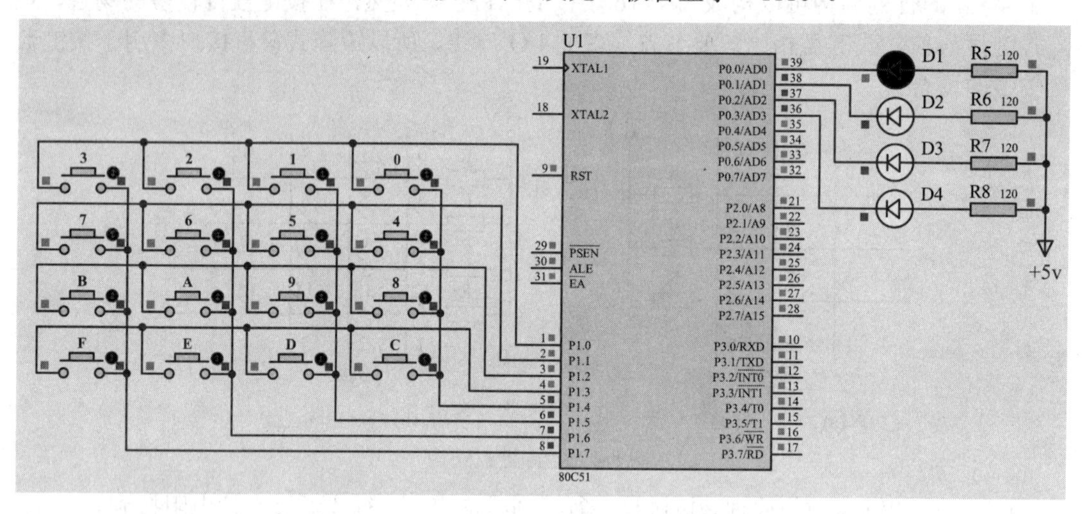

图 8-5　发光二极管显示 4×4 矩阵键盘键号的原理电路

参考程序：

```
include<reg51.h>
#define uchar unsigned char
uchar temp,key;
void delay (unsigned int n);            //软件延时 n ms 函数，见例 8-2
void main(void)
{
    while(1)
    {   P1 = 0x0f;
        temp = P1;                      //所有的列线均置为低电平
        if(temp != 0x0f)                //判断是否有键按下
        {   delay (10);                 //延时 10 ms 去抖
            if(temp != 0x0f)            //如果确实有键按下，下面将识别按下键
            {
                P1 = 0xef;              //列扫描码 0xef 将最右一列置为低
                temp = P1;              //读键值
```

```
temp = temp&0x0f;
if(temp != 0x0f)                //判断最右一列是否有键按下
{   temp = P1;                  //读键值
    switch(temp)                //判断键值
    {
        case 0xee: key = 0; break;
        case 0xed: key = 4; break;
        case 0xeb: key = 8; break;
        case 0xe7: key = 12; break;
    }
    while(temp != 0x0f)         //按键释放确认
    {   temp = P1;
        temp = temp&0x0f;
    }
}
P1 = 0xdf;                      //列扫描码 0xdf，将右起第二列置为低
temp = P1;
temp = temp&0x0f;
if(temp != 0x0f)                //判断右起第二列是否有键按下
{   temp = P1;                  //读键值
    switch(temp)                //判断键值
    {
        case 0xde: key = 1; break;
        case 0xdd: key = 5; break;
        case 0xdb: key = 9; break;
        case 0xd7: key = 13; break;
    }
    while(temp != 0x0f)         //按键释放确认
    {   temp = P1;
        temp=temp&0x0f;
    }
}
P1 = 0xbf;                      //列扫描码 0xbf，将右起第三列置为低
temp = P1;                      //读键值
temp = temp&0x0f;               //判断键值
if(temp != 0x0f)                //判断右起第三列是否有键按下
{   temp = P1;
    switch(temp)
    {
```

```
                case 0xbe: key = 2; break;
                case 0xbd: key = 6; break;
                case 0xbb: key = 10; break;
                case 0xb7: key = 14; break;
            }
            while(temp!=0x0f)           //按键释放确认
            {   temp = P1;
                temp = temp&0x0f;
            }
        }
        P1 = 0x7f;                      //列扫描码 0x7f，将右起第四列置为低
        temp = P1;
        temp = temp&0x0f;
        if(temp != 0x0f)                //判断右起第四列是否有键按下
        {   temp = P1;                  //读键值
            switch(temp)                //判断键值
            {
                case 0x7e: key = 3; break;
                case 0x7d: key = 7; break;
                case 0x7b: key = 11; break;
                case 0x77: key = 15; break;
            }
            while(temp != 0x0f)         //按键释放确认
            {   temp = P1;
                temp = temp&0x0f;
            }
        }
    }
    P0 = ~key;                          //键值送发光二极管显示
   }
  }
}
```

8.1.3 键盘的工作方式

单片机应用系统中，单片机在忙于其他各项工作任务时，如何兼顾键盘的输入，这取决于键盘的工作方式。键盘工作方式的选取应根据实际应用系统中单片机工作的忙、闲情况而定。其原则是，既要保证及时响应按键操作，又不要过多占用单片机的工作时间。通常，键盘的工作方式有三种，即编程扫描、定时扫描和中断扫描。

1. 编程扫描方式

编程扫描方式只有当单片机空闲时，才调用键盘扫描子程序，反复扫描键盘，等待用户从键盘上输入命令或数据，来响应键盘的输入请求。

编程扫描方式的工作过程如下：

(1) 在键盘扫描子程序中，首先判断整个键盘上有无键按下。

(2) 延时 10 ms 来消除按键抖动的影响。如确实有键按下，进行下一步。

(3) 识别按下键的键号。

(4) 等待按键释放后，再进行按键功能的处理操作。

2. 定时扫描方式

单片机对键盘的扫描也可采用定时扫描方式，即每隔一定的时间对键盘扫描一次。

在这种扫描方式中，通常利用单片机内部定时器产生 10 ms 的定时中断，单片机响应定时器溢出中断请求，对键盘进行扫描，在有键按下时识别出该键，并执行相应键的处理程序。

3. 中断扫描方式

为进一步提高单片机扫描键盘的工作效率，可采用中断扫描方式，即只有在键盘有键按下时，才向单片机发出中断请求，执行键盘扫描程序及该按键功能程序；如果无键按下，单片机将不理睬键盘。

至此，可将键盘所做的工作分为三个层次：

(1) 单片机监视键盘的输入，体现在键盘的工作方式上就是编程扫描、定时扫描和中断扫描。

(2) 确定具体按键的键号，体现在按键的识别方法上就是常用的扫描法。

(3) 执行键处理程序，实现按键的功能。

8.2　LED 数码管显示器接口

LED(Light Emitting Diode，发光二极管)数码管在单片机系统中应用非常普遍。LED 数码管是由发光二极管构成的字段组成的显示器，所以被称为 LED 显示器。

8.2.1　LED 数码管的结构

常用的 LED 数码管为 8 段(或 7 段，8 段比 7 段多了一个小数点(dp)段)，每一个段对应一个发光二极管，因此，LED 数码管实际上是由 7 个发光二极管组成“8”字形构成的，加上小数点就是 8 个发光二极管；这些段分别由字母 a、b、c、d、e、f、g、dp 来表示。这种显示器又有共阳极和共阴极之分，如图 8-6 所示。共阳极 LED 显示器内部的发光二极管的阳极是连接在一起的，即为公共阳极；通常公共阳极接正电压，当某个发光二极管的阴极接低电平时，发光二极管被点亮，相应的段被显示。同样，共阴极 LED 显示器内部的发光二极管的阴极是连接在一起的，即为公共阴极；通常公共阴极接地，当某个发光二极管的阳极接高电平时，发光二极管被点亮，相应的段被显示。

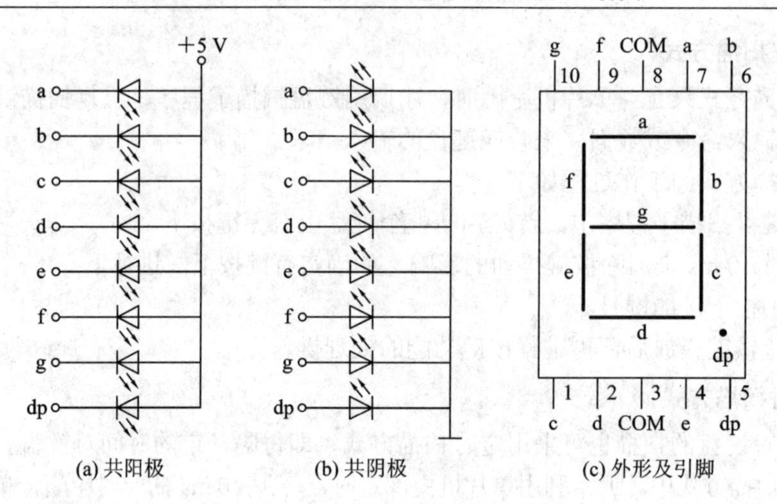

图 8-6　8 段 LED 数码管结构及外形

为使 LED 数码管显示不同的字形，就需要把相应段的发光二极管点亮。比如，要在图 8-6(c)所示的 LED 数码管显示器上显示一个数字“2”，那么应当点亮 a、b、g、e、d 段，而 c、f、dp 段不亮。为此，就要为 LED 数码管显示器提供字形码，因为字形码可使 LED 相应的段发光，从而显示不同的字形。因此，这种字形码也称为段码。7 段发光二极管再加上一个小数点位，共计 8 段。因此提供给 LED 数码管的段码正好是一个字节。各段与字节中各位对应关系如表 8-1 所示。

表 8-1　各段与字节中各位对应关系

位	D7	D6	D5	D4	D3	D2	D1	D0
显示段	dp	g	f	e	d	c	b	a

按照上述格式，8 段 LED 的段码如表 8-2 所示。

表 8-2　8 段 LED 段码

显示字符	共阴极段码	共阳极段码	显示字符	共阴极段码	共阳极段码
0	3FH	C0H	C	39H	C6H
1	06H	F9H	d	5EH	A1H
2	5BH	A4H	E	79H	86H
3	4FH	B0H	F	71H	8EH
4	66H	99H	H	76H	89H
5	6DH	92H	L	38H	C7H
6	7DH	82H	n	37H	C8H
7	07H	F8H	o	5CH	A3H
8	7FH	80H	P	73H	8CH
9	6FH	90H	U	3EH	C1H
A	77H	88H	“灭”	00H	FFH
b	7CH	83H	…	…	…

表 8-2 只列出了部分段码，读者可以根据实际情况选用，也可重新定义。

另外，段码是相对的，它由各字段在字节中所处的位决定。例如表 8-2 中 8 段 LED 段码是按图 8-7(a)所示格式而形成的，“0”的段码为 3FH(共阴极)；反之，如将格式改为图 8-7(b)所示格式，则“0”的段码为 7EH(共阴极)。

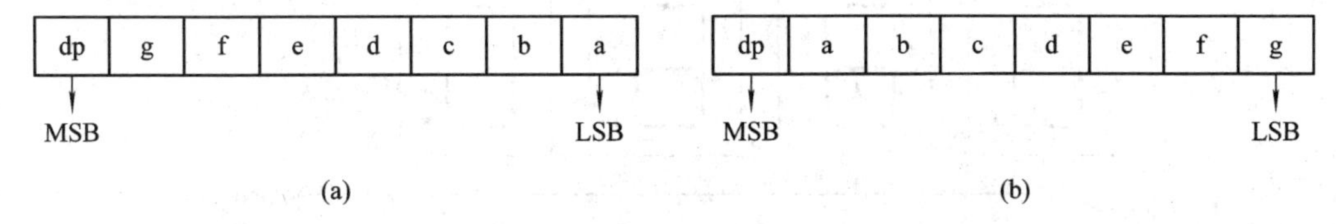

图 8-7　段码格式

字形及段码由设计者自行设定，在使用中，一般习惯上还是以“a”段对应段码字节的最低位。

8.2.2　LED 数码管的工作原理

图 8-8 所示为由 N 个 LED 显示块构成的显示 N 位字符的 LED 显示器的结构原理图。N 个 LED 显示块有 N 位位选线和 8×N 位段码线。段码线控制显示字符的字形，而位选线为各个 LED 显示块的公共端，用来选择所需的 LED 显示块，控制该 LED 显示位的亮或暗。

LED 数码管显示器有静态显示和动态显示两种显示方式。

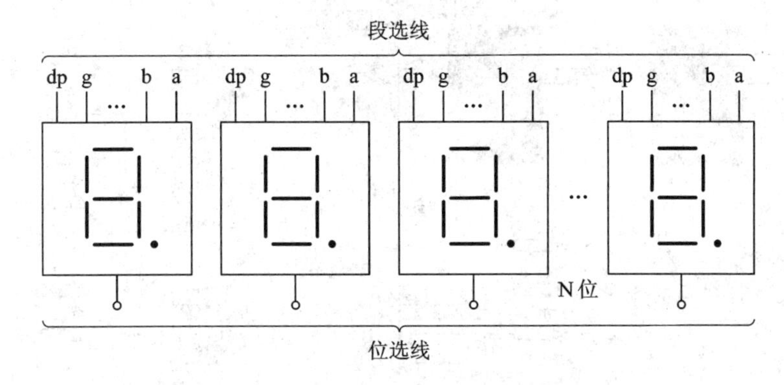

图 8-8　N 位 LED 数码管显示器的结构原理图

1. LED 静态显示方式

LED 数码管工作于静态显示方式时，各位 LED 的共阴极(或共阳极)连接在一起并接地(或接 +5 V)；每位的段码线(a～dp)分别与一个 8 位的并行输出口相连。之所以称为静态显示，是因为各个 LED 的显示字符一经确定，相应并行输出口的段码输出将维持不变，直到送入另一个段码为止，所以显示的亮度高。

图 8-9 所示为一个 4 位 LED 静态显示电路，各位可独立显示，只要在某位的段码线上保持段码电平，该位就能保持相应的显示字符。由于各位 LED 的段码线分别由一个 8 位的并行输出口控制，故在同一时刻，每一位 LED 显示的字符可以各不相同。静态显示方式中单片机 CPU 为显示器服务的时间短且软件编程简单，但硬件开销大，接口电路复杂。如图 8-9 所示，4 个 LED 块构成的 4 位静态显示电路，要占用 4 个 8 位 I/O 口，如果显示器的位数增多，则需要增加 I/O 口的数目。因此在显示位数较多的情况下，一般不建议采

用静态显示方式。

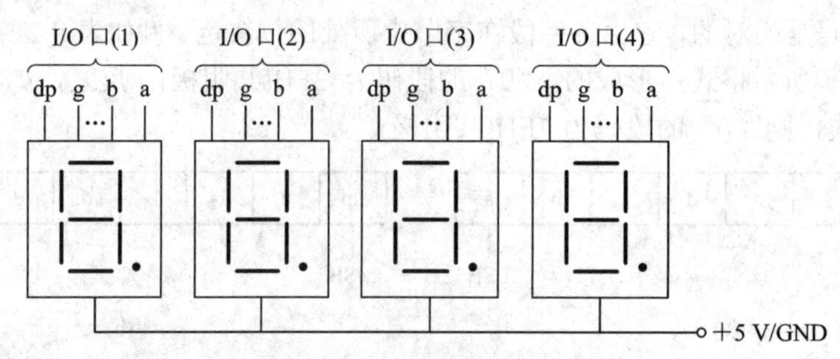

图 8-9　4 位 LED 静态显示电路

【例 8-4】 单片机控制两只数码管，静态显示两个数字“28”。

本例的原理电路如图 8-10 所示。单片机利用 P1 口与 P2 口分别控制两个数码管 DS0 与 DS1 的段码，而共阳极数码管 DS1 与 DS2 的公共端直接接至 +5 V，因此数码管 DS0 与 DS1 始终处于导通状态。利用 P1 口与 P2 口具有的锁存功能，只需向单片机的 P1 口与 P2 口分别写入相应的显示字符“2”和“8”的段码即可。由于一个数码管就占用了一个 I/O 端口，如果数码管数目增多，则需要增加 I/O 端口，但是软件编程简单。

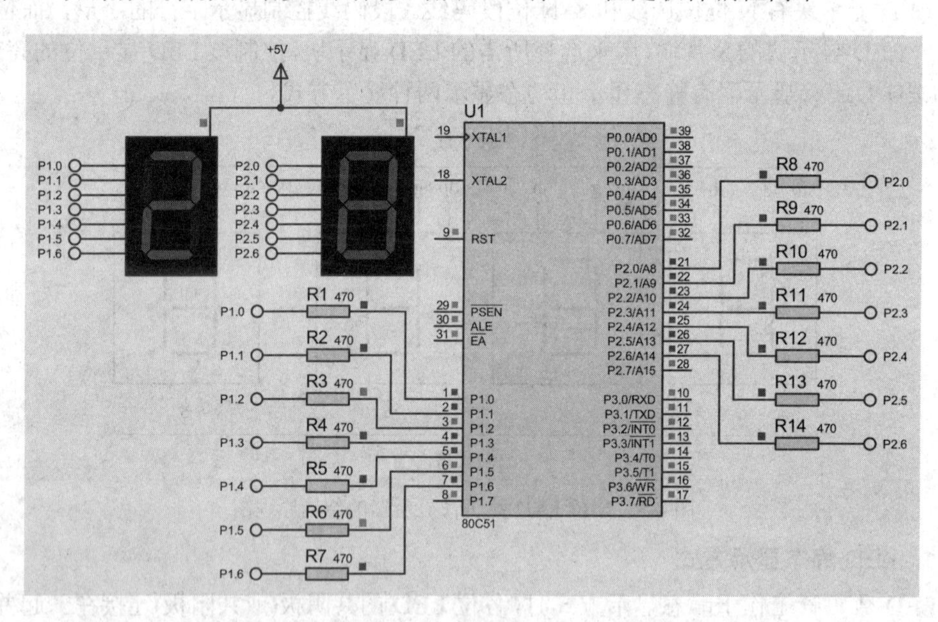

图 8-10　两位数码管静态显示原理电路与仿真

参考程序：

```
#include<reg51.h>
void main( )
{
    P1 = 0xa4;              //将数字“2”的段码(共阳极)送 P1 口
    P2 = 0x80;              //将数字“8”的段码(共阳极)送 P2 口
    while(1);
}
```

2. LED 动态显示方式

LED 数码管工作于动态显示方式时，所有显示位的段码线的相应段并接在一起，由一个 8 位 I/O 口控制，形成段码线的多路复用，而各位的公共端分别由相应的 I/O 线控制，形成各位的分时选通。

图 8-11 所示为一个 4 位 8 段 LED 动态显示电路，其中段码线占用一个 8 位 I/O 口，而位选线占用一个 4 位 I/O 口。由于各位的段码线并联，8 位 I/O 口输出的段码对各位 LED 来说都是相同的。因此，在同一时刻，如果各位位选线都处于选通状态，4 位 LED 将显示相同的字符。若要各位 LED 能够同时显示出不同的字符，就必须采用动态显示方式，即在某一时刻，只让某一位的位选线处于选通状态，而其他各位的位选线处于关闭状态；同时，段码线上输出相应位要显示的字符的段码。这样，在同一时刻，4 位 LED 中只有选通的那一位显示出字符，而其他三位则是熄灭的。同样，在下一时刻，只让下一位的位选线处于选通状态，而其他各位的位选线处于关闭状态，在段码线上输出将要显示字符的段码，此时，只有选通位显示出相应的字符，而其他各位则是熄灭的。如此循环下去，就可以使各位显示出将要显示的字符。由此可见，在同一时刻，只有一位显示，其他各位熄灭，即各位的显示字符是在不同时刻出现的；但由于 LED 显示器的余辉和人眼的“视觉暂留”效应，只要每位显示时间足够短，就可以造成“多位同时亮”的假象，达到同时显示的效果。

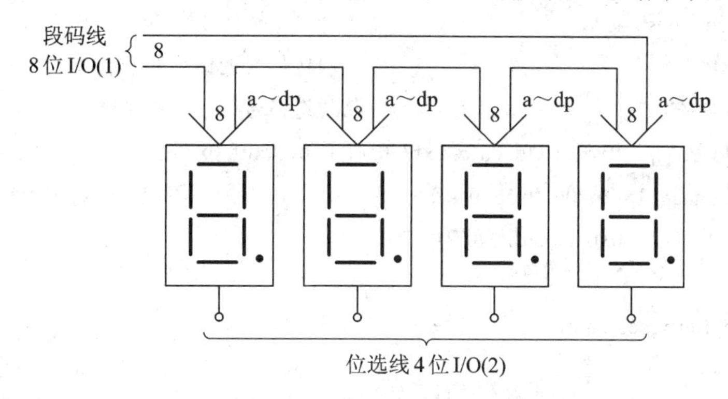

图 8-11　4 位 LED 动态显示电路

LED 不同位显示的时间间隔应根据实际情况而定。发光二极管从导通到发光有一定的延时，导通时间太短，则发光太弱，人眼无法看清；但也不能太长，否则就达不到“多位同时显示”的效果，而且此时间越长，占用单片机 CPU 的时间就越多。另外，当显示位数增多时，将占用大量的单片机 CPU 时间，因此动态显示实质上是以牺牲单片机 CPU 时间来换取 I/O 端口的减少。

【例 8-5】 单片机控制 8 只数码管，分别滚动显示单个数字 1～8。程序运行后，单片机控制左边第一个数码管显示 1，其他不显示；延时之后，控制左边第 2 个数码管显示 2，其他不显示；直至第 8 个数码管显示 8，其他不显示；反复循环上述过程。本例原理电路与仿真如图 8-12 所示。

图 8-12 所示的动态显示电路，由 P0 口通过两片 74HC573 分时送出段码和位控码，两片 74HC573 的输出锁存由 P2 口的高两位口线控制。由于是虚拟仿真，即时扫描速度加快，数码管的余辉也不能像实际电路那样体现出来。如果对实际的硬件显示电路进行快速扫描，由于数码管的余辉和人眼的“视觉暂留”作用，只要控制好每位数码管显示的时间和

间隔，就可造成“多位同时亮”的假象，达到同时显示的效果。

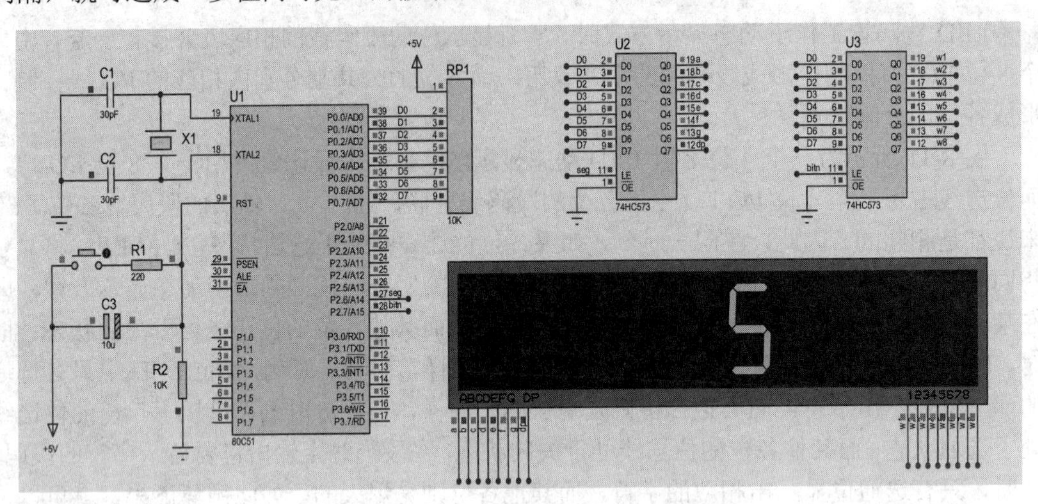

图 8-12　8 位数码管动态显示原理电路与仿真

参考程序：

```
#include<reg51.h>
#define uchar unsigned char
sbit seg = P2^6;                              //段选信号的锁存器控制
sbit bitn = P2^7;                             //位选信号的锁存器控制
uchar code wei[ ] = {0xfe, 0xfd, 0xfb, 0xf7, 0xef, 0xdf, 0xbf, 0x7f}; //数码管各位的位控码
uchar code duan[ ] = {0x06, 0x5b, 0x4f, 0x66,    //共阴极数码管的段码表，1～8
                    0x6d, 0x7d, 0x07, 0x7f};

void delay (unsigned int n)                   //延时 n ms 函数
{
    unsigned int   i, j;
    for(i = 0; i < n; i++)
        for(j = 0; j < 125; j++) ;
}
void main( )
{
    uchar num;
    while(1)
    {
        for(num = 0; num < 8; num++)
        {
            bitn = 1;
            P0 = wei[num];                    //从 P0 口送出位控码
            bitn = 0;
```

```
                seg = 1;
                P0 = duan[num];                    //从 P0 口送出段码
                seg = 0;
                delay(10);
            }
        }
    }
```

8.3 键盘与 LED 数码管显示器接口综合设计实例

在单片机应用系统中，一般都是把键盘和显示器放在一起考虑。下面介绍几种实用的键盘/显示器接口的设计方案。

8.3.1 利用并行 I/O 芯片 82C55 实现的键盘/显示器接口

【例 8-6】 图 8-13 是单片机外扩并行 I/O 芯片 82C55 实现的 16 个按键和 8 位 LED 键盘/显示器接口电路。82C55 的 PA 口为输出口，作为 8 位共阴极 LED 数码管的位选口，PB 口作为显示段码的输出口，PC0～PC3 口作为键盘的行线状态输入口，PC4～PC7 口作为键盘的列线扫描输出口。82C55 的 PA、PB、PC 口及控制口的地址分别为 7FFCH、7FFDH、7FFEH 及 7FFFH。图中 7407 为同相驱动器。

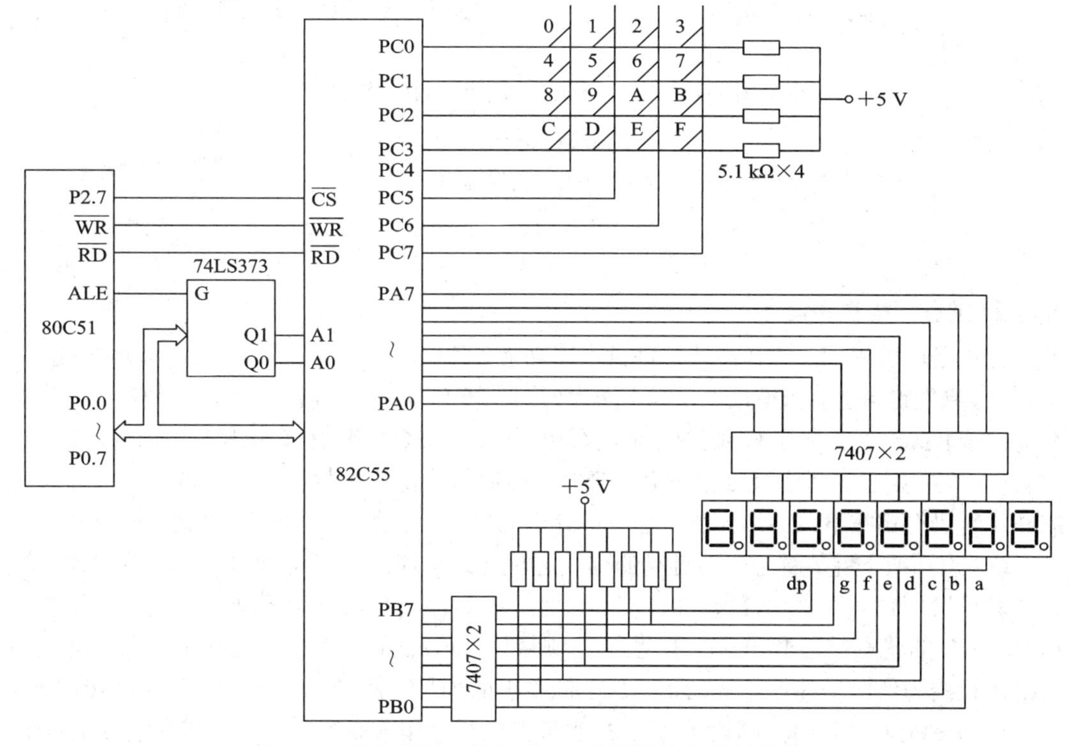

图 8-13　用并行接口芯片 82C55 实现的键盘/显示器接口

1. 动态显示程序设计

参考程序：

```
#include<reg51.h>
#include<absacc.h>
#define uchar unsigned char
#define PAport XBYTE [0x7ffc]                //82C55 的 PB 口地址 0x7ffc
#define PBport XBYTE [0x7ffd]                //82C55 的 PB 口地址 0x7ffd
#define PCport XBYTE [0x7ffe]                //82C55 的 PB 口地址 0x7ffe
#define cmdport XBYTE [0x7fff]               //82C55 的控制字寄存器端口地址 0x7fff
uchar idata dis_buf[8] = {1, 2, 3, 4, 5, 6, 7, 8}; //显示缓冲区，用户也可根据显示需要自行赋值
uchar code distable[16] = {0x3f, 0x06, 0x5b, 0x4f, 0x66, 0x6d, 0x7d, 0x07, 0x7f,
                          0x6f, 0x77, 0x7c, 0x39, 0x5e, 0x79,
                          0x71}; //共阴极数码管段码表，0, 1, 2, 3, 4, 5, 6, 7, 8, 9, A, B, C, D, E, F
void delay (unsigned int n);                 //延时 n ms 函数，见例 8-2
void display(void)
{
  uchar segcode,bitcode,i;
  bitcode = 0xfe;                            //点亮最左边的显示器的位选码
  for(i = 0; i <= 7; i++)
  {
      PAport = bitcode;                      //位选码从 PA 口输出，点亮某一位
        segcode = dis_buf[i];
      PBport = distable[segcode];            //段码从 PB 口输出
      delay(5);                              //延时
      bitcode = (bitcode<<1) | 0x01;         //位选码左移一位
  }
}
```

2. 键盘扫描程序设计

键盘采用编程扫描工作方式，键盘程序功能如下：

(1) 判别键盘上有无键按下，其方法为列扫描线 PC4～PC7 输出全 0，读 PC0～PC3 的状态；若 PC0～PC3 全为 1，则键盘上没有按下键；若 PC0～PC3 不全为 1，则有键按下。

(2) 在判别出键盘上有键按下后，延时一段时间去除键的机械抖动，再次判别键盘的状态；若仍有键按下，则认为键盘上有键处于稳定的闭合期，否则认为是键的抖动。

(3) 识别按下键的键号，对键盘的列线进行逐列扫描，扫描线 PC4～PC7 依次输出编码“1110”、“1101”、“1011”、“0111”，只有一列为低电平，其余各列为高电平。依次读 PC0～PC3 的状态，若 PC0～PC3 全为 1，则列线为 0 的这一列没有键按下。按下键的键号等于行线为低电平的行号乘以 4 再加上低电平的列号。例如 PC4～PC7 输出为 1011 时，读到 PC0～PC3 为 1101，则第 1 行第 2 列(最上一行看作第 0 行，最左一列看作第 0 列)相

交处的键处于按下状态，因此，按下键的键号

$$N = 1 \times 4 + 2 = 6$$

(4) 为了对键的一次按下仅做一次处理，采用的方法是判别到按下键释放后再做键功能处理。

参考程序：

```
uchar keynumber;                //定义键号为全局变量
uchar checkkey(void)            //检测有无键按下函数，有键按下返回 0xff，无键按下返回 0
{
    uchar i;
    PCport = 0x0f;                          //列线 PC4～PC7 输出全 0
    i = PCport;                             //读入行线 PC0～PC3 的状态
    i = i&0x0f;                             //屏蔽 PC 口的高 4 位
    if(i==0x0f) return(0);                  //无键按下返回 0
    else return(0xff);
}
uchar keyscan(void)                         //键盘扫描函数，如有键按下，识别按下键的键号
{
    uchar scancode,k,i,j;
    if(checkkey( )!=0)                      //检测是否有键按下，无键按下返回
    {
        delay(10);                          //延时去抖
        if(checkkey( )!=0)                  //再次检测是否有键按下，无键按下返回
        {
            scancode = 0xef;                //列扫描码，从左边第一列开始扫描
            for(i = 0; i < 4; i++)
            {
                k = 0x01;
                PCport = scancode;              //送列扫描码
                for(j = 0; j < 4; j++)
                {
                    if((PCport&k)==0)           //检测当前行是否有键按下
                    {
                        keynumber = j*4+i;      //当前行有键按下，求键号
                        while(checkkey() != 0)  //按键释放确认
                        return 1;               //返回
                    }
                    else k = k<<1;
                }
                scancode = (scancode<<1) | 0x01;    //列扫描码左移一位，扫描下一列
```

```
            }
        }
    }
}
```

8.3.2　利用单片机串行口实现的键盘/显示器接口

当单片机的串行口未作它用时，可用其来外扩键盘/显示器。应用单片机的串行口方式0，外扩移位寄存器 74LS164 来构成键盘/显示器接口，这是在实际应用系统中经常采用的一种方案，其硬件接口电路如图 8-14 所示。

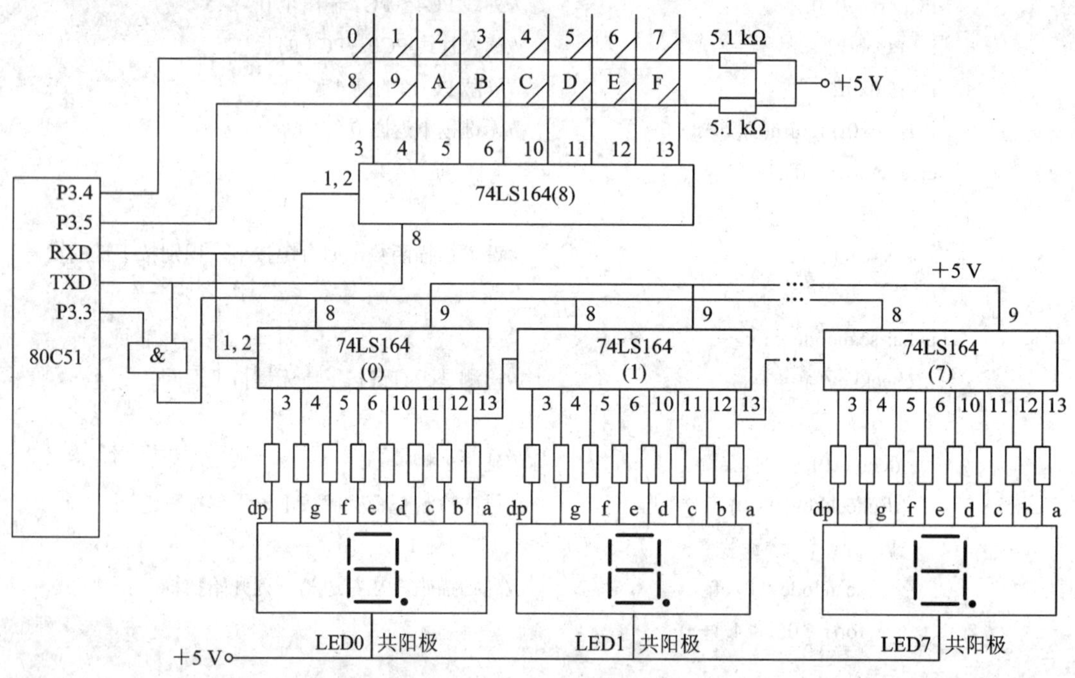

图 8-14　用串行口扩展的键盘/显示器接口

【例 8-7】 如图 8-14 所示为用串行口扩展的键盘/显示器接口：74LS164(0)～74LS164(7)作为 8 个 LED 显示器的段码输出口，74LS164(8)作为键盘的列线扫描输出口，单片机的 P3.4、P3.5 作为两行键的行状态输入线，P3.3 作为 TXD 引脚同步移位脉冲输出控制线，P3.3 = 0 时，与门输出为 0，禁止同步移位脉冲输出。这种静态显示方式的优点是亮度大，与动态扫描相比，CPU 不必频繁地扫描显示器，提高了工作效率，因而软件设计比较简单。下面给出程序，该程序中 LED0 显示按下键的键号，LED1～LED7 依次显示数字 1～7。

参考程序：

```
#include<reg51.h>
#define uchar unsigned char
sbit P3_3 = P3^3;
sbit P3_4 = P3^4;
```

```
sbit P3_5 = P3^5;
uchar code distable[17] = {0xc0, 0xf9, 0xa4, 0xb0, 0x99,          //共阳极段码表，0, 1, 2, 3, 4
                           0x92, 0x82, 0xf8, 0x80,                 // 5, 6, 7, 8
                           0x90, 0x88, 0x83, 0xc6,                 // 9, A, B, C
                           0xa1, 0x86, 0x8e, 0xff};                // D, E, F, 灭
uchar keyval;
void delay (unsigned int n);                                       //软件延时 n ms 函数，见例 8-2
void display(uchar a);
void keyscan(void);
void main(void)
{
    uchar i;
    SCON = 0;                          //串行口初始化为方式 0
    keyval = 16;                       // LED0 上电初始化为“灭”
    while(1)
    {
        for(i = 7; i >= 1; i--)        // LED1～LED7 依次显示 1, 2, 3, 4, 5, 6, 7
        {
            display(i);                //调用显示子程序
        }
        display(keyval);               // LED0 显示按下键的键号
        keyscan( );                    //调用键盘扫描子程序
    }
}
/****************************显示子程序***************************/
void display(uchar a)
{
    P3_3 = 1;                          //允许 TXD 引脚同步移位脉冲输出
    SBUF = distable[a];                // distable[ ]是定义的数码管段码表
    while(!TI);
    TI = 0;
}
/*************************键盘扫描子程序*************************/
void keyscan(void)
{
    uchar temp,i;
    P3_3 = 0;                          //关闭显示器输出
    do
    {
```

```
            temp = 0;
            SBUF = temp;                    // 74LS164(8)输出 00H，所有列线均置为 0
            while(!TI);                     //串行输出完否
            TI = 0;                         //串行输出完毕，清 TI
        } while(P3_4 != 0&P3_5 != 0);       //判断是否有按键按下
        delay (10);                         //延时 10 ms 去抖
        if(P3_4==0 | P3_5==0)               //判断是否由抖动引起
        {                                   //不是抖动引起
            temp = 0x7f;                    //判别是哪个键按下，0x7f 为最左一列输出低电平
            for(i = 0; i <= 7; i++)         //扫描 8 列
            {   SBUF = temp;
                while(!TI);
                TI = 0;
                if(P3_4 == 0)               //第一行有键闭合否？
                {
                    keyval = i;             //得到键号
                    while(!P3_4);           //按键释放确认
                    break;                  //识别出按下键，退出循环
                }
                if(P3_5==0)                 //第二行有键闭合否？
                {
                    keyval = i+8;           //得到键号
                    while(!P3_5);           //按键释放确认
                    break;                  //识别出按下键，退出循环
                }
                Temp = (temp >> 1) | 0x80;  //列扫描码右移，准备扫描下一列
            }
        }
    }
```

8.3.3　基于专用芯片 HD7279A 实现的键盘/显示器接口

专用可编程键盘/显示器接口芯片具有自动消除键抖动并识别按键代码的功能，单片机通过专用接口芯片控制键盘/显示器时，在软件上可省去键盘去抖动程序以及键盘/显示器动态扫描程序，只需对键盘/显示器接口芯片中的各个控制寄存器进行正确设置即可，从而可以提高 CPU 工作的效率。

1. 各种专用键盘/显示器接口芯片简介

目前专用接口芯片种类繁多，各有特点，总体趋势是并行接口芯片逐渐退出应用舞台，串行接口芯片越来越多地得到应用。

早期常用的专用键盘/显示器接口芯片是Intel公司于20世纪80年代推出的并行接口芯片8279，但8279的驱动电流较小，需加驱动电路；另外，8279采用并行方式与单片机通信，占用口线多，使得单片机系统的硬件开销大，故8279在今天已逐渐退出市场。目前流行的键盘/显示器接口芯片与单片机的接口多采用串行连接方式，占用口线少。常见的键盘/显示器接口芯片有ZLG7289A和ZLG7290B(周立功公司)、CH451(南京沁恒公司)、MAX7219、BC7281和HD7279等。下面进行简要介绍。

(1) ZLG7290B。ZLG7290B是广州周立功单片机发展有限公司自行设计的数码管显示驱动及键盘扫描管理芯片，能够直接驱动8位共阴极数码管(或64只独立的LED)，同时还可以扫描管理多达64只按键，其中有8只按键还可以作为功能键使用。另外，ZLG7290B内部还设置有连击计数器，能够使某键按下后不松手而连续有效。ZLG7290B采用I^2C串行总线方式，与微控制器的接口只需两根信号线。该芯片为工业级芯片，抗干扰能力强，在工业测控中已有大量应用。

(2) CH451。CH451可动态驱动8位LED数码管显示，具有BCD码译码、闪烁、移位等功能；内置大电流驱动级，段电流不小于30 mA，位电流不小于160 mA；内置64(8 × 8)键键盘控制器，可对8 × 8矩阵键盘自动扫描，且有去抖动电路，并提供键盘中断和按键释放标志位，可供查询按键按下与释放状态；片内内置上电复位和看门狗定时器。该芯片性价比较高，是目前使用较为广泛的专用键盘/显示器接口芯片之一；但抗干扰能力不是很强，不支持组合键识别。

(3) MAX7219。MAX7219是MAXIM(美信)公司的产品。该芯片采用串行SPI接口，仅是单纯驱动共阴极LED数码管，没有键盘管理功能，功能较为单一。

(4) BC7281。BC7281可驱动8位或16位数码管显示或64/128只独立LED，具有64键键盘接口，内建去抖功能，可实现闪烁、段点亮、段熄灭等功能。BC7281的驱动输出极性及输出时序均为软件可控，从而可以和各种外部电路配合，适用于任何尺寸的数码管。BC7281通过外接移位寄存器最多可驱动16位LED数码管，但所需外围电路较多，占PCB空间较大，且在驱动16位LED数码管时，由于采用动态扫描方式工作，电流噪声过大。

(5) HD7279。HD7279是一片具有串行接口的、可同时驱动8位共阴极数码管(或64只独立LED)的智能显示驱动芯片。该芯片同时还可连接64键的键盘矩阵，单片即可完成LED显示、键盘接口的全部功能，且价格低廉，因此在键盘/显示器接口的设计中得到了广泛应用。

2. 专用键盘/显示器接口芯片HD7279A简介

HD7279A能同时驱动8个共阴极LED数码管(或64个独立的LED发光二极管)和64(8 × 8)键的编码键盘矩阵。控制LED数码管采用动态扫描的循环显示方式。该芯片具有如下特性：

(1) 串行接口，内部含有驱动器，无需外围元件即可直接驱动LED；

(2) 内部含有译码器，可直接接受BCD码或十六进制码，并同时具有两种译码方式；

(3) 多种控制指令，如消隐、闪烁、左移、右移、段寻址；

(4) 各位独立控制译码/不译码及消隐和闪烁属性；

(5) 64键键盘控制器，能够自动消除键抖动并识别按键键值；

(6) 有 DIP 和 SOIC 两种封装形式供选择。

1) 引脚说明与电气特性

下面以 DIP(双列直插式)封装为例，介绍 HD7279A 芯片的外部引脚。HD7279A 芯片有 28 个引脚，其引脚如图 8-15 所示，引脚说明如表 8-3 所示。其中，DIG0～DIG7 为位驱动输出端，分别连接 8 个 LED 数码管的共阴极；SA～SG 为段驱动输出端，分别与 LED 数码管的 a～g 段相连。DP 为小数点的驱动输出端。DIG0～DIG7 和 SA～SG 同时还分别是 64 键键盘的列线和行线端口，完成对键盘的译码和键码识别。8 × 8 阵列中每个键的键码是用十六进制表示的，可用读键盘数据指令读出，键码范围是 00H～3FH。

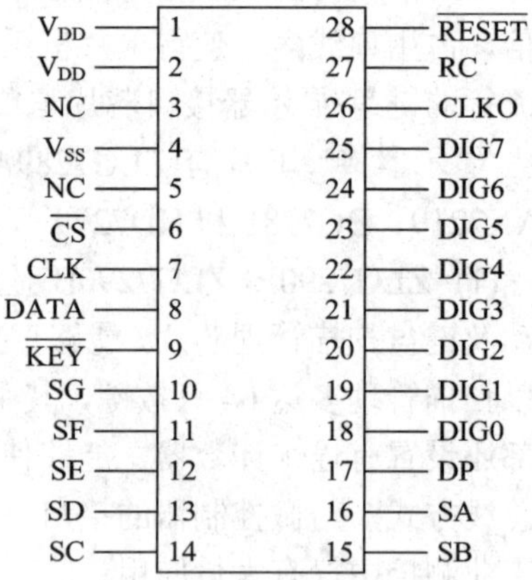

V_{DD}	1	28	$\overline{RESET}$
V_{DD}	2	27	RC
NC	3	26	CLKO
V_{SS}	4	25	DIG7
NC	5	24	DIG6
$\overline{CS}$	6	23	DIG5
CLK	7	22	DIG4
DATA	8	21	DIG3
$\overline{KEY}$	9	20	DIG2
SG	10	19	DIG1
SF	11	18	DIG0
SE	12	17	DP
SD	13	16	SA
SC	14	15	SB

图 8-15　HD7279A 的引脚

表 8-3　HD7279A 引脚说明

引　脚	名　称	说　　明
1，2	V_{DD}	正电源(+5 V)
3，5	NC	悬空
4	V_{SS}	地
6	$\overline{CS}$	片选信号，低电平有效
7	CLK	同步时钟输入端
8	DATA	串行数据写入/读出端
9	$\overline{KEY}$	按键有效输出端
10～16	SG～SA	LED 的 g～a 段驱动输出端
17	DP	小数点驱动输出端
18～25	DIG0～DIG7	LED 位驱动输出端
26	CLKO	振荡输出端
27	RC	RC 振荡器连接端
28	$\overline{RESET}$	复位端，低电平有效

$\overline{CS}$ 为片选信号(低电平有效)，当单片机访问 HD7279A(读键号或写指令)时，应将 $\overline{CS}$ 置为低电平。DATA 为串行数据端，当单片机向 HD7279A 发送数据时，DATA 为输入端；当 HD7279A 向单片机输出键码时，DATA 为输出端。CLK 为数据串行传送的同步时钟输入端，时钟的上升沿表示数据有效。$\overline{KEY}$ 为按键信号输出端，在无键按下时为高电平；而有键按下时，此引脚变为低电平并且一直保持到键释放为止。RC 引脚用于外接振荡元件，其典型值为 R = 1.5 kΩ，C = 15 pF。$\overline{RESET}$ 为复位端。该端由低电平变成高电平并保持 18～25 ms 即复位结束。通常，该端接 +5 V 即可。

HD7279A 芯片与单片机接口仅需 4 条接口线，即 $\overline{CS}$、DATA、CLK 和 $\overline{KEY}$。

HD7279A 的电气特性如表 8-4 所示。

表 8-4　HD7279A 的电气特性

参　数	符号	测试条件	最小值	典型值	最大值
电源电压	V_{DD}	—	4.5 V	5.0 V	5.5 V
工作电流	I_{CC}	不接 LED	—	3 mA	5 mA
工作电流	I_{CC}	LED 全亮	—	60 mA	100 mA
逻辑输入高电平	V_{IH}	—	2.0 V	—	5.5 V
逻辑输入低电平	V_{IL}	—	0 V	—	0.8 V
按键响应时间	T_{KEY}	含去抖动时间	10 ms	18 ms	40 ms
引脚输入电流	I_{KL}	—	—	—	10 mA
引脚输出电流	I_{KO}	—	—	—	7 mA

2) 控制指令

HD7279A 的控制指令包括 6 条不带数据的纯指令、7 条带数据指令和 1 条读键盘指令。

(1) 纯指令(6 条)。

• 复位指令，指令代码为 A4H，其功能为清除所有显示，包括字符消隐属性和闪烁属性。

• 测试指令，指令代码为 BFH，其功能为将所有的 LED 点亮并闪烁，可用于自检。

• 左移指令，指令代码为 A1H，其功能为将所有的显示左移 1 位，移位后，最右位空(无显示)，不改变消隐和闪烁属性。

• 右移指令，指令代码为 A0H，其功能与左移指令相似，只是方向相反。

• 循环左移指令，指令代码为 A3H，其功能为将所有的显示循环左移 1 位。移位后，最左位内容移至最右位，不改变消隐和闪烁属性。

• 循环右移指令，指令代码为 A2H，其功能与循环左移指令相似，只是方向相反。

(2) 带数据指令(7 条)。带数据指令均由双字节组成，第 1 字节为指令标志码，第 2 字节为显示内容。

• 按方式 0 译码下载指令，该指令格式如下：

第 1 字节								第 2 字节							
D7	D6	D5	D4	D3	D2	D1	D0	D7	D6	D5	D4	D3	D2	D1	D0
1	0	0	0	0	a2	a1	a0	dp	×	×	×	d3	d2	d1	d0

该指令由 2 个字节组成。第 1 字节为指令，其中 a2、a1、a0 为显示位地址，表示显示数据应送给 8 位数码管中的哪一位，a2a1a0 = 000 表示最低位数码管，a2a1a0 = 111 表示最高位数码管。第 2 字节为显示内容，其中 dp 为小数点控制位，dp = 1 时，小数点显示；dp = 0 时，小数点熄灭。d3、d2、d1、d0 为显示数据，收到此指令时，HD7279A 按表 8-5 所示的规则进行译码和显示。指令中的×××为无用位。

表 8-5　方式 0 的译码显示

d3 d2 d1 d0	显示字符	d3 d2 d1 d0	显示字符
0 0 0 0	0	1 0 0 0	8
0 0 0 1	1	1 0 0 1	9
0 0 1 0	2	1 0 1 0	-
0 0 1 1	3	1 0 1 1	E
0 1 0 0	4	1 1 0 0	H
0 1 0 1	5	1 1 0 1	L
0 1 1 0	6	1 1 1 0	P
0 1 1 1	7	1 1 1 1	无显示

例如，如果指令第 1 字节为 80H，第 2 字节为 06H，则最低位数码管显示 6，小数点 dp 熄灭；如果指令第 1 字节为 87H，第 2 字节为 8CH，则最高位数码管显示 H，小数点 dp 点亮。

• 按方式 1 译码下载指令，该指令格式如下：

第 1 字节								第 2 字节							
D7	D6	D5	D4	D3	D2	D1	D0	D7	D6	D5	D4	D3	D2	D1	D0
1	1	0	0	1	a2	a1	a0	dp	×	×	×	d3	d2	d1	d0

此指令与上一条指令基本相同，所不同的是译码方式。该指令按表 8-6 所示的规则进行译码和显示。

表 8-6　方式 1 的译码显示

d3 d2 d1 d0	显示字符	d3 d2 d1 d0	显示字符
0 0 0 0	0	1 0 0 0	8
0 0 0 1	1	1 0 0 1	9
0 0 1 0	2	1 0 1 0	A
0 0 1 1	3	1 0 1 1	b
0 1 0 0	4	1 1 0 0	C
0 1 0 1	5	1 1 0 1	d
0 1 1 0	6	1 1 1 0	E
0 1 1 1	7	1 1 1 1	F

• 不译码下载指令，该指令格式如下：

第 1 字节								第 2 字节							
D7	D6	D5	D4	D3	D2	D1	D0	D7	D6	D5	D4	D3	D2	D1	D0
1	0	0	1	0	a2	a1	a0	dp	a	b	c	d	e	f	g

其中，a2、a1、a0 仍为显示位地址，a～g 和 dp 为显示数据，分别对应 7 段 LED 数码管的各段。当相应的数据位为 1 时，该段点亮；为 0 时，该段不点亮。

该指令可在指定位上显示字符。例如，若指令第 1 字节为 96H，第 2 字节为 3EH，则在 L7 位(最低位看作第 1 位)LED 数码管上显示字符 U，小数点 dp 熄灭。

• 闪烁控制指令，该指令格式如下：

第 1 字节								第 2 字节							
D7	D6	D5	D4	D3	D2	D1	D0	D7	D6	D5	D4	D3	D2	D1	D0
1	0	0	0	1	0	0	0	d8	d7	d6	d5	d4	d3	d2	d1

该指令控制各个数码管的闪烁属性。d1～d8 分别对应 L1～L8 位数码管，该位为 1，数码管不闪烁；该位为 0，数码管闪烁。默认状态为所有数码管均不闪烁。

• 消隐控制指令，该指令格式如下：

第 1 字节								第 2 字节							
D7	D6	D5	D4	D3	D2	D1	D0	D7	D6	D5	D4	D3	D2	D1	D0
1	0	0	1	1	0	0	0	d8	d7	d6	d5	d4	d3	d2	d1

该指令控制各个数码管的消隐属性。d1～d8 分别对应 L1～L8 位数码管，该位为 1，数码管显示；该位为 0，数码管消隐。当某一位被赋予了消隐属性后，HD7279A 在扫描时将跳过该位，因此在这种情况下无论对该位写入何值，均不会被显示，但写入的值将被保留，在将该位重新设为显示状态后，最后一次写入的数据将被显示出来。当无需用到全部 8 个数码管显示的时候，将不用的位设为消隐属性，可以提高显示的亮度。

注意：至少应有一位保持显示状态，如果消隐控制指令中 d1～d8 全部为 0，该指令将不被接受，HD7279A 保持原来的消隐状态不变。

• 段点亮指令。该指令格式如下：

第 1 字节								第 2 字节							
D7	D6	D5	D4	D3	D2	D1	D0	D7	D6	D5	D4	D3	D2	D1	D0
1	1	1	0	0	0	0	0	×	×	d5	d4	d3	d2	d1	d0

该指令为段寻址指令，作用为点亮数码管中某一指定的段，或 LED 矩阵中某一指定的 LED。d5～d0 为段地址，范围为 00H～3FH，具体分配为：第 1 个数码管的 g 段地址为 00H，f 段为 01H，…，a 段为 06H，小数点 dp 为 07H，第 2 个数码管的 g 段地址为 08H，f 段为 09H，…，以此类推，直至第 8 个数码管的小数点 dp 地址为 3FH。

例如，指令第 1 字节为 E0H，第 2 字节为 00H，则点亮 L1 位 LED 数码管的 g 段；如果第 2 字节为 11H，则点亮 L3 位 LED 数码管的 f 段。

• 段关闭指令，该指令格式如下：

第 1 字节								第 2 字节							
D7	D6	D5	D4	D3	D2	D1	D0	D7	D6	D5	D4	D3	D2	D1	D0
1	1	0	0	0	0	0	0	×	×	d5	d4	d3	d2	d1	d0

该指令的作用是关闭某个数码管中的某一段。d5～d0 为段地址，范围为 00H～3FH，具体分配与上述的段点亮指令相同，仅将点亮段变为关闭段。

例如，指令第 1 字节为 C0H，第 2 字节为 00H，则关闭 L1 位 LED 数码管的 g 段；如果第 2 字节为 11H，则关闭 L3 位 LED 数码管的 f 段。

(3) 读键盘指令。该指令的作用是从 HD7279A 读出当前按下键的键值，格式如下：

第 1 字节								第 2 字节							
D7	D6	D5	D4	D3	D2	D1	D0	D7	D6	D5	D4	D3	D2	D1	D0
0	0	0	1	0	1	0	1	d7	d6	d5	d4	d3	d2	d1	d0

与其他指令不同，此指令的第 1 个字节 15H 为单片机传送到 HD7279A 的指令，而第 2 个字节 d7～d0 则为 HD7279A 返回的按键值，范围是 00H～3FH(无键按下时为 FFH)。

当 HD7279A 检测到有效按键时，$\overline{\text{KEY}}$ 引脚从高电平变为低电平，并一直保持到按键释放为止。在此期间，如果 HD7279A 接收到来自单片机的读键盘指令 15H，则 HD7279A 向单片机发出当前按下键的键值。

3. 单片机与 HD7279A 的接口设计

1) 接口电路

图 8-16 所示为 80C51 单片机通过 HD7279A 控制 8 个数码管和 64 键矩阵键盘的接口电路。外接振荡元件为典型值，晶振频率为 12 MHz。上电后，HD7279A 大约经过 15～18 ms 的时间才进入工作状态。

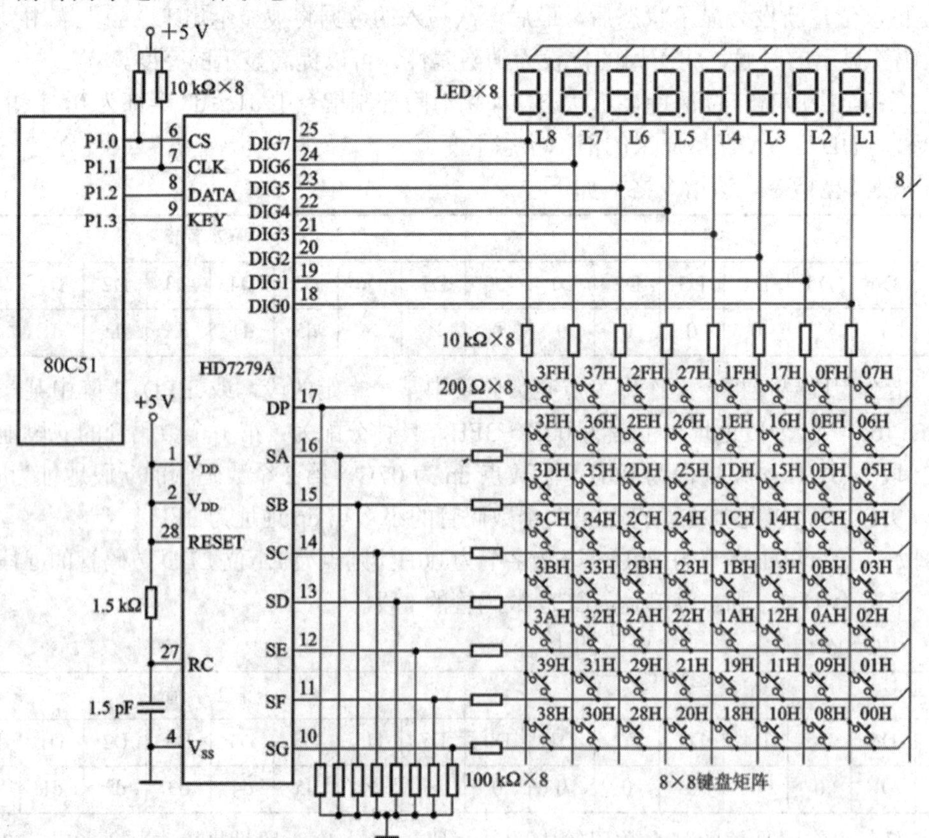

图 8-16　单片机与 HD7279A 的接口电路

单片机通过$\overline{\text{KEY}}$脚电平判断键盘矩阵中是否有按键按下。使用中断方式时，可将$\overline{\text{KEY}}$脚接至单片机的外部中断输入端，并设置成跳沿触发。

HD7279A 控制显示器时，应连接共阴极显示器。对于不使用的按键和显示器，可以不连接。省去的显示器或对显示器设置的消隐、闪烁属性，均不影响键盘的使用。除非不用显示器，否则串联在 DP 及 SA～SG 引线上的 200 W 电阻不可省去。

如果不使用键盘，图 8-16 所示的与键盘连接的 10 kΩ 电阻和 100 kΩ 电阻便可省去。如果使用键盘，电路中的 100 kΩ 下拉电阻则不可省去。

HD7279A 采用动态循环扫描方式，如果采用普通的 LED 数码管亮度不够，则可采用高亮度或超高亮度型号的 LED 数码管。

2) 程序设计

参考程序：

```
#include <reg51.h>
//*** 函数定义 ***
void long_delay(void);                              //长延时
void short_delay(void);                             //短暂延时
void delay10ms(unsigned char);                      //延时 10MS
void write7279(unsigned char, unsigned char);       //写入到 HD7279
unsigned char read7279(unsigned char);              //从 HD7279 读出
void send_byte(unsigned char);                      //发送一个字节
unsigned char receive_byte(void);                   //接收一个字节

//*** 变量及 I/O 口定义 ***
unsigned char digit[5];
unsigned char key_number, j, k;
unsigned int tmr;
unsigned long wait_cnter;
sbit cs = P1^0;                 // cs at P1.4
sbit clk = P1^1;                // clk 连接于 P1.5
sbit dat = P1^2;                // dat 连接于 P1.2
sbit key = P1^3;                // key 连接于 P1.3

//****** HD7279A 指令 ******
#define CMD_RESET 0xa4
#define CMD_TEST 0xbf
#define DECODE0 0x80
#define DECODE1 0xc8
#define CMD_READ 0x15
#define UNDECODE 0x90
#define RTL_CYCLE 0xa3
```

```
#define RTR_CYCLE 0xa2
#define RTL_UNCYL 0xa1
#define RTR_UNCYL 0xa0
#define ACTCTL 0x98
#define SEGON 0xe0
#define SEGOFF 0xc0
#define BLINKCTL 0x88

//*** 主程序 ***
main( )
{
    while (1)
    {
        for (tmr = 0; tmr < 0x2000; tmr++);              //上电延时
        send_byte(CMD_RESET);                             //复位 HD7279A

        //*****************************************
        //              测试指令演示
        //*****************************************
        send_byte(CMD_TEST);                              //测试指令
        for (j = 0; j < 3; j++)                           //延时约 3 s
        {
            delay10ms(100);
        }
        send_byte(CMD_RESET);                             //清除显示

        //*********************************************
        //闪烁指令及键盘接口测试
        //将用户按键的键码显示出来，如果 10 s 内无按键
        //或按 S0 键即进入下一步演示
        //*********************************************
        wait_cnter = 0;
        key_number = 0xff;
        write7279(BLINKCTL, 0xfc);                        //第 1、2 两位设为闪烁显示
        write7279(UNDECODE, 0X08);                        //在第 1 位显示下划线 '_'
        write7279(UNDECODE+1, 0x08);                      //在第 2 位显示下划线 '_'
        do
        {
            if (!key)                                     //如果有键按下
```

```
        {
            key_number = read7279(CMD_READ);                //读出键码
            write7279(DECODE1+1, key_number/16);           //在第 2 位显示键码高 8 位
            write7279(DECODE1, key_number&0x0f);           //在第 1 位显示键码低 8 位
            while (!key);                                   //等待按键放开
            wait_cnter=0;
        }
        wait_cnter++;
    } while (key_number != 0 && wait_cnter < 0x30000);  //如果按键为 '0' 和超时则进入下一步演示
    write7279(BLINKCTL, 0xff);                          //清除闪烁设置

    //*****************************************
    //                  快速计数演示
    //*****************************************
    for (j = 0; j < 5; j++)                             //计数初始值为 00000
    {
        digit[j] = 0;
        write7279(DECODE0+j, digit[j]);
    }
    while (digit[4] < 2)                                //如果计数达到 20000 就停止
    {
        digit[0]++;
        if (digit[0] > 9)
        {
            digit[0] = 0;
            digit[1]++;
            if (digit[1] > 9)
            {
                digit[1] = 0;
                digit[2]++;
                if (digit[2] > 9)
                {
                    digit[2] = 0;
                    digit[3]++;
                    if (digit[3] > 9)
                    {
                        digit[3] = 0;
                        digit[4]++;
                        if (digit[4] > 9)
```

```
                    {
                        digit[4] = 0;
                    }
                }
            }
        }
    }
    write7279(DECODE0, digit[0]);
    if (digit[0] == 0)
    {
        write7279(DECODE0+1, digit[1]);
        if (digit[1] == 0)
        {
            write7279(DECODE0+2, digit[2]);
            if (digit[2] == 0)
            {
                write7279(DECODE0+3, digit[3]);
                if (digit[3] == 0)
                {
                    write7279(DECODE0+4, digit[4]);
                }
            }
        }
    }
}
delay10ms(150);
send_byte(CMD_RESET);                       //清除显示

//**************************************************
//              下载数据但不译码指令测试
//**************************************************
write7279(UNDECODE+7, 0x49);                //在第 8 位按不译码方式显示一字符“三”
delay10ms(80);

//**************************************************
//                  循环左/右移测试
//        “三”字向右运动 3 次，再向左运动 3 次
//**************************************************
for (j = 0; j < 23; j++)
```

```
{
    send_byte(RTR_CYCLE);              //循环右移 23 次
    delay10ms(12);
}
for (j = 0; j < 23; j++)
{
    send_byte(RTL_CYCLE);              //循环左移 23 次
    delay10ms(12);
}

//*********************************************
//译码方式 0 及左移指令测试
//*********************************************
for (j = 0; j < 16; j++)
{
    send_byte(RTL_UNCYL);              //不循环左移指令
    write7279(DECODE0, j);             //译码方式 0 指令，显示在第 1 位
    delay10ms(50);
}
delay10ms(150);
send_byte(CMD_RESET);

//*********************************************
//          译码方式 1 及右移指令测试
//*********************************************
for (j = 0; j < 16; j++)
{
    send_byte(RTR_UNCYL);              //不循环左移指令
    write7279(DECODE1+7, j);           //译码方式 0 指令，显示在第 8 位
    delay10ms(50);
}
delay10ms(150);

//*********************************************
//                    消隐指令测试
//*********************************************
k = 0xff;
for (j = 0; j < 6; j++)
{
```

```
            k = k/2;
            write7279(ACTCTL, k);               //每隔 1 s 增加一个消隐位
            delay10ms(100);
        }
        write7279(ACTCTL, 0xff);                //恢复 8 位显示
        delay10ms(100);
        send_byte(CMD_RESET);                   //清除显示

        //*********************************************
        //              段点亮指令和段关闭指令
        //*********************************************
        for (j = 0; j < 64; j++)
        {
            write7279(SEGON, j);                //将 64 个显示段逐个点亮
            write7279(SEGOFF, j-1);             //同时将前一个显示段关闭
            delay10ms(20);
        }
    }
}
void write7279(unsigned char cmd, unsigned char dta)
{
    send_byte (cmd);
    send_byte (dta);
}
unsigned char read7279(unsigned char command)
{
    send_byte(command);
    return(receive_byte());
}
void send_byte(unsigned char out_byte)
{
    unsigned char i;
    cs = 0;
    long_delay();
    for (i = 0; i < 8; i++)
    {
        if (out_byte&0x80)
        {
            dat = 1;
```

```
        }
        else
        {
            dat = 0;
        }
        clk = 1;
        short_delay();
        clk = 0;
        short_delay();
        out_byte = out_byte*2;
    }
    dat = 0;
}
unsigned char receive_byte(void)
{
    unsigned char i, in_byte;
    dat = 1;                          //set to input mode
    long_delay();
    for (i = 0; i < 8; i++)
    {
        clk = 1;
        short_delay();
        in_byte = in_byte*2;
        if (dat)
        {
            in_byte = in_byte | 0x01;
        }
        clk = 0;
        short_delay();
    }
    dat=0;
    return (in_byte);
}
void long_delay(void)
{   unsigned char i;
    for (i = 0; i < 0x30; i++);
}
void short_delay(void)
{   unsigned char i;
```

```
    for (i = 0; i < 8; i++);
}

// ************************* 延时 n*10ms *************************
void delay10ms(unsigned char time)
{   unsigned char i;
    unsigned int j;
    for (i = 0; i < time; i++)
    {
        for(j = 0; j < 0x390; j++)
        {
            if (!key)
            {
                key_int();
            }
        }
    }
}
```

8.4 LCD 1602 液晶显示器接口

LCD(液晶显示器)是一种被动式的显示器，即液晶本身并不发光，而是利用液晶经过处理后能改变光线通过方向的特性，从而达到白底黑字或黑底白字显示的目的。液晶显示器具有功耗低、抗干扰能力强等优点，它分为字段型、字符型和点阵图形型。

(1) 字段型，是以长条状组成字符显示，主要用于数字显示，也可用于显示西文字母或某些字符，广泛用于电子表、计算器、数字仪表中。

(2) 点阵字符型，专门用于显示字母、数字和符号等。一个字符由 5 × 7 或 5 × 10 的点阵组成，在单片机系统中已广泛使用。

(3) 点阵图形型，广泛用于图形显示，如笔记本电脑、彩色电视和游戏机等。它是在平板上排列的多行列的矩阵式的晶格点，点的大小与多少决定了显示的清晰度。

8.4.1 LCD1602 液晶显示模块介绍

在单片机应用系统中，常使用点阵字符型 LCD 显示器。要使用点阵字符型 LCD 显示器，必须有相应的 LCD 控制器、驱动器来对 LCD 显示器进行扫描、驱动，还要有一定空间的 RAM 和 ROM 来存储单片机写入的命令和显示字符的点阵。由于 LCD 显示面板较为脆弱，厂商已将 LCD 控制器、驱动器、RAM、ROM 和液晶显示面板用 PCB 连接到一起，称为液晶显示模块(LCD Module，LCM)。使用者只需购买现成的液晶显示模块即可。单片机只要向 LCM 送入相应的命令和数据就可实现所需要的显示内容。LCD1602 是较常用的字符型液晶显示模块。

1. 液晶显示模块 LCD1602 的基本结构

(1) 液晶板。目前常用的字符型 LCD 模块有 16 字 × 1 行、16 字 × 2 行、20 字 × 2 行、20 字 × 4 行等，型号常用 ***1602、***1604、***2002、***2004 来表示。其中 16 代表液晶显示器每行可显示 16 个字符，02 表示显示 2 行。这些 LCM 虽然显示的字数各不相同，但是都具有相同的输入/输出界面。

(2) 模块电路框图。图 8-17 所示为字符型 LCD 模块的电路框图，它的内部结构可分为三个部分：LCD 控制器、LCD 驱动器、LCD 液晶板。市场上虽有各种不同厂牌的字符显示类型的 LCD 模块，但大部分模块的控制器都是使用芯片 HD44780，或是兼容的控制芯片，驱动器则用芯片 HD44100 及其替代的兼容芯片。HD44780 不仅作为控制器而且还具有驱动 40 × 16 点阵液晶像素的能力(即单行 16 个字符或两行 8 个字符)。HD44100 是扩展显示字符用的(16 字符 × 2 行模块就要用一片 HD44100)。LCM 与单片机之间是通过 LCM 的控制器进行通信的。

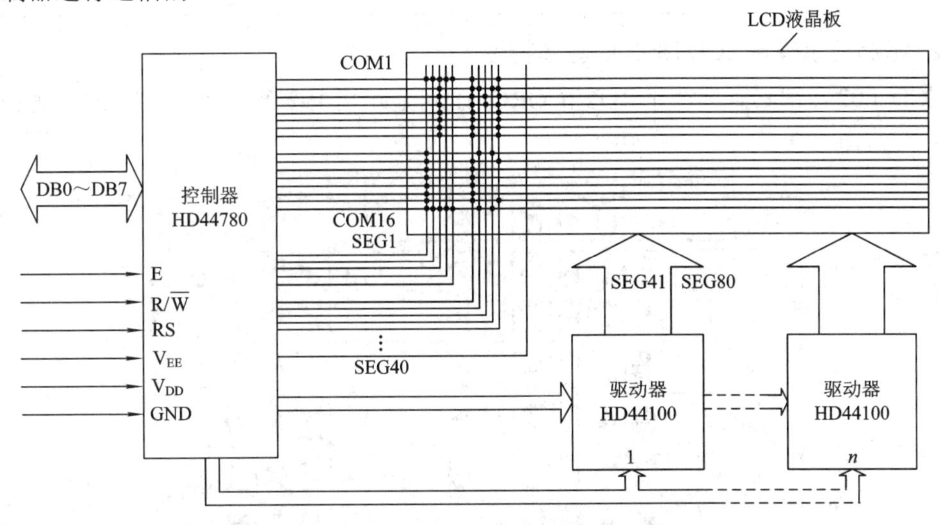

图 8-17　字符型 LCD 模块的电路框图

(3) 模块外部引脚。LCD1602 的工作电压为 4.5～5.5 V，典型工作电压为 5 V，工作电流为 2 mA。它分为标准的 14 引脚(无背光)与 16 引脚(有背光)两种，16 引脚的外形及引脚分布如图 8-18 所示。

(a) LCD1602 的外形

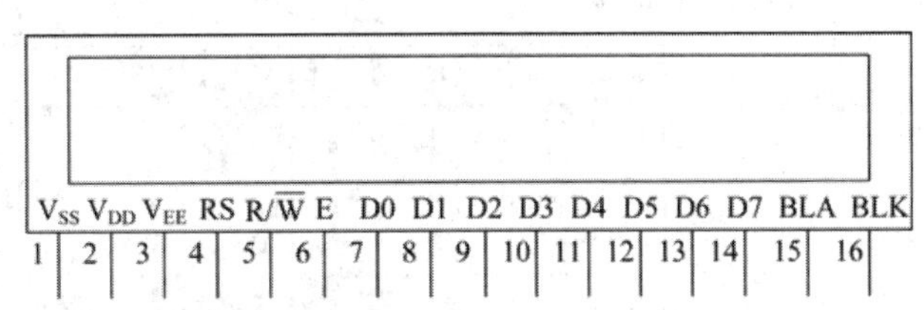

(b) LCD1602 的引脚

图 8-18　LCD1602 外形及引脚

引脚包括 8 条数据线、3 条控制线和 3 条电源线，如表 8-7 所示。通过单片机向模块写入命令和数据，就可对显示方式和显示内容做出选择。

表 8-7　LCD1602 的引脚功能

引脚	引脚名称	引 脚 功 能
1	V_{SS}	电源地
2	V_{DD}	+5 V 逻辑电源
3	V_{EE}	液晶显示偏压(调节显示对比度)
4	RS	寄存器选择(1—数据寄存器，0—指令寄存器)
5	R/$\overline{W}$	读/写操作选择(1—读，0—写)
6	E	使能信号
7～14	D0～D7	数据总线，与单片机的数据总线相连，三态
15	BLA	背光板电源，通常为 +5 V，串联 1 个电位器，调节背光亮度，如接地，则无背光，不易发热
16	BLK	背光板电源地

2. 液晶显示模块 LCD1602 的基本特性

LCD1602 内部具有字符库 ROM(CGROM)，可显示出 192 个字符(5 × 7 点阵)，如图 8-19 所示。

	0000	0001	0010	0011	0100	0101	0110	0111	1000	1001	1010	1011	1100	1101	1110	1111
××××0000	CG RAM (1)			0	@	P	`	p				ー	タ	ミ	α	p
××××0001	(2)		!	1	A	Q	a	q			。	ア	チ	ム	ä	q
××××0010	(3)		"	2	B	R	b	r			「	イ	ツ	メ	β	θ
××××0011	(4)		#	3	C	S	c	s			」	ウ	テ	モ	ε	∞
××××0100	(5)		$	4	D	T	d	t			、	エ	ト	ヤ	μ	Ω
××××0101	(6)		%	5	E	U	e	u			・	オ	ナ	ユ	σ	ü
××××0110	(7)		&	6	F	V	f	v			ヲ	カ	ニ	ヨ	ρ	Σ
××××0111	(8)		'	7	G	W	g	w			ァ	キ	ヌ	ラ	g	π
××××1000	(1)		(	8	H	X	h	x			ィ	ク	ネ	リ	√	x̄
××××1001	(2)		)	9	I	Y	i	y			ゥ	ケ	ノ	ル	⁻¹	y
××××1010	(3)		*	:	J	Z	j	z			ェ	コ	ハ	レ	j	千
××××1011	(4)		+	;	K	[	k	{			ォ	サ	ヒ	ロ	ˣ	万
××××1100	(5)		,	<	L	¥	l	|			ャ	シ	フ	ワ	¢	円
××××1101	(6)		-	=	M	]	m	}			ュ	ス	ヘ	ン	£	÷
××××1110	(7)		.	>	N	^	n	→			ョ	セ	ホ	゛	ñ	
××××1111	(8)		/	?	O	_	o	←			ッ	ソ	マ	゜	ö	█

图 8-19　ROM 字符库的内容

由字符库可看出，显示的数字和字母的代码恰好是 ASCII 码表中的编码。单片机控制 LCD1602 显示字符时，只需将待显示字符的 ASCII 码写入内部的显示数据 RAM(DDRAM)，内部控制电路就可将字符在显示器上显示出来。例如，要 LCD 显示字符“A”，单片机只需将字符“A”的 ASCII 码“41H”写入 DDRAM，控制电路就会将对应的字符库 ROM(CGROM)中的字符“A”的点阵数据找出来显示在 LCD 上。

模块内除有 80 字节的显示数据 RAM 外，还有 64 字节的自定义字符 RAM(CGRAM)，用户可自行定义 8 个 5 × 7 点阵字符。

3. LCD1602 字符的显示及命令字

要使 LCD1602 显示字符，首先要对其控制器进行初始化设置，还必须对有、无光标，光标的移动方向，光标是否闪烁及字符移动的方向等进行设置，才能获得所需的显示效果。对 LCD1602 的初始化、读、写、光标设置、显示数据的指针设置等，都是通过单片机向 LCD1602 写入命令字来实现的。LCD1602 的命令字如表 8-8 所示。

表 8-8　LCD1602 的命令字

编号	命　令	RS	R/$\overline{W}$	D7	D6	D5	D4	D3	D2	D1	D0
1	清屏	0	0	0	0	0	0	0	0	0	1
2	光标返回	0	0	0	0	0	0	0	0	0	×
3	显示模式设置	0	0	0	0	0	0	0	1	I/D	S
4	显示开/关及光标设置	0	0	0	0	0	0	1	D	C	B
5	光标或字符移位	0	0	0	0	0	1	S/C	R/L	×	×
6	功能设置	0	0	0	0	1	DL	N	F	×	×
7	CGRAM 地址设置	0	0	0	1	字符发生存储器地址					
8	DDRAM 地址设置	0	0	1	显示数据 RAM 地址						
9	读忙标志或地址	0	1	BF	计数器地址						
10	写数据	1	0	要写的数据							
11	读数据	1	1	读出的数据							

表 8-8 中的 11 个命令功能说明如下：

(1) 命令 1：清屏，光标返回地址 00H 位置(显示屏的左上角)。

(2) 命令 2：光标返回，光标返回到地址 00H 位置(显示屏的左上角)。

(3) 命令 3：显示模式设置。

I/D—地址指针加 1 或减 1 选择位。I/D = 1，读或写一个字符后地址指针加 1；I/D = 0，读或写一个字符后地址指针减 1。

S—屏幕上所有字符移动方向是否有效的控制位。S = 1，当写入一个字符时，整屏显示左移(I/D = 1)或右移(I/D = 0)；S = 0，整屏显示不移动。

(4) 命令 4：显示开/关及光标设置。

D—屏幕整体显示控制位。D = 0，关显示；D = 1 开显示。

C—光标有无控制位。C = 0，无光标；C = 1，有光标。

B—光标闪烁控制位。B = 0，不闪烁；B = 1，闪烁。

(5) 命令 5：光标或字符移位。

S/C—光标或字符移位选择控制位。S/C = 1，移动显示的字符；S/C = 0，移动光标。

R/L—移位方向选择控制位。R/L = 0，左移；R/L = 1，右移。

(6) 命令 6：功能设置。

DL—传输数据有效长度选择控制位。DL = 1，8 位数据接口；DL = 0，4 位数据接口。

N—显示器行数选择控制位。N = 0，单行显示；N = 1，两行显示。

F—字符显示的点阵控制位。F = 0，显示 5 × 7 点阵字符；F = 1，显示 5 × 10 点阵字符。

(7) 命令 7：设置 CGRAM(字符生成 RAM)的地址，地址范围为 0～63。

(8) 命令 8：设置 DDRAM(显示数据 RAM)的地址。LCD 内部设有一个显示数据 RAM 地址指针，用户可以通过它访问内部全部 80 字节的数据显示 RAM。

命令 8 的格式为：80H + 地址码。其中，80H 为命令码，地址码决定字符在 LCD 上的显示位置。

(9) 命令 9：读忙标志或地址。

BF—忙标志位。BF = 1 表示 LCD 忙，不能接收单片机发来的命令或数据；BF = 0 表示 LCD 不忙，可接收命令或数据。

(10) 命令 10：写数据。

(11) 命令 11：读数据。

例如，将显示模式设置为“16 × 2 显示，5 × 7 点阵，8 位数据接口”，只需要向 1602 写入显示功能设置命令(命令 6)“00111000B”，即 38H 即可。

再如，要求液晶显示器开显示，显示光标且光标闪烁，那么根据显示开/关及光标设置命令(命令 4)，只要令 D = 1、C = 1 和 B = 1，写入命令“00001111B”，即 0FH，就可实现所需的显示模式。

4. 字符显示位置的确定

字符显示位置是一一对应的，图 8-19 给出了 LCD1602 的显示数据 RAM 地址与字符显示位置的对应关系。

当向 DDRAM 的 00H～0FH(第 1 行)、40H～4FH(第 2 行)地址中的任一处写入数据时，LCD 将立即显示出来，该区域也称为可显示区域；而当写入 10H～27H 或 50H～67H 地址处时，字符是不会显示出来的，该区域也称为隐藏区域。如果要显示写入到隐藏区域的字符，需要通过光标或字符移位命令(命令 5)将它们移入到可显示区域，方可正常显示。

需要说明的是，在向 DDRAM 写入字符时，首先要设置 DDRAM 地址(也称定位数据指针)，此操作可通过命令 8 来完成。例如，要写入字符到 DDRAM 的 40H 处，则命令 8 的格式为：80H + 40H = C0H。其中 80H 为命令码，40H 是要写入字符处的地址。

5. LCD1602 的复位

LCD1602 上电后复位的状态为：

- 清除屏幕显示。
- 设置为 8 位数据长度，单行显示，5 × 7 点阵字符。
- 显示屏、光标、闪烁功能均关闭。
- 输入方式为整屏显示不移动，即 I/D = 1。

LCD1602 的一般初始化设置为：

- 写命令 38H，即显示模式设置(16 × 2 显示，5 × 7 点阵，8 位数据接口)。
- 写命令 0CH，设置开显示，不显示光标。
- 写命令 05H，写一个字符后地址指针加 1。
- 写命令 01H，显示清屏，数据指针清 0。
- 写命令 08H，显示关闭。

6. LCD1602 的基本操作

LCD 是慢显示器件，所以单片机要写数据或指令到 LCD1602 模块之前，一定要查询忙标志位 BF，即 LCD1602 是否处于“忙”状态。当 BF = 1 时，表示 LCD1602 内部正在处理数据，不能接受单片机送来的指令或数据；如果 BF = 0，表示 LCD 不忙。

LCD1602 的读/写操作规定如表 8-9 所示。

表 8-9　LCD1602 的读/写操作规定

	单片机发给 LCD1602 的控制信号	LCD1602 的输出
读状态	RS = 0，$R/\overline{W}$ = 1，E = 1	D0～D7 = 状态字
写命令	RS=0，$R/\overline{W}$ = 0，D0～D7 = 命令，E = 正脉冲	无
读数据	RS=1，$R/\overline{W}$ = 1，E = 1	D0～D7 = 数据
写数据	RS = 1，$R/\overline{W}$ = 0，D0～D7 = 数据，E = 正脉冲	无

LCD1602 与单片机的接口电路如图 8-20 所示。

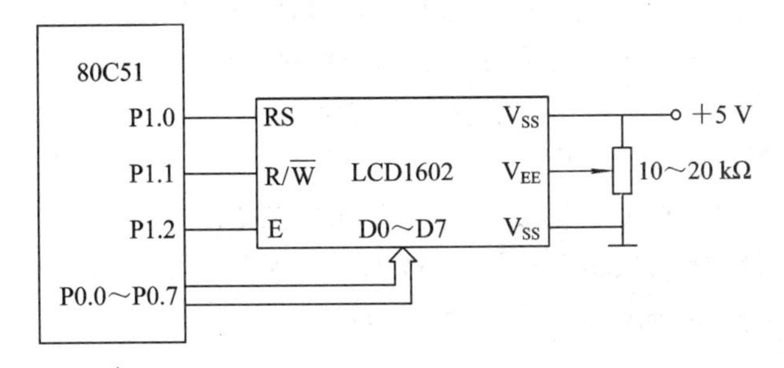

图 8-20　单片机与 LCD1602 接口电路

由图 8-20 可看出，LCD1602 的 RS、$R/\overline{W}$ 和 E 这 3 个引脚分别与单片机的 P1.0、P1.1、P1.2 引脚连接，只需要通过对这 3 个引脚置 1 或清 0，就可实现对 LCD1602 的读/写操作控制。具体来说，显示一个字符的操作过程为“读状态→写命令→写数据→自动显示”。

(1) 读状态。读状态就是对 LCD1602 的“忙”标志 BF 进行检测，如 BF = 1，说明 LCD 处于忙状态，不能对其写命令；如 BF = 0，则可以写入命令。检测忙标志的函数如下：

```
void check_busy(void)          //检查忙标志函数
{
    uchar dt;
    do
    {
        dt = 0xff;             // dt 为变量单元，初值为 0xff
```

```
        E = 0;
        RS = 0;                 //按照表 8-9 读/写操作规定，RS = 0，E = 1 时才可以读忙标志
        RW = 1;
        E = 1;
        dt = P0;                // P0 口的状态送入 dt 中
    }while(dt&080);             //如果忙标志 BF = 1，继续循环检测，等待 BF = 0
    E = 0;                      // BF = 0，LCD 不忙，结束检测
}
```

函数检测 P0.7 引脚的电平，即检测忙标志 BF，如果 BF = 1，说明 LCD 处于忙状态，不能执行写命令；BF = 0，可以执行写命令。

(2) 写命令。写命令的函数如下：

```
void write_command(uchar com)   //写命令函数
{
    check_busy( );
    E = 0;                      //按规定 RS 和 RW 同时为 0 时，才可以写入命令
    RS = 0;
    RW = 0;
    P0 = com;                   //将命令 com 写入 P0 口
    E = 1;                      //写命令时，E 应为正脉冲，即正跳变，所以前面先置 E=0
    _nop_( );                   //空操作 1 个机器周期，等待硬件反应
    E = 0;                      //E 由高电平变为低电平，LCD 开始执行命令
    delay(1);                   //延时，等待硬件响应
}
```

(3) 写数据。写数据就是将要显示字符的 ASCII 码写入 LCD 中的显示数据 RAM(DDRAM)。如将数据“dat”写入 LCD1602，写数据的函数如下：

```
void write_data(uchar dat)      //写数据函数
{
    check_busy( );              //检测忙标志 BF = 1，则等待；若 BF = 0，则可对 LCD 写入
    E=0;                        //按规定写数据时，E 应为正脉冲，所以先置 E=0
    RS=1;                       //按规定 RS = 1 和 RW = 0 时，才可以写入数据
    RW=0;
    P0=dat;                     //将数据 dat 从 P0 口输出，即写入 LCD
    E=1;                        // E 产生正跳变
    _nop_( );                   //空操作，给硬件反应时间
    E=0;                        // E 由高电平变为低电平，写数据操作结果
    delay(1);
}
```

(4) 自动显示。数据写入 LCD 模块后，控制器会自动读出字符库 ROM(CGROM)中的字形点阵数据，并将字形点阵数据送到液晶显示屏上显示。该过程是自动完成的。

7. LCD1602 的初始化

使用 LCD1602 前，需要对其显示模式进行初始化设置，初始化设置函数如下：

```
void LCD_initial(void)                //液晶显示器初始化函数
{
    write_command(0x38);              //写入 0x38(命令 6)：两行显示，5 × 7 点阵，8 位数据
    _nop_( );                         //空操作，给硬件反应时间
    write_command(0x0C);              //写入 0x0C(命令 4)：开整体显示，光标关，无闪烁
    _nop_( );                         //空操作，给硬件反应时间
    write_command(0x06);              //写入 0x05(命令 3)：写入 1 个字符后，地址指针加 1
    _nop_( );                         //空操作，给硬件反应时间
    write_command(0x01);              //写入 0x01(命令 1)：清屏
    delay(1);
}
```

8.4.2 单片机控制 LCD1602 显示举例

【例 8-8】 用单片机控制 LCD1602，使其显示两行文字："LCD1602"与"EXAMPLE"，如图 8-21 所示。在 Proteus 中，LCD1602 液晶显示器的对应仿真模型为 LM016L。

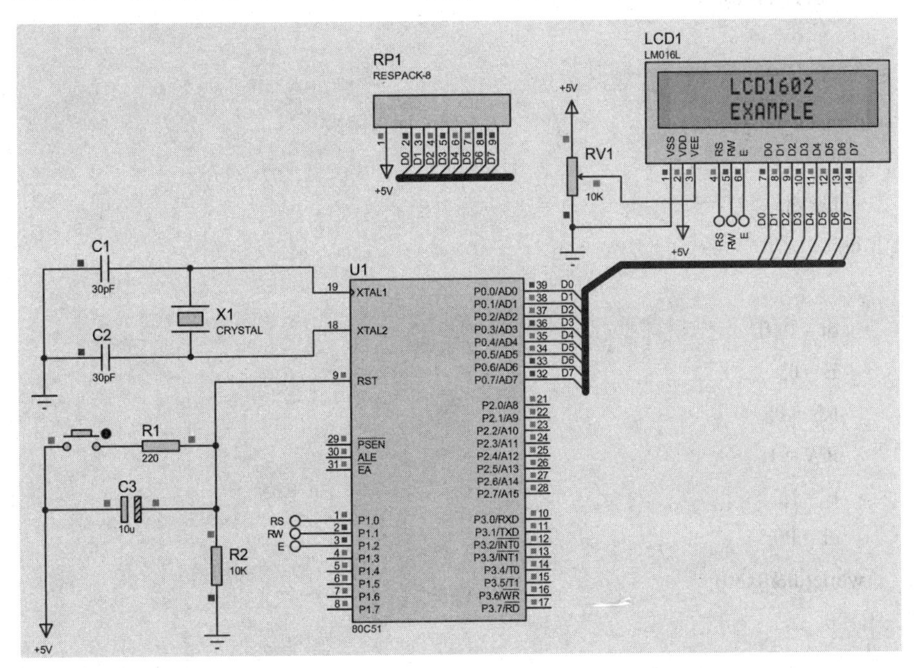

图 8-21 单片机与 LCD1602 的接口电路与仿真

参考程序：

```
#include<reg51.h>
#include<intrins.h>                    //包含_nop_( )空函数的头文件
#define uchar unsigned char
```

```
sbit RS = P1^0;
sbit RW = P1^1;
sbit E = P1^2;
void lcd_initial(void);                 // LCD 初始化函数
void check_busy(void);                  //检查忙标志函数
void write_command(uchar com);          //写命令函数
void write_data(uchar dat);             //写数据函数
void string(uchar ad,uchar *s);         //显示字符串函数
void delay(unsigned int n);             //延时函数

void main(void)
{
    lcd_initial();
    while(1)
    {
        string(0x85, "LCD1602");        //显示第 1 行字符串，从左边第 5 个字符处开始显示
        string(0xC5, "EXAMPLE");        //显示第 2 行字符串，从左边第 5 个字符处开始显示
        delay(100);
    }
}
void check_busy(void)                   //检查忙标志函数
{
    uchar dt;
    do
    {
        dt = 0xff;
        E = 0;
        RS = 0;
        RW = 1;
        E = 1;
        dt = P0;
    }while(dt&0x80);
    E = 0;
}
void write_command(uchar com)           //写命令函数
{
    check_busy( );
    E = 0;
    RS = 0;
```

```
    RW = 0;
    P0 = com;
    E = 1;
    _nop_( );
    E = 0;
    delay(1);
}
void write_data(uchar dat)              //写显示数据函数
{
    check_busy( );
    E = 0;
    RS = 1;
    RW = 0;
    P0 = dat;
    E = 1;
    _nop_( );
    E = 0;
    delay(1);
}
void LCD_initial(void)                  //液晶显示器初始化函数
{
    write_command(0x38);                //写入 0x38(命令 6)：两行显示，5 × 7 点阵，8 位数据
    _nop_( );                           //空操作，给硬件反应时间
    write_command(0x0C);                //写入 0x0C(命令 4)：开整体显示，光标关，无闪烁
    _nop_( );                           //空操作，给硬件反应时间
    write_command(0x06);                //写入 0x06(命令 3)：写入 1 个字符后，地址指针加 1
    _nop_( );                           //空操作，给硬件反应时间
    write_command(0x01);                //写入 0x01(命令 1)：清屏
    delay(1);
}
void string(uchar ad, uchar *s)         //输出显示字符串的函数
{
    write_command(ad);
    while(1)
    {
        if(*s == '\0')    break;
            write_data(*s);
            s++;
    }
```

```
}
void delay(unsigned int n)          //延时 n ms 函数
{
    uchar i, j;
    for(i = 0; i < n; i++)
        for(j = 0; j < 125; j++);
}
```

习　题　8

一、填空题

1. 可以通过____________或____________的方法消除按键抖动。

2. “8”字形的七段 LED 数码管中每一段对应一个______________，有_____________和_________两种。

3. 对于共阴极带有小数点段的数码管，显示字符“2” (a 段对应段码的最低位)的段码为_________；对于共阳极带有小数点段的数码管，显示字符“8”的段码为_________。

4. 当显示的 LED 数码管位数较多时，一般采用_____________显示方式，这样可以减少_________的数目。

5. LCD1602 是____________型液晶显示模块，在其显示字符时，只需要将待显示字符的_________由单片机写入 LCD1602 的显示数据 RAM(DDRAM)，内部控制电路就可将字符在 LCD 上显示出来。

二、简答题

1. 非编码键盘分为独立式键盘和矩阵式键盘，它们分别用于什么场合？

2. LED 的静态显示方式和动态显示方式有何区别？各有什么优缺点？

三、设计题

1. 在 80C51 的串行口上扩展一片 74LS164 作为 3 × 8 键盘的扫描口，P1.0～P1.2 作为键输入口。试画出该部分接口电路，并编写出相应的键扫描子程序。

2. 单片机的 P1 口的 P1.0～P1.7 连接 4 × 4 矩阵键盘，并通过 P0 口控制 2 位 LED 数码管显示 16 个按键的键号，键号分别为“0，1，…，9，A，B，E，F”。当键盘中的某一按键按下时，2 位数码管上显示对应的十进制键号。

要求：在 Proteus ISIS 中绘制出原理电路，编写软件程序，并调试通过。

3. 用单片机控制字符型液晶显示器 LCD1602 显示字符信息“Hello”和“Happy world”，要求上述信息分别从 LCD1602 左侧第 1 行、第 2 行滚动移入，从右侧滚动移出，如此反复循环。

要求：在 Proteus ISIS 中绘制出原理电路，编写软件程序，并调试通过。

第 9 章　80C51 单片机与 DAC、ADC 接口芯片的设计

在单片机测控系统中，由于单片机只能处理数字量，对于非电量如温度、压力、流量、速度等非电物理量，必须经传感器先转换成模拟电信号(电压或电流)，再将模拟电信号转换成数字量后，送单片机处理。实现模数转化的器件称为 ADC(A/D 转换器)。单片机实现控制算法处理后，常常需要对执行机构进行输出控制，数字量需要转换为模拟量输出。实现数/模转换的器件称为 DAC(D/A 转换器)。本章介绍典型的 ADC、DAC 芯片与 80C51 单片机的接口设计。

9.1　单片机与 DAC0832 的接口

由于应用场合和控制对象不同，单片机输出控制可以分为以下几类：模拟量控制、开关量控制、电机控制等。单片机开关量控制在第 4 章已经介绍，电机控制将在第 12 章介绍，本章介绍模拟量的控制输出，采用 D/A 转换设计来实现。

9.1.1　D/A 转换器概述

D/A 转换器性能各异，品种很多。在选购和使用时，首先要了解 DAC 分类，考虑 DAC 输入数字量的位数、输入码型、输出模拟量的形式、与单片机的接口形式等，然后进一步了解 DAC 主要性能指标以及与单片机的接口设计。

1. D/A 转换器的分类

D/A 转换器从输入数字量的位数分，主要有 8 位、10 位、12 位和 16 位等；从输入的码型分，主要有二进制和 BCD 码；从 D/A 转换器与单片机的接口形式分，主要有并行接口和串行接口，其中，串行接口多采用 SPI；从输出模拟量形式分，主要有电流输出型和电压输出型，其中，电压输出型又有单极性和双极性之分，电流输出型的 DAC 在输出端加一个运算放大器构成 I-V 转换电路，可转换为电压输出；从与单片机的输入接口分，有带输入锁存的和不带输入锁存的。

2. D/A 转换器的主要性能指标

(1) 分辨率(Resolution)。分辨率指 DAC 输入单位数字量引起的最小输出模拟增量，定义为输出满刻度值与 2^n-1 之比(n 为 DAC 的二进制位数)，习惯上用输入数字量的二进制位数 n 表示，n 越大，DAC 输出对输入变化的敏感程度越高，分辨率越高；也可以用最小输出电压(最低有效位 1 即 1 LSB 对应的输出电压)与最大输出电压即满量程之比，用符号 1 LSB 表示。

例如，8 位 DAC，满量程输出 5 V，分辨率为 $5V / (2^8-1) = 5\ V / 255 = 19.6\ mV$，1 LSB = 0.0039。

选用 DAC 时，主要根据 DAC 分辨率的需要选择位数。

(2) 转换精度(Conversion Accuracy)。转换精度是指满量程时，DAC 实际模拟输出值和理论值的接近程度。如满量程 10 V 输出 9.99～10.01 V，则精度为 10 mV。

(3) 建立时间。建立时间是描述 DAC 转换速度的参数，即从输入数字量到输出模拟量(终值误差 ±1/2 LSB)所需时间。电流输出型 DAC 转换时间较短，电压输出时需加 I-V 变换，建立时间稍长。DAC 建立时间较快的可在 1 μs 以下。

(4) 线性度。线性度(Linearity)指 DAC 的实际转换特性曲线和理想直线之间的最大偏移差。

(5) 偏移量误差。偏移量误差(Offset Error)指输入数字量为零时，输出模拟量对零的偏移值。

3. 单片机与 DAC 的连接

(1) 数据线的连接。DAC 与单片机数据线连接要考虑两个问题：一是 DAC 位数，当高于 8 位的 DAC 与 8 位数据总线 80C51 单片机连接时，单片机数据线需要分时输出；二是 DAC 有无输入锁存器的问题，若 DAC 内部无输入锁存器，必须增设锁存器或 I/O 接口。

(2) 地址线的连接。DAC 一般只有片选信号，无地址线。一般需要将单片机地址线通过全译码或部分译码后，控制 DAC 片选信号，也可由单片机某一位 I/O 线来控制 DAC 片选信号。

(3) 控制线的连接。DAC 有片选信号、写信号和启动转换信号等控制信号，可以由单片机的 I/O 线或译码器提供。

9.1.2　80C51 与 8 位 DAC0832 的接口设计

DAC0832 是美国 National Semiconductor 公司生产的一种电流型 8 位 DAC，该系列产品包括 DAC0830、DAC0831、DAC0832，引脚完全兼容，均为 20 脚双插直列式封装。DAC1208 和 DAC1230 系列均为美国 National Semiconductor 公司的 12 位分辨率产品。

1. DAC0832 的特性

(1) DAC0832 是 8 位 DAC，当满量程输出 5 V 时，分辨率为 19.6 mV。

(2) 输出模拟量为电流。

(3) 建立时间为 1 μs。

(4) 单一电源供电，VCC 输入电压范围为 +5～+15 V；低功耗，功耗为 20 mW。

(5) 可工作在直通输入、单缓冲输入或双缓冲输入。

2. DAC0832 的内部结构

DAC0832 数字输入端具有两级输入数据寄存器，能直接与 80C51 单片机连接，实现双缓冲、单缓冲或直通方式输入接口，它的内部结构如图 9-1 所示。

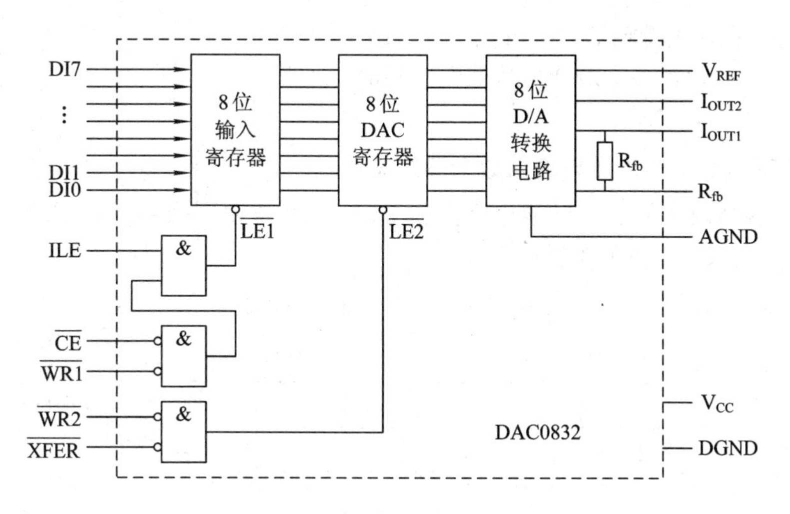

图 9-1　DAC0832 内部结构

3. DAC0832 的引脚

DAC0832 采用双列直插式封装，有 20 只引脚，如图 9-2 所示。其中，与单片机连接的有 8 位数字线和 5 只控制引脚，与外设连接的为 3 只输出引脚，还有 4 只与电源相关。各引脚功能如下：

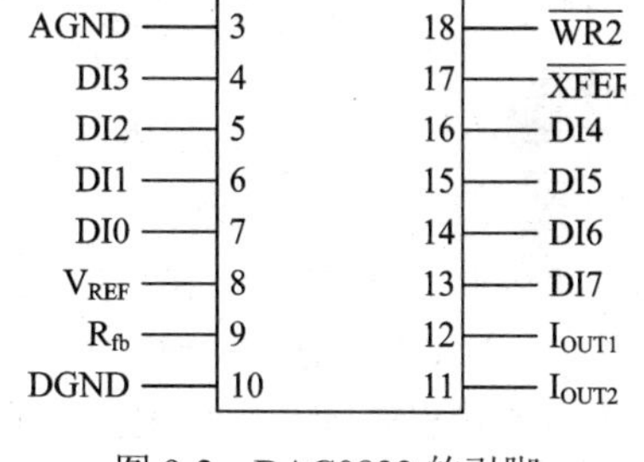

图 9-2　DAC0832 的引脚

(1) 数字量输入引脚。

DI0～DI7：8 位数字量输入端，接单片机输出数字量。

(2) 控制引脚。

① ILE：数据输入锁存允许控制线，高电平有效。

② $\overline{\text{CS}}$：片选信号输入线，低电平有效。

③ $\overline{\text{WR1}}$：数据锁存器写选通输入线，负脉冲有效。

④ $\overline{\text{WR2}}$：DAC 寄存器写选通输入线，负脉冲有效。

⑤ $\overline{\text{XFER}}$：数据传送控制信号输入线，低电平有效。

当 ILE、$\overline{\text{CS}}$、$\overline{\text{WR1}}$ 同时有效时，第一级 8 位输入寄存器被选通。待转换的输入数字量被锁存到第一级 8 位输入寄存器中。

当 $\overline{\text{XFER}}$、$\overline{\text{WR2}}$ 同时有效时，第一级输入寄存器中待转换数字量进入第二级 8 位 DAC 寄存器中。

(3) 模拟量输出。

① I_{OUT1}：模拟电流输出线 1，当 8 位 DAC 寄存器为全 1 时，IOUT1 最大；8 位 DAC 寄存器为全 0 时，IOUT1 最小。

② I_{OUT2}：模拟电流输出线 2，IOUT2 + IOUT1 = 常数；采用单极性输出时，IOUT2 常常接地。

③ R_{fb}：片内反馈电阻引出线，反馈电阻制作在芯片内部，用作外接的 I-V 转换运算放大器的反馈电阻，改变 R_{fb} 外接电阻可调转换满量程精度。

(4) 电源与地。

① V_{REF}：基准电压输入线，电压范围为 −10～+10 V。

② V_{CC}：工作电源输入端，可接 +5～+15 V 电源。

③ AGND：模拟地，最好与基准电压共地。

④ DGND：数字地。

4. DAC0832 输出电压与输入数字量的关系

DAC0832 片内 8 位 D/A 转换电路由倒 T 形 R−2R 电阻网络、8 个模拟开关和参考电压 VREF 等部分组成，如图 9-3 所示。

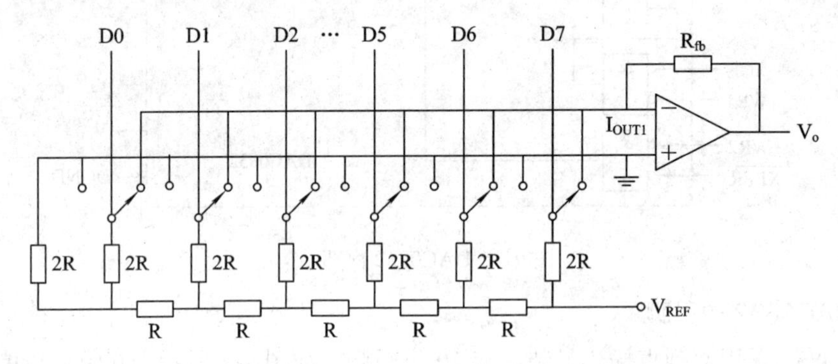

图 9-3　DAC0832 片内 8 位 D/A 转换电路

由倒 T 形 R−2R 电阻网络分析计算，可推理得到 DAC0832 输出电流 I_{OUT1} 与输入 8 位二进制数的转换表达式为

$$I_{OUT1}=\frac{V_{REF}}{2^8 R}(D7\times 2^7+D6\times 2^6+\cdots+D0\times 2^0) \tag{9-1}$$

因此，DAC0832 输出电流 I_{OUT1} 和输入二进制数字成线性关系。

DAC0832 是电流输出型 DAC，在其输出端加一个由运算放大器构成的 I−V 转换电路，将电流输出转换为电压输出，则运算放大器输出的模拟量 V_o 为

$$V_o=-\frac{V_{REF}\times R_{fb}}{2^8 R}(D7\times 2^7+D6\times 2^6+\cdots+D0\times 2^0) \tag{9-2}$$

在电路内部，R_{fb} 与 R 相等，上式进一步简化。

可见，DAC0832 输出的模拟量与输入的数字量成正比，实现了从数字量到模拟量的转换。

5. DAC0832 的工作方式

单片机控制 DAC0832 芯片的接口方式有三种：直通方式、单缓冲方式和双缓冲方式。

(1) 直通方式。当 $\overline{CS}$、$\overline{WR1}$、$\overline{WR2}$、$\overline{XFER}$ 直接接地，ILE 接电源，即所有控制信号均有效时，DAC0832 工作于直通方式，不受单片机控制；此时，8 位输入寄存器和 8 位 DAC 寄存器都直接处于导通状态，DI0～DI7 上外接的 8 位数字量直接进行 D/A 转换，从输出端得到转换的模拟量。

(2) 单缓冲方式。当第一级输入寄存器和第二级 DAC 寄存器中的一个处于直通状态，另一个处于受单片机控制的状态，或者两个被控制同时导通时，DAC0832 就工作于单缓冲

方式。单缓冲连接电路如图 9-4 所示，只要数据写入 8 位数据输入寄存器，就开始转换，转换结果通过输出端输出。

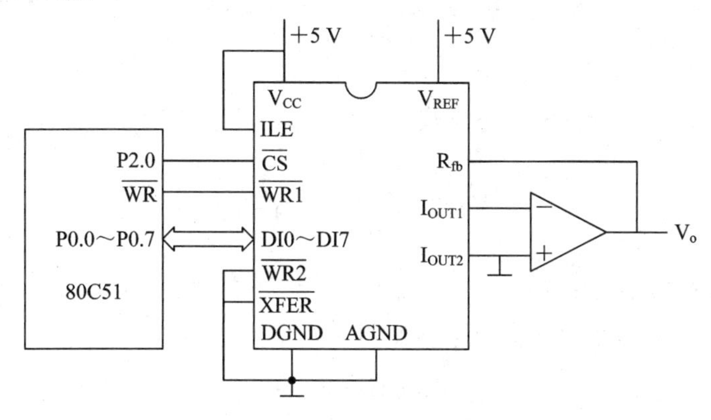

图 9-4　DAC0832 与单片机的单缓冲方式连接

(3) 双缓冲方式。当 8 位输入寄存器和 8 位 DAC 寄存器分时控制导通时，DAC0832 工作于双缓冲方式，双缓冲方式适宜多个 DAC0832 同时输出的场合，例如，分别控制各个 DAC0832 数据输入寄存器导通并接收数据，再控制各个 DAC0832 的 8 位 DAC 寄存器同时选通，数字量从 8 位输入寄存器同时传输到 DAC 寄存器，可同时启动转换，输出多路模拟信号。双缓冲连接电路如图 9-5 所示。

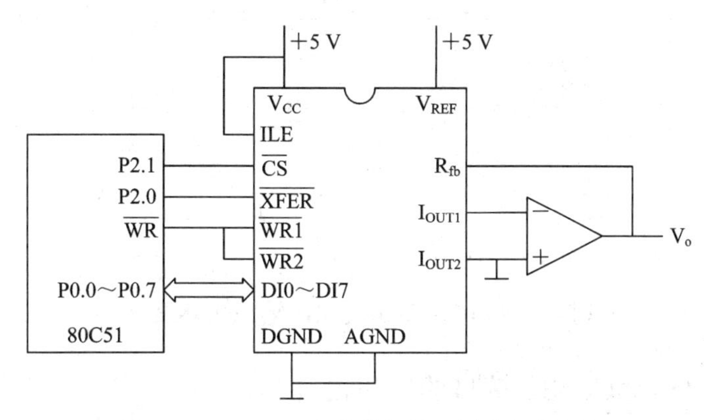

图 9-5　DAC0832 与单片机的双缓冲方式连接

6. DAC0832 的用途

DAC0832 主要用作单极型电压输出和双极型电压输出。

(1) DAC0832 作为单极型电压输出(0～5 V)。

DAC0832 作为单极型电压输出电路如图 9-6 所示。

$$V_o = -\frac{D \times V_{REF}}{256}$$

$$D = b7 \times 2^7 + b6 \times 2^6 + \cdots + b0 \times 2^0$$

上式中，D 为输入数字量的十进制值。运放的输出电压与参考电压 V_{REF} 是反极性的。

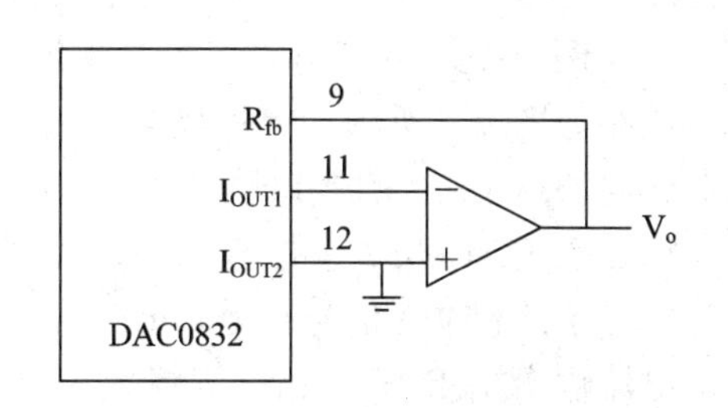

图 9-6　DAC0832 作为单极型电压输出电路

例如，设 $V_{REF} = -5$ V，当 D = FFH = 255 时，

$$V_o = -\frac{255}{256} \cdot (-5) = 4.98 \text{ V}$$

这是最大的输出电压。

若 D = 01H = 1，对应的输出电压最小。

$$V_o = -\frac{1}{256} \cdot (-5) = 0.02 \text{ V}$$

(2) DAC 作为双极型电压输出(–5～+5 V)。

DAC0832 作为双极型电压输出电路如图 9-7 所示。由电路列方程：

$$I1 + I2 + I3 = 0$$

其中，$I1 = V_a/7.5$，$I2 = V_{out}/15$，$I3 = V_{REF}/15$，$V_a = -D \times V_{REF}/256$。

则有

$$V_o = (D - 128) \times \frac{V_{REF}}{128}$$

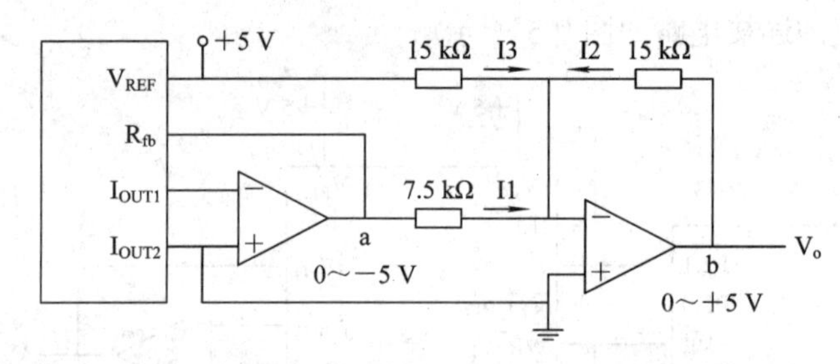

图 9-7　DAC0832 作为双极型电压输出电路

可见，当 $V_{REF} = 5$ V 时，D 从 0 到 255 变化，输出电压变化范围是 –5～+5 V。

9.1.3　单片机与 DAC0832 接口的应用设计

DAC0832 在实际应用中经常作为波形发生器，利用它可产生各种波形。产生波形的原理利用了 DAC 输出电压模拟量与输入数字量成正比的特点，由单片机向 DAC0832 送出随时间呈一定规律变化的数字量，则 DAC0832 转换器输出随时间按一定规律变化的电流量，再经过运算放大器转换成相应的电压波形。

【例 9-1】 用 DAC0832 产生锯齿波。单片机与 DAC0832 以单缓冲方式连接，接口电路如图 9-8 所示，单片机采用线译码方式，P2.0 接 DAC0832 片选端 $\overline{CS}$，由此可确定一组 DAC0832 的接口地址为 0xFEFF。将单片机写信号 P3.6 接 $\overline{WR1}$ 端，数据总线 P0 直接连接 DAC0832 数据输入端，可直接控制数据输出，当向端口地址送数时，P2.0 脚为低，单片机 $\overline{WR}$ 信号有效，数字量通过 P0 口送入 DAC0832，并转换输出。DAC0832 是电流输出型 DAC，加一运算放大器 741 构成 I-V 转换电路，将电流输出转换为电压输出。

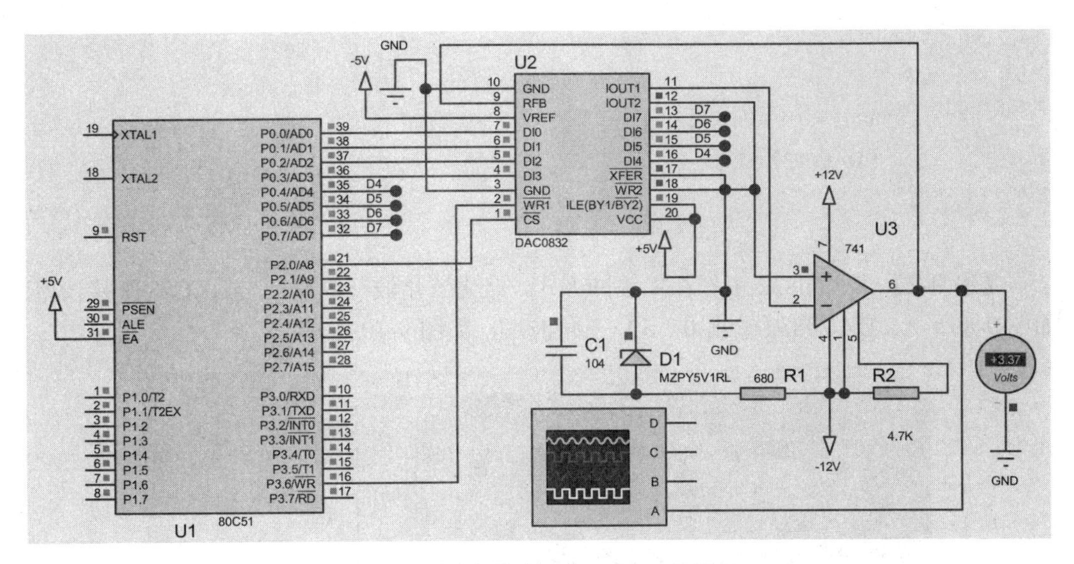

图 9-8　单片机控制 DAC0832 产生波形

电路中用虚拟直流电压表测量经运放 741 经过 I-V 转换后的电压值，观察电压变化。运行后，看到虚拟直流电压表显示输出电压为 0～5 V(参考电压 V_{REF} 为 –5 V)。

电路中同时用虚拟示波器观察锯齿波形，仿真运行时，将弹出虚拟示波器，调试示波器旋钮，观察波形输出。当关闭虚拟示波器后，如需再启用示波器，可点击鼠标右键，选择“Oscilloscope”，DAC0832 输出 0～5 V 锯齿波形，如图 9-9 所示。

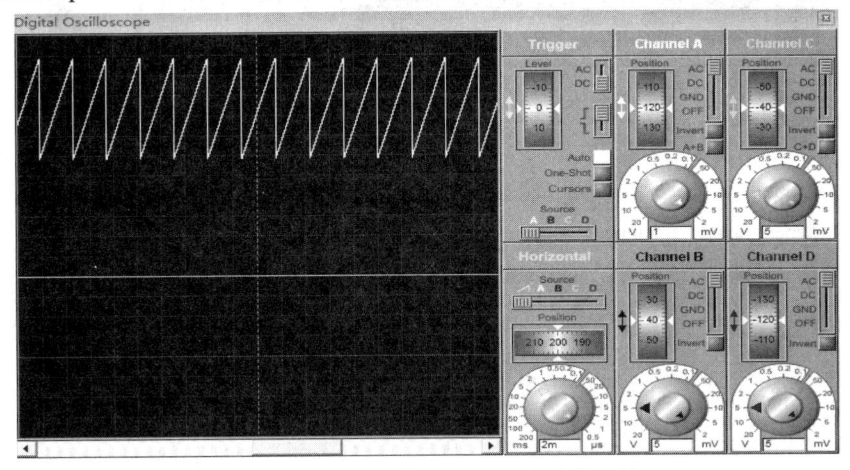

图 9-9　单片机控制 DAC0832 产生锯齿波

参考程序：

```
#include   <reg51.h>
#include   <absacc.h>          //定义绝对地址访问
#define   uint   unsigned   int
#define   DAC0832    XBYTE[0xFEFF]
void   main(void)
{
    uint   i;
```

```
    while(1)
    {
        for (i = 0; i < 0x100; i++)
        { DAC0832 = i; }
    }
}
```

【例 9-2】 DAC0832 工作在单缓冲方式，产生三角波。单片机与 DAC0832 接口电路如图 9-8 所示，DAC0832 输出 0～5 V 三角波形，如图 9-10 所示。

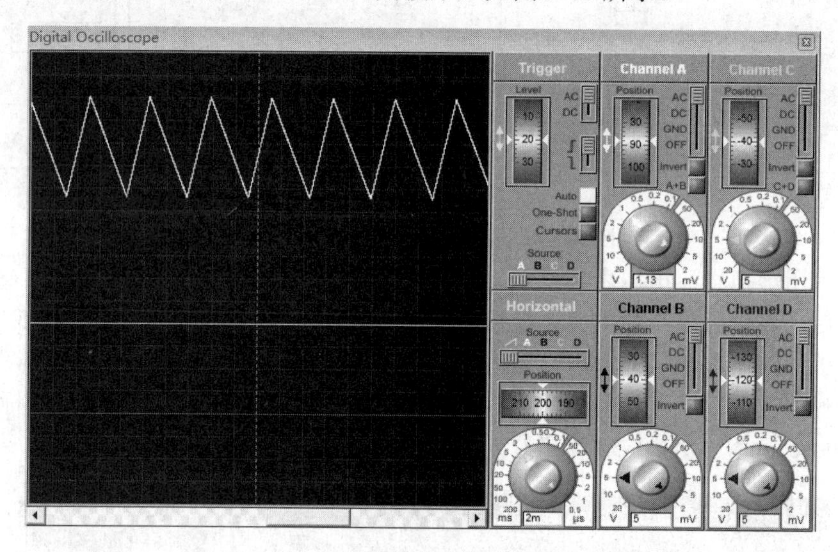

图 9-10　单片机控制 DAC0832 产生三角波

参考程序：

```
#include  <absacc.h>          //绝对地址访问
#define  uchar  unsigned  char
#define  DAC0832  XBYTE[0xFEFF]
void  main()
{
   uchar  i;
   while(1)
   {   for (i = 0; i < 0xff; i++)
       {   DAC0832 = i; }
           for (i = 0xff; i > 0; i--)
           {DAC0832 = i; }
   }
}
```

【例 9-3】 DAC0832 工作在单缓冲方式，产生方波。单片机与 DAC0832 接口电路如图 9-8 所示，DAC0832 输出 0 V 和 5 V 方波，如图 9-11 所示。

参考程序：

```
#include   <absacc.h>           //绝对地址访问
#define   uchar   unsigned   char
#define   DAC0832   XBYTE[0xFEFF]
void   delay(void);
void   main()
{   uchar   i;
    while(1)
    {
        DAC0832 = 0;                 //输出低电平
        delay();                     //延时
        DAC0832 = 0xff;              //输出高电平
        delay();                     //延时
    }
}
void   delay()                       //延时函数
{   uchar   i;
    for (i = 0; i < 0xff; i++) {; }
}
```

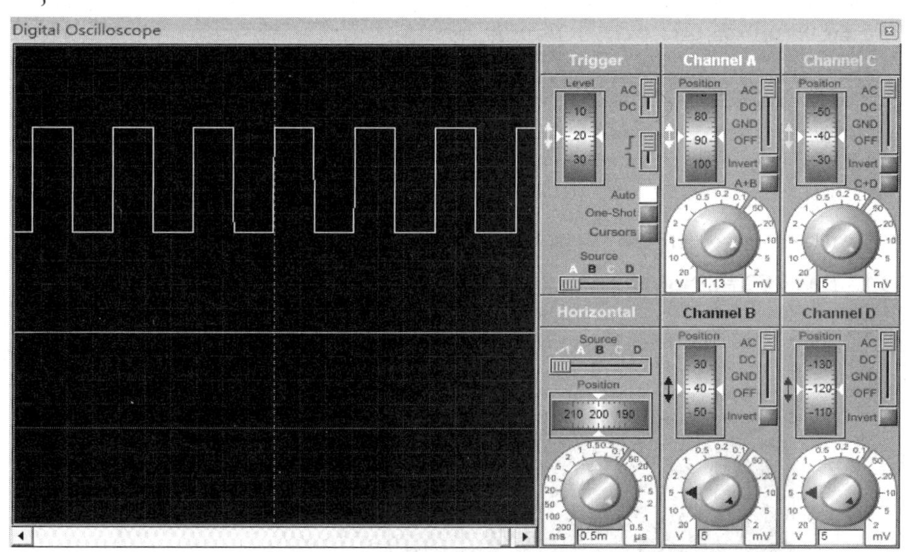

图 9-11　单片机控制 DAC0832 产生方波

【例 9-4】 DAC0832 工作在单缓冲方式，产生正弦波。单片机与 DAC0832 接口电路如图 9-8 所示，DAC0832 输出正弦波，如图 9-12 所示。

参考程序：

```
#include   <absacc.h>           //绝对地址访问
#define   uchar   unsigned   char
#define   DAC0832   XBYTE[0xFEFF]
uchar   code SINBUF[256] = {0x80, 0x83, 0x86, 0x89, 0x8c, 0x8f, 0x92, 0x95,
```

```
0x98, 0x9c, 0x9f, 0xa2, 0xa5, 0xa8, 0xab, 0xae, 0xb0, 0xb3, 0xb6, 0xb9, 0xbc,
0xbf, 0xc1, 0xc4, 0xc7, 0xc9, 0xcc, 0xce, 0xd1, 0xd3, 0xd5, 0xd8, 0xda, 0xdc,
0xde, 0xe0, 0xe2, 0xe4, 0xe6, 0xe8, 0xea, 0xec, 0xed, 0xef, 0xf0, 0xf2, 0xf3,
0xf4, 0xf6, 0xf7, 0xf8, 0xf9, 0xfa, 0xfb, 0xfc, 0xfc, 0xfd, 0xfe, 0xfe, 0xff,
0xff, 0xff, 0xff, 0xff, 0xff, 0xff, 0xff, 0xff, 0xff, 0xff, 0xfe, 0xfe, 0xfd,
0xfc, 0xfc, 0xfb, 0xfa, 0xf9, 0xf8, 0xf7, 0xf6, 0xf5, 0xf3, 0xf2, 0xf0, 0xef,
0xed, 0xec, 0xea, 0xe8, 0xe6, 0xe4, 0xe3, 0xe1, 0xde, 0xdc, 0xda, 0xd8, 0xd6,
0xd3, 0xd1, 0xce, 0xcc, 0xc9, 0xc7, 0xc4, 0xc1, 0xbf, 0xbc, 0xb9, 0xb6, 0xb4,
0xb1, 0xae, 0xab, 0xa8, 0xa5, 0xa2, 0x9f, 0x9c, 0x99, 0x96, 0x92, 0x8f, 0x8c,
0x89, 0x86, 0x83, 0x80, 0x7d, 0x79, 0x76, 0x73, 0x70, 0x6d, 0x6a, 0x67, 0x64,
0x61, 0x5e, 0x5b, 0x58, 0x55, 0x52, 0x4f, 0x4c, 0x49, 0x46, 0x43, 0x41, 0x3e,
0x3b, 0x39, 0x36, 0x33, 0x31, 0x2e, 0x2c, 0x2a, 0x27, 0x25, 0x23, 0x21, 0x1f,
0x1d, 0x1b, 0x19, 0x17, 0x15, 0x14, 0x12, 0x10, 0xf, 0xd, 0xc, 0xb, 0x9, 0x8,
0x7, 0x6, 0x5, 0x4, 0x3, 0x3, 0x2, 0x1, 0x1, 0x0, 0x0, 0x0, 0x0, 0x0, 0x0, 0x0,
0x0, 0x0, 0x0, 0x0, 0x1, 0x1, 0x2, 0x3, 0x3, 0x4, 0x5, 0x6, 0x7, 0x8, 0x9, 0xa,
0xc, 0xd, 0xe, 0x10, 0x12, 0x13, 0x15, 0x17, 0x18, 0x1a, 0x1c, 0x1e, 0x20,
0x23, 0x25, 0x27, 0x29, 0x2c, 0x2e, 0x30, 0x33, 0x35, 0x38, 0x3b, 0x3d, 0x40,
0x43, 0x46, 0x48, 0x4b, 0x4e, 0x51, 0x54, 0x57, 0x5a, 0x5d, 0x60, 0x63,
0x66, 0x69, 0x6c, 0x6f, 0x73, 0x76, 0x79, 0x7c};
void  main()
{  uchar  i;
   while(1)
   {
   for (i = 0; i <= 0xff; i++)
   DAC0832 = SINBUF[i];
   }
}
```

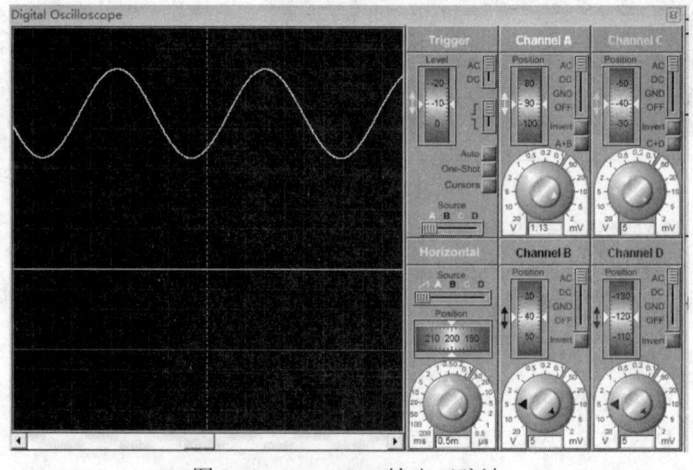

图 9-12　DAC0832 输出正弦波

【例 9-5】 单片机与 DAC0832 以双缓冲方式连接，编程实现两路 DAC0832 分时传送数据，同时启动转换并同步输出结果，分别产生三角波和锯齿波，接口电路如图 9-13 所示。单片机采用线译码方式选通 2 片 DAC0832，单片机 P2.5 引脚连接 DAC0832(U1)片选端 $\overline{\mathrm{CS}}$，P2.6 接 DAC0832(U4)片选端 $\overline{\mathrm{CS}}$，P2.7 接 DAC0832(U1)和 DAC0832(U4)的 $\overline{\mathrm{XFER}}$ 引脚，将单片机写信号 $\overline{\mathrm{WR}}$ (P3.6)连接 2 片 DAC0832 的 $\overline{\mathrm{WR1}}$ 和 $\overline{\mathrm{WR2}}$，单片机数据总线 P0 直接连接 2 片 DAC0832 数据输入端，由此可确定，转换数据写入 DAC0832(U1)输入寄存器的地址为 0xDFFF，转换数据写入 DAC0832(U4)输入寄存器的地址为 0xBFFF，同时启动 DAC0832(U1)和 DAC0832(U4)转换寄存器的地址为 0x7FFF。

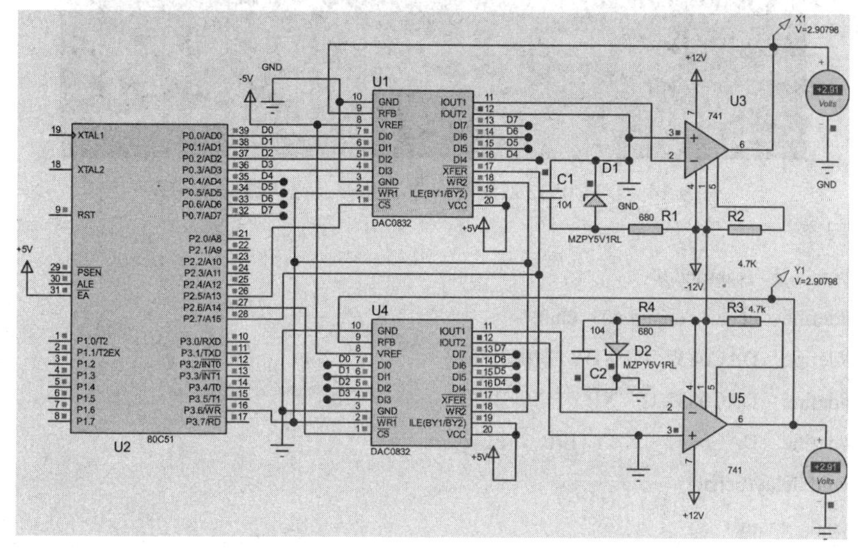

图 9-13　DAC0832 双缓冲方式同步产生三角波及锯齿波接口电路

程序设计思路：单片机首先延时 500ms 后，向 DAC0832(U1)的 0xDFFF 地址送产生三角波数据，向 DAC0832(U4)的 0xBFFF 地址送产生锯齿波数据，向 0x7FFF 地址送任意数据则同时启动 2 片 DAC0832 开始转换。2 片 DAC0832 分别加一运算放大器 741 构成 I-V 转换电路，将电流输出转换为电压输出。仿真结果观测如下：

(1) 电路中使用 2 个虚拟直流电压表，测量 D/A 转换电流经过 I-V 转换电路(运放 741)后的电压值，观察电压变化。仿真运行后，看到 2 个虚拟直流电压表在三角波上升期间与锯齿波电压变化一致。

(2) 为了进一步观察 2 片 DAC0832 启动转换过程，在 Proteus 仿真电路中添加了静态图表，说明如下：

① 电路中，在运算放大器 741(U3)输出端被测点加电压探针 X1；在运算放大器 741(U5)输出端被测点加电压探针 Y1。

② 在 Proteus 工具箱中，选择 ANALOGUE 模拟图形，在原理图中拖出图表框。

③ 在图表框中添加 X1 和 Y1 探针。

④ 双击图表框，将 Stop time 改为 70(秒)，以显示 1 个以上周期的波形。

⑤ 按空格键或选择菜单 Graph→Simulate Graph 命令，则生成波形，静态图表如图 9-14 所示。由静态图表可见，在经过共同的延时时间后，2 片 DAC0832 同步输出三角波和锯齿波，在三角波上升阶段，2 输出波形完全重合，在三角波过顶点下降时，锯齿波上升。

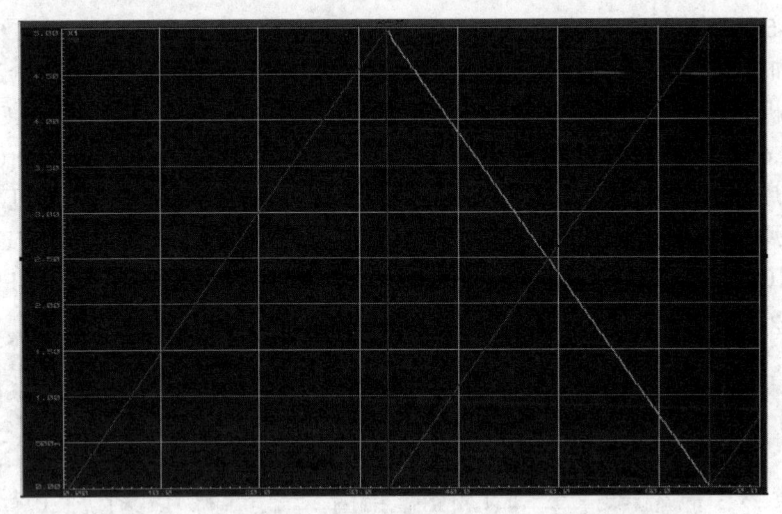

图 9-14　DAC0832 双缓冲产生三角波及锯齿波静态图表

参考程序：

```
#include  <absacc.h>
#define  uchar  unsigned  char
#define  DAC0832_1  XBYTE[0xDFFF]
#define  DAC0832_2  XBYTE[0xBFFF]
#define  DAC0832  XBYTE[0x7FFF]
void delay(uchar);
void  main()
{  delay(500);
   while(1)
   {  uchar i;
      for (i = 0; i < 0xff; i++)
      {  DAC0832_1 = i;
         delay(50);
         DAC0832_2 = i;
         delay(50);
         DAC0832 = 0x00;
      }
      for (i = 0xff; i > 0; i--)
      {  DAC0832_1 = i;
         delay(50);
         DAC0832_2 = 0xfe-i;
         delay(50);
         DAC0832 = 0x00;
      }
   }
```

```
}
void   delay(uchar   x) //1ms
{
    uchar j;
    while(x--)
    { for (j = 0; j < 125; j++); }
}
```

9.2　80C51 单片机与 ADC0809 的接口

A/D 转换器(ADC)是将模拟量转换成数字量的器件，模拟量只有转变成数字量才能被单片机 CPU 采集、分析和处理。模拟量有电压、电流等电信号，也有声、光、压力和温度等随时间连续变化的非电物理量，非电物理量可选择合适的传感器转换成电信号，传感器和 ADC 构成单片机的采集系统。本节介绍 ADC 原理，详细介绍 80C51 单片机与 8 位 A/D 转换器 ADC0809 的接口设计与应用。

9.2.1　A/D 转换器概述

以下重点介绍 A/D 转换器分类、转换原理以及主要技术指标。

1. A/D 转换器类型及原理

随着超大规模集成电路技术的飞速发展，为满足不同测控系统要求，出现了不同内部结构、转换原理的各种 ADC 芯片。从转换原理分有计数型、逐次比较型、双重积分型和 Σ-Δ 式等；按其分辨率可分为 4 位、8 位、10 位、12 位、14 位、16 位并行接口输出以及 $3\frac{1}{2}$、$4\frac{1}{2}$、$5\frac{1}{2}$ 等 BCD 码输出 ADC 芯片。

(1) 计数型 ADC。计数型 ADC 由计数器、比较器和 DAC 组成，转换开始时，计数器从零开始加一计数，每加一计数后，新计数值送 DAC 转换，通过比较器比较输入模拟信号与 D/A 转换后的模拟信号；若输入模拟量大于计数器转换量，则计数值加 1 后，重复 D/A 转换和比较过程。直到 D/A 转换模拟信号大于等于输入的模拟信号，则计数停止，此时计数器中数字量即为与输入模拟量相当的数字量。

计数型 ADC 在需要较高精度时，随着位数增大，转换速度较慢，在实际中很少使用。

(2) 逐次逼近型 ADC。逐次逼近型 ADC 是由比较器、寄存器、DAC 以及控制电路组成。其转换原理是：转换开始时，寄存器清 0，最高位置 1，将寄存器内容送 DAC 转换，将输入的模拟量与 DAC 转换模拟量送入比较器比较；若 DAC 转换模拟量比输入的模拟量小，则寄存器中 1 保留；若转换模拟量比输入模拟量大，则 1 不保留，寄存器次高位置 1；重复上述过程，直至寄存器最低位置 1，转换后与输入模拟量比较。因此寄存器内容即为输入模拟量对应的数字量。可见，n 位的逐次逼近型 ADC 转换需要比较 n 次，逐次逼近型

ADC 转换速度、精度和价格适中，是最常用的 ADC。该类常用产品有美国 National Semiconductor 公司的 ADC0801～ADC0805 型、ADC0808/0809 型和 ADC0816/0817 型等 8 位 MOS 型 ADC，以及美国模拟器件公司的快速 12 位 ADC AD574。

(3) 双重积分型 ADC。双重积分型 ADC 先将输入模拟量变换成与其平均值成正比的时间间隔，再将此时间间隔转换成数字量，属于间接型转换器。其转换过程分为采样和比较两个阶段。在采样阶段，输入模拟电压经积分器进行固定时间的积分，输入模拟量越大(采样值越大)，正向积分值越大。在比较阶段，基准电压经积分器反向积分，直至积分器为 0；由于基准电压值固定，所以采样值越大，反向积分时间越长，即反向积分时间与输入电压值成正比。将反向积分时间转换成数字量，即是与输入模拟量对应的数字量。

双重积分型 ADC 转换精度高，稳定性好，采用的模拟量为输入电压的平均值，而非瞬时值，因此具有较强抗干扰能力，但转换速度较慢，在工业领域应用比较广泛。

双重积分式转换器的常用产品有 ICL7106/ICL7107/ICL7126、MC14433/5G14433、ICL7135 等。

(4) Σ-Δ 式 ADC。Σ-Δ 式 ADC 集成双重积分型与逐次比较型 ADC 的优点，对工业现场的串模干扰抑制能力强，不亚于双重积分型 ADC，且比双重积分型 ADC 转换速度高；同逐次比较型 ADC 比，分辨率高，具有较高的信噪比，且线性度好。所以 Σ-Δ 式 ADC 受到越来越广泛的重视。

2. ADC 主要技术指标

(1) 分辨率。分辨率用于衡量 ADC 能够分辨的输入模拟量的最小变化程度，取决于 ADC 的位数，一般用输出的二进制或 BCD 位数表示。例如，ADC0809 输入模拟电压最高为 5 V，输出是 8 位二进制数，即 256 个量化级，分辨率能力为 1 LSB，即 $5\ \text{V}/2^8 = 19.53\ \text{mV}$，或者说能分辨出输入模拟电压 19.53 mV 的变化，其分辨率按位数为 12 位。

又如，AD574A 分辨率为 12 位，其百分数分辨率为 $1/4096 \times 100\% = 0.0244\%$。

模拟信号数字化的实质是用规定的 N 个电平表示模拟信号样值，此过程称为量化；量化过程中由于用有限位数字量对模拟量进行量化，会引起量化误差。量化误差规定为一个单位分辨率的一半，即 ±1/2 LSB，可见 A/D 转换位数的提高既可提高分辨率，又能减少量化误差。

(2) 量程。量程是指 ADC 输入模拟量的变化范围。如双积分型输出 BCD 码的 ADCMC14433，其最大输入电压为 2 V。

(3) 转换时间或转换速率。转换速率是指完成一次 A/D 转换所需要的时间。转换速率与转换时间互为倒数。

ADC 转换速度有超高速(转换时间≤1 ns)、高速(转换时间≤1 μs)、中速(转换时间≤1 ms)、低速(转换时间≤1 s)等几种。

(4) 转换精度。转换精度是指实际 ADC 与理想 ADC 在量化值上的差值，用绝对误差或相对误差表示。

9.2.2　80C51 与 ADC0809 的接口

ADC0809 是美国 National Semiconductor 公司生产的 CMOS 工艺、单片型逐次比较型

ADC，具有 8 路电压模拟量输入通道、8 位数字量输出，模拟输入电压范围为 0～+5 V，转换起停可控，转换时间为 100 ms，其内部结构如图 9-15 所示。

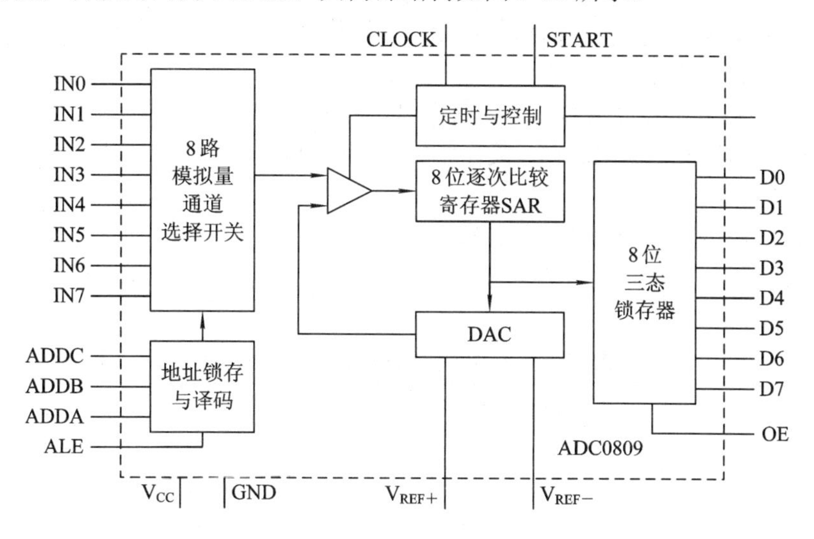

图 9-15　ADC0809 内部结构图

1. ADC0809 的内部结构

ADC0809 是采用逐次比较方式实现 A/D 转换的，片内结构由带有锁存功能的 8 选 1 模拟转换开关、3-8 地址锁存译码器、8 位逐次比较 ADC 和 8 位三态输出锁存器等组成。采用单一 +5 V 电源供电。

ADC0809 对 0～5 V 的模拟电压输入信号进行转换。可由 80C51 单片机控制启动转换，ADC0809 转换时间大约需 100 μs(转换时间与加在 CLOCK 引脚的时钟频率有关)；转换结束后，可由单片机控制其输出 8 位 TTL 电平数字量，输出直接送 80C51 单片机的数据总线上。

2. 引脚及功能

ADC0809 芯片采用双列直插式封装，有 28 只引脚，如图 9-16，其功能如下：

(1) IN0～IN7：8 路模拟信号输入通道。

(2) D0～D7：8 位三态数字量输出端。

(3) ADDC、ADDB、ADDA：通道选择输入线。3 根输入线的逻辑组合用于控制 8 路模拟输入通道的切换，对通道的选择情况见表 9-1。此 3 只地址输入线可分别与单片机的 3 条地址线或数据线相连。

(4) ALE：地址锁存允许信号。当此引脚输入信号由低电平变高电平时，ADC0809 锁存 ADDC、ADDB、ADDA 3 只通道选择输入线上编码信号作为通道选择信号。

(5) START：启动转换控制输入线，该引脚由高电平变低电平时启动转换。

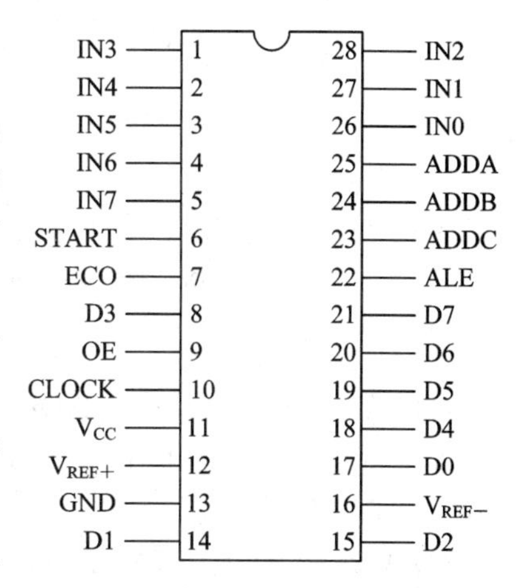

图 9-16　ADC0809 引脚功能

(6) CLK：转换时钟输入线，ADC0809 的 CLK 信号须外加。其典型值为 640 kHz，超过时转换精度下降。

(7) EOC：A/D 转换结束输出信号。当启动转换时，该引脚为低电平；当 A/D 转换结束时，该引脚输出高电平。

(8) OE：数据输出允许信号，为输入引脚，高电平有效。当转换结束后，如果从该引脚输入高电平，则打开输出三态门，锁存器的数据从 D0～D7 输出。OE 为低电平时，D7～D0 引脚为浮空态。

(9) V_{REF+}、V_{REF-}：基准电压输入端。

(10) V_{CC}：电源，接 +5 V 电源。

(11) GND：地。

表 9-1　ADC0809 通道地址选择表

ADDC	ADDB	ADDA	选择通道
0	0	0	IN0
0	0	1	IN1
0	1	0	IN2
0	1	1	IN3
1	0	0	IN4
1	0	1	IN5
1	1	0	IN6
1	1	1	IN7

3. ADC0809 的工作流程

多通道 ADC 一般都有确定转换通道、启动转换、等待转换结束和读取转换结果等过程，ADC0809 的工作流程如图 9-17 所示。

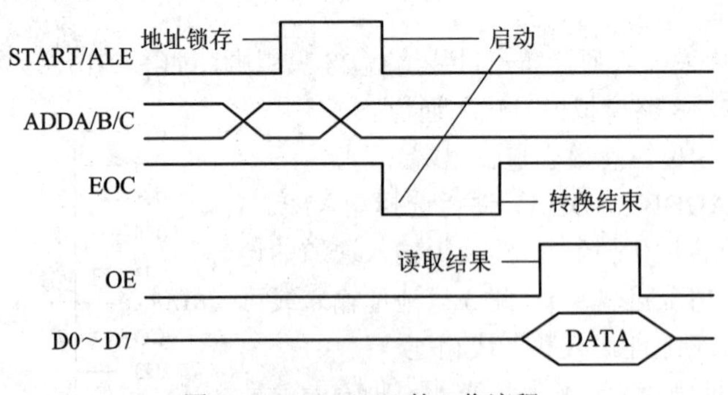

图 9-17　ADC0809 的工作流程

(1) 确定转换通道：通过 ADDC、ADDB、ADDA 引脚输入 3 位地址，使 ALE 引脚为高电平，其上升沿将地址存入 3-8 地址锁存与译码器中，经译码从 8 路模拟通道中选通一路电压模拟量给比较器。

(2) 启动转换：给 START 引脚一高电平信号，该信号上升沿使逐次比较寄存器复位，下降沿启动 A/D 转换，且使转换结束输出引脚 EOC 信号为低电平。

(3) 等待转换结束：A/D 转换过程需要一定的时间，当转换结束后，转换的结果送入三态输出锁存器，并使 EOC 引脚为高电平，此信号可通知 CPU 转换已经结束。

(4) 读取转换数据：CPU 执行读数据指令，使 OE 为高电平，将数据从输出端 D0～D1 读出。

单片机读取 ADC 结果可采用查询方式和中断方式。

(1) 查询方式：检测 EOC 引脚是否变为高电平，高电平则表示 ADC 转换结束，转换结果可读。

(2) 中断方式：将 EOC 通过反相器后与单片机外部中断请求引脚连接，单片机响应中断进入中断服务程序，在中断服务程序中读取转换结果。

4. ADC0809 输出数字量与输入模拟电压量的关系

ADC0809 输入模拟电压范围为 0～+5 V，输出是 8 位数字量，即 00～0xFF，转换输出数字量 D 与输入模拟电压 V_{in} 关系如下：

$$D = 255 \times \frac{V_{in}}{5} \tag{9-3}$$

其中，转换输出数字量 D 为十进制数，V_{in} 处于 0～5 V 之间。

5. ADC0809 的转换工作原理

讨论接口设计前，应先了解单片机如何控制 ADC 开始转换，如何得知转换结束以及如何读入转换结果的问题。

单片机控制 ADC0809 进行 A/D 转换过程如下：首先由加到 C、B、A 上的编码决定选择 ADC0809 的某一路模拟输入通道，同时产生高电平加到 ADC0809 的 START 引脚，开始对选中通道转换。当转换结束时，ADC0809 发出转换结束 EOC(高电平)信号。当单片机读取转换结果时，需控制 OE 端为高电平，把转换完毕的数字量读入到单片机内。

9.2.3 单片机控制 ADC0809 的输入采集设计

下面介绍单片机扩展 ADC0809 芯片接口设计及软件编程。

【例 9-6】单片机控制 ADC0809 采集电源电压(由于 Proteus 库中无 ADC0809 仿真模型，仿真中由与 ADC0809 性能相同、可完全兼容的 ADC0808 代替)，并将采集结果通过 P1 口连接的 8 只 LED 输出显示。模拟量电源电压通过可变电阻器 RV1 后，输入 ADC0808 IN2 通道，通道地址线 C、B、A 分别连接单片机数据线 D2、D1、D0；ADC0808 的输入时钟 CLK 端连接外部时钟 650 kHz; 由于 P2.7 端和单片机写信号 $\overline{WR}$ 经过或非门连接启动和地址控制引脚，P2.7 端和单片机读信号 $\overline{RD}$ 经过或非门连接 ADC0808 的输出控制端，所以可用地址 0x0000 作为 ADC0808 的地址。

(1) 单片机以延时方式读取 ADC0808 转换结果。延时方式读取 ADC0808 转换结果电路原理图如图 9-18 所示，由于 ADC0808 芯片转换一次大约需要 100 μs，单片机启动 ADC 后，可延时 200 μs 后，采集电压值，将 ADC0808 转换后的二进制结果取反后通过 P1 口输出。

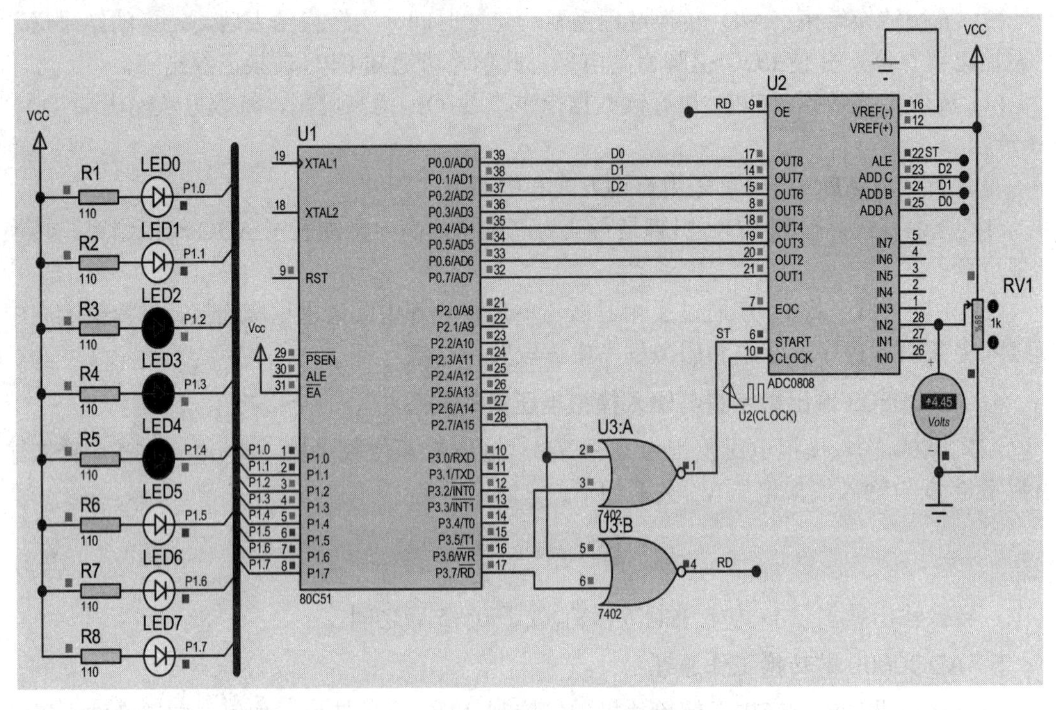

图 9-18　单片机以延时方式读取 ADC0808 转换结果

参考程序：

```
#include  <reg51.h>
#include  <absacc.h>                          //定义绝对地址访问
#define  uchar  unsigned  char
#define  P0809  XBYTE[0x0000]                 // ADC0809 端口地址
void  Delay(unsigned  int  x)                  //延时 200 μs 函数
{
    uchar j;
    while(x--)
    { for (j = 0; j < 25; j++); }
}
void  main(void)
{  uchar temp;
    while(1)
    {
        P0809 = 2;                            //启动通道 2 转换
        Delay(1);
        temp = P0809;
        P1 = ~temp;
    }
}
```

(2) 单片机以查询方式读取 ADC0808 转换结果。查询方式读取转换结果电路原理图如图 9-19 所示，单片机启动 ADC0808 后，经 100 μs 左右转换结束，EOC 引脚由低电平变为高电平。电路连接 EOC 与 P2.0 引脚，通过查询 P2.0 引脚，一旦变高后可读 ADC0808 转换后的二进制结果。

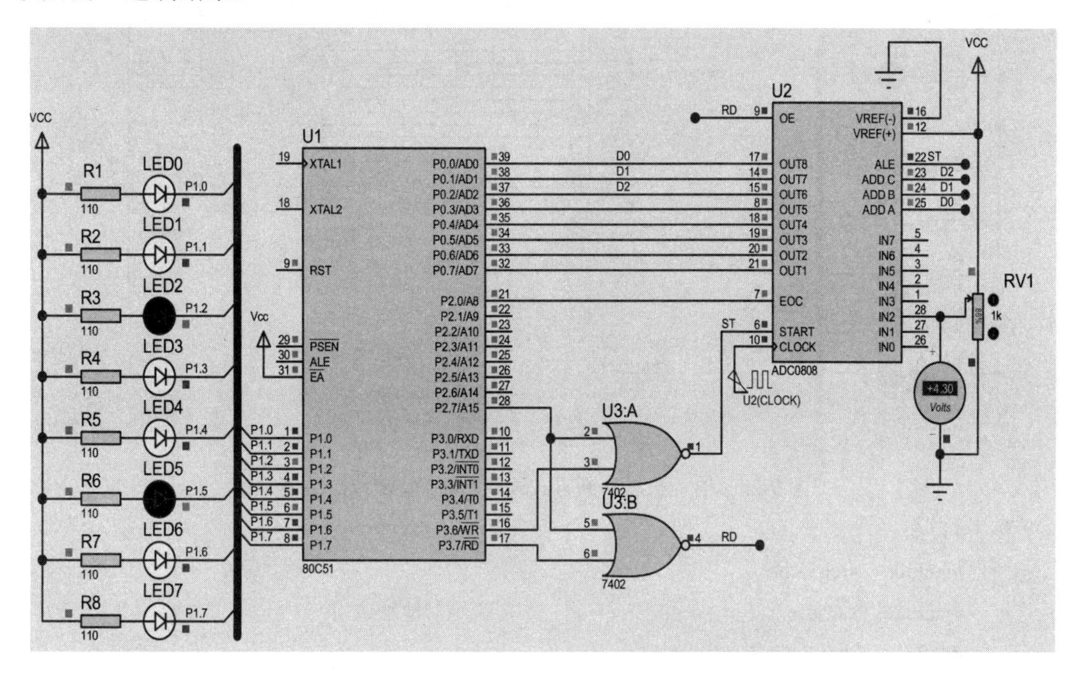

图 9-19　单片机以查询方式读取 ADC0808 转换结果

参考程序：

```
#include  <reg51.h>
#include  <absacc.h>                    //定义绝对地址访问
#define  uchar  unsigned  char
#define  P0809  XBYTE[0x0000]          //通道 0 的地址
sbit  EOC = P2^0;
void  main(void)
{  uchar temp;
   while(1)
   {  EOC = 1;
      P0809 = 2;                       //启动通道 2 转换
      while(!EOC);
      temp = P0809;
      P1 = ~temp;
   }
}
```

(3) 单片机以中断方式控制读取 ADC0808 转换结果。中断方式控制读取转换结果电路原理图如图 9-20 所示，将 EOC 引脚经过 74LS04 反相器后连接单片机外部中断 1 输入引脚。单片机控制 ADC 启动后，转换结束时 EOC 变为高电平后将申请外部中断，单片机可以在外部中断服务程序中读取 ADC0808 转换后的二进制结果并显示。

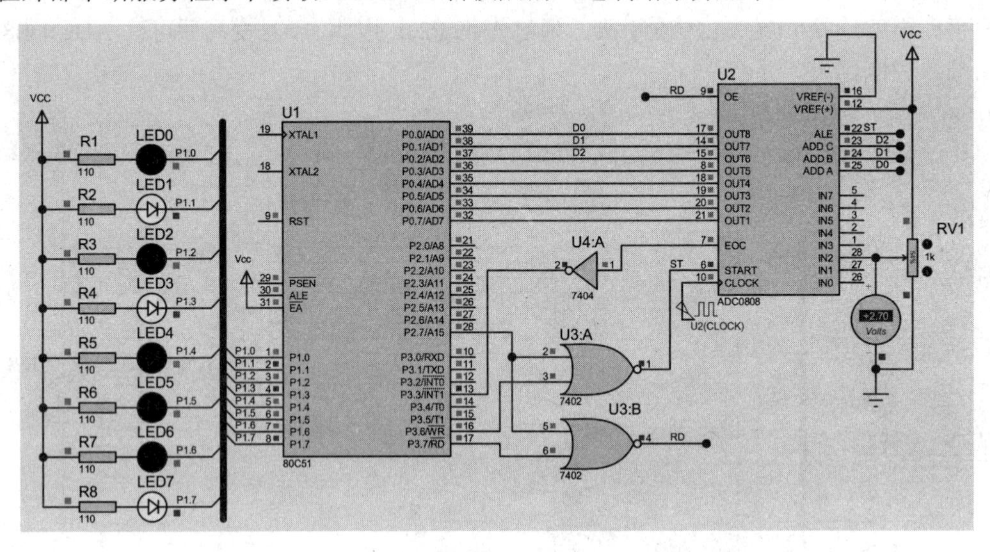

图 9-20　单片机以中断方式读取 ADC0808 转换结果

参考程序：

```
#include  <reg51.h>
#include  <absacc.h>                    //定义绝对地址访问
#define  uchar  unsigned  char
#define  P0809  XBYTE[0x0000]           //通道 0 的地址
void  Delay(unsigned  int  x)           //延时 1 ms 函数
{
    uchar j;
    while(x--)
    { for (j = 0; j < 125; j++); }
}
void  main(void)
{
    EA = 1;
    ET1 = 1;
    EX1 = 1;
    P0809 = 2;                          //启动通道 2 转换
    while(1);
    {P1 = 0xFF; }
}
void  adcint(void)  interrupt  2        //中断函数
{  uchar temp;
    temp = P0809;
```

```
    P1 = ~temp;
    P0809 = 2;
}
```

【例 9-7】 设计单片机和 ADC0809 接口电路，实现一个 8 路模拟量输入的巡回检测系统，如图 9-21 所示；使用中断方式采样数据，把采样转换所得的数字量按通道号序存于片内 RAM 的 50H～57H 单元中。要求循环采集 8 路模拟量，并通过 P1 口以二进制形式显示输出通道 IN0 的采集结果。

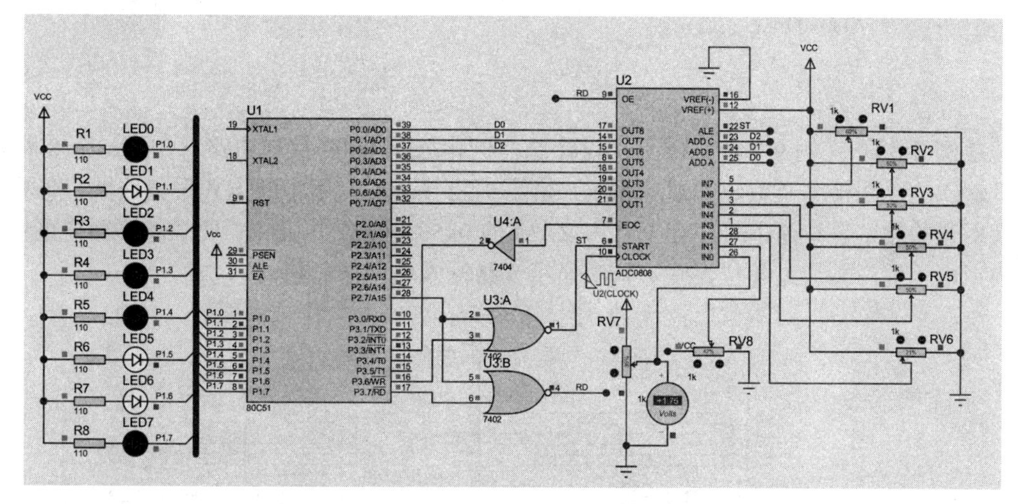

图 9-21　一个 8 路模拟量输入的巡回检测系统

参考程序：

```
#include    <reg51.h>
#include    <absacc.h>                      //定义绝对地址访问
#define   uchar   unsigned   char
#define   AD0809    XBYTE[0x0000]           //通道 0 的地址
data  uchar buf[8] _at_ 0x50;               //定义 8 个结果数组地址
bit flag = 0;
uchar   i = 0;
void   main(void)
{   EX1 = 1;
    EA = 1;
    P1 = 0xFF;
    AD0809 = 0;
    while(1)
    { P1 = ~buf[0];         }               //等待中断
}

void   adcint(void)   interrupt   2
{   buf[i] = AD0809;                        //接收转换结果
```

```
        i++;
        if (i<8)
        {
            AD0809 = i;                    //启动下一个通道返回
        }
        else
        {   i = 0;
            AD0809 = i;
        }
    }
```

【例 9-8】 在例 9-7 的基础上，设计单片机和 ADC0809 接口电路，实现一个 8 路模拟量输入的巡回检测及数码管显示系统，如图 9-22 所示；使用中断方式采集数据，把采集转换所得的数字量按通道号序存于片内 RAM 的 0x50～0x57 单元中。要求能够循环采集 8 路模拟电压量，并通过 4 位数码管依次显示 8 路输入电压即时值。

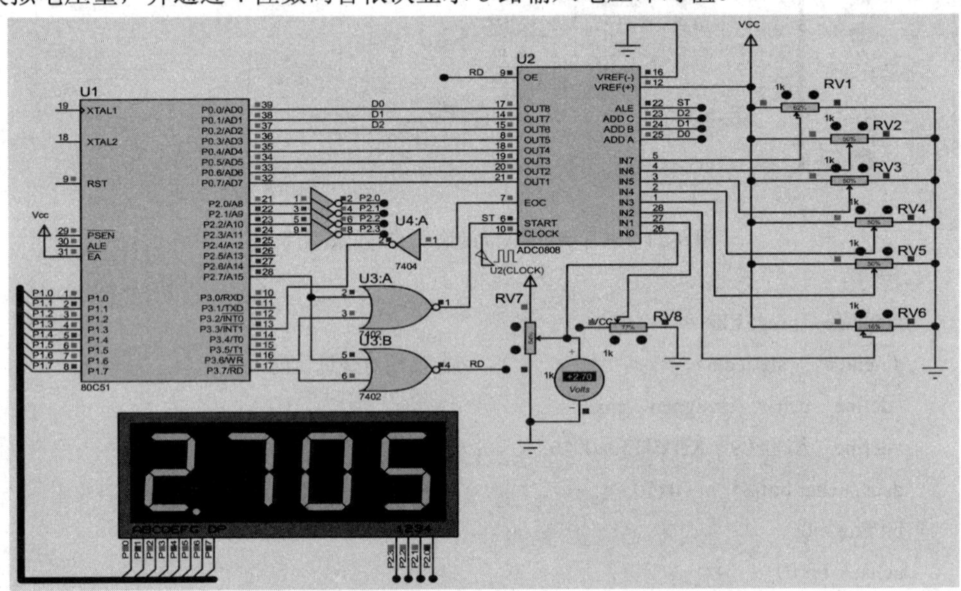

图 9-22　8 路模拟量输入巡回检测及数码管显示

参考程序：

```
#include  <reg51.h>
#include  <absacc.h>                        //绝对地址访问
#define   uchar   unsigned   char
#define   AD0809    XBYTE[0x0000]           //ADC0809 端口地址
data  uchar sampl[8] _at_ 0x50;             //定义 8 个结果数组地址
uchar leddat[16] = {0x3f, 0x06, 0x5b, 0x4f, 0x66, 0x6d, 0x7d, 0x07, 0x7f, 0x6f, 0x77, 0x7c, 0x39,
0x5e, 0x79, 0x71, }, segment[4], bt = 0x01, i = 0;
void Delay(unsigned int x)                  //延时函数
{   unsigned int n, j;
```

```
    while(x--)
    for(j = 0; j < 120; j++);
}

void display()                          //显示函数
{   uchar p;
    for(p = 0; p < 4; p++)
    {
        P2 = bt<<p;
        P1 = segment[p];
        if(p == 3)                      //显示小数点
        P1 = P1 | 0x80;
        Delay(1);
    }
}
void   main(void)
{
    EX1 = 1;
    EA = 1;
    AD0809 = 0;
    while(1)
    {;
    }
}
void   adcint(void)   interrupt 2
{   unsigned int advalue;
    uchar m;
    sampl[i] = AD0809;
    advalue = sampl[i]*19.608;
    segment[0] = leddat[advalue%10];                //计算段选码个位
    segment[1] = leddat[advalue/10%10];             //计算段选码十位
    segment[2] = leddat[advalue/100%10];            //计算段选码百位
    segment[3] = leddat[advalue/1000];              //计算段选码千位
    for(m = 0; m <= 250; m++)
    {
        display();
    }
    i++;
    if (i<8)
```

```
        {
            AD0809 = i;                    //启动下一个通道
        }
        else
        {   i = 0;
            AD0809 = i;
        }
    }
```

9.3　80C51 单片机与串行 ADC0832 的接口

1. ADC0832 的结构与引脚

ADC0832 是美国 National Semiconductor 公司生产的一种 8 位分辨率、双通道、带 SPI 串行接口的 ADC；供电电源为 5 V，模拟输入电压范围是 0～5 V，工作频率为 250 kHz，典型转换时间仅为 32 μs，功耗为 15 mW；商用级芯片温宽为 0℃～+70℃，工业级芯片温宽为 −40℃～+85℃。由于它具有体积小、占用单片机的端口少、接口简单、兼容性强以及性价比高等优点，已得到广泛使用。

ADC0832 是 8 只引脚的双列直插封装，其引脚排列如图 9-23 所示，能分别对 2 路模拟输入电压信号进行模/数转换，可在单端输入方式和差分输入方式下工作，输入/输出电平与 TTL/CMOS 相兼容。其引脚和功能说明如下。

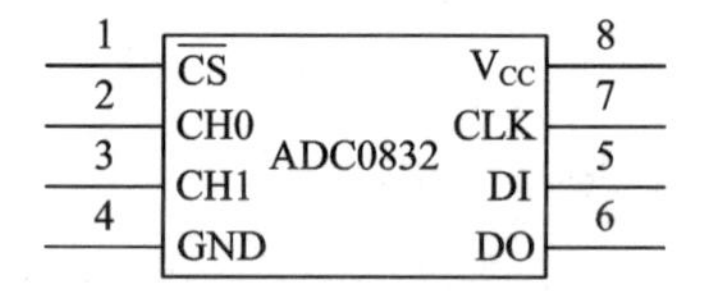

图 9-23　ADC0832 引脚排列

(1) $\overline{CS}$：片选使能，低电平有效。

(2) CH0：模拟输入通道 0，或作为 IN+/− 使用。

(3) CH1：模拟输入通道 1，或作为 IN+/− 使用。

(4) CLK：芯片时钟输入。

(5) DI：数字信号输入，选择通道控制。

(6) DO：数字信号输出，转换数据输出。

(7) V_{CC}/REF：电源输入及参考电压输入。

(8) GND：芯片参考 0 电位(地)。

2. 单片机对 ADC0832 的控制时序

正常使用时，单片机与 ADC0832 接口数据线应有 4 条，分别是 $\overline{CS}$、CLK、DO、DI。电路设计时，由于 DO、DI 与单片机通信时，并未同时有效且通信方向相反，所以，可以将 DO 和 DI 并联后与单片机同一 I/O 引脚连接。单片机控制 ADC 转换时序如图 9-24 所示，说明如下：

(1) 当 ADC0832 未工作时，$\overline{CS}$ 输入端应为高电平，CLK 和 DO/DI 的电平可任意。当要进行 A/D 转换时，须先将 $\overline{CS}$ 片选端置于低电平并且保持低电平直到转换完全结束。

(2) 芯片开始转换工作时，由单片机向 ADC0832 时钟输入端 CLK 输入时钟脉冲。

(3) 单片机向 DI 引脚送出通道功能选择信号。在第 1 个时钟脉冲 CLK 上升沿之前，DI 是高电平，表示起始信号。在第 2、3 个 CLK 上升沿之前，DI 应输入 2 位数据用于选择通道。第 3 个脉冲的下降沿后，DI 端的输入信号就失去作用，但要保持高电平，直到第 4 个 CLK 结束。控制选择通道情况如表 9-2 所示。

表 9-2　ADC0832 通道选择表

DI1	DI2	选择通道
1	0	CH0
1	1	CH1
0	0	CH0 为正输入端 IN+，CH1 为负输入端 IN–
0	1	CH0 为负输入端 IN–，CH1 为正输入端 IN+

(4) 单片机通过数据输出 DO 引脚读取转换结果。从第 4 个 CLK 下降沿开始由 DO 端输出转换数据最高位 b7，此后每一个 CLK 下降沿 DO 端输出下一位数据。直到第 11 个脉冲时发出最低位数据 b0。至此，一个字节的转换数据输出完成。并从此位开始输出下一个相反字节的数据，即从第 12 个 CLK 下降沿输出 b0。到第 19 个脉冲时数据输出完成，也标志着一次 A/D 转换的结束。后一个字节的数据是作为校验用的，一般只读第 1 个字节的数据。

(5) 将 $\overline{CS}$ 置高电平，使 ADC0832 禁用，单片机处理转换后数据。

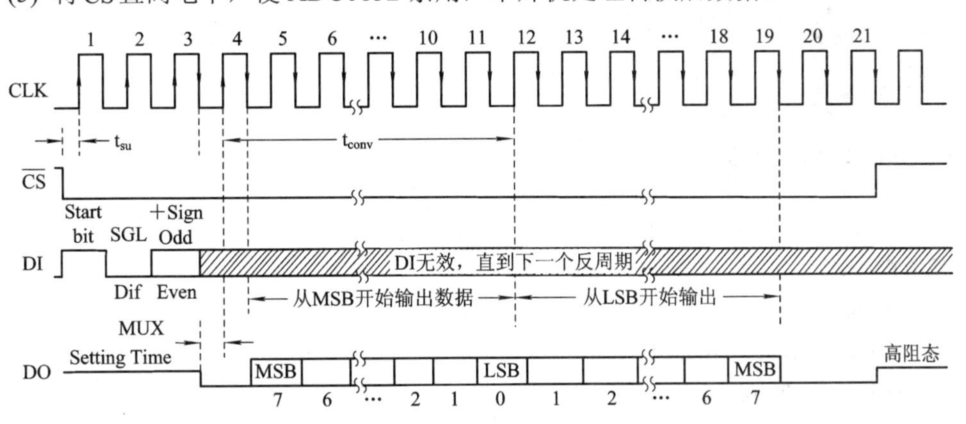

图 9-24　单片机控制 ADC0832 转换的时序

3. ADC0832 转换输出数字量与输入模拟电压关系

ADC0832 作为单通道模拟信号输入时，输入电压 V_{in} 输入范围是 0～5 V，8 位分辨率时，电压精度为 19.53 mV。输出是 8 位数字量，即 00～0xff，转换输出数字量 D 与输入模拟电压 V_{in} 关系如下：

$$D = 255 \times \frac{V_{in}}{5}$$

其中，转换输出数字量 D 为十进制数，V_{in} 处于 0～5 V 之间。当输入电压 $V_{in} = 0$ V 时，转换输出数字量 D = 0x00；当输入电压 $V_{in} = 5$ V 时，转换输出数字量 D = 0xff。

如果作为由 IN+ 与 IN– 的输入，可将电压值设定在某一个较大范围之内，从而提高转换的宽度。但是，在进行 IN+ 与 IN– 的输入时，如果 IN– 的电压大于 IN+ 的电压，则转换后的数据结果始终为 00H。

4. 单片机与 ADC0832 接口应用举例

【例 9-9】 单片机控制 ADC0832 采集电源电压，并将采集结果通过 P1 口连接的 8 只 LED 输出显示。0～5 V 的模拟量电源电压通过可变电阻器 RV1 后，由 ADC0832 IN1 通道输入。单片机 P2.0 连接 ADC0832 片选端 $\overline{CS}$，P2.1 连接 ADC0832 的 CLK，P2.2 连接 ADC0832 的 DI 和 DO；在可变电阻器输出端连接一个直流电压表，用于观察输入电压值，在图 9-25 中，电压为 2.5 V 时，P1 连接的 8 只 LED 显示 0x80，即模/数转换值为 128。

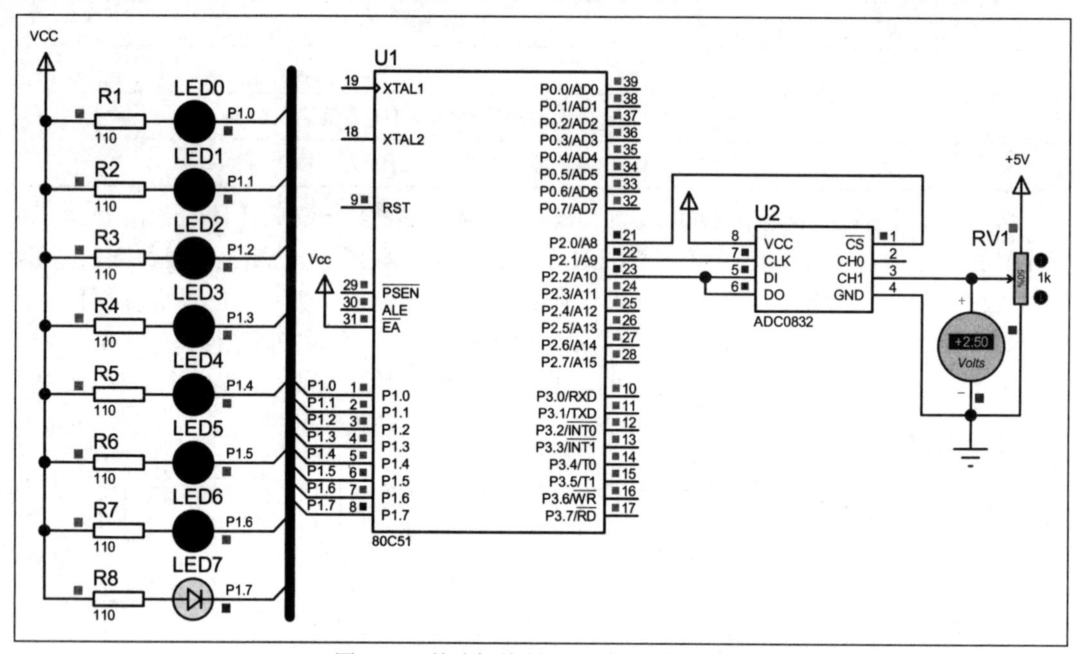

图 9-25　单片机控制 ADC0832 采集电压

参考程序：

```
#include  <reg51.h>
#define  uchar  unsigned  char
sbit  CS = P2^0;
sbit  CLK = P2^1;
sbit  DIO = P2^2;
uchar  rd_ad()                    //延时 1 ms 函数
{
    uchar i, result;
    CS = 1;
    CLK = 0;
    DIO = 1;
    CS = 0;                       //片选有效
    CLK = 1;                      //第 1 个 CLK，DIO 为 1，起始转换
    CLK = 0;
    DIO = 1;
```

```
    CLK = 1;                    //第 2 个 CLK，DIO 为 1
    CLK = 0;
    DIO = 1;                    // DIO 为 1
    CLK = 1;                    //第 3 个 CLK，DIO 为 1，选择通道 CH1
    CLK = 0;
    DIO = 1;
    CLK = 1;
    CLK = 0;
    for(i = 0; i < 8; i++)
    {
        CLK = 1;
        result <<= 1;
        result |= (uchar)DIO;
        CLK = 0;
    }
    CS = 1;
    return result;
}

void   main(void)
{   uchar temp;
    while(1)
    {
        temp = rd_ad();         //读转换结果
        P1 = ~temp;             //送 LED 显示
    }
}
```

习　题　9

一、填空题

1. 若某 8 位 D/A 转换器的输出满刻度电压为 +5 V，则 D/A 转换器的分辨率为_______。

2. 对于电流输出型的 D/A 转换器，为了得到电压输出，应使用_______。

3. 使用双缓冲同步方式的 D/A 转换器，可实现多路模拟信号的_______输出。

4. 若 80C51 发送给 8 位 DAC0832 的数字量为 0xD2，基准电压为 5 V，则 DAC0832 的输出电压为_______。

5. 一个 10 位 ADC 的分辨率是_______，若基准电压为 3.3 V，该 ADC 能分辨的最小的电压变化为_______。

6. 若 ADC0809 的基准电压为 5 V，输入的模拟信号为 3.5 V 时，转换后的数字量是________。

二、简答题

1. DAC 转换器的主要性能指标都有哪些？

2. 设某 DAC 为二进制 12 位，满量程输出电压为 +5 V，它的分辨率是多少？

3. ADC 的主要技术指标是什么？

4. 目前应用较广泛的 ADC 主要有哪几种类型？它们各有什么特点？

5. ADC0809 编程设计时，如何启动转换？如何知道转换结束？如何读出转换结果？

8. 简述 80C51 单片机与 DAC0832 连接时的直通工作方式、单缓冲工作方式、双缓冲工作方式的特点和用途。

7. 简要确认 ADC0809 转换完成的 3 种方式。

三、编程题

1. 编写 DAC 转换程序，用 DAC0832 输出 0～5 V 锯齿波，电路为单缓冲方式。设 V_{REF} = –5 V，DAC0832 地址为 0x7FFF。

2. DAC 转换程序，用 DAC0832 输出 –1～5 V 方波，电路为单缓冲方式。设 V_{REF} = 5 V，DAC0832 地址为 0x7FFF。

第 10 章　80C51 单片机串口设计

本章主要讲述 80C51 单片机串口的结构、工作原理以及应用；主要介绍串行通信基础知识、单片机串口结构、串口工作方式、串口波特率设计、多机通信以及串口应用设计。

10.1　串口通信基础

数据通信的基本方式有并行通信和串行通信两种。单位信息(通常是一个字节)的各位数据同时传送的通信方式称为并行通信。并行通信连线多，速度快，适合近距离通信。单位信息的各位数据被分时一位一位依次顺序传送的通信方式称为串行通信。串行通信连线少，速度慢，适合远距离通信。串行通信是将二进制数据按位传送，它所需要的传输线少，适用于分布式控制系统以及远程通信。

1. 串行通信的基本方式

按照串行数据的同步方式，串行通信分为异步通信和同步通信两类。异步通信是一种利用字符的再同步技术的通信方式；同步通信是按照软件对同步字符的识别来实现数据的发送与接收。

1) 异步通信

异步通信(Universal Asychronous Receiver-transmitter)指接收器和发送器有各自的时钟，非同步，传送的数据是一个字符代码或一个字节数据，数据以帧的形式一帧一帧传送。它以字符为传送单位，从起始位 0、数据位(由低到高，5～8 位)、奇偶校验位和停止位 1 逐位传送，第 9 位 D8 可作奇偶校验位，也可是地址/数据帧标志。字符位数间隔不固定，用空闲位 1 填充。异步通信的一帧数据格式如图 10-1 所示。

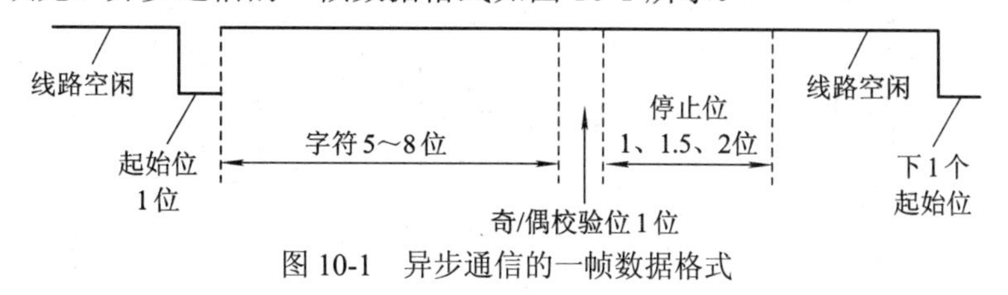

图 10-1　异步通信的一帧数据格式

2) 同步通信

在同步通信中，每一数据块开头时发送一个或两个同步字符，使发与收双方取得同步，然后再顺序发送数据。数据块的各个字符间取消了起始位和停止位，通信速度得以提高。同步通信数据帧格式如图 10-2 所示。

同步字符1	同步字符2	数据块	校验字符1	校验字符2

图 10-2　同步通信数据帧格式

同步字符可采用统一标准格式，在单同步字符帧结构中，同步字符采用 ACSII 码中规定的 SYN(即 16H)代码；在双同步字符帧结构中，同步字符一般采用国际通用标准代码 EB90H，也可由收发双方在传送之前约定好。

2. 串行通信的波特率

在串行通信中，对数据传送速度有一定要求。波特率表示每秒传送的位数，单位是 b/s、bps(bit per second)或波特(记作 Baud)。1 波特 = 1 bit/s(1 位/秒)。

例如，数据传送速率为每秒 120 个字符，若每个字符(一帧)为 10 位，则传送波特率为 120 字符/s × 10 bit/字符 = 1200 b/s。

波特率是串行通信的重要指标，用于表征数据传输的速度。波特率越高，表明数据传输速度越快，波特率和字符的实际传输速率不同。字符的实际传输速率是指每秒内所传字符帧的帧数，和字符帧格式有关。在实际应用中，一定要注意串行通信系统中字符帧的格式。

字符帧的每一位传输时间(T_d)定义为波特率的倒数，例如，波特率为 1200 b/s 的通信系统，其每一位数据的传输时间 $T_d = 1/1200 = 0.833$(ms)。

波特率和信道的频带有关，波特率越高，所需要的信道频带就越宽。因此，波特率也是衡量通信系统带宽的重要指标。波特率不同于发送时钟和接收时钟，常常是时钟频率的 1/16 或 1/64。

在串行通信的发送和接收端进行波特率设置时，必须采用相同的波特率，才能保证串行通信的正确。异步通信的传送速率一般为 50～115 200 b/s。国际上规定了标准波特率系列，这些标准波特率系列为 110 b/s、300 b/s、600 b/s、1200 b/s、1800 b/s、2400 b/s、4800 b/s、9600 b/s、19 200 b/s、38 400 b/s、57 600 b/s 和 115 200 b/s 等。

3. 串行数据传送方向

串口通信按照通信方向分，有单工方式、半双工方式和全双工方式。串行通信传输方式如图 10-3 所示。

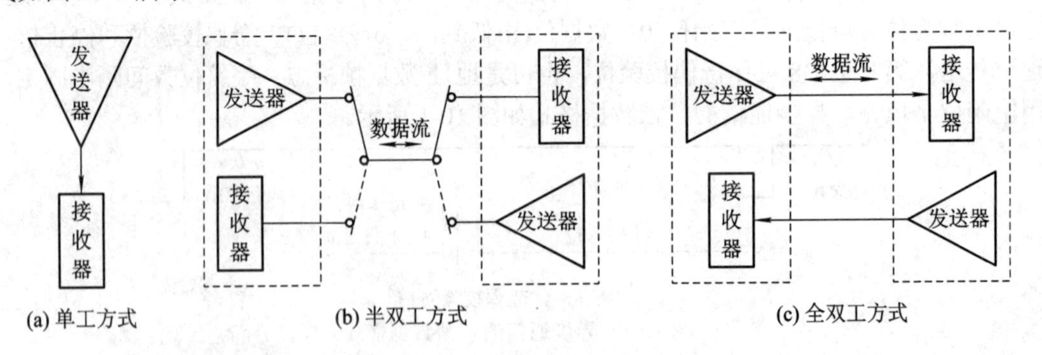

图 10-3　串行通信传输方式

1) 单工方式

单工方式仅有一对传输线，允许数据单方向传送。

2) 半双工方式

半双工方式有一对传输线，允许数据分时向两个方向中的任一方向传送数据，但不能同时进行。

3) 全双工方式

全双工方式用两对传输线连接发送器和接收器，数据发送和接收能同时进行。

4. 串行通信接口种类

根据串行通信格式及约定(如同步方式、通信速率、数据块格式等)，形成了许多串行通信接口标准，常见标准有 UART(通用异步串行通信接口)、USB(通用串行总线接口)、I^2C(集成电路间的串行总线)、SPI(同步串行外设总线)、485 总线、CAN 总线接口等。

10.2　单片机串口的结构

80C51 单片机具有一个可编程的全双工串口，可以同时发送、接收数据，发送、接收数据可通过查询或中断方式处理，使用十分灵活。通过编程设定串行口相关的特殊功能寄存器，可作为同步移位寄存器或者作为 UART，其数据帧有 8 位、10 位或 11 位三种格式，可设置波特率，使用方便灵活。

10.2.1　80C51 串口结构

80C51 单片机通过串行数据接收端引脚 RXD(P3.0)和串行数据发送端 TXD(P3.1)与外界进行通信，其内部结构如图 10-4 所示，80C51 单片机串口主要由发送数据缓冲器、发送控制器、输出控制门、接收数据缓冲器、接收控制器、输入移位寄存器等组成。发送缓冲器 SBUF 和接收缓冲器 SBUF 共用一个特殊功能寄存器地址(99H)。发送时，通过写入 SBUF，数据以一定波特率从 TXD(方式 0 时为 RXD)引脚串行输出，低位在先，高位在后，发送完一帧数据置“1”发送中断标志位 TI。接收时，接收器以一定波特率采样 RXD 引脚的数据信息，当收到一帧数据时置“1”接收中断标志位 RI。

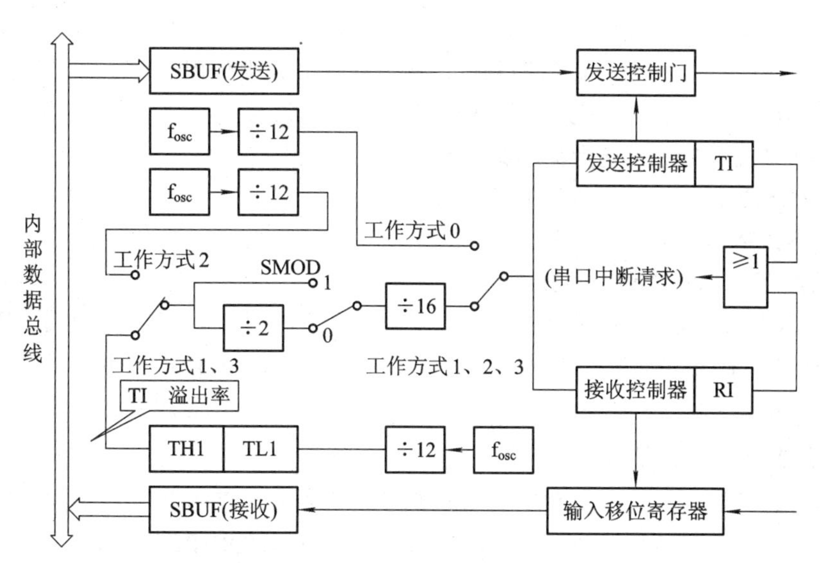

图 10-4　80C51 单片机串口内部结构(RXD\输入移位寄存器)

10.2.2　串口相关的特殊功能寄存器

从用户使用的角度，控制串口的特殊功能寄存器有 3 个：接收和发送缓冲器 SBUF(99H)、串口控制/状态寄存器 SCON 和电源控制寄存器 PCON。

1. 发送缓冲器 SBUF 和接收缓冲器 SBUF

发送和接收 SBUF 共用一个特殊功能寄存器地址(99H)，区别在于发送缓冲器只能写不能读，接收缓冲器只能读不能写。

2. 串口控制/状态寄存器 SCON(98H)

SCON 用于设置串口的工作方式和标识串口的状态，其字节地址为 98H，可位寻址；复位值为 0000 0000B。寄存器中各位内容如表 10-1 所示。

表 10-1　串口控制寄存器 SCON

SCON	D7	D6	D5	D4	D3	D2	D1	D0
位名称	SM0	SM1	SM2	REN	TB8	RB8	TI	RI
位地址	9FH	9EH	9DH	9CH	9BH	9AH	99H	98H

(1) SM0 和 SM1(SCON.7、SCON.6)：串口工作方式选择位，用于选择 4 种工作方式，如表 10-2 所示。

表 10-2　串口工作方式

SM0 SM1	工作方式	功 能 说 明	波 特 率
0　0	0	移位寄存器方式，用于 I/O 扩展	$f_{osc}/12$
0　1	1	8 位 UART	可变，T1 或 T2 提供
1　0	2	9 位 UART，可多机	$f_{osc}/64$ 或 $f_{osc}/32$
1　1	3	9 位 UART，可多机	可变，T1 或 T2 提供

(2) SM2(SCON.5)：多机通信控制位，在方式 2 或 3 中使用。

(3) REN(SCON.4)：允许接收控制位。设置 1，允许接收；清 0，禁止接收。

(4) TB8(SCON.3)：发送数据的第 9 位。

(5) RB8(SCON.2)：接收数据的第 9 位。

(6) TI(SCON.1)：发送中断标志。

(7) RI(SCON.0)：接收中断标志。

串行发送中断标志 TI 和接收中断标志 RI 是同一个中断源引起的，由于 CPU 不知道是发送中断标志 TI 还是接收中断标志 RI 产生的中断请求，所以，在全双工通信时，必须由软件来判别。

3. 电源控制寄存器 PCON

PCON 的字节地址为 87H，没有位寻址功能，其各位内容如表 10-3 所示。串口工作于方式 1、方式 2 和方式 3 时，PCON 中的波特率选择位 SMOD(PCON.7)设置为 1 时，串口波特率加倍。SMOD 不能进行位寻址，其复位值为 0000 0000B。

表 10-3　串口电源控制寄存器 PCON

PCON	D7	D6	D5	D4	D3	D2	D1	D0
符号	SMOD	—	—	—	GF1	GF0	PD	IDL

10.3　串口工作方式

单片机串口可通过设置 SCON 中的 SM0、SM1 确定串口的 4 种工作方式。

1. 方式 0

串口的工作方式 0 为移位寄存器方式，通常外接移位寄存器，以扩展 I/O 口，也可外接同步输入/输出设备。在方式 0 下，数据长度为 8 位，数据由 RXD 输入和输出，波特率固定为 $f_{osc}/12$，同步时钟固定通过 TXD 输出。发送和接收数据时，由低位到高位。方式 0 发送和接收时序说明如下：

(1) 方式 0 发送时序。在 TI = 0 时，当 CPU 向 SBUF 写数据时，就启动发送过程。经过一个机器周期(以 $f_{osc}/12$ 的固定波特率)，写入 SBUF 的数据由低位到高位，从 RXD 依次发送出去，同步时钟从 TXD 送出。8 位数据(一帧)发送完毕后，由硬件使发送中断标志 TI 置位，向 CPU 申请中断。

(2) 方式 0 接收时序。在 RI = 0 的条件下，将 REN(SCON.4)置“1”，则启动一次接收过程。串行数据通过 RXD 接收，同步移位脉冲通过 TXD 输出。在移位脉冲控制下，RXD 引脚上的串行数据依次移入移位寄存器。当 8 位数据(一帧)全部移入移位寄存器后，接收控制器发出“装载 SBUF”信号，将 8 位数据并行送入 SBUF 中，同时，由硬件使接收中断标志 RI 置位，向 CPU 申请中断。

2. 方式 1

方式 1 为 8 位 UART，在方式 1 下，一帧信息为 10 位，即 1 位起始位“0”、8 位数据位(低位在前)和 1 位停止位“1”。TXD 为发送数据端，RXD 为接收数据端。波特率可设置，由定时/计数器 T1 的溢出率和电源控制寄存器 PCON 中的 SMOD 位决定。方式 1 发送和接收时序说明如下：

(1) 发送过程时序。在 TI = 0 时，当 CPU 向 SBUF 写入数据时，就启动了发送过程。数据由 TXD 引脚输出，发送时钟由 T1 溢出信号经过 16 分频或 32 分频后得到。在发送时钟的作用下，通过 TXD 端送出一个起始位“0”、8 位数据(低位在前)和一个高电平停止位，当发送完一帧数据，由硬件使发送中断标志 TI 置位，向 CPU 申请中断，完成一次发送过程。

(2) 接收过程时序。当 REN 被置 1，接收器就开始工作，由接收器以所设置的波特率 16 倍速率对 RXD 电平采样。当采样到从“1”到“0”的负跳变时，启动接收控制器接收数据。在接收移位脉冲的控制下，所接收的数据移入移位寄存器，当 8 位数据及停止位全部移入后，根据以下状态，执行操作。

① 当 RI = 0、SM2 = 0 时，接收控制器发出“装载 SBUF”信号，将输入移位寄存器

中的 8 位数据装入 SBUF，停止位装入 RB8，并置 RI = 1，向 CPU 申请中断。

② 当 RI = 0、SM2 = 1 时，停止位 = “1” 才发生上述操作。

③ 当 RI = 0、SM2 = 1 且停止位 = “0” 时，接收数据不装入 SBUF，数据将会丢失。

④ 当 RI = 1 时，接收数据不装入 SBUF，即数据丢失。

3. 方式 2 和方式 3

方式 2 和方式 3 都为 9 位 UART，接收和发送一帧数据长度为 11 位，即 1 个低电平、9 位数据位和 1 个高电平的停止位。发送的第 9 位数据在发送前放于 TB8 中，接收到的第 9 位数据放于 RB8 中。TXD 为发送数据端，RXD 为接收数据端。

方式 2 和方式 3 的区别在于波特率不同，其中，方式 2 的波特率有固定的两种。方式 3 的波特率与方式 1 的波特率相同，由 T1 的溢出率和 PCON 中的 SMOD 位决定。在方式 3 时，也需要对定时/计数器 T1 进行初始化。

方式 2 和方式 3 的发送和接收时序说明如下：

(1) 发送过程时序。方式 2 和方式 3 发送的数据为 9 位，在启动发送之前，必须把要发送的第 9 位数据装入 SCON 中的 TB8 中。通过向 SBUF 写入发送的字符数据来启动发送过程，发送时，由低到高发送 SBUF 中的 8 位数据，第 9 位从 TB8 中取得。一帧信息发送完毕，置 TI 为 1。

(2) 接收过程时序。当 REN 置 1 时，启动接收过程，采样负跳变作为起始位，接收完一帧数据，若 RI = 0，SM2 = 0 或 RB8 = 1，将接收数据装入接收 SBUF，第 9 位装入 RB8，使 RI = 1；否则丢弃接收数据，不置位 RI。

10.4　串口波特率设计

80C51 单片机方式 0 和方式 2 的波特率是固定的，方式 1 和方式 3 的波特率是由定时器 T1 的溢出率来决定的。52 子系列单片机(如 80C52、AT89C52 等)中，可使用 T2 作波特率发生器。

1. 方式 0 的波特率

方式 0 为同步移位寄存器方式，波特率固定为振荡频率 f_{osc} 的 1/12：

$$\text{方式 0 的波特率} = \frac{f_{osc}}{12} \tag{10-1}$$

2. 方式 2 的波特率

方式 2 的波特率有 2 种，接收与发送的时钟直接来自振荡频率 f_{osc}，并且还与 PCON 中 SMOD 位有关。当 SMOD = 0 时，波特率为 f_{osc} 的 1/64；若 SMOD = 1，则波特率为 f_{osc} 的 1/32。

$$\text{方式 2 的波特率} = 2^{SMOD} \times \frac{f_{osc}}{64} \tag{10-2}$$

3. 方式 1 和方式 3 的波特率

串口方式 1 和方式 3 为可变波特率，用 T1 作波特率发生器。

$$\text{方式 1、3 的波特率} = \frac{2^{SMOD} \times \text{T1溢出率}}{32} = \frac{\dfrac{2^{SMOD}}{32} \times \dfrac{f_{osc}}{12}}{2^{n} - \text{初值}} \tag{10-3}$$

其中，T1 的溢出率是 T1 定时时间的倒数，n 是定时器 T1 的各种工作方式时的位数。

在最典型的应用中，定时器 T1 选用定时方式 2，此时 n = 8，设定时器的初值为 X，则

$$X = 256 - \frac{f_{osc} \times (SMOD + 1)}{384 \times \text{波特率}} \tag{10-4}$$

若 T1 选定时方式 1，需重装时间常数。此时初值 X 为

$$X = 2^{16} - \frac{f_{osc} \times 2^{SMOD}}{384 \times B} \tag{10-5}$$

例如，已知 80C51 单片机晶振频率为 11.0592 MHz，设定时器 T1 工作方式 2 作波特率发生器，B = 2400 b/s，求初值。

设波特率控制位 SMOD=0，由 T1 选方式 2，

$$TH1 = X = 2^{8} - \frac{f_{osc} \times 2^{SMOD}}{384 \times B}$$

$$X = 256 - \frac{11.0592 \times 10^{6} \times (0 + 1)}{384 \times 2400} = 244 = F4H$$

则初始化部分程序为

```
TMOD = 0x20;
TH1 = 0xF4;
TL1 = 0xF4;
TR1 = 1;
```

在实际应用时，常根据已知波特率和时钟频率 f_{osc} 计算 T1 的初值 X。为避免繁杂初值计算，可参照常用波特率和 T1 初值 X 关系表，如表 10-4 所示。

表 10-4　常用波特率和 T1 初值关系表

串口方式	波特率(b/s)	f_{osc} /MHz	SMOD	T1 工作方式	T1 初值
0	1M	12			
2	375k	12	1		
方式 1 方式 3	62.5k	11.0592	1	2	0xFF
	19.2 k	11.0592	1	2	0xFD
	9.6 k	11.0592	0	2	0xFD
	4.8 k	11.0592	0	2	0xFA
	2.4 k	11.0592	0	2	0xF4
	1.2 k	11.0592	0	2	0xE8
	110	12	0	1	0xFEE4

10.5 多 机 通 信

单片机多机系统中常采用总线型主从式多机系统，即在数个单片机中，有一个是主机，其余的为从机，从机要服从主机的调度。80C51 单片机工作在串口方式 2、3 时，具有主从式的多机通信功能。通信只在主、从机之间进行，从机与从机间不可以直接通信。

在主从式多机系统中，主机发出的信息有两类：一类为地址，用来确定需要和主机通信的从机，信息特征是串行传送的第 9 位数据 TB8 为 1；另一类是数据，特征是串行传送的第 9 位数据 TB8 为 0。

从机具有两种状态，当 SM2 = 1 时，从机可接收主机发来的 TB8 为 1 的地址信息，以确定主机是否是与自己通信；一经确认，从机应使 SM2 = 0 时，以便接收主机发出的 TB8 为 0 的数据。

主从多机通信的过程如下：

(1) 首先使所有从机串口工作在方式 2 或方式 3，且 SM2 = 1，REN = 1，处于只接收地址帧的状态。

(2) 主机发送一帧地址信息，其中，前 8 位为地址，第 9 位 RB8 = 1，该位置 1 表示该帧为地址信息。

(3) 从机接收到地址帧后，各自将接收到的地址与本从机的地址比较。对于地址相符的从机(目标从机)，则把自己的 SM2 清 0，准备接收主机随后发来的数据信息；对于地址不符的从机，仍保持 SM2 = 1，对主机随后发来的数据不予理睬，直至发送新的地址帧。

(4) 主机再发送数据，并且 TB8 为 0，这时目标从机正常接收数据，其他从机均丢弃。

10.6 串口应用设计

在单片机串口应用中，方式 0 常用于扩展并行 I/O 口，方式 1 多用于实现点对点的双机通信，方式 2 或方式 3 实现多机通信的应用。串口应用设计首先要确定工作方式和波特率。

1. 串口控制寄存器 SCON 位的确定

根据工作方式确定 SM0、SM1 位；对于方式 2 和方式 3 还要确定 SM2 位；如果是接收端，则置允许接收位 REN 为 1；如果方式 2 和方式 3 发送数据，则应将发送数据的第 9 位写入 TB8 中。

2. 设置波特率

对于方式 0，不需要对波特率进行设置。

对于方式 2，设置波特率时，仅需对 PCON 中的 SMOD 位进行设置。

对于方式 1 和方式 3，设置波特率时，需对 PCON 中的 SMOD 位和 T1 设置，T1 一般取方式 2，8 位可重置方式，初值计算如下：

$$波特率 = \frac{2^{SMOD} \times T1的溢出率}{32}$$

$$T1的初值 = 2^n - \frac{f_{osc} \times 2^{SMOD}}{12 \times 波特率 \times 32}$$

10.6.1　串口方式 0 的应用设计

80C51 单片机串口工作在方式 0 时，常用于扩展并行 I/O 口，当外接串入并出的移位寄存器(如 CD4094、74LS164、74HC595 等芯片)时，可扩展并行输出口；当外接并入串出的移位寄存器(如 CD4014、74LS165 等芯片)时，可扩展并行输入口。

【例 10-1】 用 80C51 单片机串口外接串入并出 CD4094 芯片，扩展并行输出口控制 8 个发光二极管，使 8 个发光二极管从左至右延时轮流显示，如图 10-5 所示。CD4094 是 8 位的串入并出芯片，具有一个 STB 控制端，当 STB = 0 时，串行输入门被打开，在 CLK 时钟控制下，数据从 DATA 串行输入口依次输入；当 STB = 1 时，打开并行输出门，并行输出 8 位数据。

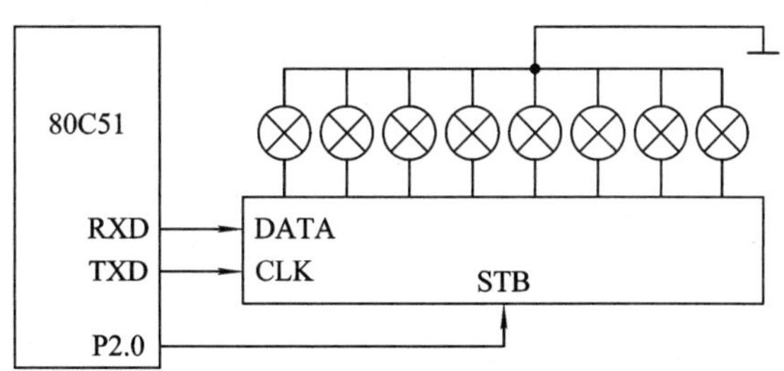

图 10-5　单片机扩展 CD4094 控制发光二极管

图 10-5 电路中，串口工作于方式 0，TXD 接 CD4094 的 CLK，RXD 接 DATA，P2.0 控制 STB，8 位并行输出端接 8 个发光二极管。单片机输出数据时，采用查询方式。

参考程序：

```
#include   <reg51.h>          //包含特殊功能寄存器库
sbit   P2_0 = P2^0;
void   main()
{
    unsigned   char   i, a;
    SCON = 0x00;
    a = 0x01;
    while(1)
    {
        P2_0 = 0;
        SBUF = a;
        while (!TI) { ; }
        P2_0 = 1; TI = 0;
        for (i = 0; i <= 254; i++) {; }
```

```
        a = a*2;
        if(a == 0x00) a = 0x01;
    }
}
```

【例 10-2】 利用 80C51 单片机串口外接一片并行输出串行移位寄存器 74LS164，扩展的并行输出 8 位数据通过数码管显示，实现循环显示 0～9 这 10 个数字。单片机与 74LS164 接口电路如图 10-6 所示，P3.0(RXD)接 74LS164 模块的数据输入引脚 1、2，P3.1(TXD)接 74LS164 的时钟引脚 CLK。

参考程序：

```
#include <reg51.h>
#include <stdio.h>
#define  uchar  unsigned  char
uchar leddat[10] = {0x03, 0x9F, 0x25, 0x0D, 0x99, 0x49, 0x41, 0x1F, 0x01, 0x09};
uchar i;
uchar j = 0;
main( )                          //主程序
{
    TMOD = 0x01;
    TL0 = 0x00;
    TH0 = 0x4B;
    i = 0x20;
    SCON = 0x00;
    TI = 0x00;
    RI = 0x00;
    TR0 = 1;
    ET0 = 1;
    EA = 1;
    while(1)
    {; }
}
void  TIME_0( ) interrupt 1  using 0
{
    TL0 = 0x00;
    TH0 = 0x4B;
    i--;
    if(i <= 0)
    {  i = 20;
        TI = 0;
        SBUF = leddat[j];
```

```
        if(leddat[j] == 0x09){j = 0; }
        else{ j++; }
    }
}
```

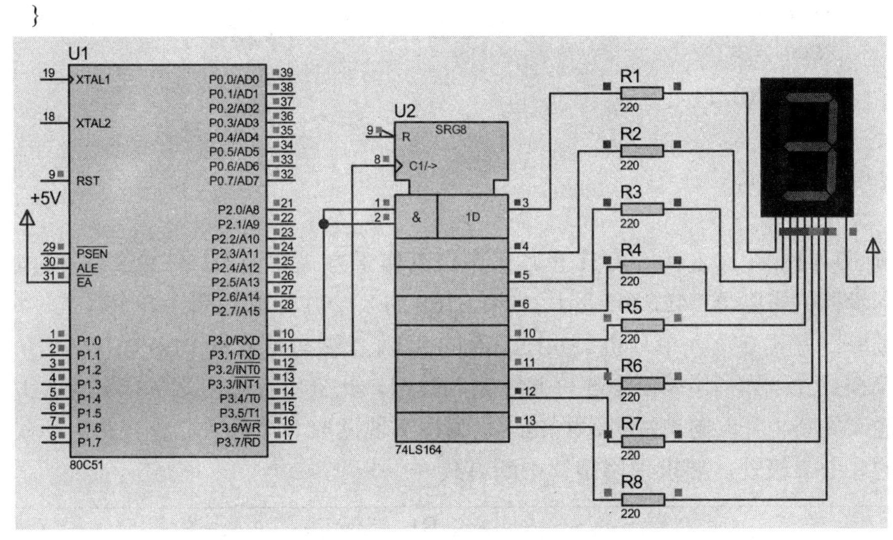

图 10-6　串口方式 0 外接串入并出转换芯片 74LS164

【例 10-3】 80C51 单片机外接一片并入串出芯片 CD4014，扩展并行输入口，采集 8 个开关状态信息到单片机内存，电路如图 10-7 所示。CD4014 是 8 位并入串出的芯片，具有一个控制引脚 P/S，当 P/S = 1 时，8 位并行数据置入片内寄存器；当 P/S = 0 时，在时钟信号 CLK 作用下，片内寄存器数据由低到高从 QB 引脚输出，80C51 单片机串口工作于方式 0，TXD 接 CD4094 的 CLK，RXD 接 QB，P2.0 接 P/S，控制 8 位并行数据的置入和输出；P2.1 外接开关 S，当开关 S 合上后，开始采集 8 个开关 S0～S7 的状态信息。

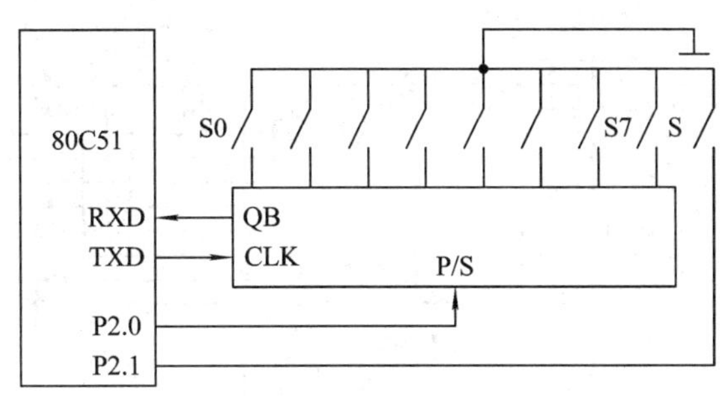

图 10-7　80C51 单片机扩展 CD4014 采集开关状态

参考程序：

```
#include  <reg51.h>  //包含特殊功能寄存器库
sbit  P2_0 = P1^0;
sbit  P2_1 = P1^1;
void  main()
{
    unsigned  char a;
```

```
        P2_1 = 1;
        while (P2_1 == 1) {; }
        P2_0 = 1;
        P2_0 = 0;
        SCON = 0x10;
        while (!RI) {; }
        RI = 0;
        a = SBUF;
    }
```

【例 10-4】 图 10-8 为 80C51 单片机串口工作于方式 0 输入，外接 8 位并行输入、串行输出同步移位寄存器 74LS165 芯片，74LS165 的 8 个并行输入端接 8 个开关，将开关的状态通过串口方式 0 读入单片机。74LS165 的 $SH/\overline{LD}$ 端与单片机 P1.0 相接，$SH/\overline{LD}$ 是控制端，若 $SH/\overline{LD} = 0$，则 74LS165 可并行输入数据，此刻串行输出端关闭；当 $SH/\overline{LD} = 1$，则并行输入关断，可以向单片机串行传送。编程实现读取 8 个开关状态，并由开关控制 P2 口连接的 8 个二极管，要求采用串口中断方式。

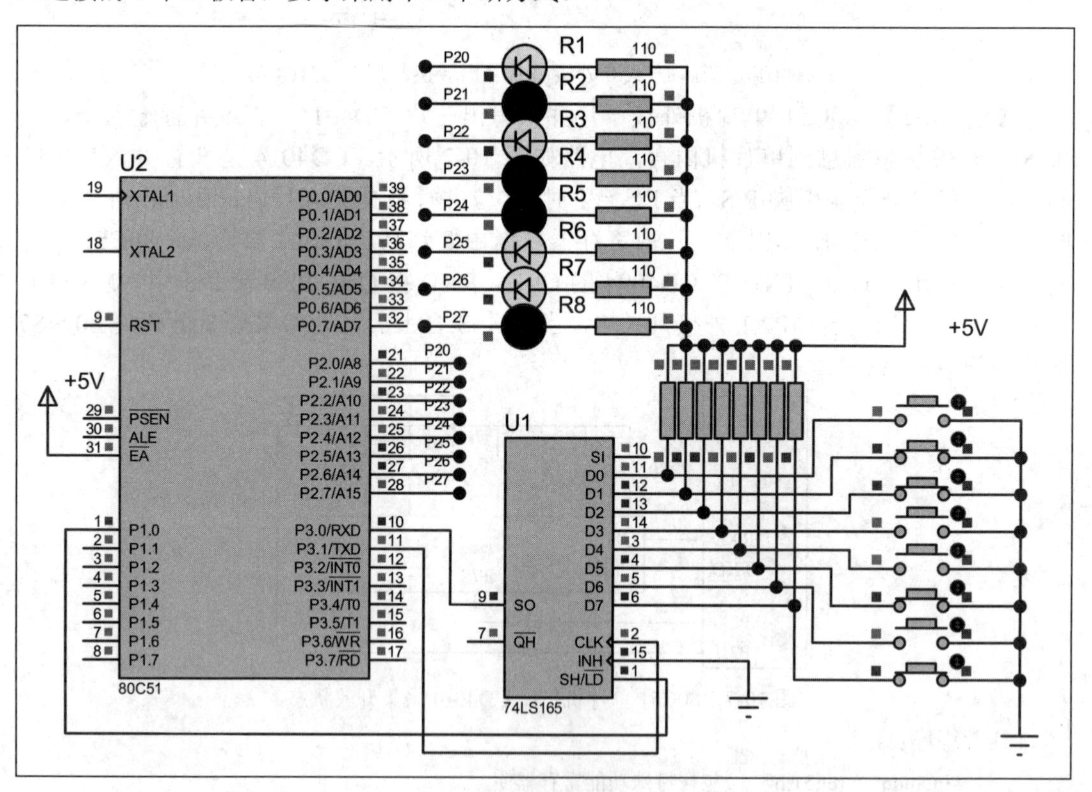

图 10-8　串口方式 0 外接并入串出转换芯片 74LS165

参考程序：

```
165_1.c
#include <reg51.h>
#include "intrins.h"
```

```
#include<stdio.h>
sbit P1_0 = 0x90;
unsigned char m;
void delay(unsigned int i)              //延时
{
    unsigned char j;
    for(; i > 0; i--)
    for(j = 0; j < 125; j++);
}
main()
{
    SCON = 0x10;                        //串口方式 0，允许接收
    ES = 1;                             //允许串口中断
    EA = 1;
    while(1){; }
}
void Serial() interrupt 4 using 0
{
    if(RI == 1)
    {   P1_0 = 0;                       //读入开关的状态
        delay(1);
        P1_0 = 1;                       //将开关的状态送串口中
        RI = 0;
        m = SBUF;
        P2 = m;
    }
}
```

10.6.2　串口方式 1 的应用设计

下面通过双机通信的案例介绍串口方式 1 的应用编程。

【例 10-5】 设单片机甲、单片机乙双机通信，电路如图 10-9 所示，双机均以串行方式 1 传输数据，晶振频率均为 11.0592 MHz，波特率为 1200 波特，要求如下：单片机甲将存在片内 RAM 中的 0、1、2、…、9 十个数字发送给单片机乙，单片机乙接收后，显示在数码管上。

波特率的设计：设双机 SMOD 为 0，定时器 T1 用于波特率发生器，工作在方式 2，TMOD = 0x20。

$$\text{T1 的初值} = 2^8 - \frac{11059200 \times 2^0}{12 \times 1200 \times 32} = 0\text{xE8}$$

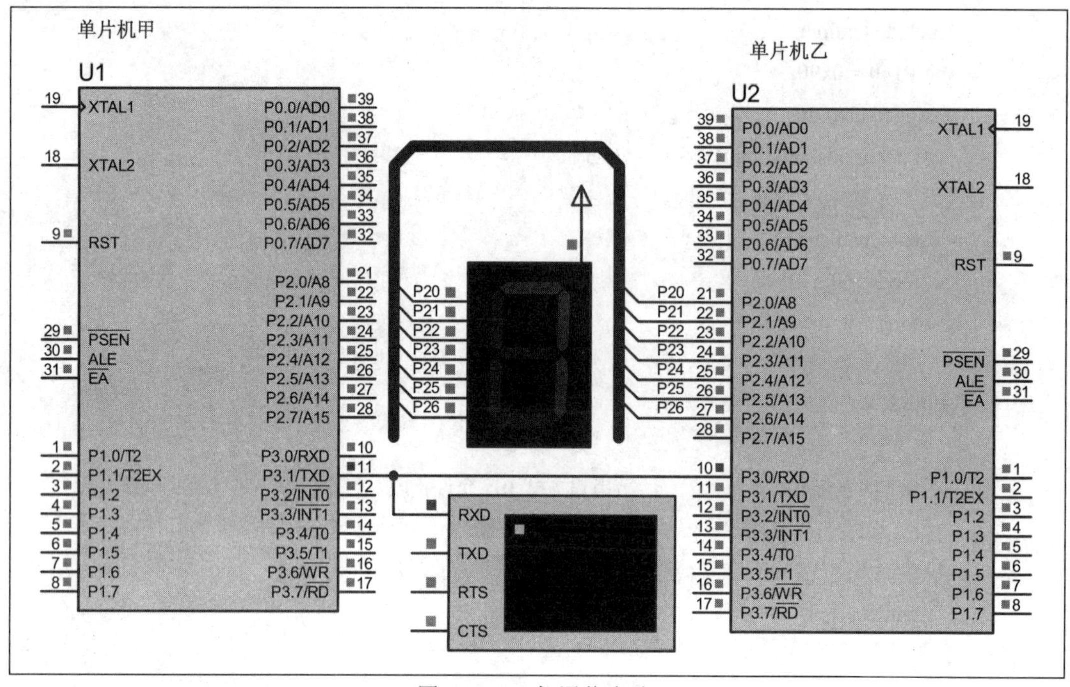

图 10-9　双机通信电路

串口设置在工作方式 1，单片机甲发送，SCON = 0x40；单片机乙接收，SCON = 0x50。双机均采用查询方式收/发，禁止中断。

为观察串口传输的数据，电路中添加了虚拟终端来显示串口发出的数据。添加虚拟终端，点击 Proteus ISIS 左侧工具箱中的虚拟仪器图标，选择“VIRTUAL TERMINAL”项，并放置在原理图编辑窗口，然后把虚拟终端的“RXD”端与单片机甲的“TXD”端相连。对虚拟终端，需要设置其波特率，双击虚拟终端，打开“Edit Component”对话框，在“Baud Rate”中设置为此例串口通信中需要的 1200 b/s。观察仿真运行时单片机甲串口发送出的数据，可用鼠标右键点击虚拟终端，点击最下方“Virtual Terminal”项，弹出窗口，在窗口中右击，选择 Hex Display Mode 显示，窗口会显示单片机甲串口“TXD”端发出的数据字节，如图 10-10 所示。

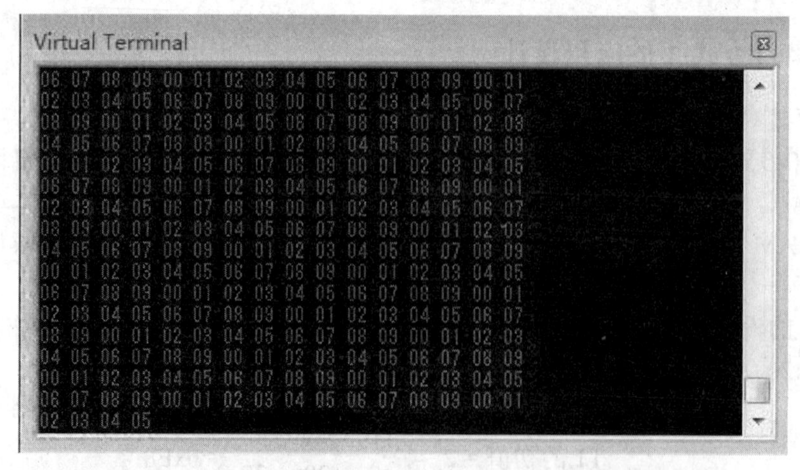

图 10-10　虚拟终端显示的单片机甲串口发送的数据

参考程序：

单片机甲发送程序：

```
#include<reg51.h>
#define uchar unsigned char
uchar idata sendbuf[10] = {0, 1, 2, 3, 4, 5, 6, 7, 8, 9};
uchar i;
void main()
{
    TMOD = 0x20;
    TL1 = 0xE8;
    TH1 = 0xE8;
    PCON = 0x00;
    SCON = 0x40;
    TR1 = 1;
    for(i = 0; i < 10; i++)
    {
        SBUF = sendbuf[i];
        while(TI == 0);
        TI = 0;
    }
}
```

单片机乙接收程序：

```
#include<reg51.h>
#define uchar unsigned char
const uchar LED_SEG[10] = {0xC0, 0xF9, 0xA4, 0xB0, 0x99, 0x92, 0x82, 0xF8, 0x80, 0x90};
uchar i;
void delay(unsigned int i)                    //延时
{
    unsigned int j, k;
    for(k = 0; k < i; k++)
    for(j = 0; j < 125; j++);
}
void display(void)
{
    unsigned char i, *R_BUF;
    R_BUF = 0x30;
    for(i = 0; i < 10; i++)
    {
        P2 = LED_SEG[*R_BUF];
```

```
            R_BUF++;
            delay(500);
        }
    }
    void main()
    {
        unsigned char *R_DATA; R_DATA = 0x30;
        TMOD = 0x20;
        TL1 = 0xE8;
        TH1 = 0xE8;
        PCON = 0x00;
        SCON = 0x50;
        TR1 = 1;
        for(i = 0; i < 10; i++)
        {
            while(RI==0);
            RI = 0;
            *R_DATA = SBUF;
            R_DATA++;
        }
        while(1)
        {
            display();
        }
    }
```

10.6.3　串口方式 2 和 3 的多机通信应用设计

串口方式 2 和 3 相比，除了波特率的设置不同，其他都相同，下面以方式 3 下多机通信为例进行介绍，也适合于方式 2。

【例 10-6】 主从机多机通信电路如图 10-11 所示，主、从机均以串行方式 3 收/发信息，晶振频率均为 11.0592 MHz，波特率为 9600 波特。要求如下：主机向 3 号从机发送 A、B、…、F 共 6 个数字的共阳极数码管段选码，3 号从机接收后显示在数码管上。

主机程序编程思路：主机先发送 3 号从机的地址 0x03，且 TB8 = 1，等待 3 号从机的应答信息。主机将接收到的地址应答信息与 3 号地址 0x03 比较，若地址正确，设置 TB8 = 0，循环发送 6 个数据；若地址错误，则重复发送呼叫地址。

3 号从机编程思路：设地址状态 SM2 = 1，REN = 1，等待主机发送地址呼叫信息。将接收的地址信息与自己的 0x03 地址比较，若有错误，等待主机再次呼叫；若地址正确，发应答地址 0x03。转入接收数据状态 SM2 = 0，等待接收主机发送数据，接收到数据后，若 TB8 = 0，数据接收成功，保存数据；继续接收下一个数据，直到接收完 6 个数据后显示。若 TB8 = 1，数据接收错误，转为地址状态，等待主机重新呼叫。

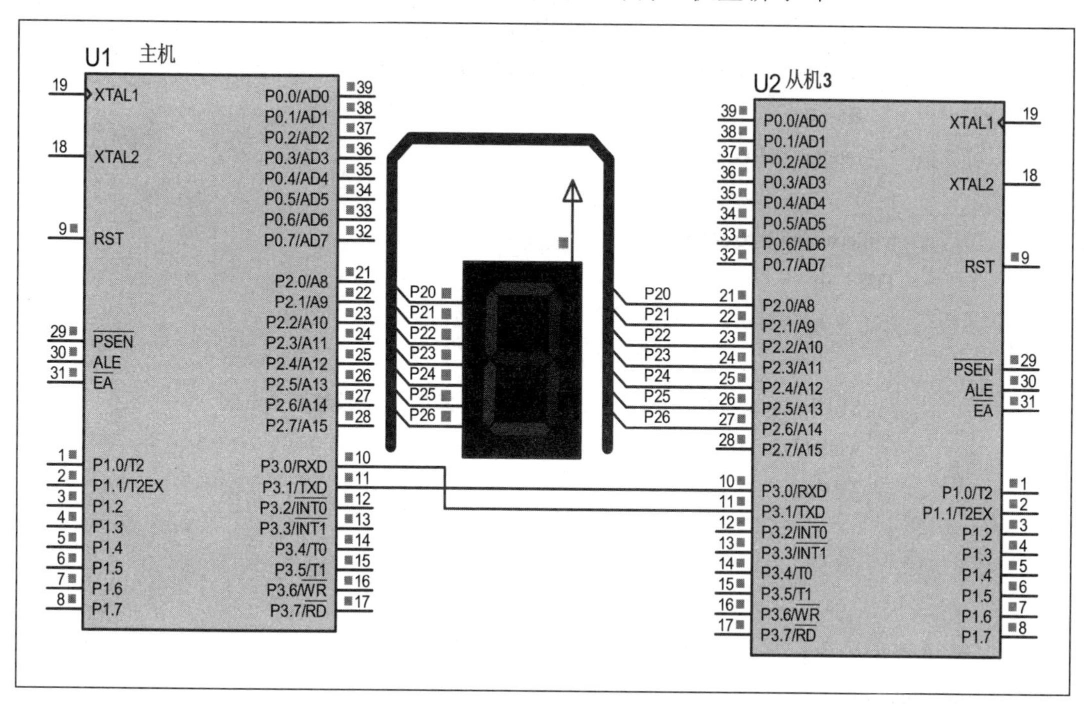

图 10-11　主从机多机通信电路

参考程序：

主单片机程序：

```
#include<reg51.h>
#define uchar unsigned char
uchar idata sendbuf[6] = {0x88, 0x83, 0xC6, 0xA1, 0x86, 0x8E};
uchar i, renum;
void main()
{
    while(1)
    {
        SCON = 0xc8;                //串口方式 3，SM2 = 0, REN = 0, TB8 = 1
        TMOD = 0x20;
        TL1 = 0xfd;
        TH1 = 0xfd;                 //波特率为 9600 波特
        PCON = 0x00;
        TR1 = 1;
        do
        {
            SBUF = 0x03;            //发送 3 号从机地址
```

```
            while(TI == 0);              //等待发送完成
            TI = 0;
            REN = 1;                     //转接收
            while(RI == 0);              //等待接收应答
            RI = 0;
            renum = SBUF;                //保存应答
        }
        while(renum != 0x03);
        TB8 = 0;
        for(i = 0; i < 6; i++)
        {
            SBUF = sendbuf[i];           //主机向从机发送 6 个数组元素
            while(TI == 0);
            TI = 0;
        }
    }
}
```

3 号从单片机程序：

```
#include<reg51.h>
#define uchar unsigned char
uchar idata RE_SEG[6];
uchar renum, i;
void delay(unsigned int i)          //延时
{
    unsigned int j, k;
    for(k = 0; k < i; k++)
    for(j = 0; j < 125; j++);
}
void display(void)
{
    unsigned char i;
    for(i = 0; i < 6; i++)
    {
        P2 = RE_SEG[i];
        delay(800);
    }
}
void main()
{
```

```
    while(1)
    {
        SCON = 0xf0;                    //串口方式 3，SM2 = 1，REN = 1
        TMOD = 0x20;
        TL1 = 0xfd;
        TH1 = 0xfd;                     //波特率为 9600 波特
        PCON = 0x00;
        TR1 = 1;
        do{
            while(RI == 0);
            RI = 0;
            renum = SBUF;
        }
        while(renum != 0x03);
        SM2 = 0;
        SBUF = 0x03;
        while(TI == 0);
        TI = 0;
        for(i = 0; i < 6; i++)
        {
            while(RI == 0);
            RI = 0;
            if(TB8 != 0) break;
            else
            {
                RE_SEG[i] = SBUF;
            }
        }
        while(1)
        {
            display();
        }
    }
}
```

10.6.4　单片机与 PC 异步串行通信设计

在许多应用系统中，需要计算机与单片机联合工作，计算机作为控制单片机的核心设备，即上位机，单片机通过传感器从现场采集信息数据上传至计算机，计算机分析处理后，将结果发回至单片机。

随着单片机价格的下降，采用多单片机的应用系统有更好的性价比，且多采用串行通信来实现系统的通信功能。在实际应用中，可根据单片机和单片机通信距离和抗干扰性要求，采用 TTL 传输，或采用 RS-232C、RS-422A、RS-485 异步串行通信进行数据传输。

1. TTL 电平通信接口

若单片机和单片机(或 PC)相距在 1.5 m 之内，可将串行口直接相连，即甲机 RXD 引脚与乙机 TXD 引脚相连，乙机 RXD 引脚与甲机 TXD 引脚相连，以 TTL 电平直接实现双机通信。

2. 异步串口通信标准

80C51 的 4 个 I/O 口包括串口都是 TTL 电平，采用 TTL 电平传输数据，传输速率较低，抗干扰性差，并且传输距离短。在实际应用中都采用标准串行接口，如 RS-232C、RS-422A、RS-485，以提高信息传输速率和实现较远距离传输等。

异步串行通信物理层接口标准主要有三个：EIA/TIA-232、EIA/TIA-422 和 EIA/TIA-485。这三个标准最初都是由美国电子工业协会(Electronic Industries Alliance，EIA)制定的，1988 年后，三个标准后续版本改由美国电信工业协会(Telecommunications Industries Association，TIA)制定。

10.6.5 单片机与异步串口 RS-232C 的接口电路设计

异步串口 RS-232C 的应用特性如下：

1. RS-232C 标准的特点

RS-232C 标准接口适合长度为 1.5～30 m 的点对点(即只用一对收、发设备)连接，不适合更长线路或多点通信；传输速率限制在每秒 19.2 kb/s 以内或更低；短电缆(大约 2 m)时，数据传输速率为 115.2 kb/s。RS-232C 用非平衡(即单端)方式传送和接收数据及控制信号，其数据和控制信号需要一根信号地(Signal Ground)线，以构成回路，如图 10-12 所示。

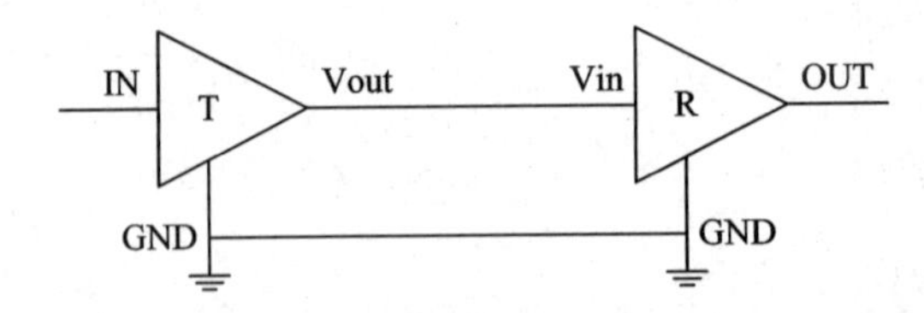

图 10-12 RS-232C 接口的非平衡(即单端)传输方式

RS-232C 用正负电压来表示逻辑状态，与 TTL、CMOS 等以高低电平表示逻辑状态的规定不同。

2. 数据信号电气特性

在 TXD 和 RXD 上，RS-232C 采用负逻辑：

逻辑 1(MARK) = −3 V～−15 V；

逻辑 0(SPACE) = +3～+15 V。

3. 控制信号电气特性

在 RTS、CTS、DSR、DTR 和 DCD 等控制线上：

信号有效(接通，ON，正电压) = +3～+25 V；

信号无效(断开，OFF，负电压) = −3～−25 V。

4. PC DB-9 串口(RS-232C 接口)信号定义

PC 串口通常使用 9 芯 D 型 DB-9 针型插座，外设使用 DB-9 孔型插座。DB-9 针型插座(RS-232C 接口)信号定义如表 10-5 所示。

表 10-5　RS-232C DB-9 针型插座信号定义

针序号	信号名称	信号流向	简称	信 号 功 能
3	发送数据	DTE→DCE	TxD	DTE 发送串行数据
2	接收数据	DTE←DCE	RxD	DTE 接收串行数据
7	请求发送	DTE→DCE	RTS	DTE 请求切换到发送方式
8	清除发送	DTE←DCE	CTS	DCE 已切换到准备接收
6	数据设备就绪	DTE←DCE	DSR	DCE 准备就绪，可以接收
5	信号地线	地	GND	公共信号地
1	载波检测	DTE←DCE	DCD	DCE 已检测到远程载波
4	数据终端就绪	DTE→DCE	DTR	DTE 准备就绪，可以接收
9	振铃指示	DTE←DCE	RI	通知 DTE，通信线路已接通

5. 异步串口 RS-232C 接口电路设计

由于单片机引脚的 TTL 电平与 RS-232C 标准电平互不兼容，所以单片机采用 RS-232C 标准串行通信时，需要进行 TTL 电平与 RS-232C 标准电平之间的变换。通常采用的 MAX232/ MAX232A 是美国 MAXIM 公司生产的 RS-232C 全双工的包含 2 路接收器和 2 路驱动发送器芯片，可实现 TTL 电平与 RS-232C 接口信号之间的变换。该芯片仅需 +5 V 电源供电，内部有电源电压变换器，可以把输入的 +5 V 电源电压变换成为 RS-232C 输出电平所需 −10 V～+10 V 电压，满足 RS-232C 逻辑电平要求。

MAX232/MAX232A 芯片引脚如图 10-13 所示，MAX232 电路结构如图 10-14 所示，其中，C1～C4 均为 1 μF，C5 为 0.1 μF。

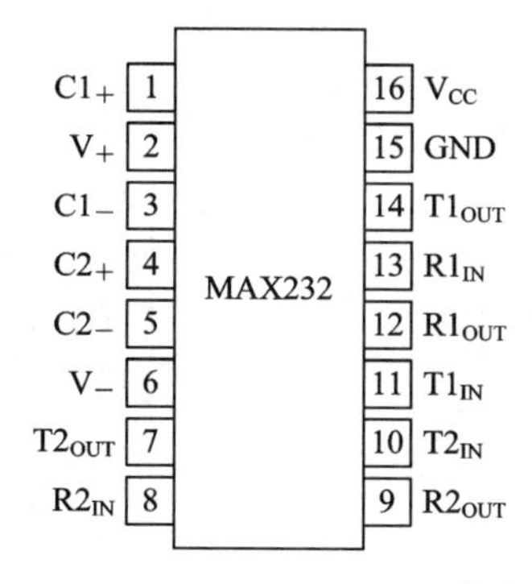

图 10-13　MAX232/ MAX232A 芯片引脚

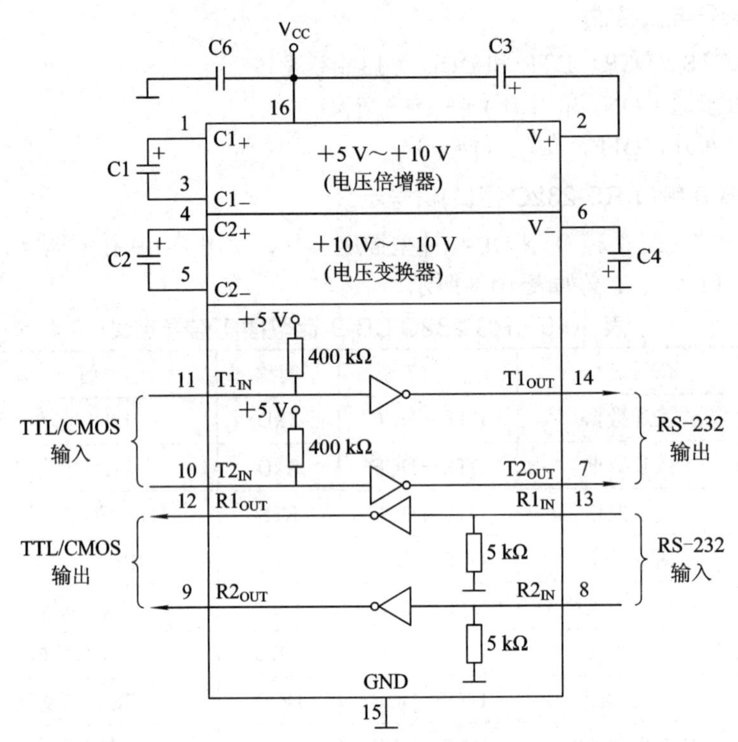

图 10-14　MAX232 电路结构

单片机与 PC 间采用异步串口 RS-232C 接口通信的电路设计如图 10-15 所示，PC 端 RS-232C 接口和单片机端 RS-232C 接口采用 3 线连接，第 5 引脚地线直接连接，PC 端 3 脚发送引脚和 2 脚接收引脚与单片机端收发引脚交叉连接。单片机串口输出 TXD 接 MAX232A 的 $T1_{IN}(T2_{IN})$，输出 TTL 电平经 MAX232A 芯片转换为 RS-232C 电平；MAX232A 的 $T1_{OUT}$ 连接单片机端 RS-232C 的 D 型接口的 3 脚，由于单片机端 RS-232C 的 D 型接口的 3 脚连接 PC 端 RS-232C 的 D 型接头接收 2 引脚，单片机发送信息被 PC 接收。同理，PC 端发送 RS-232C 电平信息由 PC 端 RS-232C 的 D 型接口发送端 3 脚经过单片机端 RS-232C 的 D 型接口 2 脚，被 MAX232A 的 $R1_{IN}(R2_{IN})$接收后，MAX232A 将 RS-232C 电平转换成 TTL 电平，由 $R1_{OUT}(R2_{OUT})$输出至单片机接收引脚 RXD。

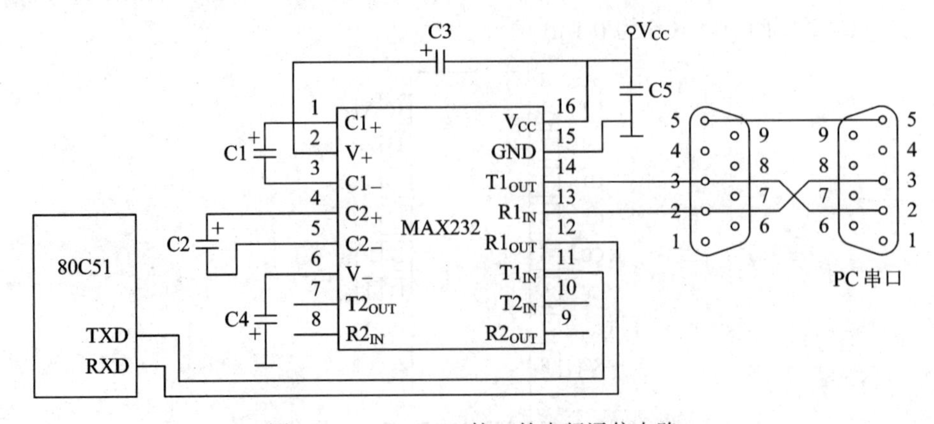

图 10-15　MAX232 接口的串行通信电路

10.6.6　单片机与异步串口 RS-422A 接口电路设计

异步串口 RS-422A 的应用特性如下：

1. RS-422A 标准的特点

RS-422A 改进了 RS-232C 通信距离短、速度低等缺点，定义平衡电压型数字接口电路电气特性，它采用一对双绞线和平衡线路驱动器以及接收器，以差分传输方式，将其中一线定义为 A，另一线定义为 B。

2. RS-422A 发送器电平及接口

RS-422A 接口及发送器电平如图 10-16 所示，发送驱动器 A、B 之间的正电平为 +2～+6 V，是逻辑“1”状态；A、B 间负电平为 −2～−6 V，是“0”逻辑状态；C 为信号地；“使能”端控制发送驱动器与传输线切断及连接，“使能”端起作用时，发送驱动器处于高阻状态，即“第三态”，用于多点通信。

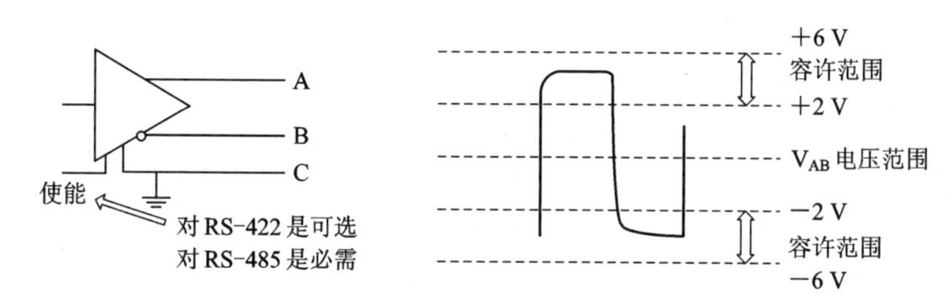

图 10-16　RS-422A 接口及发送器电平

3. RS-422A 接收器电平

RS-422A 接收器电平如图 10-17 所示，接收端 AB 间大于 +200 mV，输出正逻辑电平；小于 −200 mV，输出负逻辑电平。接收器接收平衡线上电平范围在 200 mV 至 6 V 之间。

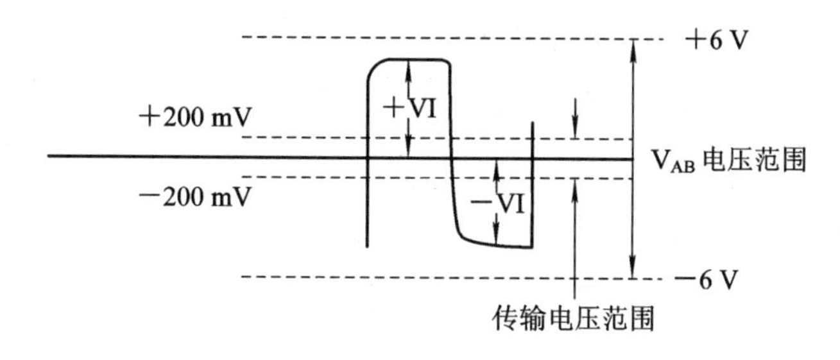

图 10-17　RS-422A 接收器电平

差分接收器可分辨 0.2 V 以上电位差，可减弱地线干扰和电磁干扰影响，抑制共模干扰，将传输速率提高到 10 Mb/s，在此速率时，电缆长度为 12 m。其平衡双绞线的长度与传输速率成反比，在 100 Kb/s 速率下，传输距离可达 1200 m。

与 RS-232C 接口一样，必须在 TTL、CMOS 等数字逻辑信号与 RS-422A 接口信号之间进行电平转换。

4. RS-422A 全双工双向通信连接示意图

RS-422A 全双工双向通信连接如图 10-18 所示，收/发器各使用两对差分信号线，加上地线，共 5 根线。RS-422A 的 DB-9 连接器引脚定义如图 10-19 所示。

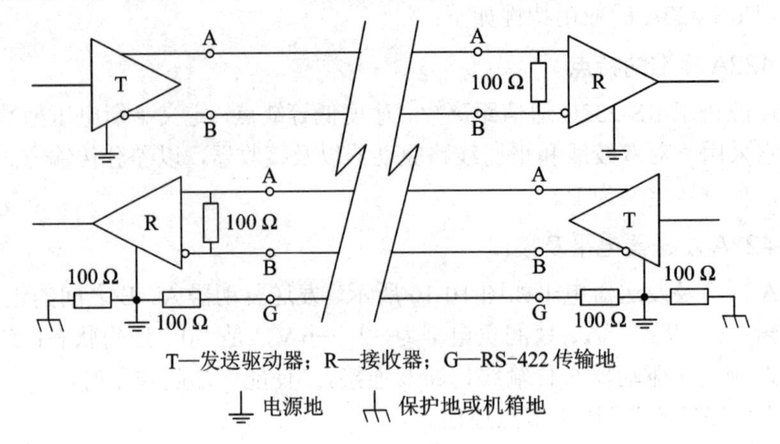

图 10-18　RS-422A 全双工双向通信连接示意图

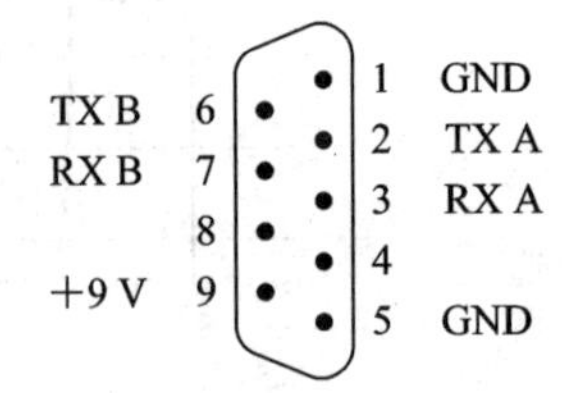

图 10-19　RS-422A 的 DB-9 连接器引脚定义

由于 RS-422A 接收器输入阻抗高，发送驱动器比 RS-232C 驱动能力强，理论上 RS-422A 在相同传输线上最多连接 10 个接收节点。

5. RS-422A 一对多的多点双向通信

RS-422A 可以支持一对多的多点双向通信，如图 10-20 所示，一个主设备(Master)，其余均为从设备(Salve)，从设备间不通信。RS-422A 推荐使用特性阻抗为 100 Ω 的双绞电缆，每个回路接收端用 100 Ω 的终端电阻。

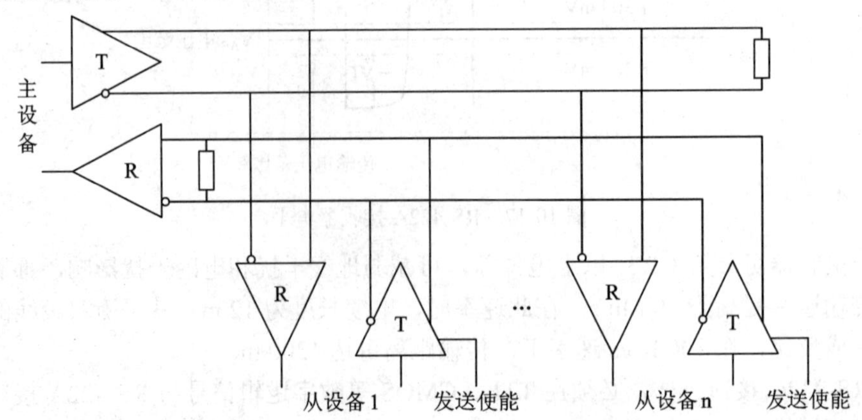

图 10-20　RS-422A 一点对多点双向通信系统

10.6.7　单片机与异步串口 RS-485 接口电路设计

下面介绍异步串口 RS-485 的特性及应用编程。

1. RS-485 接口标准特点

RS-485 接口标准在 RS-422A 的基础上，增加多点、双向通信能力，RS-485 接口标准定义平衡数字多点系统中发送器和接收器电气特性，电气规定与 RS-422A 相仿，例如：发送驱动器 A、B 间为正电平时，电压为 +1.5～+6 V；A、B 间为负电平时，电压为 −1.5～−6 V；采用平衡传输方式，都需要在传输线上接终端电阻等。其最大传输速率为 10 Mb/s；双绞线长度与传输速率成反比，当波特率为 1200 b/s 时，最大传输距离达 15 km。

2. RS-485 接口二线连接实现真正多点双向通信

RS-485 采用二线与四线连接方式。RS-485 接口二线连接时可实现真正的多点双向通信(即总线上所有设备与上位机任意两台之间均能通信)，如图 10-21 所示，线路驱动器不发送时，需要切换到高阻抗状态(“三态”)；只要接口通信协议与硬件配合保证在一个时刻只有一个接口尝试在每个回路传送即可。

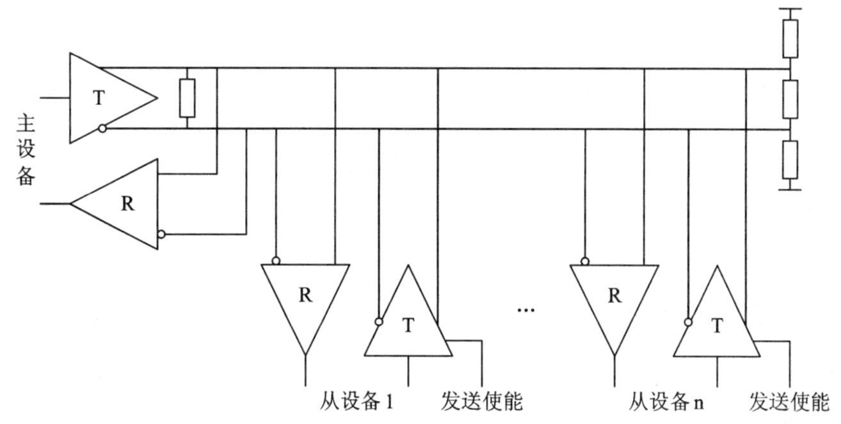

图 10-21　典型二线连接 RS-485 多点通信系统

RS-485 接口若四线连接，可实现点对多点通信：一个主设备(Master)，其余皆为从设备。

RS-485 接口无论四线还是二线总线连接，可最多连接 32 个设备，使用 120 Ω 电缆和终端电阻。

3. 单片机 TTL 电平与 RS-485 电平转换器 MAX485

MAX485、MAX487-MAX491 以及 MAX1487 是用于 RS-485 与 RS-422A 通信的低功耗收发器，其中，经常用来完成将 TTL 电平转换为 RS-485 电平的功能的 MAX485 芯片，采用单一电源 +5 V 工作，额定电流为 300 μA，其驱动器摆率不受限制，可以实现最高 2.5 Mb/s 的传输速率，采用半双工通信方式。MAX485 芯片内部含有一个驱动器和接收器，有 8 个引脚，其引脚功能如表 10-6 所示。RO 和 DI 端分别为接收器输出端和驱动器的输入端，与单片机串口 RXD 和 TXD 相连；$\overline{\text{RE}}$ 和 DE 端分别为接收和发送的使能端，当 $\overline{\text{RE}}$ 为逻辑 0 时，器件处于接收状态；当 DE 为逻辑 1 时，器件处于发送状态，因为 MAX485 工作在半双工状态，只需用单片机的一个 I/O 口同时控制此两个引脚；A 端和 B 端分别为接收和发送的差分信号端，当 A 端电平高于 B 端时，代表发送的数据为 1；当 A 端电平低于 B 端时，代表发送的数据为 0。

表 10-6　MAX485 引脚功能

引脚	名称	功　　能
1	RO	接收信号的输出引脚。可以把来自 A 和 B 引脚的总线信号，输出给单片机。是 COMS 电平，可以直接连接到单片机
2	$\overline{RE}$	接收信号的控制引脚。当 $\overline{RE}$ 为低电平时，RO 引脚有效，MAX485 通过 RO 把来自总线的信号输出到单片机；当 $\overline{RE}$ 为高电平时，RO 引脚处于高阻状态
3	DE	输出信号的控制引脚。当 DE 为低电平时，输出驱动器无效；当 DE 为高电平时，输出驱动器有效，来自 DI 引脚的输出信号通过 A 和 B 引脚被加载到总线上。是 COMS 电平，可以直接连接到单片机
4	DI	输出驱动器的输入引脚。是 COMS 电平，可以直接连接到单片机。当 DE 是高电平时，DI 信号通过 A 和 B 引脚被加载给总线
5	GND	电源地线
6	A	连接到 RS-485 总线的 A 端
7	B	连接到 RS-485 总线的 B 端
8	V_{CC}	电源线引脚。4.25 V≤V_{CC}≤5.75 V

MAX485 具有三态输出特性，使用 MAX485 时，总线最多可以同时连接 32 个 MAX485 芯片；将 A 和 B 端之间加匹配电阻，一般可选 100 Ω 的电阻。

【例 10-7】 设计上位机 PC 通过 RS-485 串行总线与下位机单片机通信，实现采集和驱动，能够对 48 个开关外设信号进行采集，并可驱动 48 个指示灯亮灭。其采集电路如图 10-22 所示，驱动电路如图 10-23 所示。

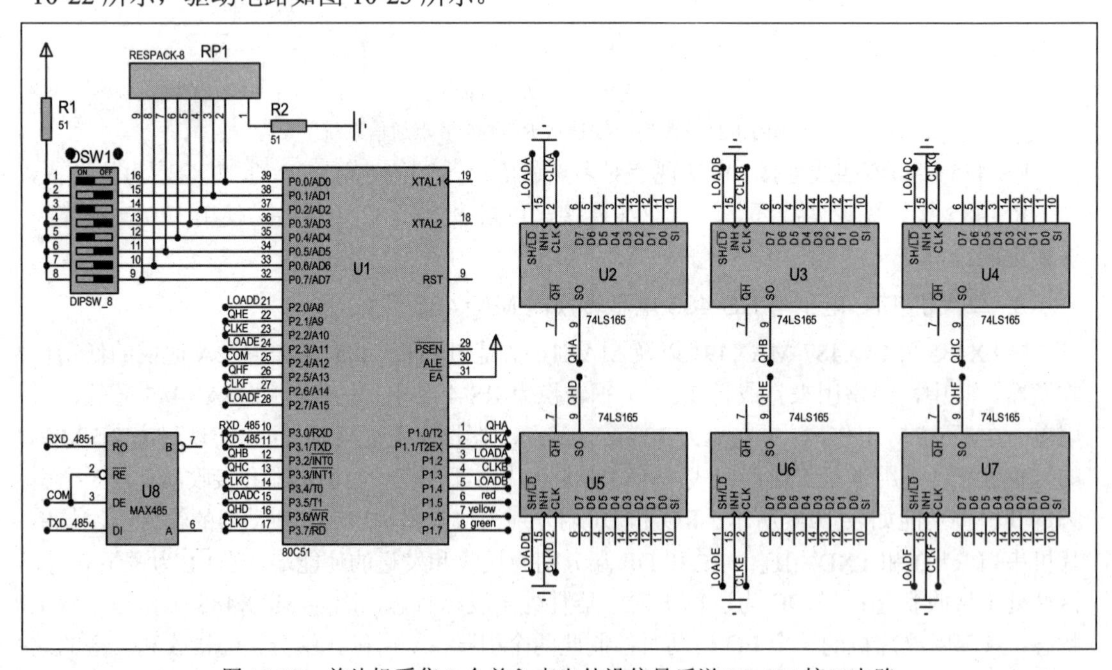

图 10-22　单片机采集 8 个并入串出外设信号后送 RS-485 接口电路

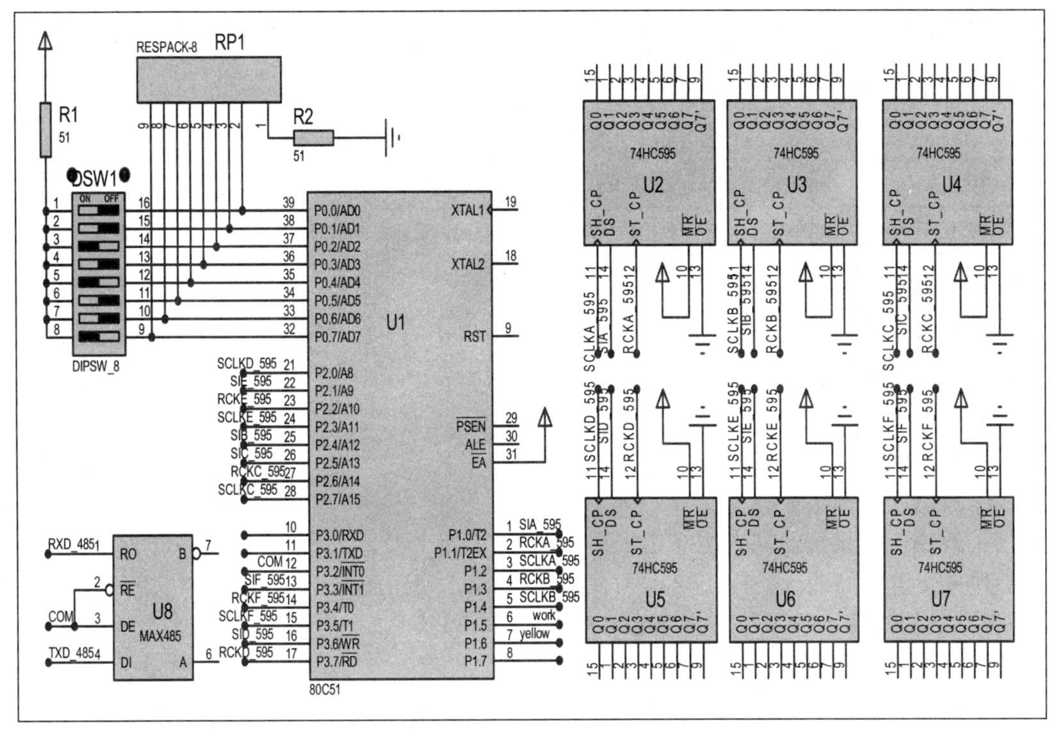

图 10-23　数据经 RS-485 接口电路送单片机驱动 6 个串入并出设备

设计思路如下：

(1) 先将上位机 PC 的 RS-232C 串行接口连接至 RS-232C 转 RS-485 转换器。

(2) 单片机 TTL 电平与 RS-485 接口电路设计：PC 信号由 RS-485 总线电平传输一定距离后，与下位机单片机通信时，选用 MAX485 芯片完成 RS-485 电平与单片机 TTL 电平转换功能。单片机 TTL 电平与 RS-485 接口电路如图 10-24 所示，单片机串口 RXD(P3.0)、TXD(P3.1)引脚分别连接 MAX485 芯片的 RO 和 DI 引脚，RS-485 的 A、B 端接 MAX485 芯片的 A、B 引脚。将 MAX485 的 $\overline{RE}$ 和 DE 相连接，单片机只需要一个 I/O 引脚(COM)信号控制 MAX485 的接收和发送。

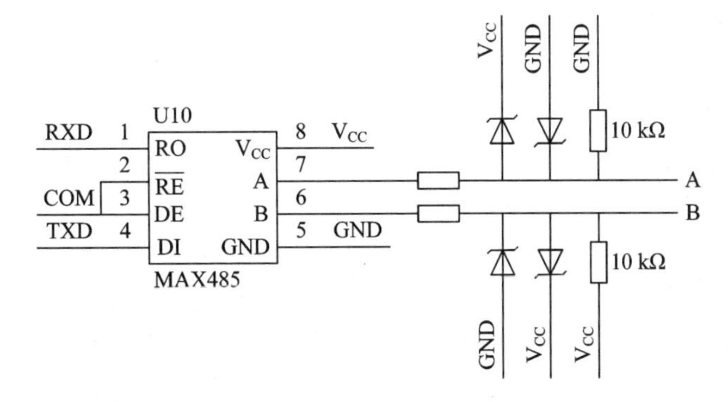

图 10-24　单片机 TTL 电平与 RS-485 接口电路

(3) 上位机 PC 与下位机单片机采集协议设计：采集帧格式设计如表 10-7 所示，表中内容共 14 个字节，由 2 个字节帧头(0x00 0x5A)、1 个字节采集帧类型说明(0x57)、1 个字节地址码(0x00～0xFF)、1 个字节控制码(0x07)、8 个字节数据、1 个字节校验和等组成。其中，由于通信采用 RS-485 总线方式，可允许从站数量最大为 32，从站地址码可通过拨码开关在 0x00～0XFF 之间选择。

表 10-7　定时器工作方式控制位

帧头	帧类型	地址码	控制码	数据	校验和
2 BYTE	1 BYTE	1 BYTE	1 BYTE	8 BYTE	BYTE

具体采集帧格式说明：

最小帧间隔为 10 ms。串口配置为，数据位—8；停止位—1；校验—无；波特率—19 200 b/s。

① 帧头：0x00 0x5A。

② 帧类型：0x57。

③ 地址码：0x00～0xFF。

④ 控制码：0x07。

⑤ 数据：数据信息共占用 8 个字节，第 7、8 字节空闲，用 00 00 表示；由于要求对 48 个开关外设信号进行采集，48 个开关分为 6 组，每组对应 8 个开关。每组开关对应 6 个数据字节的 1 个字节，每一字节 8 位对应 8 个开关状态。采集命令中，6 个数据字节均为 0xFF。

⑥ 校验和字节计算公式为

校验和 = (帧头 + 帧类型 + 地址码 + 控制码 + 数据位) MOD 256

例如：主机采集 00 号从机(单片机板)发出的协议为

00 5A 57 00 07 FF FF FF FF FF FF 00 00 B2。

单片机发出采集命令后，获得采集目标板响应信息，其帧格式与采集协议一致，只是 6 个数据字节中，对应位置 1 表示开关状态没有变化，对应位清 0 表示开关状态的有效输入。

(4) 驱动通信协议设计：驱动帧格式内容共有 14 个字节，由 2 个字节帧头(0x00 0x5A)、1 个字节驱动帧类型说明(0x58)、1 个字节地址码(0x00～0xFF)、1 个字节控制码(0x0F)、8 个字节数据、1 个字节校验和等组成。

具体驱动帧格式说明：

① 帧头：00 5A。

② 帧类型：58。

③ 地址码：00～FF。

④ 控制码：04—关闭所有输出。03—开启所有输出。0F—输出状态由数据位决定。

⑤ 数据位：数据位共占用 8 个字节，第 7、8 字节空闲，用 00 00 表示；要求可驱动 48 个指示灯亮灭，故将驱动的 48 个灯分为每 8 个一组，共 6 组，用 A\B\C\D\E\F 6 组表示。当要某个灯开启时，对应的位清 0。数据字节 1 到 6 字节分别对应 6 组输出口。每一个数据字节的每个位对应 0～7。位置 1 表示关闭输出，位清 0 表示开启输出。

⑥ 校验和字节的计算公式为

校验和 = (帧头 + 帧类型 + 地址码 + 控制码 + 数据位) MOD 256

例如：

全关端口　(设地址码为 0xFF)：00 5A 58 FF 04 FF FF FF FF FF FF 00 00 AF

全开端口　(设地址码为 0xFF)：00 5A 58 FF 03 FF FF FF FF FF FF 00 00 AE

打开 B1 端口(设地址码为 0xFF)：00 5A 58 FF 0F FF FD FF FF FF FF 00 00 B8

(5) 单片机采集电路设计：单片机采集电路使用 6 片八位并行输入/串行输出移位寄存器 74LS165，每片 74LS165 芯片的 8 个输入并口引脚 D0～D7 连接 8 个开关(由于图幅所限，开关未画出)，用来采集开关信息。连接 8 个开关。上电后，首先设置 SH/$\overline{\text{LD}}$ 端为低电平，此时将 D0～D7 脚上的高低电平数据存入芯片内寄存器 Q0～Q7，然后设置 SH/$\overline{\text{LD}}$ 端为高电平，此时芯片将寄存器内数据通过 SQ 串行发送。采用单片机的 P0 口连接 8 位地址线，可通过跳线帽选择 8 位地址的高低电平。

(6) 单片机驱动电路设计：单片机驱动电路使用 6 片八位串行输入并行输出 74LS595，每片 74LS595 芯片的 Q1～Q7 是并行数据输出端口，连接 8 个指示灯(由于图幅所限，开关未画出)，用来控制指示灯的亮灭。同样，采用单片机的 P0 口连接 8 位地址线，可通过跳线帽选择 8 位地址的高低电平。

(7) PC 和单片机串口通信设置：最小帧间隔为 10 ms，串口配置为，数据位 8 位，停止位 1 位，校验位无；波特率为 19 200 b/s。

采集参考程序：(shurucaiji1.c)

```
#include < reg52.h>
#include < intrins.h>          //包含 _nop_() ;
#define uchar unsigned char
#define uint unsigned int
uchar a, b, c, d, e, f, check, sampling[6];
uint WORK, sum, setsum, checksum, fsetsum;
unsigned char basic1, basic2, basic3, basic4, basic5, basic6;
sbit COM = P2^4;
sbit   red = P1^5;
sbit yellow = P1^6;
sbit green = P1^7;
sbit QHA = P1^0;               // 74LS165A 并入串出引脚
sbit CLKA = P1^1;              //时钟引脚
sbit LOADA = P1^2;             //移位控制引脚
sbit QHB = P3^2;               // 74LS165B 并入串出引脚
sbit CLKB = P1^3;              //时钟引脚
sbit LOADB = P1^4;             //移位控制引脚
sbit QHC = P3^3;               //74LS165C 并入串出引脚
sbit CLKC = P3^4;              //时钟引脚
sbit LOADC = P3^5;             //移位控制引脚
sbit QHD = P3^6;               // 74LS165D 并入串出引脚
sbit CLKD = P3^7;              //时钟引脚
sbit LOADD = P2^0;             //移位控制引脚
```

```
sbit QHE = P2^1;             // 74LS165E 并入串出引脚
sbit CLKE = P2^2;            //时钟引脚
sbit LOADE = P2^3;           //移位控制引脚
sbit QHF = P2^5;             // 74LS165F 并入串出引脚
sbit CLKF = P2^6;            //时钟引脚
sbit LOADF = P2^7;           //移位控制引脚
void init_uart()             //串口方式 1，允许接收，允许中断，T1 作波特率发生器，波特率为 19 200 b/s
{   SCON   = 0x50;
    TMOD |= 0x20;
    TH1 = 0xfd;
    TL1 = 0xfd;
    TI = 0;
    RI = 0;
    TR1 = 1;
    EA = 1;
    ES = 1;
}
void Init_Timer0(void)       //定时器 T0 定时，方式 1，允许定时器中断，定时时间为 65.536 ms
{
    TMOD |= 0x01;
    TH0 = 0x00;
    TL0 = 0x00;
    EA = 1;
    ET0 = 1;
    TR0 = 1;
}
unsigned int read_165A()     //采集 74LS165A 一字节并入串出数据
{
    unsigned char basic;
    unsigned int cc;
    LOADA = 1;
    _nop_();
    _nop_();
    LOADA = 0;
    _nop_();
    _nop_();
    LOADA = 1;
    CLKA = 1;
    basic = 0;
```

```
    basic = basic << 1;
    if(QHA)
        basic |= 0x01;
    for(cc = 0; cc < 7; cc++)
    {
        CLKA = 0;
        _nop_();
        CLKA = 1;
        basic = basic << 1;
        if(QHA)
            basic |= 0x01;
    }
    basic1 = basic;
    return basic1;
}
unsigned int read_165B()                //采集 74LS165B 一字节并入串出数据
{
    unsigned char basic;
    unsigned int cc;
    LOADB = 1;
    _nop_();
    _nop_();
    LOADB = 0;
    _nop_();
    _nop_();
    LOADB = 1;
    CLKB = 1;
    basic = 0;
    basic = basic<<1;
    if(QHB)
        basic |= 0x01;
    for(cc = 0; cc < 7; cc++)
    {
        CLKB = 0;
        _nop_();
        CLKB = 1;
        basic = basic << 1;
        if(QHB)
            basic |= 0x01;
```

```
    }
    basic2 = basic;
    return basic2;
}
unsigned int read_165C()            //采集 74LS165C 一字节并入串出数据
{
    unsigned char basic;
    unsigned int cc;
    LOADC = 1;
    _nop_();
    _nop_();
    LOADC = 0;
    _nop_();
    _nop_();
    LOADC = 1;
    CLKC = 1;
    basic = 0;
    basic = basic<<1;
    if(QHC)
        basic |= 0x01;
    for(cc = 0; cc < 7; cc++)
    {
        CLKC = 0;
        _nop_();
        CLKC = 1;
        basic = basic << 1;
        if(QHC)
            basic |= 0x01;
    }
    basic3 = basic;
    return basic3;
}

unsigned int read_165D()            //采集 74LS165D 一字节并入串出数据
{
    unsigned char basic;
    unsigned int cc;
    LOADD = 1;
    _nop_();
```

```
    _nop_();
    LOADD = 0;
    _nop_();
    _nop_();
    LOADD = 1;
    CLKD = 1;
    basic = 0;
    basic = basic<<1;
    if(QHD)
        basic |= 0x01;
    for(cc = 0; cc < 7; cc++)
    {
        CLKD = 0;
        _nop_();
        CLKD = 1;
        basic = basic<<1;
        if(QHD)
            basic |= 0x01;
    }
    basic4 = basic;
    return basic4;
}
unsigned int read_165E()                //采集 74LS165E 一字节并入串出数据
{
    unsigned char basic;
    unsigned int cc;
    LOADE = 1;
    _nop_();
    _nop_();
    LOADE = 0;
    _nop_();
    _nop_();
    LOADE = 1;
    CLKE = 1;
    basic = 0;
    basic = basic<<1;
    if(QHE)
        basic |= 0x01;
    for(cc = 0; cc < 7; cc++)
```

```
    {
        CLKE = 0;
        _nop_();
        CLKE = 1;
        basic = basic<<1;
        if(QHE)
            basic |= 0x01;
    }
    basic5 = basic;
    return basic5;
}
unsigned int read_165F()            //采集 74LS165F 一字节并入串出数据
{
    unsigned char basic;
    unsigned int cc;
    LOADF = 1;
    _nop_();
    _nop_();
    LOADF = 0;
    _nop_();
    _nop_();
    LOADF = 1;
    CLKF = 1;
    basic = 0;
    basic = basic<<1;
    if(QHF)
        basic |= 0x01;
    for(cc = 0; cc < 7; cc++)
    {
        CLKF = 0;
        _nop_();
        CLKF = 1;
        basic = basic<<1;
        if(QHF)
            basic |= 0x01;
    }
    basic6 = basic;
    return basic6;
}
```

```
void delay(int ms)        //延时 1 ms
{
    int k ;
    while(ms--)
    {
        for(k = 0 ; k < 250 ; k++)
        {   _nop_() ;
            _nop_() ;
        }
    }
}
void sampl(void)                          //采集 6 路 74LS165 并入串出数据
{
    sampling[0] = read_165A();            //采集 74LS165A 并入串出数据
    sampling[1] = read_165B();            //采集 74LS165B 并入串出数据
    sampling[2] = read_165C();            //采集 74LS165C 并入串出数据
    sampling[3] = read_165D();            //采集 74LS165D 并入串出数据
    sampling[4] = read_165E();            //采集 74LS165E 并入串出数据
    sampling[5] = read_165F();            //采集 74LS165F 并入串出数据
}
void send(void) //通过 MAX485 发送一帧数据(0x00 0x5A 0x57  地址码 0x07 8 字节数据  校验和)
{
    uchar aa;
    COM = 1;
    SBUF = 0x00;
    delay(1);
    SBUF = 0x5A;
    checksum = checksum+0x5A;
    delay(1);
    SBUF = 0x57;
    checksum = checksum+0x57;
    delay(1);
    SBUF = a;
    checksum = checksum+a;
    delay(1);
    SBUF = 0x07;
    checksum = checksum+0x07;
    delay(1);
    for(aa = 0; aa < 6; aa++)
```

```
        {
            SBUF = sampling[aa];
            checksum = checksum + sampling[aa];
            delay(1);
        }
        SBUF = 0x00;
        delay(1);
        SBUF = 0x00;
        delay(1);
        fsetsum = checksum%256;
        SBUF = fsetsum;
        fsetsum = 0;
        checksum = 0;
        delay(3);
        COM = 0;
    }
    void main()
    {
        a = 0;
        b = 0;
        c = 0;
        d = 0;
        e = 0;
        f = 0;
        COM = 0;
        Init_Timer0();
        init_uart()    ;
        while(1)
        {
            a = P0;                    //采集地址
            if(check == 1)
            {
                sampl();               //采集 8 路并入串出数据
                delay(3);
                send();                //发送一帧信息
                check = 0;
            }
        }
    }
```

```
void Timer0_isr(void) interrupt 1 using 1
{
    TH0 = 0x00;
    TL0 = 0x00;
    WORK++;
    if(WORK>10){ WORK = 0; red = !red; }          //每到定时 655.36ms 红灯亮灭交替
}
void   UART_SER(void) interrupt 4                 //串口接收处理
{
    if(RI == 1)
    {
        RI = 0;
        yellow = !yellow;                         //接收到 MAX485 串口数据，亮黄灯
        switch(b)
        {
        case 0:
            if(SBUF == 0x00)                      //接收到帧头第一个字节 0x00
            {
                b++;
                sum = sum+SBUF;
            }
            else
            {
                b = 0;
                sum = 0;
            }
            break;
        case 1:
            if(SBUF == 0x5A)                      //接收到帧头第二个字节 0x5A
            {
                b++;
                sum = sum+SBUF;
            }
            else
            {
                b = 0;
                sum = 0;
            }
            break;
```

```
case 2:
    if(SBUF == 0x57)              //接收到帧类型 0x57
    {
        b++;
        sum = sum+SBUF;
    }
    else
    {
        b = 0;
        sum = 0;
    }
    break;
case 3:
    if(SBUF == a)                 //接收到采集芯片的地址
    {
        b++;
        sum = sum+SBUF;
    }
    else
    {
        b = 0;
        sum = 0;
    }
    break;
case 4:
    if(SBUF == 0x07)              //接收到控制码 0x07
    {
        b++;
        sum = sum+SBUF;
    }
    else
    {
        b = 0;
        sum = 0;
    }
    break;
case 5:
    sampling[c] = SBUF;                      //接收采集数据信息
    sum = sum+sampling[c];
```

```
                c++;
                if(c >= 9)
                {
                    sum = sum-sampling[c-1];
                    setsum = sum%256;        //计算校验和
                    for(e = 0; e < 6; e++)
                    {
                        if(sampling[e] == 0xff)
                        f++;
                    }
                    if(f==6)
                    {
                        f = 0;
                        check = 1;   //校验成功
                        c--;
                        if(sampling[c] != setsum)
                        {
                            check = 0;       //校验不成功
                        }
                    }
                    b = 0;
                    f = 0;
                    c = 0;
                    sum = 0;
                    setsum = 0;
                }
                break;
            }
        }
        else
        {
            TI = 0;
        }
    }
```

驱动程序：

```
#include < reg52.h>
#include < intrins.h> //包含_nop_() ;
#define uchar unsigned char
#define uint unsigned int
```

```
uchar a, b, c, d, e, f, g, flag, flag_close, flag_open, close, open, receive[9];
uint sum, setsum, workn;
sbit COM = P3^2;
sbit yellow = P1^6;
sbit work = P1^5;
sbit SIA_595 = P1^0 ;        // 74HC595A 串行输入数据线
sbit RCKA_595 = P1^1 ;       // 74HC595A 输出存储器锁存时钟线
sbit SCLKA_595 = P1^2 ;      // 74HC595A 数据输入时钟线
sbit SIB_595 = P2^4;         // 74HC595B 串行输入数据线
sbit RCKB_595 = P1^3;        // 74HC595B 输出存储器锁存时钟线
sbit SCLKB_595 = P1^4;       // 74HC595B 数据输入时钟线
sbit SIC_595 = P2^5 ;        // 74HC595C 串行输入数据线
sbit RCKC_595 = P2^6 ;       // 74HC595C 输出存储器锁存时钟线
sbit SCLKC_595 = P2^7 ;      // 74HC595C 数据输入时钟线
sbit SID_595 = P3^6 ;        // 74HC595D 串行输入数据线
sbit RCKD_595 = P3^7 ;       // 74HC595D 输出存储器锁存时钟线
sbit SCLKD_595 = P2^0 ;      // 74HC595D 数据输入时钟线
sbit SIE_595 = P2^1 ;        // 74HC595E 串行输入数据线
sbit RCKE_595 = P2^2 ;       // 74HC595E 输出存储器锁存时钟线
sbit SCLKE_595 = P2^3 ;      // 74HC595E 数据输入时钟线
sbit SIF_595 = P3^3 ;        // 74HC595F 串行输入数据线
sbit RCKF_595 = P3^4 ;       // 74HC595F 输出存储器锁存时钟线
sbit SCLKF_595 = P3^5 ;      // 74HC595F 数据输入时钟线
void Init_Timer0(void)       //定时器 T0 定时，方式 1，允许定时器中断，定时时间为 65.536 ms
{
    TMOD |= 0x01;
    TH0 = 0x00;
    TL0 = 0x00;
    EA = 1;
    ET0 = 1;
    TR0 = 1;
}
void init_uart()         //串口方式 1，允许接收，允许中断，T1 作波特率发生器，波特率为 19200 b/s
{   SCON = 0x50;
    TMOD |= 0x20;
    TH1    = 0xfd;
    TL1    = 0xfd;
    TI     = 0;
    RI     = 0;
```

```
    TR1     = 1;
    EA      = 1;
    ES      = 1;
}
void delay(int ms)   //延时 1ms
{
    int k ;
    while(ms--)
    {
        for(k = 0 ; k < 250 ; k++)
        {
            _nop_() ;
            _nop_() ;
            _nop_() ;
            _nop_() ;
        }
    }
}
void WRA_595(uchar temp)   //写一字节数据驱动 74HC595A
{
    uchar j ;
    for(j = 0; j < 8 ; j++)
    {
        temp=temp<<1 ;
        SIA_595 = CY ;
        SCLKA_595 = 1 ;
        _nop_() ;
        _nop_() ;
        SCLKA_595 = 0 ;
    }
    _nop_() ;
    _nop_() ;
    RCKA_595 = 0 ;
    _nop_() ;
    _nop_() ;
    RCKA_595 = 1 ;
    _nop_() ;
    _nop_() ;
    _nop_() ;
```

```
    RCKA_595 = 0 ;
}
void WRB_595(uchar temp)      //写一字节数据驱动 74HC595A
{
    uchar j ;
    for(j = 0 ; j < 8 ; j++)
    {
        temp = temp<<1 ;
        SIB_595 = CY ;
        SCLKB_595 = 1 ;
        _nop_() ;
        _nop_() ;
        SCLKB_595 = 0 ;
    }
    _nop_() ;
    _nop_() ;
    RCKB_595 = 0 ;
    _nop_() ;
    _nop_() ;
    RCKB_595 = 1 ;
    _nop_() ;
    _nop_() ;
    _nop_() ;
    RCKB_595 = 0 ;
}
void WRC_595(uchar temp)    //写一字节数据驱动 74HC595C
{
    uchar j ;
    for(j = 0 ; j < 8 ; j++)
    {
        temp = temp << 1 ;
        SIC_595 = CY ;
        SCLKC_595 = 1 ;
        _nop_() ;
        _nop_() ;
        SCLKC_595 = 0 ;
    }
    _nop_() ;
    _nop_() ;
```

```
    RCKC_595 = 0 ;
    _nop_() ;
    _nop_() ;
    RCKC_595 = 1 ;
    _nop_() ;
    _nop_() ;
    _nop_() ;
    RCKC_595 = 0 ;
}
void WRD_595(uchar temp)    //写一字节数据驱动 74HC595D
{
    uchar j ;
    for(j = 0 ; j < 8 ; j++)
    {
        temp = temp<<1 ;
        SID_595 = CY ;
        SCLKD_595 = 1 ;
        _nop_() ;
        _nop_() ;
        SCLKD_595 = 0 ;
    }
    _nop_() ;
    _nop_() ;
    RCKD_595 = 0 ;
    _nop_() ;
    _nop_() ;
    RCKD_595 = 1 ;
    _nop_() ;
    _nop_() ;
    _nop_() ;
    RCKD_595 = 0 ;
}
void WRE_595(uchar temp)    //写一字节数据驱动 74HC595E
{
    uchar j ;
    for(j = 0 ; j < 8 ; j++)
    {
        temp = temp<<1 ;
        SIE_595 = CY ;
```

```
        SCLKE_595 = 1 ;
        _nop_() ;
        _nop_() ;
        SCLKE_595 = 0 ;
    }
    _nop_() ;
    _nop_() ;
    RCKE_595 = 0 ;
    _nop_() ;
    _nop_() ;
    RCKE_595 = 1 ;
    _nop_() ;
    _nop_() ;
    _nop_() ;
    RCKE_595 = 0 ;
}
void WRF_595(uchar temp)                //写一字节数据驱动 74HC595F
{
    uchar j ;
    for(j = 0 ; j < 8 ; j++)
    {
        temp = temp<<1 ;
        SIF_595 = CY ;
        SCLKF_595 = 1 ;
        _nop_() ;
        _nop_() ;
        SCLKF_595 = 0 ;
    }
    _nop_() ;
    _nop_() ;
    RCKF_595 = 0 ;
    _nop_() ;
    _nop_() ;
    RCKF_595 = 1 ;
    _nop_() ;
    _nop_() ;
    _nop_() ;
    RCKF_595 = 0 ;
}
```

```
void allclose (void)                //写 0xff 数据关闭 6 个 74HC595
{
    WRA_595(0xff) ;
    WRB_595(0xff) ;
    WRC_595(0xff) ;
    WRD_595(0xff) ;
    WRE_595(0xff) ;
    WRF_595(0xff) ;
}
void allopen (void)                 //写 0x00 数据打开 6 个 74HC595
{
    WRA_595(0x00) ;
    WRB_595(0x00) ;
    WRC_595(0x00) ;
    WRD_595(0x00) ;
    WRE_595(0x00) ;
    WRF_595(0x00) ;
}
void drive (void)                   //写 6 个数组数据驱动 6 个 74HC595
{
    WRA_595(receive[0]) ;
    WRB_595(receive[1]) ;
    WRC_595(receive[2]) ;
    WRD_595(receive[3]) ;
    WRE_595(receive[4]) ;
    WRF_595(receive[5]) ;
}
void main()
{
    uint i;
    a = 0;
    b = 0;
    c = 0;
    d = 0;
    e = 0;
    f = 0;
    flag = 0;
    COM = 0;
    init_uart()    ;
```

```
    Init_Timer0();
    work = 0;
    for(i = 0; i < 5; i++)
    allclose();
    while(1)
    {   a = P0;
        if(flag == 1)
        {
            drive ();                   //写 6 个数组数据驱动 6 个 74HC595
            flag = 0;
        }
        if(flag_open == 1)              //写 0x00 数据打开 6 个 74HC595
        {
            flag_open = 0;
            allopen();                  //写 0xff 数据关闭 6 个 74HC595
        }
        if(flag_close == 1)
        {
            flag_close = 0;
            allclose();
        }
    }
}
void Timer0_isr(void) interrupt 1 using 1
{
    TH0 = 0x00;
    TL0 = 0x00;
    workn++;
    if(workn>10){work = !work; workn = 0; } //每到定时 655.36ms 工作指示灯亮灭交替
}
void    UART_SER(void) interrupt 4
{
    if(RI == 1)      //接收到 MAX485 串口数据
    {
        RI = 0;
        switch(b)
        {
            case 0:
                if(SBUF == 0x00)    //接收到帧头第一个字节 0x00
```

```
        {
            b++;
            sum = sum+SBUF;
        }
        else
        {
            b = 0;
            sum = 0;
        }
        break;
    case 1:
        if(SBUF == 0x5A)        //接收到帧头第二个字节 0x5A
        {
            b++;
            sum = sum+SBUF;
        }
        else
        {
            b = 0;
            sum = 0;
        }
        break;
    case 2:
        if(SBUF == 0x58)        //接收到帧类型 0x58
        {
            b++;
            sum = sum+SBUF;
        }
        else
        {
            b = 0;
            sum = 0;
        }
        break;
    case 3:
        if(SBUF == a)       //接收到驱动芯片的地址码
        {
            b++;
            sum = sum+SBUF;
```

```
            }
            else
            {
                b = 0;
                sum = 0;
            }
            break;
        case 4:
            if(SBUF == 0x0f)      //接收到输出状态由数据位决定控制码 0x0f
            {
                b++;
                sum = sum+SBUF;
            }
            else if(SBUF == 0x03)             //接收到开启所有输出控制码 0x03
            {
                b++;
                sum = sum+SBUF;
                open = 1;
            }
            else if(SBUF == 0x04)             //接收到关闭所有输出控制码 0x 04
            {
                b++;
                sum = sum+SBUF;
                close = 1;
            }
            else
            {
                b = 0;
                sum = 0;
            }
            break;
        case 5:
            receive[c] = SBUF;  //接收到 8 个字节的数据，存数组
            sum = sum+receive[c];
            c++;
            if(c >= 9)
            {
                sum = sum-receive[c-1];
                setsum = sum%256;
```

```
        if((open | close) == 0)
        {
            flag = 1;                          //校验和正确
            c--;
            if(receive[c] != setsum)
            {
                flag = 0;
            }
        }
        for(e = 0; e < 6; e++)
        {
            if(receive[e] == 0xff)
                f++;
    }
    if(f==6)
    {
        f = 0;
        g = 1;
    }
    if((g+open) == 2)
    {
        flag = 0;
        g = 0;
        flag_open = 1;
        c--;
        if(receive[c] != setsum)
        {
            flag_open = 0;
        }
    }
    if((g+close) == 2)
    {
        flag = 0;
        g = 0;
        flag_close = 1;
        c--;
        if(receive[c] != setsum)
        {
            flag_close = 0;
```

```
                }
            }
            b = 0;
            open = 0;
            f = 0;
            close = 0;
            c = 0;
            sum = 0;
            setsum = 0;
        }
        break;
    default:
        b = 0;
        open = 0;
        f = 0;
        close = 0;
        c = 0;
        sum = 0;
        setsum = 0;
        break;
    }
  }
}
```

习　题　10

一、填空题

1. 80C51 的串行异步通信口为__________(单工/半双工/全双工)。

2. 80C51 单片机的通信接口有__________和__________。在串行通信中，发送时把__________数据转换成__________数据；接收时又需把__________数据转换成__________数据。

3. 80C51 的串行通信口若传送速率为每秒 960 帧，每帧 10 位，则波特率为__________。

4. 80C51 单片机串行口的 4 种工作方式中，__________和__________的波特率是可调的，与定时器/计数器 T1 的溢出率有关。

5. 帧格式为 1 个起始位，8 个数据位和 1 个停止位的异步串行通信方式是方式________。

二、简答题

1. 波特率是什么？

2. 在异步串行通信中，接收方是如何知道发送方开始发送数据的？

3. 假定串口异步方式发送 ASCII 码“a”，字符格式为 1 个起始位、8 个数据位、1 个奇校验位、1 个停止位，画出传送字符的帧格式。

4. 某 80C51 单片机串口，传送数据的帧格式由 1 个起始位(0)、7 个数据位、1 个偶校验和 1 个停止位(1)组成。当该串口每分钟传送 1800 个字符时，试计算出它的波特率。

5. 80C51 单片机串口有几种工作方式？各种串行方式的帧格式有何不同？

6. 简述串口各种工作方式的波特率计算。

7. 80C51 单片机双机通信时，为什么晶振频率常常选用 11.0592 MHz，而不是 12 MHz？

8. 简述 80C51 单片机串行控制 SFR SCON 中各位的含义。

9. 设 80C51 单片机晶振频率常常选用 11.0592 MHz，T1 作为波特率发生器，工作于定时方式 2，SMOD = 0，当波特率为 9.6 kHz 时，计算 T1 的初值。

10. TTL 电平串行传输数据的方式有什么缺点？为什么在串行传输距离较远时，常采用 RS-232C、RS-422A 和 RS-485 标准串行接口，来进行串行数据传输？比较 RS-232C、RS-422A 和 RS-485 标准串行接口各自的优缺点。

第 11 章　80C51 单片机串行扩展技术

串行扩展总线技术是单片机技术发展的一个显著特点，与并行总线接口相比，串行总线接口占用 I/O 口线少，简化了器件间连接，进而提高了可靠性；串行接口器件体积小，减少了电路板空间和成本，编程相对简单，易于实现用户系统软硬件的模块化、标准化。

本章主要介绍常用的单总线(1-Wire)、I^2C(Inter Interface Circuit，内部接口电路)、SPI(Serial Periperal Interface，串行外设接口)等串行扩展接口总线的工作原理和串行扩展的典型设计案例。

11.1　芯片级串行总线接口扩展

随着单总线、I^2C、SPI、CAN、Microware、USB 等串行总线接口技术的发展，串行总线接口越来越受到人们的推崇。

1. 单总线

单总线是 Dallas 公司研制开发的一种协议，主要用于便携式仪表和现场监控系统。单总线利用一根线实现双向通信，由一个总线主节点、一个或多个从节点组成系统，通过一根信号线对从芯片进行数据的读取。

2. I^2C

I^2C 总线是 Philips 公司推出的芯片间串行扩展总线。I^2C 总线采用二线制，通过硬件设置器件地址，使用软件寻址避免器件的片选线寻址，从而使应用系统扩展变得简单、灵活。

3. SPI

SPI 总线是 Motorola 公司提出的一种同步串行外设接口。SPI 总线采用三线制，可直接与多种标准外围器件直接连接。

4. CAN

CAN(Controller Area Network，控制器局域网络)总线是德国 Bosch 公司最先提出的多主机局域网总线，是国际上应用最广泛的现场总线之一。由 CAN 总线构成的单一网络中，理论上可以挂接无数个节点。

5. Microware

Microware 总线是 National Semiconductor 公司提出的串行同步双工通信接口。Microware 总线采用三线制，由一根数据输出(SO)线、一根数据输入(SI)线和一根时钟(SK)线组成。

6. USB

USB 总线(Universal Serial Bus)是 Compaq、Intel、Microsoft、NEC 等公司联合制定的一种

计算机串行通信协议。USB 总线的一个显著优点是实现了即插即用。即插即用(Plug-and-Play)也称为热插拔(Hot Plugging)。

11.2　单总线串行扩展

单总线也称 1-Wire bus，是由美国 Dallas 公司推出的外围串行扩展总线。单总线仅有一根数据线，主机和所有从机设备通过一个漏极开路(open-drain)或 3 态端口(3-state port)连接到此数据线；当某一设备在不发送数据时，可释放数据总线，以方便其他设备使用总线。

Dallas 公司提供了各种专用单总线器件，所有器件片内含 64 位 ROM，厂家对每个器件都用激光烧写其编码，其中含 16 位十进制地址编码序列号，确保器件挂在总线被唯一确定，片内还包含收发控制和电源存储电路；器件耗电少，空闲时，一般耗电几 μW，工作时几 mW。

11.2.1　单总线温度数据采集芯片 DS18B20

单总线温度传感器 DS18B20 是温度测量系统中典型的单总线接口芯片。

1. 温度数据采集元件的分类

根据温度数据采集元件的结构和工作原理的不同，温度数据采集元件分为两类：传统分立式温度采集元件和智能数字温度采集元件。

常用的分立式温度采集元件主要包括热电偶温度传感器、热电阻温度传感器和半导体热敏温度传感器，它们都是将温度值经过相应的接口电路转换后，输出模拟电压/电流信号，利用 A/D 转换为数字信号送单片机处理，得到温度值。

智能数字温度采集元件则是将感温部分及外围电路集成在同一芯片上的集成化温度传感器。与分立式元件相比，其最大优点在于小型化，可靠性高，使用方便和成本低廉。

数字化温度传感器 DSB1820 是由美国 Dallas 半导体公司提供的“一线总线”接口的智能温度传感器，公司还有世界上第一片支持“一线总线”接口的温度传感器 DS1820、DS18S20、DS1822 等其他型号的温度传感器，工作原理与特性基本相同。其全部传感元件及转换电路集成在形如一只三极管的集成电路内，大大提高了应用系统抗干扰性，特别适合于分布面广、环境恶劣以及狭小空间内设备的多点现场温度测量。

2. DS18B20 引脚定义及主要特性

(1) 数字温度传感器 DS18B20 仅有三个引脚，如图 11-1 所示。

1—GND 引脚，电源地。

2—DQ 引脚，数字信号输入/输出端。

3—V_{CC} 引脚，为外接供电电源输入端(在寄生电源接线方式时接地)。

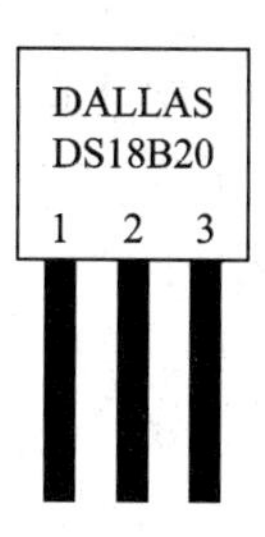

图 11-1　DS18B20 引脚

(2) DS18B20 的主要特性。

① 适应电压范围宽，为 3.0～5.5 V，在寄生电源方式下，可由数据线 DQ 供电。

② 单线接口方式，DS18B20 与微处理器连接时仅需要一条 DQ 线，实现双向通信。

③ 多点组网功能，多个 DS18B20 可以并联，实现组网多点测温。

④ 温度范围为 -55℃～+128℃。

⑤ 可编程的分辨率为 9～12 位，对应的可分辨温度分别为 0.5℃、0.25℃、0.125℃和 0.0625℃，可实现高精度测温。

3. DS18B20 的内部结构

DS18B20 的内部结构如图 11-2 所示，由 64 位 ROM 和单线接口、9 字节 RAM、温度传感器、8 位 CRC 发生器、存储器与控制逻辑等组成。

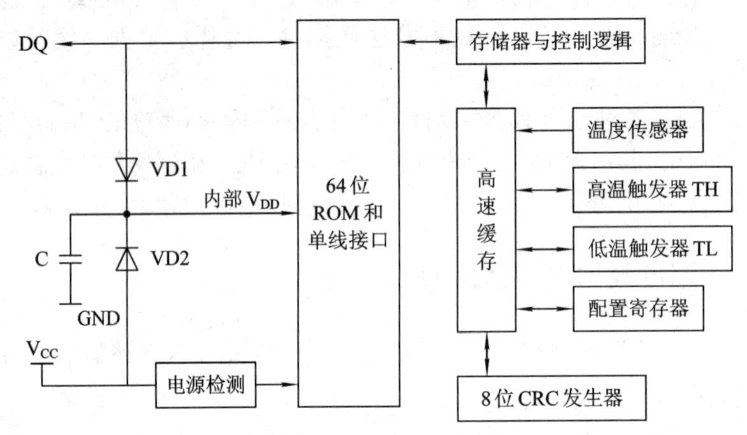

图 11-2　DS18B20 内部结构

(1) 64 位 ROM。每片 DS18B20 片内都有唯一 64 位光刻 ROM，其构成如表 11-1 所示，由 8 位产品类型标号、48 位自身序列号和 8 位 CRC 循环冗余校验码组成。作为识别 DS18B20 的地址序列码，实现在一根单总线上区别多个 DS18B20，使得多个 DS18B20 传感器可以共用总线构成多点测温网络。

表 11-1　DS18B20 片内 64 位光刻 ROM

第 1 字节	第 2～7 字节	第 8 字节
8 位产品类型标号	48 位自身序列号	8 位 CRC

(2) 单线接口 DQ。单片机通过 DS18B20 的 DQ 单总线寻址，DQ 端内部为漏极开路，需要外接上拉电阻，电源也由 DQ 从单总线上馈送到片内电容存储并供给。

(3) 9 字节 RAM。DS18B20 片内有 9 个字节的高速缓存 RAM 单元，如表 11-2 所示。各字节含义如下：

第 1 字节和第 2 字节是启动温度转换后，转换完成形成的温度值，第 2 字节温度高位和第 1 字节温度低位组成 16 位补码表示的温度数据。单片机读取温度值时，先读到的字节为温度低 8 位，后读到的字节是温度高 8 位。

第 3 字节和第 4 字节是 DS18B20 片内非易失性温度报警触发器 TH 和 TL，由 EEPROM 高速暂存器组成，用户可通过软件设置温度报警的上下限值。

表 11-2　DS18B20 片内的 9 个字节 RAM

第 1 字节	第 2 字节	第 3 字节	第 4 字节	第 5 字节	第 6 字节	第 7 字节	第 8 字节	第 9 字节
温度低字节	温度高字节	TH	TL	配置	—	—	—	8 位 CRC

第 5 个字节为配置寄存器，也由 EEPROM 高速暂存器组成，其各位含义如表 11-3 所示，其中，d7 位 TM 出厂时已被烧写为 0；d6 位 R1 和 d5 位 R0 组合，用来设置 4 种分辨率。R1 和 R0 的组合编码确定的 4 种分辨率、最大转换时间和转换精度的关系如表 11-4 所示。用户可通过修改 R1、R0 位以获得合适的分辨率。由表 11-4 可知，分辨率越高，转换精度越高，但转换时间也越长。DS18B20 分辨率默认为 12 位，转换时间为 750 ms，转换精度为 0.0625℃。d4～d0(低 5 位)为 1。

表 11-3　DS18B20 配置寄存器

d7	d6	d5	d4	d3	d2	d1	d0
TM	R1	R0	1	1	1	1	1

表 11-4　DS18B20 的 R1、R0 与分辨率、转换时间及转换精度的关系

R1	R0	分辨率	最大转换时间	转换精度
0	0	9 位	93.75 ms	0.5℃
0	1	10 位	187.5 ms	0.25℃
1	0	11 位	375 ms	0.125℃
1	1	12 位	750 ms	0.0625℃

第 6、7、8 字节未用，为全 1。

第 9 字节是第 1～8 字节的 64 位数据的 CRC 循环校验码，用来进行差错控制。

(4) 8 位 CRC 发生器。CRC 发生器用来产生 1 个字节的 CRC 循环校验码。

(5) 存储器与控制逻辑电路。存储器与控制逻辑电路用来控制 DQ 单总线与 9 字节高速暂存器的连接关系。

4. DS18B20 温度转换的计算

温度转换后所得到的 16 位转换结果值，存储在 DS18B20 的两个 8 位 RAM 单元中，DS18B20 温度寄存器格式如表 11-5 所示，温度寄存器格式为 SSSSSXXXXXXXYYYY，以补码形式表示。其中，5 个 S 是符号部分，负温度值时为 11111，正温度时为 00000，XXXXXXX 为温度的 7 位整数部分，4 个 Y 为温度的小数部分，转换精度为 1/24 = 1/16 = 0.0625℃。可见，小数最低位实际的温度权值为 2^{-4}，整数最低位 X 的实际权值为 1℃。温度采集后获得的 2 个字节温度值将原始结果放大了 16 倍，最终结果应当除以 16。

表 11-5　DS18B20 温度寄存器格式

	d7	d6	d5	d4	d3	d2	d1	d0
温度低字节	2^3	2^2	2^1	2^0	2^{-1}	2^{-2}	2^{-3}	2^{-4}
温度高字节	S	S	S	S	S	2^6	2^5	2^4

例如，DS18B20 输出为 0x07d0 时，实际温度为 +125℃；输出为 0xfc90 时，实际温度为 −55℃。以下介绍温度转换的计算方法。

当温度传感器初始上电时，温度寄存器初值为 0x0550，则表示

$$温度=\frac{0x0550}{16}=\frac{0\times16^3+5\times16^2+5\times16^1+0\times16^0}{16}=85℃$$

当 DS18B20 采集后，输出温度为 0xfc90 时，由于是补码，则先将低 11 位数据取反加 1 得 0x0370，注意符号位只作为判断正负的标志，则

$$温度=\frac{0x0370}{16}=\frac{0\times16^3+3\times16^2+7\times16^1+0\times16^0}{16}=55℃$$

表示采集温度为 −55℃。

5. DS18B20 工作时序

DS18B20 是单总线器件，为保证数据完整性，DS18B20 要遵守严格的通信协议，该协议定义了几种信号脉冲，包括复位脉冲、应答脉冲、写 0/1、读 0/1，其中应答脉冲由 DS18B20 发出，其余都由主机发出，所有命令及数据均是单字节，且低位在前。

DS18B20 的工作时序包括初始化时序、写时序和读时序。

(1) 初始化时序。1-Wire bus 的所有操作都是从一个初始化序列开始的，主机将 DQ 电平拉低 480～960 μs 后释放，占领总线，等待 15～60 μs，DS18B20 回发一持续 60～240 μs 的低电平，主机收到此应答后，即可继续操作。

(2) 写时序。写时序包括写“0”和写“1”两种时序。主机将 DQ 从高拉到低时，产生写时序，DS18B20 在 15～60 μs 内采样 DQ。如果采样获得低电平，则向 DS18B20 写入“0”；如果采样到高电平，则写入“1”。这两个独立时序间至少需拉高总线电平 1 μs 时间。

(3) 读时序。读时序和写时序类似，至少要持续 60 μs，主机先拉低 DQ 至少 1 μs，然后释放总线，使读时序被初始化。当主机从 DQ 读取数据时，如果在此后 15 μs 内，在 DQ 线上采样到低电平，则读出的是“0”；如果在此后的 15 μs 内，采样到高电平，则读出的是“1”。

6. DS18B20 的命令

DS18B20 所有命令均为 8 位长，常用的对 ROM 操作的命令代码见表 11-6 所示。当主机对单总线上多个 DS18B20 中某个进行访问时，首先使用 33H 命令逐个读出 DS18B20 ROM 中 64 位地址编码，然后发出匹配 ROM 命令(55H)，接着发出 64 位 ROM 编码，则单总线上与该编码相对应的 DS18B20 会作出响应，下一步，主机可对该 DS18B20 进行读/写操作。

表 11-6　DS18B20 的 ROM 指令表

指 令	命令代码	功　能
读 ROM	33H	读 DS18B20 ROM 中的编码(即 64 位地址)
符合 ROM	55H	发出此命令之后，接着发出 64 位 ROM 编码，访问单总线上与该编码相对应的 DS18B20 使之作出响应，为下一步对该 DS18B20 的读/写作准备
搜索 ROM	0F0H	用于确定挂接在同一总线上 DS18B20 的个数和识别 64 位 ROM 地址。为操作各器件作好准备
跳过读 64 位 ROM(总线仅有 1 个 DS18B20 时使用)	0CCH	忽略 64 位 ROM 地址，直接向 DS18B20 发温度变换命令。适用于单片工作

如果单总线上只有一个 DS18B20，主机访问时，不需要读取 ROM 地址码和匹配 ROM 编码，可先执行一条 0CCH 命令跳过读 64 位 ROM，接着执行表 11-7 所示的 RAM 命令，

完成启动 DS18B20 温度转换、等待转换完成和读温度值等过程操作。

11-7　DS18B20 的 RAM 指令表

指　令	命令代码	功　　能
温度转换	44H	启动 DS18B20 进行温度转换，12 位转换时最长为 750 ms(9 位为 93.75 ms)。结果存入内部 9 字节 RAM 中
读暂存器	0BEH	读内部 RAM 中 9 字节的内容
写暂存器	4EH	发出向内部 RAM 的 3、4 字节写上、下限温度数据命令，紧跟该命令之后，是传送两字节的数据
复制暂存器	48H	将 RAM 中第 3、4 字节的内容复制到 EEPROM 中
重调 EEPROM	0B8H	将 EEPROM 中内容恢复到 RAM 中的第 3、4 字节
读供电方式	0B4H	读 DS18B20 的供电模式。寄生供电时 DS18B20 发送“0”，外接电源供电 DS18B20 发送“1”
告警搜索命令	0ECH	执行后，只有温度超过设定值上限或下限的片子才作出响应

11.2.2　单总线温度数据采集元件的接口电路

下面介绍 DS18B20 接口电路及编程应用。

1. DS18B20 寄生电源供电方式电路

DS18B20 寄生电源供电方式电路如图 11-3 所示，在寄生电源供电方式下，DS18B20 从单线信号线上汲取能量：在信号线 DQ 处于高电平期间把能量储存在内部电容里，在信号线处于低电平期间消耗电容上的电能工作，直到高电平到来再给寄生电源(电容)充电。

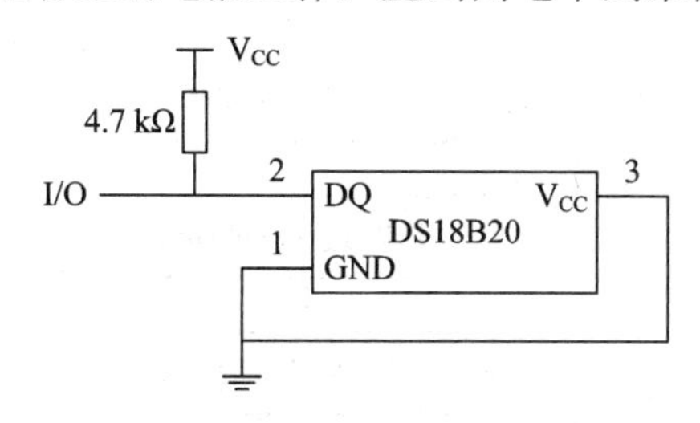

图 11-3　DS18B20 寄生电源供电方式电路

2. DS18B20 的独立外部电源供电方式

DS18B20 的独立外部电源供电方式电路如图 11-4 所示，在外部电源供电方式下，V_{CC} 引脚接电源，I/O 线不需要强制上拉，可以保证转换精度，此时在总线上理论可以挂接任意多个 DS18B20，组成多点测温系统。

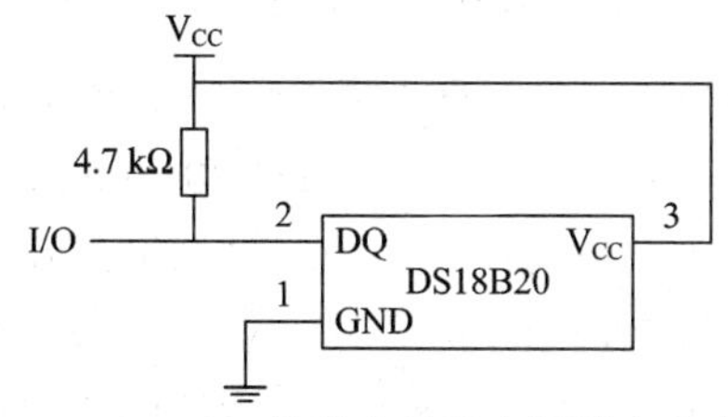

图 11-4　DS18B20 的独立外部电源供电方式电路

3 单片机温度数据采集软件编程

单片机与DS18B20相连多采用图11-4的电路，在实际应用中软件主要流程图如图11-5所示。

(1) 复位。先对 DS18B20 芯片进行复位，复位就是由单片机给 DS18B20 单总线至少 480 μs 的低电平信号。

(2) 单片机发送 ROM 指令。其主要目的是分辨一条总线上挂接的多个器件并作处理，一般只挂接单个 DS18B20 芯片时可以跳过 ROM 指令。

(3) 单片机发送启动温度转换指令，等待转换结束。

(4) 复位、跳过读 64 位 ROM 指令。

(5) 读取温度低字节、高字节。

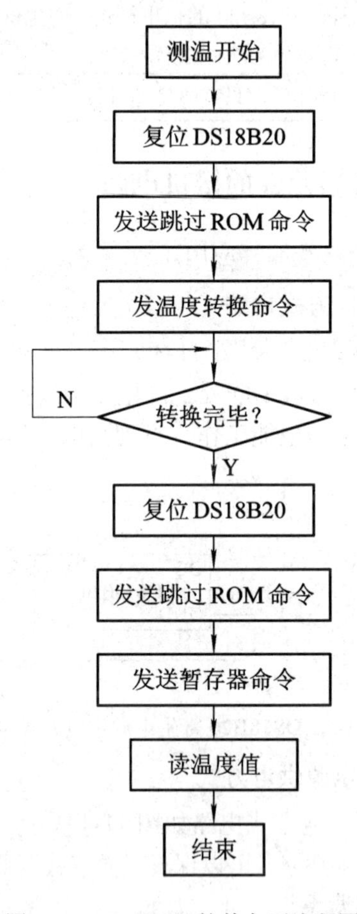

图 11-5　DS18B20 软件主要流程图

【例 11-1】 利用 DS18B20 和 LCD1602 实现单总线温度采集系统，原理电路如图 11-6 所示。程序设定显示分 2 行，第一行显示“DS18B20 Temp:”，第二行显示的温度共占 7 位，其中，第一位为正负号，第二位为温度百位，第三位为温度十位，第四位为温度个位，第五位为空格，第六位为“C”。Proteus 仿真时，通过鼠标单击 DS18B20 图标上的“↑”或“↓”来改变温度，则 LCD 显示出与 DS18B20 窗口相同的温度数值。

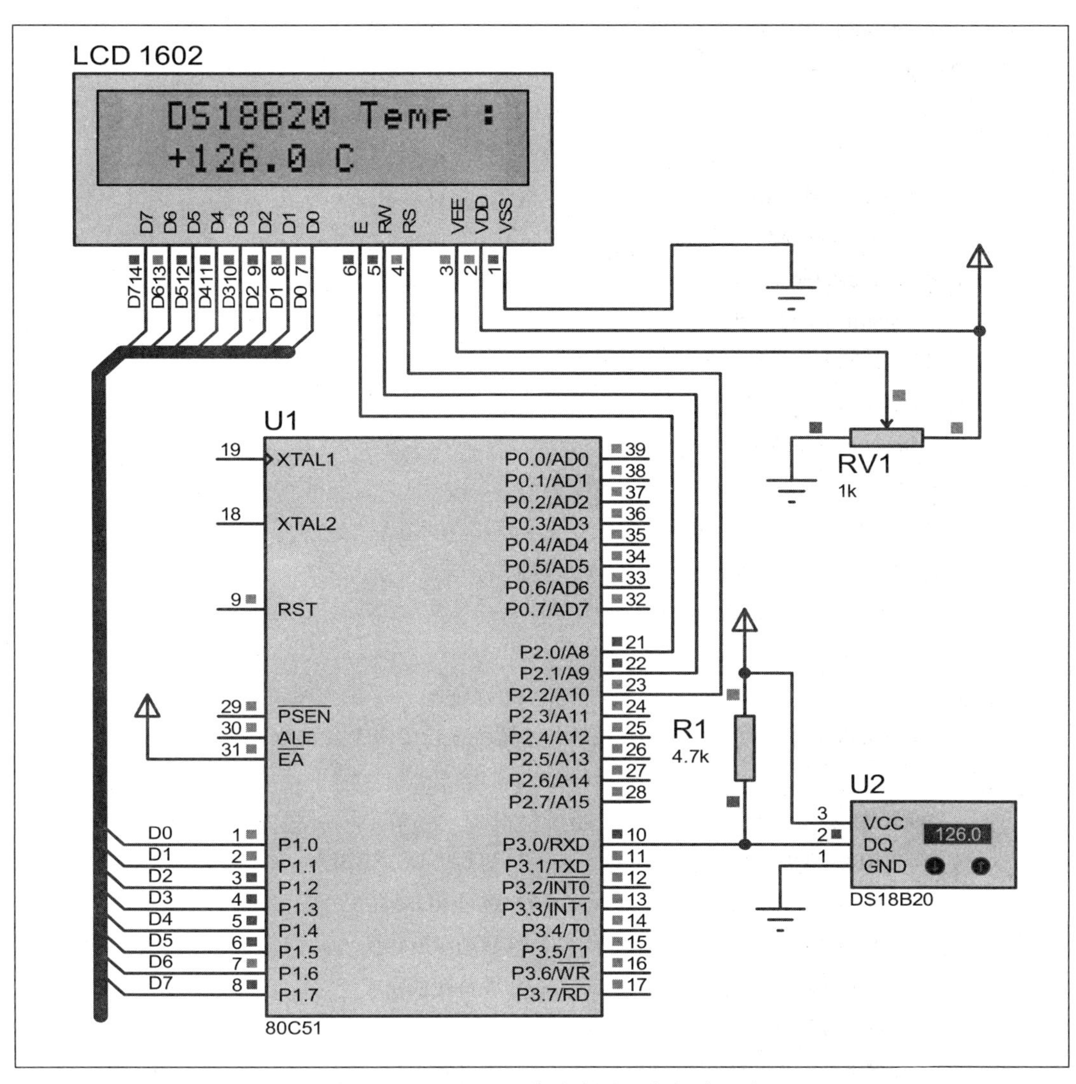

图 11-6 DS18B20 单总线测温仿真原理图

参考程序：

```
#include <reg51.h>
#include  <math.h>
#include  <stdio.h>
#include <absacc.h>
#include <intrins.h>                    //包含_nop_()空函数指令的头文件
#define uchar unsigned char
#define uint unsigned int
#define out P1
sbit RS = P2^2;                         //位变量
sbit RW = P2^1;                         //位变量
sbit E = P2^0;                          //位变量
```

```
void lcd _initial(void);                       // LCD 初始化函数
sbit DQ   =   P3^0;
uchar const asc[10] = { 0x30, 0x31, 0x32, 0x33, 0x34, 0x35, 0x36, 0x37, 0x38, 0x39};
uchar T[8] = "+170.5 C";
void check_busy(void);                         //检查忙标志函数
void write_command(uchar com);                 //写命令函数
void write_data(uchar dat);                    //写数据函数
void string(uchar ad , uchar *s);
void LCD_initial(void);
void Delayus( uchar Us );                      //延时函数
void Delayms( uint Ms );
void DS18B20_Init( void );
void DS18B20_W( uchar mByte );
uchar DS18B20_R( void );
void Temperature_Conversion( );
uchar PresencePlus;
void main(void)                                //主程序
{  LCD_initial( );                             //调用对 LCD 初始化函数
   DQ = 1;
   while(1)
   {  DS18B20_Init();                          /* 初始化 DS18B20 */
      DS18B20_W( 0xCC );                       /* 跳过 ROM 匹配 */
      DS18B20_W( 0x44 );                       /* 启动温度转换 */
      while( !DS18B20_R() );                   /* 等待转换完成 */
      DS18B20_Init();
      DS18B20_W( 0xCC );                       /* 跳过 ROM 匹配*/
      DS18B20_W( 0xBE );                       /* 读取温度 */
      Temperature_Conversion( );               /* 温度转换并显示 */
      string(0x82, "DS18B20 Temp :");
      string(0xC2, T);                         //显示的第 2 行字符串
   }
}
void check_busy(void)                          //检查忙标志函数
{
   uchar dt;
   do
   {  dt = 0xff;
      E = 0;
      RS = 0;
```

```
        RW = 1;
        E = 1;
        dt = out;
    }while(dt&0x80);
    E = 0;
}
void write_command(uchar com)                 //写命令函数
{
    check_busy();
    E = 0;
    RS = 0;
    RW = 0;
    out = com;
    E = 1;
    _nop_( );
    E = 0;
    Delayms(1);
}
void write_data(uchar dat)                    //写数据函数
{
    check_busy();
    E = 0;
    RS = 1;
    RW = 0;
    out = dat;
    E = 1;
    _nop_();
    E = 0;
    Delayms(1);
}
void LCD_initial(void)              //液晶显示器初始化函数
{
    write_command(0x38);            //写入命令 0x38：8 位两行显示，5 × 7 点阵字符
    write_command(0x0C);            //写入命令 0x0C：开整体显示，光标关，无黑块
    write_command(0x06);            //写入命令 0x06：光标右移
    write_command(0x01);            //写入命令 0x01：清屏
    Delayms(1);
}
void string(uchar ad, uchar *s)             //输出显示字符串的函数
```

```
{
    write_command(ad);
    while(*s>0)
    {
        write_data(*s++);                  //输出字符串，且指针增 1
    }
}
void Delayus(uchar Us)                     //微秒级，延时 3+ μs*2
{
    while(--Us);
}
void Delayms(uint Ms)                      //毫秒延时
{
    uchar i;
    while (Ms--)
    {
        for ( i = 0; i < 114; i++ );       /* 大概 1 ms，不精确 */
    }
}
void DS18B20_Init( void )
{
    DQ = 0;                                /* MCU 产生复位信号 */
    Delayus(130);                          /* 低电平至少保持 480 μs */
    Delayus(130);
    DQ = 1;                                /* MCU 释放信号线 */
    Delayus(40);                           /* 延时 15～60 μs，等待应答，最好在 60 μs 以后再采集*/
    PresencePlus = DQ;                     /* 接收应答，返回 0 为成功，1 为失败 */
    Delayus(30);                           /* 延时 */
}
void DS18B20_W( uchar mByte )              //向 DS18B20 发送一个字节数据
{   uchar i;
    for( i = 0; i < 8 ; i++ )
    {
        DQ = 0;                            /* MCU 拉低信号线，启动传输 */
        DQ = mByte & 0x01;                 /* 发送数据到信号线上 */
        Delayus(50);                       /* 延时至少大于 60 μs，小于 120 μs */
        DQ = 1;                            /* MCU 释放信号线 */
        mByte >>= 1;                       /* 数据右移一位 */
    }
```

```
    Delayus(10);                  /* 连续写的话，稍微延时 */
}
uchar DS18B20_R( void )           //从 DS18B20 读取数据
{   uchar i;
    uchar Data = 0;
    for( i = 0; i < 8 ; i++ )
    {   DQ = 0;                   /* MCU 拉低信号线，启动传输，低电平需大于 1 μs */
        Data >>= 1;               /* 数据右移一位 */
        DQ = 1;                   /* MCU 释放信号线 */
        if( DQ == 1 )             /* 单片机读取信号线上数据，需要在 15 μs 以内采集完 */
        {   Data |= 0x80;
        }
        Delayus(40);              /* 延时 45 μs */
    }
     return ( Data );             /* 返回读取到的数据 */
}

void Temperature_Conversion( )    //温度转换
{
    uchar HByte;
    uchar LByte;
    uchar   Dot;                  /* 温度小数部分，精确到小数点后 1 位 */
    uint   Temp;                  /* 温度 */
    uchar   HD;                   /* 百位 */
    uchar   TD;                   /* 十位 */
    uchar   UD;                   /* 个位 */
    LByte = DS18B20_R();
    HByte = DS18B20_R();
    Temp = ( (uint)HByte << 8 ) | LByte;    /* 计算温度 */
    if( Temp & 0x8000 )                     /* 判断温度正负，“0”为正，“1”为负 */
    {
        T[0] = '-';                         /* 温度为负值，取补码 */
        Temp = ~Temp;
        Temp = Temp + 1;                    /* 取反后要加 1 */
    }
    else
    { T[0] = '+';                           /* 显示正数 */
    }
    HD = ( Temp >> 4 ) / 100;               /* 计算百位 */
```

```
    TD = ( ( Temp >> 4 ) % 100 ) /10 ;          /* 计算十位 */
    UD = ( ( Temp >> 4 ) % 100 ) %10;           /* 计算个位 */
    Dot = ( ( Temp & 0x0F ) * 625 ) / 1000;     /* 小数 */
    T[1] = asc[HD];                             /* 显示个位 */
    T[2] = asc[TD];                             /* 显示十位 */
    T[3] = asc[UD];                             /* 显示个位 */
    T[4] = '.';
    T[5] = asc[Dot];                            /* 显示个位 */
    T[6] = ' ';
    T[7] = 'C';
}
```

11.3　I^2C 总线串行扩展

I^2C (Inter Interface Circuit)称为芯片间总线。目前，荷兰飞利浦公司和日本索尼公司均提出了 I^2C 总线规范，其中，飞利浦公司 I^2C 总线技术规范是电子行业认可的、最常用的总线标准。I^2C 总线将接口集成在组件上，总线占用的空间小，减少了电路板的空间和芯片引脚数，因此使用简单和有效。

11.3.1　I^2C 总线系统的结构

I^2C 串行总线仅有两条双向的信号线，数据线 SDA 和时钟线 SCL。I^2C 总线上各器件数据线都接到 SDA 线上，各器件时钟线都接到 SCL 线上。

I^2C 总线系统结构如图 11-7 所示，I^2C 总线支持多主控(Multimastering)，总线上能够进行发送和接收的设备都可以成为主器件。但任何时刻，总线上只能有一个主器件控制信号的传输和时钟频率。实际应用中，经常是单片机为主器件，其他外设为从器件，带有 I^2C 接口的单片机或者单片机模仿 I^2C 总线接口扩展 ROM 或 RAM 存储器、ADC、DAC、键盘、显示器等从器件。I^2C 总线无需片选线连接，采用纯软件寻址，大大简化了总线数量。

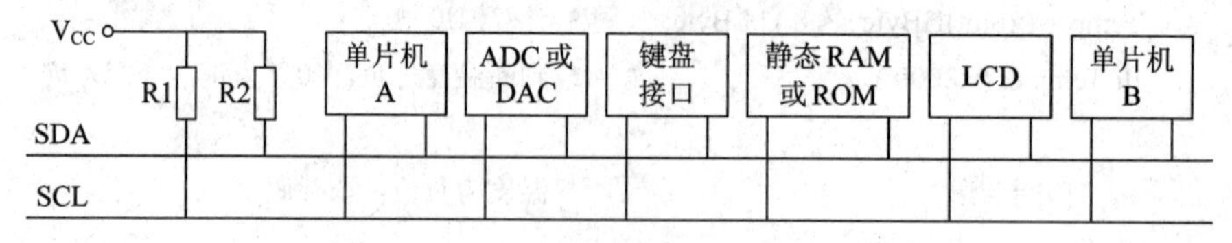

图 11-7　I^2C 总线系统结构

I^2C 总线空闲时，SDA 和 SCL 两条信号线均为高电平，由于总线上器件输出级必须是漏极或集电极开路，故须接上拉电阻，保证 SDA 和 SCL 信号线空闲时被上拉为高电平。任意时刻，任意器件信号线输出低电平，都将使总线上信号变低，即各器件 SDA 和 SCL 均是“线与”关系。

时钟信号 SCL 对总线上各器件间数据传输起同步作用，决定 SDA 线上数据起始、终止及数据的有效性。

在标准的I^2C普通模式下，数据传输速率为 100 kb/s；在高速模式下，速率可达 400 kb/s。I^2C 总线上可扩展器件数量由电容负载确定，总线上允许的器件数量以器件的电容总量不超过 400 pF(通过驱动扩展可达 4000 pF)为宜。每个连接到I^2C总线上的器件都有唯一地址，扩展器件也受器件地址数的限制。

11.3.2　I^2C 总线的数据传输规则

以下介绍 I^2C 总线支持的两种工作模式、控制信号、I^2C 总线的工作原理、I^2C 的数据帧格式，以及 I^2C 总线的数据传输过程。

1. I^2C 总线支持的工作模式

I^2C 总线支持多主和主从两种工作模式。

(1) 多主模式下，通过硬件和软件的仲裁，主器件取得总线控制权。

(2) 主从模式下，从器件地址由器件编号和引脚地址两部分地址组成，器件编号由 I2C 总线委员会分配，引脚地址由引脚接线的高低决定。当器件(如存储器)内部有连续的子地址空间时，对空间连续读/写，子地址会自动加 1。

2. 主器件发出的控制信号

CPU 发出的控制信号分为地址码和控制量两部分。

地址码用来选择从器件，确定控制的种类。控制量决定该调整的类别及需要调整的量。

3. I^2C 总线的工作原理

I^2C 总线对信号的定义：

(1) 总线空闲状态(非忙状态)：SCL 和 SDA 均为高电平。只有当总线处于空闲状态时，数据传输才能被初始化。

(2) 起始信号 S：启动一次传输，SCL 为高电平时，SDA 由高电平向低电平变化表示起始信号。

(3) 终止信号 P：结束一次传输，SCL 为高电平时，SDA 由低电平向高电平变化表示终止信号。

(4) 应答信号：只占 1 位，接收设备接收 1 字节数据后，应向发送设备发送应答信号。低电平应答信号表示继续发送；高电平应答信号表示结束发送。

I^2C 总线的一般时序如图 11-8 所示，即起始信号、结束信号、允许数据线改变的条件等。

(5) 数据位信号：SCL 为低电平时，可以改变 SDA 电位；SCL 为高电平时，应保持 SDA 上电位不变，即 SCL 高电平时数据有效。

(6) 控制位信号：只占 1 位，由主控制设备发出读/写控制信号，高表示读，低表示写，控制位在寻址字节中。

(7) 地址信号：从器件地址在 I^2C 总线寻址字节中占 7 位，寻址字节各字段含义如表 11-8 所示。

① 器件地址 DA3～DA0：是 I^2C 总线接口器件固有的地址编码，由器件生产厂家给定。如 EEPROM AT24C××的器件地址固定为 1010，又如 RTC 器件固定为 1101。

② 引脚地址 A2、A1、A0：由设备地址引脚 A2、A1、A0 的接线确定，接电源时为 1，接地时为 0。因此，允许在公用的 I²C 总线上同时接 8 个同类器件。

③ 读/写控制位 R/$\overline{W}$：主设备读时为 1，主设备写时为 0。

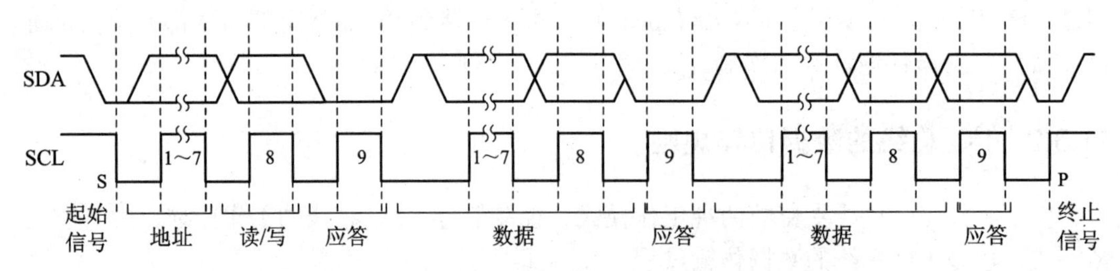

图 11-8　I²C 总线的一般时序

表 11-8　I²C 总线寻址字节

d7	d6	d5	d4	d3	d2	d1	d0
DA3	DA2	DA1	DA0	A2	A1	A0	R/$\overline{W}$

4. I²C 总线的数据传输过程

I²C 总线规定，总线上传输的数据信号包括地址信号和实际数据信号，传输的数据和地址字节均为 8 位，且高位在前、低位在后。

主器件先发时钟信号，并通过数据线 SDA 线以起始信号为启动信号；接着传输寻址字节(寻址字节来寻址被控器件，且说明数据传送方向)和数据字节，数据字节是没有限制的；每个字节后必须跟随一个应答位(0)；全部数据传输完毕后，主器件产生终止信号结尾。传输过程说明如下：

(1) 寻址字节由 7 位从器件地址(包括 4 位器件编号地址和 3 位引脚地址)和 1 位方向位 R/$\overline{W}$ 组成。R/$\overline{W}$ 位为“0”，表示主器件发送数据($\overline{W}$)；R/$\overline{W}$ 位为“1”，表示主器件接收数据(R)。

(2) 若主器件希望继续占用总线进行新的数据传送，则可不产生终止信号，立即再次发出起始信号对另一从器件进行寻址。

(3) 从器件对地址的响应：当主器件发送寻址字节时，所有从器件都将其中的高 7 位地址与自己的地址比较，在相同的情况下，由 R/$\overline{W}$ 读/写位确定自己是从发送器还是从接收器。

(4) 如从器件是从接收器：在寻址字节之后，主器件通过 SDA 线向从接收器发送数据，数据发送完毕后发送终止信号，传送过程结束。

(5) 如从器件是从发送器：在寻址字节之后，主器件通过 SDA 线接收从发送器发送的数据。

(6) 每传输一位数据，都有一个时钟脉冲相对应。时钟脉冲不必是周期性的，它的时钟间隔可以不同。

(7) SCL 的“线与”特性：任一器件的 SCL 为低电平时，将使得 SCL 变低，SDA 上数据就被停止传送。

(8) 接收器的应答位：正常应答位为 0；当接收器接收到一个字节后无法立即接收下一

个字节时，应向 SCL 线输出低电平，使得 SCL 箝位在低电平，迫使 SDA 线处于等待状态。

5. I^2C 的数据帧格式

在总线一次数据传送过程中，有主器件对从器件写数据、主器件读数据和主器件读/写操作 3 种情况，数据帧格式如下。其中，格式中斜体部分表示从器件向主器件发送数据。

(1) 主器件对从器件写数据。

主器件写数据过程：整个过程均为主器件发送、从器件接收，数据的方向位 $R/\overline{W}=0$。应答位 ACK 由从器件发送，当主器件产生终止信号后，数据传输停止。其格式如图 11-9 所示。

S	从器件地址	0	*A*	字节 1	*A*	…	字节 n	$A/\overline{A}$	P

图 11-9　主器件对从器件写数据帧格式

其中，S 为起始信号，P 为终止信号，*A* 为从器件应答信号，$\overline{A}$ 为非应答信号；字节 1～n 为主器件写入从器件的 n 字节数据，从器件地址为 7 位，从器件地址后面的 0 表示主器件写。

(2) 主器件读数据。

主器件读数据过程：寻址字节为主器件发送、从器件接收，方向位为 1，n 字节数据均为从器件发送、主器件接收。主器件接收完全部数据后，发非应答位 $\overline{A}=1$，表明读操作结束。其格式如图 11-10 所示。

S	从器件地址	1	*A*	字节 ***1***	*A*	…	字节 ***n***	$\overline{A}$	P

图 11-10　主器件对从器件读数据帧格式

(3) 主器件读、写操作。

主器件先发送 1 字节数据，再接收 1 字节数据，是改变传送方向的数据传输过程；由于读/写方向发生变化，起始信号和寻址字节都会重复，且两次读/写方向相反。其格式如图 11-11 所示。

S	从器件地址	0	*A*	数据	$A/\overline{A}$	Sr	从器件地址	1	*A*	数据	$\overline{A}$	P

图 11-11　主器件读、写操作帧格式

其中，Sr 表示重新发出的起始信号。

11.3.3　80C51 单片机模拟 I^2C 串行总线传送数据

由于 80C51 单片机没有 I^2C 接口，常常用 I/O 线编程模拟 I^2C 总线上的信号及其时序。在 80C51 为单主器件，没有其他外设竞争总线时，需要编写 I^2C 总线初始化函数、起始信号函数、终止信号函数、应答函数、非应答函数以及一字节数据的发送函数和一字节数据的接收函数。

为保证数据可靠传送，标准 I^2C 总线数据传送有严格的时序要求。

(1) I^2C 总线初始化函数。初始化函数的功能是将 SCL 和 SDA 总线电平拉高。

```
void init( )                        //总线初始化函数
{
    scl = 1;                        // scl 为高电平
    _nop_ ( );                      //延时约 1 μs
    sda = 1;                        // sda 为高电平
    delay5us();                     //延时约 5 μs
}
```

(2) 起始信号函数。起始信号 S 以及重复的起始信号 Sr，2 根总线的高电平时间应大于 4.7 μs。

```
void Start(void)    //启动
{
    SDA = 1;   Delay();
    SCL = 1;   Delay();
    SDA = 0;   Delay();
    SCL = 0;   Delay();
}
```

(3) 终止信号函数。终止信号 P，要求在 SCL 高电平期间 SDA 的一个上升沿产生终止信号。

```
void Stop(void)  //终止
{
    SCL = 0;   Delay();
    SDA = 0;   Delay();
    SCL = 1;   Delay();
    SDA = 1;   Delay();
}
```

(4) 应答位信号函数。发送接收应答位与发送数据“0”相同，要求在 SDA 低电平期间，SCL 发生一个正脉冲。

```
void Tack(void)                           //发送应答
{   SDA = 0;
    Delay();
    SCL = 1;
    Delay();
    SCL = 0;
    Delay();
    SDA = 1;
    Delay();
}
```

(5) 非应答函数。发送非应答位与发送数据“1”相同，即在 SDA 高电平期间，SCL 发生一个正脉冲。

```
void Nack(void)                    //发送非接收应答位
{
    SDA = 1; Delay();
    SCL = 1; Delay();
    SCL = 0; Delay();
    SDA = 0;
}
```

(6) 一字节数据的发送函数。模拟 SDA 发送一字节数据(地址或数据)，发送完后等待应答，并对状态位 ack 进行操作，即应答或非应答都使 ack = 0。发送数据正常，ack = 1；从器件无应答或损坏，则 ack = 0。

```
void SByte(uchar temp)                    //发送一个字节
{   uchar i;
    SCL = 0;
    for(i = 0; i < 8; i++)
    {
        SDA = (bit)(temp&0x80);
        SCL = 1;
        Delay();
        SCL = 0;
        temp <<= 1;
    }
    SDA = 1;
}
```

(7) 一字节数据的接收函数。以下程序模拟由数据线 SDA 接收从从器件发送过来一字节数据。

```
uchar RByte(void)                         //接收一个字节
{   uchar i, Rd;
    for(i = 0; i < 8; i++)
    {   Rd <<= 1;
        SCL = 1;
        Delay();
        if(SDA==1) Rd = Rd+1;
            SCL = 0;
            Delay();
    }
    return(Rd);
}
```

11.3.4　具有 I^2C 串行总线的 EEPROM AT24C02 的设计

目前带有 I^2C 接口的单片机有 Cygnal 的 C8051 F0XX 系列、Philips 的 P87LPC7XX 系列、Microchip 的 PIC16C6XX 系列等。很多外围器件如存储器、监控芯片等也提供 I^2C 接口，其中，用于 IC 卡的存储器芯片大多是采用 I^2C 串行总线接口的电可改写及可编程只读存储器 EEPROM，较为典型的有 ATMEL 公司的 AT24CXX 系列和 AT93CXX 系列。AT24CXX 典型型号有 AT24C01A/02/04/08/16 等 5 种型号，它们的内部结构、引脚功能及封装形式类似，只是存储容量不同，分别是 1024/2048/4096/8192/16384 位，即 128/256/512/1024/2048 字节。此系列一般用于低电压、低功耗的工业和商业用途，可以组成优化的系统。下面以 AT24C02 芯片为例，介绍对该芯片的读/写。

1. AT24C02 结构及引脚

AT24C02 是采用 CMOS 工艺制作的串行 EEPROM 存储器，它具有可用电擦写 256 字节的容量，由 3～15 V 电源进行供电。其引脚如图 11-12 所示。

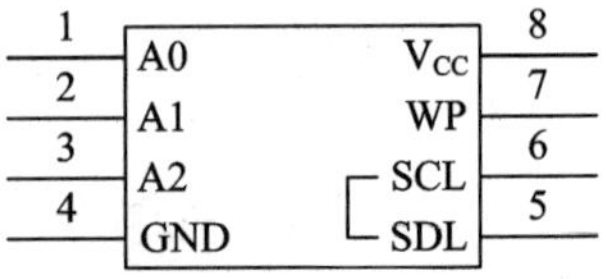

图 11-12　AT24C02 引脚

AT24C02 芯片有双列直插 8 脚式和贴片 8 脚式两种封装形式；具有地址线 A0～A2、串行数据 I/O 引脚 SDA、串行时钟输入引脚 SCL、写保护引脚 WP 等引脚。其引脚较少，对组成的应用系统可以减少布线量，提高可靠性。各引脚的功能如表 11-9 所示。

表 11-9　AT24C02 引脚功能

引脚	名称	功 能 说 明
1～3	A0，A1，A2	可编程器件地址输入端，接固定电平，最大可级联 8 个器件
4	GND	地线
5	SDA	串行数据 I/O 端，可组成“线与”结构
6	SCL	串行时钟输入端。在时钟上升沿时把数据写入 EEPROM；在时钟下降沿时把数据从 EEPROM 中读出来
7	WP	写保护端，提供数据保护。当把 WP 接地时，允许芯片执行一般读/写操作；当把 WP 接 V_{CC} 时，对芯片实施写保护
8	V_{CC}	+5 V 电源

2. 存储器的寻址

AT24C02 内部存储容量为 256 个字节，分为 32 页，每页 8 字节。对片内单元的访问，需要先对芯片选通，再对片内单元寻址。

(1) 器件地址字。器件地址字格式如表 11-10 所示，是一个 8 位的地址字，其高 7 位为器件的地址码。在逻辑电路中的 AT24CXX 系列(AT24C01A/02/04/08/16 5 种)芯片中，如果和器件地址字相比较的结果一致，则读芯片被选中。器件各位含义如表 11-10 所示。

表 11-10　器件地址字格式

D7	D6	D5	D4	D3	D2	D1	D0
1	0	1	0	A2	A1	A0	$R/\overline{W}$

① 器件地址字高 4 位固定为 1010，它是 I^2C 串行 EEPROM 系列器件 AT24C01A/02/04/08/16 的标识。

② Ai(i = 0～2)为硬布线地址；接固定电平，最大可级联 8 个器件。

③ $R/\overline{W}$ 是读/写操作选择位，当 $R/\overline{W} = 1$ 时，执行读操作；当 $R/\overline{W} = 0$ 时，执行写操作。

(2) 片内单元寻址。在确定了 AT24C02 芯片的 7 位地址后，片内存储单元由 1 字节的地址码确定，寻址空间为 00H～FFH。

3. AT24C02 芯片的读/写操作

(1) 写操作。AT24C01A/02/04/08/16 这 5 种 EEPROM 芯片的写操作有 2 种：字节写和页面写。

① 字节写：只执行 1 个字节的写入。单片机先写入 8 位的器件地址，则 EEPROM 芯片会产生一个“0”信号输出作为应答；接着，单片机写入 8 位的存储单元字地址，在接收了字地址之后，EEPROM 芯片产生一个“0”应答信号；随后，单片机写入 8 位数据，在接收到数据后，芯片又产生一个“0”信号作为应答。完成了一个字节写过程后，应在 SDA 端产生一个终止信号，这是外部写过程。

② 页面写：执行含若干字节的 1 个页面的写入(对于 AT24C01A/02，1 个页面含 8 个字节；对于 AT24C04/08/16，1 个页面共 16 个字节)。单片机先写入 8 位器件地址，待得到 EEPROM 应答了“0”信号之后，写入 8 位片内起始单元地址；又待芯片应答了“0”信号之后，写入 8 位数据；当芯片接收了第一个 8 位数据并产生应答信号后，单片机可以连续向 EEPROM 芯片发送共 1 页面的数据，每发一个字节都要等待芯片的应答信号。最后，以终止信号结束。

(2) 读操作。读操作的启动和写操作类同，需要器件地址字；和写操作不同的就是执行读操作。读操作有两种方式，即指定地址读和指定地址顺序读。

① 指定地址读：发出启动信号后，先写入器件地址的写操作控制字；待 AT24C02 应答后，再写入 1 字节的指定单元地址；待 AT24C02 应答后，再写入 1 个含有芯片地址读操作控制字；待 AT24C02 应答后，被读出的单元数据就会出现在 SDA 线上。

② 指定地址顺序读：启动过程类似，单片机收到每个字节数据后要做出应答，只要 AT24C02 收到应答信号，其内部的存储地址就自动加 1 指向下一个单元，并顺序将指向单元的数据送到 SDA 上。当读操作结束时，单片机接收到数据后，写入一个非应答信号，并发送一个终止信号。

4. 单片机对 AT24C02 接口的设计

【例 11-2】 根据 AT24C02 卡的读/写时序编写读/写 IC 卡的程序，实现单片机对 I^2C 存储卡的读/写，将数据 0x00～0x1F 共 32 个字节数据写入 IC 卡，并将 32 字节数据读出到单片机片内 RAM 的 0x40～0x5F 单元中，在写数据的同时用数码管显示写入的数据，在读数据的同时显示读出的数据。仿真电路中，单片机通过 I^2C 总线扩展 FM24C02F 芯片(由于 Proteus 元件库中没有 AT24C02，仿真时用 FM24C02 芯片代替)，电路原理图如图 11-13 所示，单片机 P2.1 接存储器 SDA 引脚，P2.0 接存储器 SCL 引脚。用按键 KEY1 连接 P3.2 引脚，作为外部中断 0 的中断源，控制写数据开始；用按键 KEY2 连接 P3.3，作为外部中断 1 的中断源，当按下 KEY2 时控制读出数据开始。图中单片机 P1 口接 2 位数码管的段选码，P3.0、P3.1 分别接十位和个位位选码。

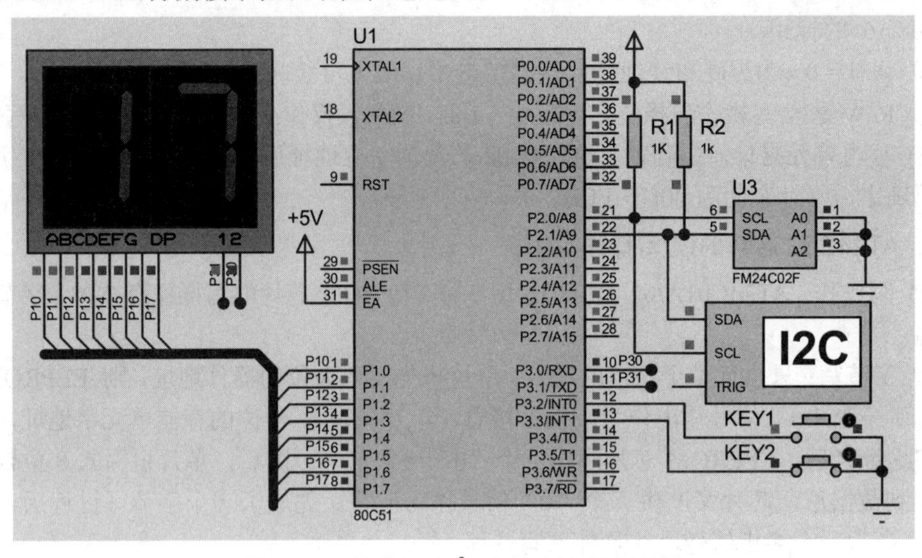

图 11-13　单片机对 I²C 存储卡读/写原理图

参考程序：

```
#include <reg51.h>
#include <ABSACC.H>
#include "intrins.h"                    //包含有函数_nop_()的头文件
#define uchar unsigned char
#define uint unsigned int
uchar code disdata[16] = {0x3f, 0x06, 0x5b, 0x4f, 0x66, 0x6d, 0x7d, 0x07, 0x7f, 0x6f, 0x77, 0x7c,
                          0x39, 0x5e, 0x79, 0x71}, bt = 0xfe;
uchar segment[2], leddata;
sbit SDA = P2^1;
sbit SCL = P2^0;
sbit KEY1 = P3^2;
sbit KEY2 = P3^3;
uchar data rdata[32] _at_ 0x40 ;       //接收数据区首地址
void Start(void);                       //起始
void Stop(void);                        //终止
void Tack(void);                        //发送应答
bit Rack(void);                         //接收应答
void Nack(void);                        //发送非应答
void SByte(uchar);                      //发送一个字节函数
uchar RByte();                          //接收一个字节函数
void Write(void);                       //写一组数据函数
void Read(void);                        //读一组数据函数
void Delay(void);                       //延时 4 μs
```

```
void Display();
void Delayms(uint);
void main(void)
{
    EA = 1; EX0 = 1; EX1 = 1;              //按键引起外中断 0 与外中断 1
    while(1);
}
void KEY1_w() interrupt 0
{
    Write();                               //向存储芯片写数据
}
void KEY2_r() interrupt 2
{
    Read();                                //从存储芯片读数据
}
void Read(void)                            //读 32 字节数据
{   uchar i;
    bit fb;
    Start();                               //起始
    SByte(0xa0);                           //存储器地址
    fb = Rack();                           //接收应答
    if(!fb)
    {   Start();
        SByte(0xa0);
        fb = Rack();
        SByte(0);                          //存储器片内地址
        fb = Rack();
        Start();
        SByte(0xa1);
        fb = Rack();
        if(!fb)
        {
            for(i = 0; i < 31; i++)
            {   rdata[i] = RByte();
                Tack();                        //接收数据后应答
            }
            rdata[31] = RByte(); Nack();       //结束读数据，发非应答
        }
    }
```

```
    Stop();
    for(i = 0; i < 32; i++)
    {   leddata = rdata[i];
        Display();
    }
    while(!KEY2);
}
void Write(void)                                    //写数据函数
{   uint i;
    bit fb;
    Start();
    SByte(0xa0);
    fb = Rack();
    if(!fb){
        SByte(0x00);                        //写数据地址
        fb = Rack();
        if(!fb){
            for(i = 0x0; i < 0x10; i++)
            {   SByte(i);
                fb = Rack();
                if(fb)break;
                leddata = i;
                Display();
            }
        }
    }
    Start();
    SByte(0xa0);
    fb = Rack();
    SByte(0x10);                                    //写数据地址
    fb = Rack();
    if(!fb)
    {   for(i = 0x10; i < 0x20; i++)
        {
            SByte(i);
            fb = Rack();
            if(fb)break;
            leddata = i;
            Display();
```

```
        }
    }
    Stop();
    while(!KEY1);
}
void Display()                              //显示函数
{   uchar p;
    segment[0] = disdata[leddata%16];       //计算段选码个位
    segment[1] = disdata[leddata/16];       //计算段选码十位
    for(p = 0; p < 2; p++)
    {   P3 = bt<<p;
        P1 = segment[p];
        Delayms(80);
    }
}
bit Rack(void)                              //接收应答位
{   bit flag;
    SCL = 1;
    Delay();
    flag = SDA;
    SCL = 0;
    return(flag);
}
void Tack(void)                             //发送应答
{   SDA = 0;
    Delay();
    SCL = 1;
    Delay();
    SCL = 0;
    Delay();
    SDA = 1;
    Delay();
}
void Nack(void)                             //发送非接收应答位
{   SDA = 1; Delay();
    SCL = 1; Delay();
    SCL = 0; Delay();
    SDA = 0;
}
```

```
uchar RByte(void)                         //接收一个字节
{   uchar i, Rd;
    for(i = 0; i < 8; i++)
    {   Rd <<= 1;
        SCL = 1;
        Delay();
        if(SDA == 1) Rd = Rd+1;
        // Rd |= SDA;
        SCL = 0;
        Delay();
    }
    return(Rd);
}
void SByte(uchar temp)                    //发送一个字节
{   uchar i;
    SCL = 0;
    for(i = 0; i < 8; i++)
    {   SDA = (bit)(temp&0x80);
        SCL = 1;
        Delay();
        SCL = 0;
        temp <<= 1;
    }
    SDA = 1;
}
void Delayms(uint x)                  //延时函数
{   uint j;
    while(x--)
    for(j = 0; j < 120; j++);
}
void Start(void)                      //启动
{   SDA = 1;   Delay();
    SCL = 1;   Delay();
    SDA = 0;   Delay();
    SCL = 0;   Delay();
}
void Stop(void)                       //终止
{   SCL = 0;   Delay();
    SDA = 0;   Delay();
```

```
        SCL = 1;   Delay();
        SDA = 1;   Delay();
    }
    void Delay(void)
    {
        _nop_();     _nop_(); _nop_();     _nop_();
    }
```

Proteus 提供了调试 I^{2}C 系统的 I^{2}C 调试器，可通过 I^{2}C 调试器的观测窗口观察 I^{2}C 总线上的数据流，查看从 I^{2}C 芯片读出的数据和向 I^{2}C 芯片发送的数据。在原理电路中添加 I^{2}C 调试器的具体操作为：点击左侧工具箱中的虚拟仪器图标，在预览窗口中显示出各种虚拟仪器，选择“I^{2}C DEBUGGER”。在原理图中将 I^{2}C 芯片的 SDA 引脚和 SCL 引脚连接 I^{2}C 调试器的 SDA 引脚和 SCL 引脚。

仿真效果：按下 KEY1 键，数码管顺序显示单片机写入 AT24C02 芯片的 32 个数据 0x00～0x1F，从 I^{2}C 调试器的观测窗口上可看到出现在 I^{2}C 总线上的数据流，即是单片机写入 AT24C02 芯片的数据。按下 KEY2 键，数码管顺序显示从 AT24C02 芯片读出的 32 个数据 0x00～0x1F，并在 I^{2}C 调试器的观测窗口观察到刚才写入 AT24C02 的 32 个数据通过 I^{2}C 串行总线被读出，如图 11-14 所示。

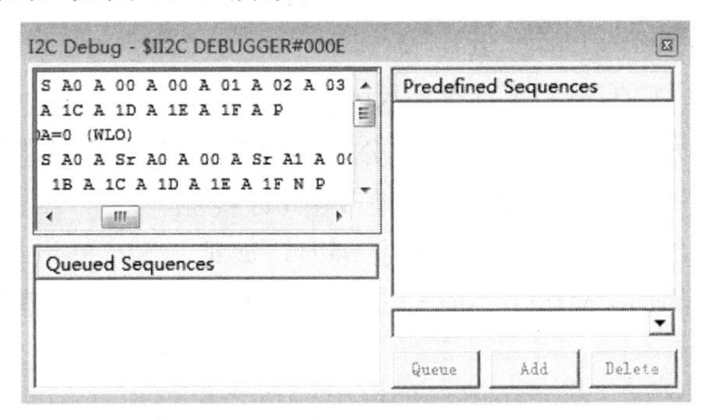

图 11-14　I^{2}C 调试器观测窗口观察到的写入和读出数据

11.4　SPI 总线串行扩展

SPI(Serial Peripheral Interface，串行外围设备接口)是一种三线同步总线。因其硬件功能强大，对 SPI 操作的相关软件就相对简单，节省了 CPU 的时间。

11.4.1　SPI 串行外设接口总线

目前，常用的具有 SPI 接口的外围接口芯片有 Motorola 显示驱动器 MC14499 和 MC14489、存储器 MC2814 等、美国 TI 公司的 8 位串行 ADCTLC549 和 12 位串行 ADCTLC2543 等，以及 ATMEL Corporation 生产的兼容 SPI 接口的 AT25FXXXX 系列的 Flash 存储器等。

1. SPI 总线定义

SPI 使用 4 条线，外围总线定义如下：

(1) 串行时钟线 SCK，同步脉冲。

(2) 主机输入/从机输出数据线 MISO，传送数据时由高位到低位传送。

(3) 主机输出/从机输入数据线 MOSI，传送数据时由高位到低位传送。

(4) 从机选择线$\overline{\text{CS}}$。

2. SPI 总线串行扩展典型结构

SPI 总线串行扩展典型结构如图 11-15 所示，SPI 应用系统通常是单个主器件构成的系统，从器件通常是存储器、ADC、DAC、键盘、时钟和显示、I/O 接口等外围接口器件。

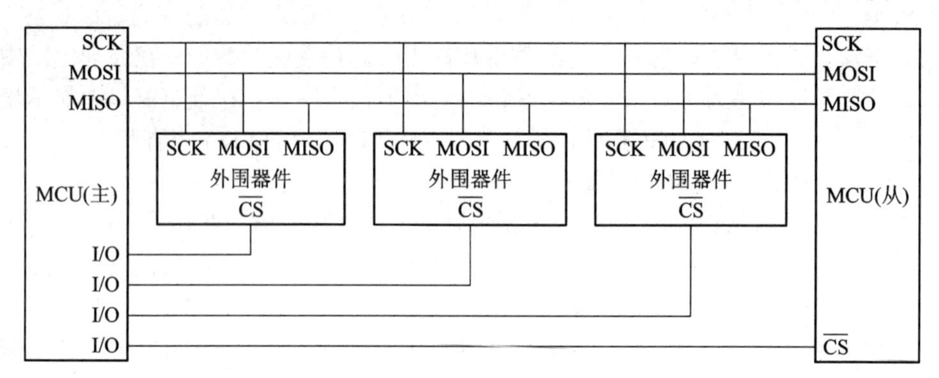

图 11-15　SPI 总线典型结构

SPI 总线使用时需考虑以下几点：

(1) 外围器件的片选端$\overline{\text{CS}}$。扩展多个 SPI 外围器件时，不能通过数据线译码选择外围器件片选端$\overline{\text{CS}}$，单片机应分别通过 I/O 线分时选通片选端$\overline{\text{CS}}$，以选择 SPI 器件；扩展单个 SPI 器件时，SPI 器件的片选端$\overline{\text{CS}}$可接地或由 I/O 控制。

(2) MISO/MOSI 线。在 SPI 总线串行扩展时，如某一 SPI 外设只作输入(如显示器)使用，可省去一条数据输出线 MISO；同样，若某一 SPI 仅作输出(如键盘)使用，则省去数据输入线 MOSI。

(3) 串行时钟线 SCK。在 SPI 串行扩展中，单片机每启动一次传送时，需要产生 8 个时钟，作为外围器件的同步时钟，控制数据的输入和输出，SPI 总线时序如图 11-16 所示，数据传送时由高位 MSB 到低位 LSB。数据线上输出/输入数据的变化，都取决于 SCK。

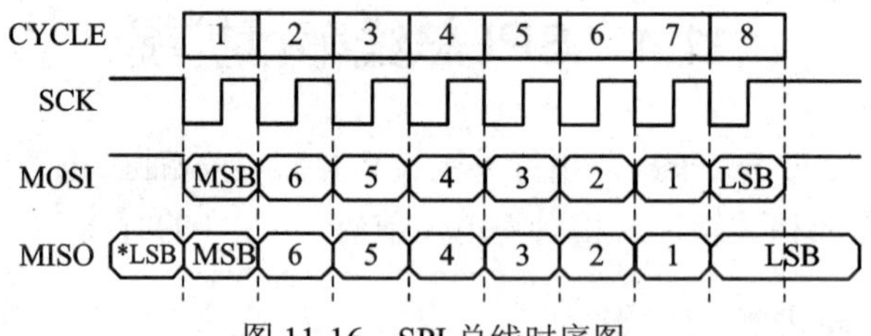

图 11-16　SPI 总线时序图

SPI 有较高的数据传输速度，最高可达 1.05 Mb/s。

SPI 总线串行扩展系统的从器件要具有 SPI 接口，由于主器件 80C51 不带有 SPI 接口，需通过软件与 I/O 口结合来模拟 SPI 的接口时序。

例如，用 P1.0 模拟单片机的数据输出端 MOSI，用 P1.1 模拟 SPI 的 SCK 输出端，用 P1.2 模拟 SPI 的从机片选端$\overline{\text{CS}}$，用 P1.3 模拟 SPI 的数据输入端 MISO。在一个 CLK 中，

若下降沿输入，上升沿输出，1 字节数据读入的过程为：单片机先使得输出引脚 P1.1 SCK 时钟为低电平，1 位数据输入至 P1.3，读取 P1.3 位数据并保存在左移以后字节数据的最低位；再置 P1.1 为 1，使单片机从 P1.0 输出 1 位数据至 SPI 输出外设接口芯片，……依次循环 8 次，完成 1 次通过 SPI 读取 1 个字节的操作。

同样，若一个 CLK 中，下降沿输出，上升沿输入，则过程类似。

11.4.2　SPI 接口 Flash AT25F1024 设计

AT25F1024、AT25F2048、AT25F4096 都是由 ATMEL 公司生产的兼容 SPI 接口的 Flash 存储器，容量分别是 1Mb、2Mb、4Mb。AT25F1024 具有 128KB 存储空间，由 4 个区组成，每个区 32KB，每个区又分为 128 页，每页 256 字节空间。

1. AT25F1024 的引脚

AT25F1024 共有 8 个引脚，说明如下：

(1) $\overline{CS}$：片选引脚，低电平有效，高电平时，SI 引脚不会读入数据，SO 为高阻态。

(2) SCK：串行数据时钟。

(3) SI：串行数据输入。

(4) SO：串行数据输出。

(5) $\overline{WP}$：写保护。

(6) $\overline{HOLD}$：暂停串行输入。

(7) V_{CC}：电源。

(8) GND：地。

2. 单片机对 SPI 接口存储器 AT25F1024 的读/写设计

单片机可以与 AT25F1024 进行 SPI 串行通信。设计单片机读/写 AT25F1024 程序时，需要参考表 11-11 所示的 AT25F1024 指令集，进行相关操作，AT25F1024 是 8 位寄存器结构，所有指令(地址或数据)都是高位在前，低位在后，以高到低的方式传输。

表 11-11　AT25F1024 指令集

指令名称	指令格式	功 能 说 明
WREN	0000　X110	设置写使能
WRDI	0000　X100	重新设置写使能
RDSR	0000　X101	读状态寄存器
WRSR	0000　X001	写状态寄存器
READ	0000　X011	从存储区读数
PROGRAM	0000　X010	编程存储区
SECTOR　ERASE	0101　X010	擦除存储区一个块
CHIP　ERASE	0110　X010	擦除所有存储区
RDID	0001　X101	读生产商和产品 ID 号

【例 11-3】 单片机对存储器 AT25F1024 的读/写与显示电路如图 11-17 所示，单片机

P2.2 连接 AT25F1024 的片选线$\overline{\text{CS}}$，P2.3 连接串口输出线 SO，P2.4 连接串口输入线 SI，P2.5 连接时钟 SCK，单片机通过 P2 口各引脚模拟 SPI 时序实现对 AT25F1024 的读/写；单片机 P1 口连接 2 位共阴极数码管的段选码，P2.0、P2.1 分别连接十位和个位位选码。图中单片机 P0.0 连接 K1 按键，按下后开始向 AT25F1024 写入数据；P0.1 连接 K2 按键，按下后开始从 AT25F1024 读出数据；P2.7 连接 LED 发光二极管。要求编程实现如下功能：

(1) 按下 K1 按键，擦除 AT25F1024 内全部数据，并在低地址空间 0x00～0x7F 写入 0～127，在高地址空间 0x1FF80～0x1FFFF 写入 128 个随机数据。

(2) 按下 K2 按键，循环读出并显示写入的 256 个字节数据。

(3) 写入开始和结束时，LED 由亮到灭发出指示信息。

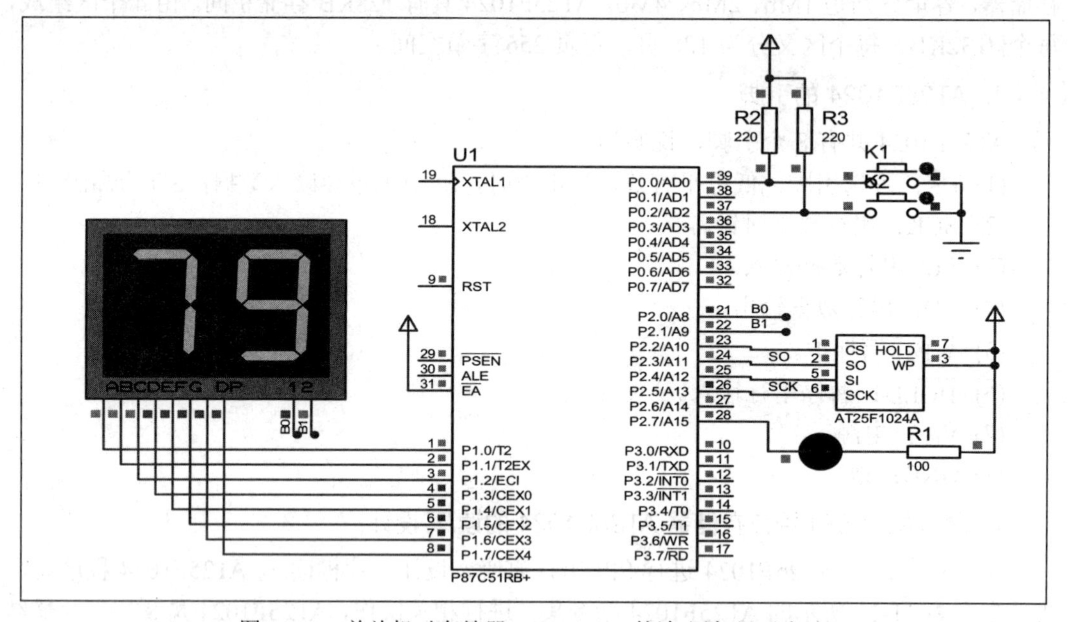

图 11-17　单片机对存储器 AT25F1024 的读/写与显示电路

编程时，根据对 AT25F1024 读/写时序，设计写字节函数和读字节函数，设计思路如下：

(1) 向指定地址写入字节数据函数：单片机选通 AT25F1024 芯片，设置“写使能”，等待芯片不忙后，再发出“编程存储区”命令，输出 3 字节写数据的地址，由高位到低位送出写入芯片的字节数据。待芯片不忙后，函数返回。

(2) 从指定地址读出字节数据函数：单片机选通 AT25F1024 芯片，发出“从存储区读数”命令，输出 3 字节读字节数据的地址，由高位到低位读出一个字节数据。

参考程序：

```
#include <reg52.h>
#include <intrins.h>
#include <stdlib.h>
#define uchar    unsigned char
#define uint unsigned int
#define ulong unsigned long
//SPI 接口存储器引脚定义
```

```
sbit CS   = P2^2;                          //片选
sbit SO   = P2^3;                          //AT25F1024A 串行数据输出
sbit SI   = P2^4;                          //AT25F1024A 串行数据输入
sbit SCK = P2^5;                           //AT25F1024A 串行时钟
sbit K1 = P0^0;
sbit K2 = P0^2;
#define WREN              0x06             //使能写
#define WRDI              0x04             //禁止写
#define RDSR              0x05             //读状态
#define WRSR              0x01             //写状态
#define READ              0x03             //读字节
#define WRITE             0x02             //写字节
#define SECTOR_ERASE      0x52             //删除区域数据
#define CHIP_ERASE        0x62             //删除芯片数据
#define RDID              0x15             //读厂商与产品 ID
//SPI 接口存储器操作命令定义
#define WREN              0x06             //写使能
#define WRDI              0x04             //禁止写
#define RDSR              0x05             //读状态
#define WRSR              0x01             //写状态
#define READ              0x03             //读字节
#define WRITE             0x02             //写字节
#define SECTOR_ERASE      0x52             //删除区域数据
#define CHIP_ERASE        0x62             //删除芯片数据
#define RDID              0x15             //读产品 ID
//LED 操作定义
#define LED_ON()     P2 &= ~(1<<7)         // LED 点亮
#define LED_FLASH()       P2 ^=   (1<<7)   // LED 闪烁
//数码管位引脚定义
sbit B0   = P2^0;
sbit B1   = P2^1;
//LED 段码表(共阴数码管)
code uchar Seg[] =
{  0x3F, 0x06, 0x5B, 0x4F, 0x66, 0x6D, 0x7D, 0x07,
   0x6F, 0x77, 0x7F, 0x7C, 0x39, 0x5E, 0x79, 0x71
};
uchar   R_Buf[256];                        //从 AT25F1024A 读出数据存放空间
uchar Dis_Dat[] = {0, 0};                  //待显示 2 位数据
void Delay(uint x)//延时约 1ms
```

```
{   uint k;
    while(x--)
    for(k = 0; k < 120; k++);
}

void Display()                                  //显示 1 字节数据
{
    B0 = B1 = 1;
    P1 = Seg[Dis_Dat[1]];
    B0 = 0;
    Delay(2);
    B0 = B1 = 1;
    P1 = Seg[Dis_Dat[0]];
    B1 = 0;
    Delay(2);
}

uchar R_Byte()                                  //读 1 字节数据
{
    uchar i;
    uchar temp = 0x00;
    for(i = 0; i < 8; i++)
    {   SCK = 1; SCK = 0; temp = (temp<<1) | SO;        }
        return temp;
}

void W_Byte(uchar dat)                          //写 1 字节数据
{
    uchar i;
    for(i = 0; i < 8; i++)
    {dat <<= 1; SI = CY;
        SCK = 0; SCK = 1; }
}
uchar R_Status()                                //读 AT25F1024A 状态
{
    uchar status;
    CS = 0;
    W_Byte(RDSR);
    status = R_Byte();
```

```
    CS = 1;
    return status;
}

void Wait(){ while(R_Status() & 0x01); }          //忙等待

void Erase()                                      //删除 AT25F1024A 芯片数据
{
    CS = 0;
    W_Byte(WREN);
    CS = 1;
    Wait();
    CS = 0;
    W_Byte(CHIP_ERASE);
    CS = 1;
    Wait();
}

void W_Address(ulong addr)                        //向 AT25F1024A 写入 3 字节的地址
{
    W_Byte((uchar)(addr>>16&0xFF));
    W_Byte((uchar)(addr>>8&0xFF));
    W_Byte((uchar)(addr&0xFF));
}

uchar R_AT25F1024A(ulong addr)                    //读单字节
{
    uchar temp;
    CS = 0;
    W_Byte(READ);
    W_Address(addr);
    temp = R_Byte();
    CS = 1;
    return temp;
}

void W_AT25F1024A(ulong addr, uchar dat)              //写入单字节数据
{
    CS = 0;
```

```
        W_Byte(WREN);
        CS = 1;
        Wait();
        CS = 0;
        W_Byte(WRITE);
        W_Address(addr);
        W_Byte(dat);
        CS = 1;
        Wait();
    }
    void main()
    {   ulong i;
        uint m = 0;
        uchar temp, Flag = 0,   n;
        while(1)
        {   Start:
            if(K1 == 0)                                 // K1 键按下，写入 256 字节数据
            {
                LED_ON();
                Erase();
                for(i = 0x00000; i <= 0x0007F; i++)     //写入 0～127
                    W_AT25F1024A(i, (uchar)i);
                for(i = 0x1FF80; i <= 0x1FFFF; i++)     //写入 128 个随机数据
                {   W_AT25F1024A(i, rand()); }
                    while(!K1);
                    n = 80;
                    while (--n)
                    {   LED_FLASH();
                        Delay(10); }
            }
            if (K2==0)                                  // K2 键按下，读出 256 个字节数据
            {
                for(i = 0x00000; i <= 0x0007F; i++)
                R_Buf[(uchar)i] = R_AT25F1024A(i);
                for(i = 0x1FF80, n=0x80; i <= 0x1FFFF; i++, n++)
                R_Buf[n] = R_AT25F1024A(i);
                while(!K2);
                Flag = 1;
                m = 0;
```

```
            }
            if (Flag)                                        //循环显示 256 个数据
            {
                temp = R_Buf[m];
                Dis_Dat[1] = temp>>4;
                Dis_Dat[0] = temp&0x0F;
                for(n = 0; n < 20; n++)
                {   Display();
                    if (K1 == 0 || K2 == 0)
                    {m = 0; P2 = 0x00; goto Start; }
                }
                m = m+1;
                if(m == 0x100){m=0; }
            }
        }
    }
```

习　题　11

一、填空题

1. 单总线系统只有一条数据线＿＿＿＿＿，总线上所有器件都挂在该线上，电源也由该线供给。

2. DS18B20 是＿＿＿＿＿温度传感器，温度测量范围为＿＿＿＿＿℃，在 -10～+85℃范围内，测量精度可达＿＿＿＿＿℃。

3. SPI 具有较高的数据传输速度，最高可达＿＿＿＿＿Mb/s。

4. I^2C 的英文为＿＿＿＿＿。

二、简答题

1. 单总线、I^2C 总线、SPI 总线的特点是什么？有什么区别？

2. I^2C 总线的优点是什么？

3. I^2C 总线的数据传输方向如何控制？

4. 如何对 I^2C 总线中的器件进行寻址？

第 12 章　单片机应用实例

本章介绍 80C51 单片机各种常用的测控应用设计案例，内容主要包括单片机与直流电机、步进电机接口设计，以及单片机电子音乐设计、频率计设计、SPI 接口射频通信设计。通过案例介绍，读者可了解单片机系统的各种常见的应用设计。

12.1　直流电动机的控制设计

直流电动机是指将直流电能转换成机械能的旋转电机，多用在无交流电源、方便移动的场合，具有低速大力矩等特点，因其良好的调速性能而在电力拖动中得到广泛应用。下面介绍单片机控制直流电动机的工作原理、接口技术和应用案例。

1. 直流电动机的结构及其工作原理

直流电动机的结构可分为定子和转子两大部分。直流电动机运行时静止不动的部分称为定子，其作用是产生磁场，由机座、主磁极、换向极、端盖、轴承和电刷装置等组成；运行时转动的部分称为转子，其作用是产生电磁转矩和感应电动势，是直流电机能量转换的枢纽，又称为电枢，由转轴、电枢铁心、电枢绕组、换向器和风扇等组成。

电动机定子提供磁场，直流电源向转子的绕组提供电流，换向器使转子电流与磁场产生的转矩保持方向不变。根据是否配置有电刷-换向器，可以将直流电动机分为两类，即有刷直流电动机和无刷直流电动机。按照产生磁场的方式(励磁方式)，直流电动机分为永磁、他励和自励三类，其中自励又分为并励、串励和复励三种。并励式直流电动机和串励式直流电动机如图 12-1 所示。

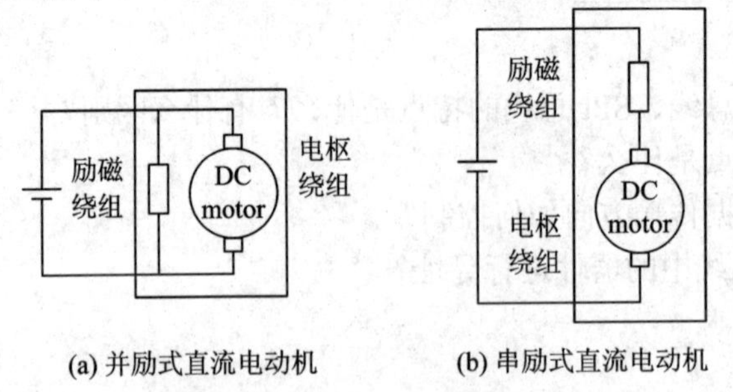

(a) 并励式直流电动机　　(b) 串励式直流电动机

图 12-1　直流电动机串并联方式

直流电动机的工作原理：直流电动机里固定有环状永磁体，电流通过转子上的线圈产生安培力，当转子上的线圈与磁场平行时，再继续转动线圈，其受到的磁场方向将改变，此时转子末端的电刷跟换向片交替接触，从而线圈上的电流方向也发生改变，产生的洛伦兹力方向不变，所以电动机能保持一个方向转动。

2. 直流电动机的驱动方式

直流电动机的驱动是通过把直流电源加到直流电动机上，使之旋转。常用的驱动元件有继电器、达林顿晶体管等，以晶体管控制直流电动机方向的桥式驱动为例，电路如图 12-2 所示，若送一个高电平信号到 input1 端，同时送一个低电平信号到 input2 端时，则电流从右向左流过此直流电动机。反之，若送一个低电平信号到 input1 端，同时送一个高电平信号到 input2 端，则电流从左向右流过此直流电动机。

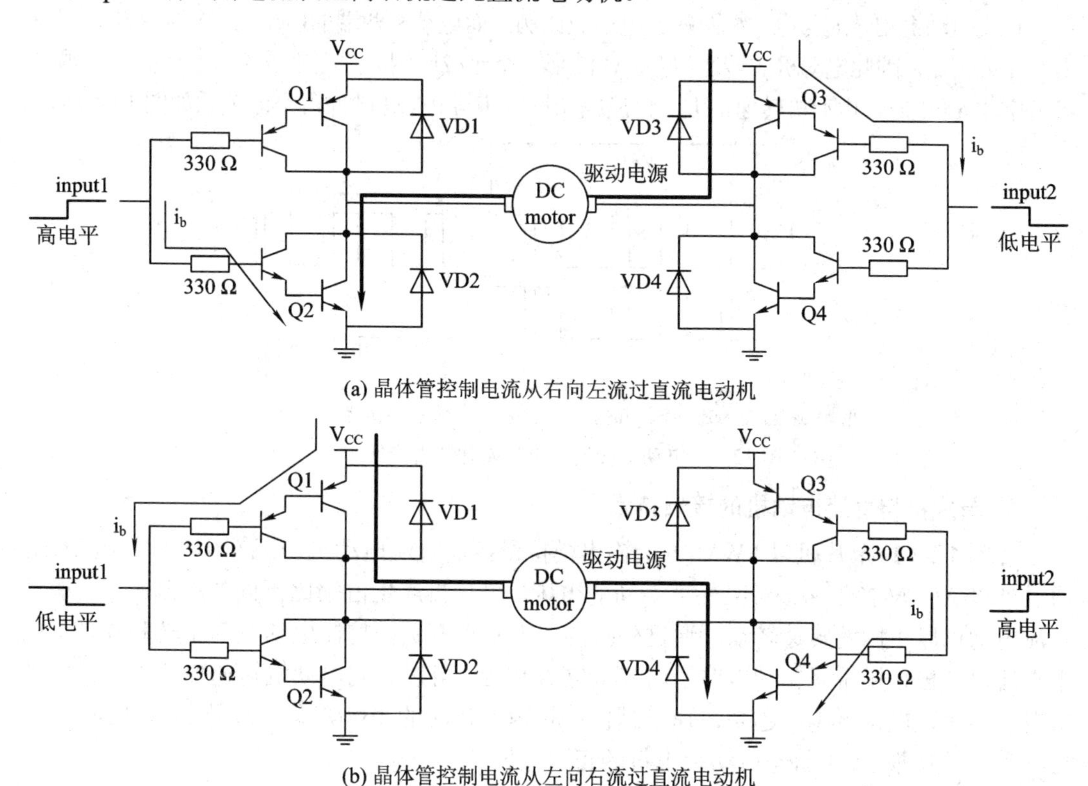

图 12-2　晶体管控制直流电动机方向的桥式驱动电路

3. 直流电动机的 PWM 控制

某些场合往往要求直流电动机的转速在一定范围内可调节，例如，电车、机床等，调节范围根据负载的要求而定。调速可以有三种方法：

(1) 改变电动机两端电压；

(2) 改变磁通；

(3) 在电枢回路中，串联调节电阻。

其中，通过改变施加于电动机两端的电压大小达到调节直流电动机转速的目的是常用的方法。

直流电动机的转速与施加的电压成正比，输出转矩与电流成正比。在直流电动机工作期间改变其速度的常见方法是施加一个 PWM(脉冲宽度调制)脉冲波，其占空比对应所需速度。此时电动机相当于一个低通滤波器，将 PWM 信号转换为有效直流电平。

PWM 控制是改变脉冲宽度来控制其平均值的方法，施加在直流电动机上的脉冲电压平均值如图 12-3 所示，图中 A 脉冲平均电压为 0.5 V，B 脉冲平均电压为 0.25 V。

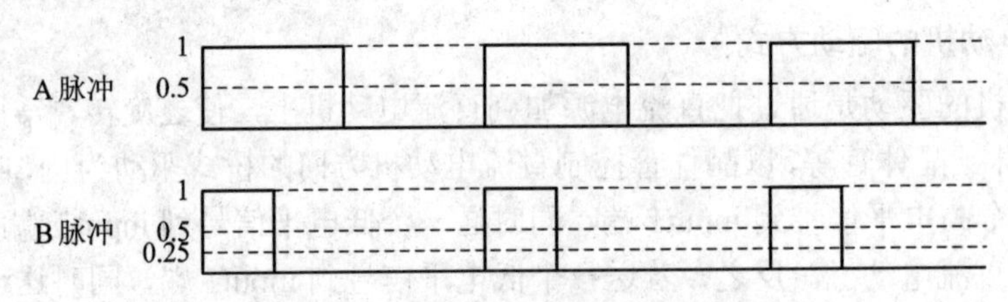

图 12-3　PWM 脉冲波形及平均值

直流电动机的转速与电动机两端的电压成比例，而电动机两端的电压与 PWM 控制波形的占空比成正比，因此电动机的转速与 PWM 波形占空比成比例。占空比越大，电动机转得越快，当占空比 α = 1 时，电动机转速最大。直流电动机转速与 PWM 脉冲占空比关系如图 12-4 所示。

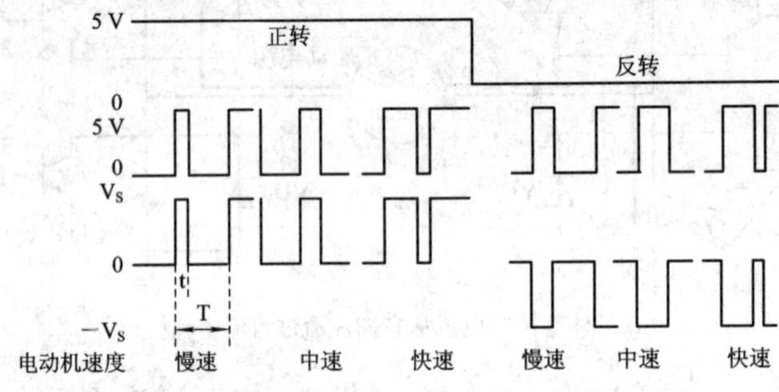

图 12-4　电动机转速与 PWM 脉冲占空比关系

4. 单片机与直流电动机的接口技术

【例 12-1】 单片机以 PWM 方式输出模拟量控制直流电动机，电路图如图 12-5 所示，通过外接 A/D 转换电路，对应外部不同的电压，单片机产生占空比不同的控制脉冲，驱动直流电动机以不同的转速转动。通过外接的单刀双掷开关，控制电动机的正转和反转。图中直流电动机采用桥式驱动电路，调节电位器 RV1，可以看到电动机转速随着电位器的调节发生变化，电位器电压越高，速度越快，转速变化时的 PWM 信号变化如图 12-6 和图 12-7 所示。切换 SW1 状态可切换电机的正、反转。

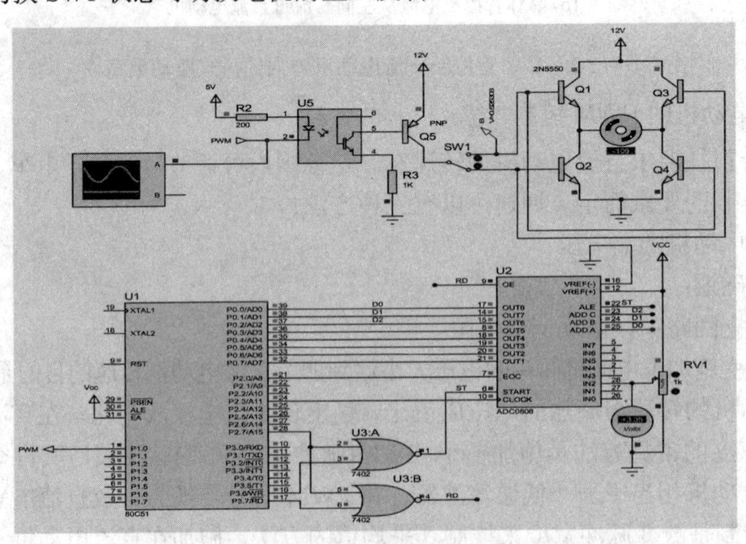

图 12-5　单片机以 PWM 方式控制直流电动机电路图

参考程序：

```
#include  <reg51.h>
#include  <absacc.h>                    //定义绝对地址访问
#define  uchar  unsigned  char
#define  P0809  XBYTE[0x0000]           //通道 0 的地址
sbit  EOC = P2^0;
sbit  CLOCK = P2^3;
sbit  PWM = P1^0;
void  Delay(unsigned  int  x)           //延时 1ms 函数
{
    uchar j;
    while(x--)
    {for (j = 0; j < 60; j++); }
}
void  main(void)
{  uchar temp;
    PWM = 1;
    EOC = 1;
    TMOD = 0x02;
    TH0 = 20;
    TL0 = 00;
    IE = 0x82;
    TR0 = 1;
    while(1)
    {
        P0809 = 2;                      //启动通道 2 转换
        while(!EOC);
        temp = P0809;
        PWM = 0;
        Delay(temp);
        PWM = 1;
        temp = 255-temp;
        Delay(temp);
    }
}
void time0() interrupt 1
{
    CLOCK = ~ CLOCK;
}
```

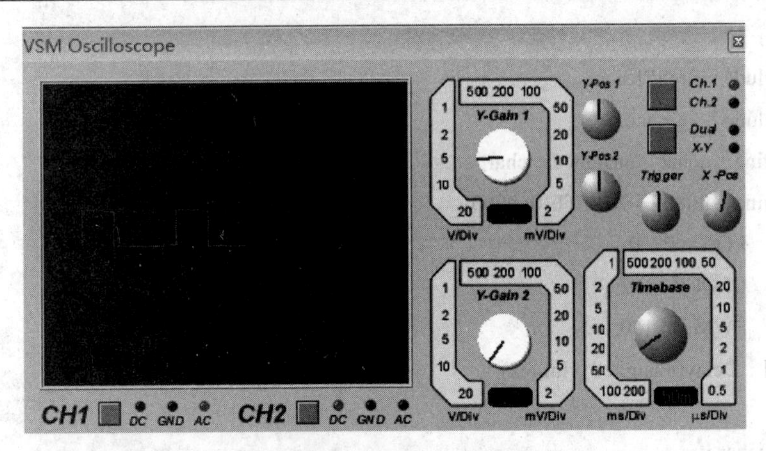

图 12-6　转速较小时对应 PWM 信号

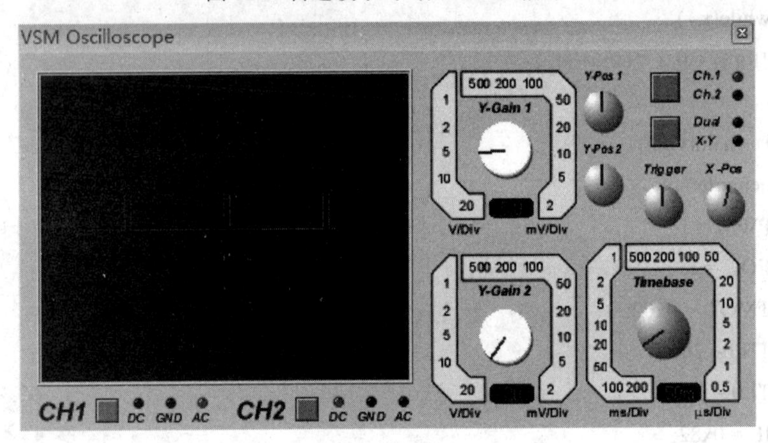

图 12-7　转速较大时对应 PWM 信号

12.2　单片机控制步进电机

步进电机是将脉冲信号转变为角位移或线位移的开环控制电机，是数字控制系统中的主要执行元件。在非超载时，其转速、停止位置仅取决于脉冲信号的频率和脉冲数，不受负载变化的影响。步进驱动器每接收一个脉冲信号，驱动步进电机按一定方向转动一个固定的“步距角”，通过控制脉冲个数来控制角位移量，从而达到准确定位。例如某三相步进电机每个励磁信号前进 7.5°，则每旋转一圈 360° 需要 48 个励磁信号完成。步进电机也称为脉冲电机，可直接接收来自计算机的数字脉冲，使电机旋转过相应的角度。步进电机在要求快速启停、精确定位的场合作为执行部件，得到了广泛采用。

1. 步进电机驱动原理

步进电机的驱动是通过微控制器控制每相线圈中电流的顺序切换来使电机作步进式旋转，改变各相脉冲的通断顺序，可以改变步进电机的旋转方向；调节脉冲信号的频率可改变步进电机的转速。

常用的四相步进电机的电机线圈由 A、B、C、D 四相组成，驱动方式有单相四拍工作方式、双四拍工作方式和四相八拍工作方式三种，三种工作方式的线圈通电顺序如表 12-1、表 12-2 和表 12-3 所示。

1) 单相四拍工作方式

若电机正转，必须控制绕组 A、B、C、D 中通电顺序为 A→B→C→D→A；反转时，需要通电顺序为 A→D→C→B→A。步进电机在单相四拍方式下，每一瞬间只有一个线圈导通。该方式消耗电力小，精确度良好，但转矩小，振动较大。

2) 四相八拍工作方式

正转时，绕组通电顺序为 A→AB→B→BC→C→CD→D→DA→A；反转时，通电顺序为 A→AD→D→DC→C→CB→B→BA→A。在这种方式下，1 相与 2 相轮流交替导通。该方式的分辨率较高，且运转平滑。

3) 双四拍工作方式

正转时，需要控制绕组通电顺序为 AB→BC→CD→DA→AB；反转时，通电顺序为 BA→AD→DC→CB→BA。步进电机在这种方式下，每一瞬间会有两个线圈同时导通。因其转矩大，振动小，故为目前使用最多的励磁方式。

表 12-1 单相四拍励磁顺序

(A→B→C→D→A)

顺序	A	B	C	D
1	1	0	0	0
2	0	1	0	0
3	0	0	1	0
4	0	0	0	1
5	1	0	0	0

表 12-2 四相八拍励磁顺序

(A→AB→B→BC→C→CD→D→DA→A)

顺序	A	B	C	D
1	1	0	0	0
2	1	1	0	0
3	0	1	0	0
4	0	1	1	0
5	0	0	1	0
6	0	0	1	1
7	0	0	0	1
8	1	0	0	1
9	1	0	0	0

表 12-3　双四拍励磁顺序
(AB→BC→CD→DA→AB)

顺序	A	B	C	D
1	1	1	0	0
2	0	1	1	0
3	0	0	1	1
4	1	0	0	1
5	1	1	0	0

综上所述，步进电机有如下特点：

(1) 其旋转角度与脉冲数成正比。

(2) 通过控制脉冲频率控制电机转动的速度和加速度，从而实现调速。

(3) 电机的正、反转可由脉冲顺序来控制。

(4) 改变各相的通电方式，可以改变电机的运行方式。

2. 步进电机应用实例

【例 12-2】 为提高步进电机负载能力和使其运行平稳，可使用四相八拍驱动方式控制步进电机，电路图如图 12-8 所示，图中设置正、反转开关，另外设置 6 个开关 K1～K6，用来控制 6 级转速。单片机读取正、反转命令信息，以及 6 级转速指示，由 ULN2003A 驱动步进电机转动。

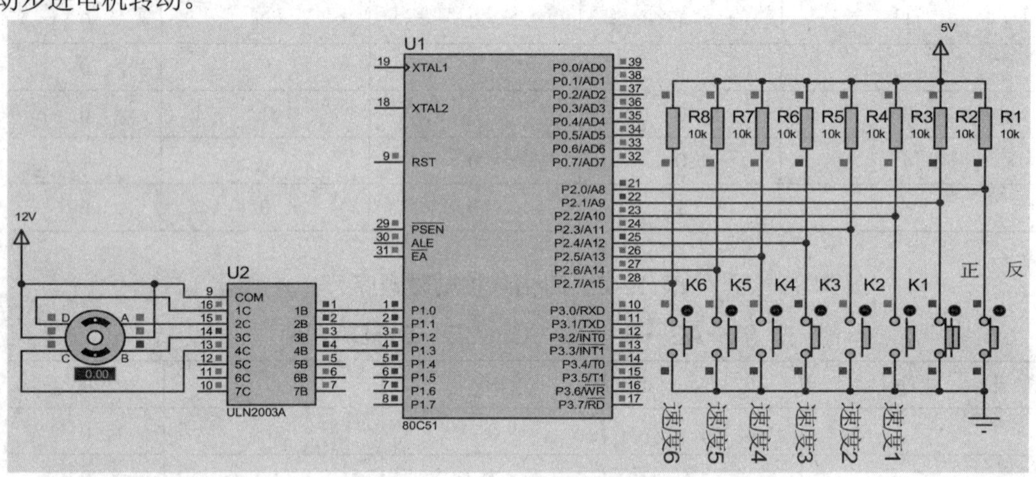

图 12-8　单片机 6 级转速控制步进电机

参考程序：

```
#include "reg51.h"
#define uchar unsigned char
#define uint unsigned int
#define key P2
sbit z = P2^0;                    //正转控制 P2.0
sbit f = P2^1;                    //反转控制 P2.1
sbit speed1 = P2^2;               //速度 1
```

```
sbit speed2 = P2^3;                //速度 2
sbit speed3 = P2^4;                //速度 3
sbit speed4 = P2^5;                //速度 4
sbit speed5 = P2^6;                //速度 5
sbit speed6 = P2^7;                //速度 6
uchar code phase[] = {0x02, 0x06, 0x04, 0x0c, 0x08, 0x09, 0x01, 0x03};
void  Delay(unsigned  int  x)      //延时 1ms 函数
{  uchar j;
   while(x--)
   {  for (j = 0; j < 125; j++); }
}
void main(void)
{  uchar i;
   uint m;
   key = 0xff;
   while(1)
   {  if(speed1 == 0){m = 500; }
      else if(speed2 == 0){m = 200; }
      else if(speed3 == 0){m = 100; }
      else if(speed4 == 0){m = 50; }
      else if(speed5 == 0){m = 20; }
      else if(speed6 == 0){m = 5; }
      else {m = 5; }
      if(!z)                       //如果正转按键按下
      {  i = i< 8?i+1: 0;          //如果 i < 8，则 i = i+1；否则 i=0
         P1 = phase[i];
         Delay(m);
      }
      else if(!f)
      {  i = i > 0 ? i-1: 7;
         P1 = phase[i];
         Delay(m);      }
   }
}
```

12.3　单片机电子音乐设计

单片机控制扬声器，可以演奏各种电子音乐。

1. 音调产生原理

单片机产生电子音调，可通过定时器产生不同频率的音符信号，控制音符延长时间，经过扬声器驱动电路，发出不同的音调。

2. 音符与频率的关系

音乐的十二平均率规定：每两个八度音(如简谱中的中音 1 与高音 1)之间的频率相差一倍。在两个八度音之间，又可分为十二个半音，每两个半音的频率之比为 2 的 12 次方根(1.0595)。C 调音符与频率对照表如表 12-4 所示，音名 A(简谱中的低音 6)的频率为 440 Hz，音名 B 到 C 之间、E 到 F 之间为半音，其余为全音。由此可以计算出简谱中从低音 1 至高音 7 之间每个音名符的频率，各信号频率不同，但都是从同一个基准频率分频得到的。由于分频系数不能为小数，计算得到的频率四舍五入取整。

表 12-4　C 调音符与频率的关系

音符	频率/Hz	音符	频率/Hz	音符	频率/Hz
低音 1	262	中音 1	523	高音 1	1046
低音 1#	277	中音 1#	554	高音 1#	1109
低音 2	294	中音 2	587	高音 2	1175
低音 2#	311	中音 2#	622	高音 2#	1245
低音 3	330	中音 3	659	高音 3	1318
低音 4	349	中音 4	698	高音 4	1397
低音 4#	370	中音 4#	740	高音 4#	1480
低音 5	392	中音 5	784	高音 5	1568
低音 5#	415	中音 5#	831	高音 5#	1661
低音 6	440	中音 6	880	高音 6	1760
低音 6#	466	中音 6#	932	高音 6#	1865
低音 7	494	中音 7	988	高音 7	1976

3. 电子音阶设计

电子音阶可由不同音符对应不同频率的音频方波信号，其中，音频信号的高低电平持续时间可由定时器 T0 控制；T0 设置初值后，每当定时时间到，将单片机 I/O 口电平取反即得到音频信号。

以低音“1”音频信号产生为例，低音“1”对应频率 $f = 262$ Hz，则该音频信号高、低波形持续时间均为 $1/2 \times (1/f)$，设晶振 $f_{osc} = 11.0592$ Hz，并设定时器 T0 工作在方式 1，定时器初值为 X，则可得

$$\frac{1}{2} \times \frac{1}{f} = \frac{12}{f_{osc}} \times (2^{16} - X)$$

即

$$初值\ X = 63777 = 0xF921$$

除了产生音频信号，还需要考虑音符的节拍，可以由延时子程序来实现，延时子程序实现基本延时时间，节拍值采用整数延时。

【例 12-3】 单片机控制扬声器演奏电子音乐《世上只有妈妈好》。利用 P3.0 输出不同音频信号脉冲，控制音符延时，通过扬声器发出不同频率音调，电路图如图 12-9 所示。

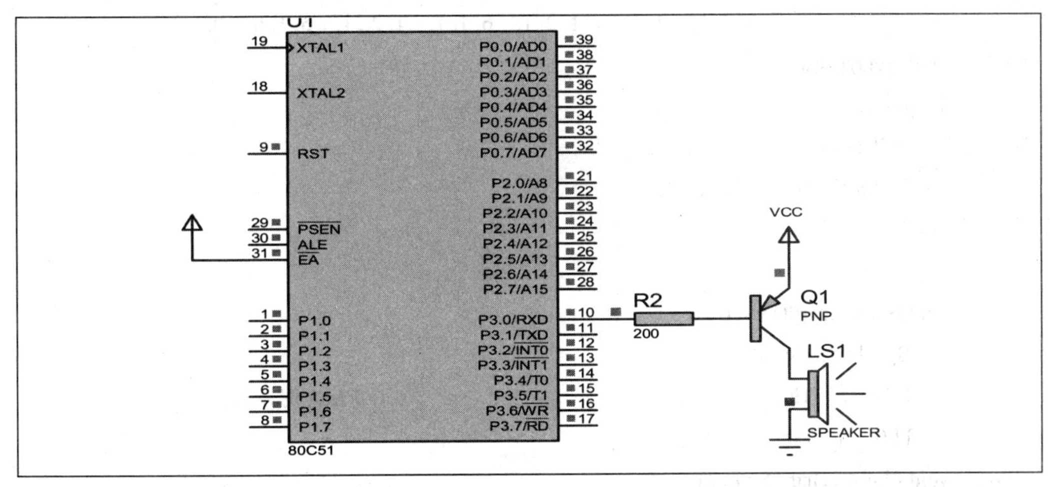

图 12-9　单片机控制扬声器演奏电子音乐

程序设计思想：将简谱音乐的每个音符、该音符频率(由音符与频率表计算得到的定时器初值)、该音符节拍时间常数组成歌曲数组 mother。主程序循环调用演奏函数 Plays(uchar *Sound)。在演奏函数设计中，按照歌曲数组依次取得音符频率 FH 和 FL，据此设置定时器 T0 初值，在定时时间到时，产生定时中断；在中断服务函数中将 P3.0 口取反产生音频信号，并控制扬声器通断；演奏函数中，通过该音符节拍时间常数控制该音频信号的出现时间。顺序播放整首乐曲。

参考程序：

```
#include"Reg52.H"
#include"stdio.H"
typedef    unsigned char uchar;
typedef unsigned int    uint;
sbit Speaker = P3^0;
uchar    S_TH0, S_TL0;                  //定时器初值
uchar    STime;                         //一拍时间
uchar code FH[ ] = {                    //音阶频率表，高八位
          0xF9, 0xF9, 0xFA, 0xFA, 0xFB, 0xFB, 0xFC,    //低音 1, 2, 3, 4, 5, 6, 7
          0xFC, 0xFC, 0xFD, 0xFD, 0xFD, 0xFD, 0xFE,    //中音 1, 2, 3, 4, 5, 6, 7
          0xFE, 0xFE, 0xFE, 0xFE, 0xFE, 0xFE, 0xFF     //高音 1, 2, 3, 4, 5, 6, 7} ;
uchar code FL[ ] = {                    //音阶频率表 低八位
          0x21, 0xE1, 0x8C, 0xD8, 0x68, 0xE9, 0x5B,    //低音 1, 2, 3, 4, 5, 6, 7
          0x8F, 0xEE, 0x44, 0x6B, 0xB4, 0xF4, 0x2D,    //中音 1, 2, 3, 4, 5, 6, 7
          0x47, 0x77, 0xA2, 0xB6, 0xDA, 0xFA, 0x16     //高音 1, 2, 3, 4, 5, 6, 7 };
```

```
uchar code mother[ ] = {6, 2, 3,   5, 2, 1,   3, 2, 2,   5, 2, 2,   1, 3, 2,   6, 2, 1,   5, 2, 1,
                        6, 2, 4,   3, 2, 2,   5, 2, 1,   6, 2, 1,   5, 2, 2,   3, 2, 1,   2, 2, 1,
                        1, 2, 1,   6, 1, 1,   5, 2, 1,   3, 2, 1,   2, 2, 4,   2, 2, 3,   3, 2, 1,
                        5, 2, 2,   5, 2, 1,   6, 2, 1,   3, 2, 2,   2, 2, 2,   1, 2, 4,   5, 2, 3,
                        3, 2, 1,   2, 2, 1,   1, 2, 1,   6, 1, 1,   1, 2 , 1,   5, 1, 6,   0, 0, 0 };
void Delayms(uint x)
{   uint i;
    while(x--)
    {   for (i = 0; i < 125; i++);
    }
}
void BeepTimer0() interrupt 1
{    Speaker = !Speaker;
    TH0 = S_TH0;                                        //重新赋定时器初值
    TL0 = S_TL0; }
void Plays( uchar *Sound )
{   uint   i = 0, j;
    uchar   b;
    uint SoundL;                                        //歌曲长度
    SoundL = 0;
    while(Sound[SoundL++ ] != 0x00 );                   //计算歌曲长度
    while( i < SoundL)
    {   j = Sound[ i ] + 7 * ( Sound[ i + 1 ] - 1 ) - 1;
        S_TH0 = FH[ j ];                                //音符频率
        S_TL0 = FL[ j ];
        STime = Sound[ i + 2 ];                         //该音符时常
        TH0 = S_TH0;                                    //定时器初值
        TL0 = S_TL0;
        TR0=1;
        i += 3;                                         //指向下一音符
        while( STime-- )                                //控制音符时间
        {   for( b = 0; b < 200; b++ )
            {   Delayms(1);
            }
        }
        TR0 = 0;
        Speaker = 0;                                    //关闭蜂鸣器
    }
}
```

```
void main( )
{
    TMOD = 0x01;
    ET0 = 1;
    EA = 1;
    while(1)
    {   Plays(mother);
        Delayms(500);
    }
}
```

12.4　单片机频率计设计

利用单片机定时器与计数器配合或者定时器与外部中断配合，可实现信号频率的测量。频率测量常用的方法有定时计数法(测频法)和定数计时法(测周法)、同步计数计时法(频率周期法)及其各种改进方法。测频法在计数时有±1 的误差，频率低时误差比较大；测周法也有±1 个时间单位误差，频率高时误差大；同步计数计时法综合了上述两种方法的优点，精度较高。本例采用较为常用的测频法。

【例 12-4】 单片机测量数字时钟频率的电路原理图如图 12-10 所示，设单片机晶振频率为 12 MHz，利用计数器 T0 的 P3.4 引脚接入数字时钟信号，当按下开关 K 时，单片机计算出数字时钟信号频率，并在 LCD1206 上显示。

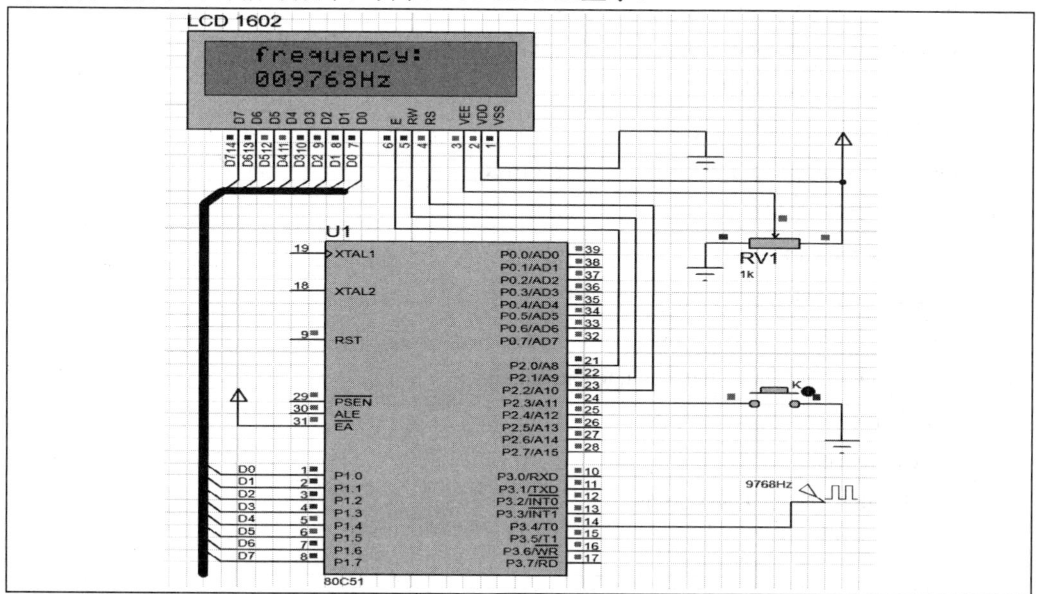

图 12-10　单片机测量方波频率

编程思路：单片机利用 T0 计数中断和 T1 定时中断方式，设计 T1 定时 50 ms，选择方式 1，每当 T1 定时时间 50 ms 到时，统计定时到的次数，当 1 s 时间到时，计算 T0

所计数的数字时钟个数，从而实现对频率的测定。LCD1206 初始显示“Press K to start”，当按下开关 K 后，开始 T1 定时和 T0 计数。由于 T1 定时时间为 50 ms，T1 初值为 0x3cb0。TMOD = 00010101B(0x15)。

参考程序：

```
#include <reg51.h>
#include  <math.h>
#include  <stdio.h>
#include <absacc.h>
#include <intrins.h>                    //包含_nop_( )空函数指令的头文件
#define uchar unsigned char
#define uint unsigned int
#define out P1
sbit RS = P2^2;                         //位变量
sbit RW = P2^1;                         //位变量
sbit E = P2^0;                          //位变量
sbit K = P2^3;
void lcd_initial(void);                 //LCD 初始化函数
sbit DQ = P3^0;
uchar const asc[10] = {0x30, 0x31, 0x32, 0x33, 0x34, 0x35, 0x36, 0x37, 0x38, 0x39};
uchar T[8] = "888888Hz";
void check_busy(void);                  //检查忙标志函数
void write_command(uchar com);          //写命令函数
void write_data(uchar dat);             //写数据函数
void string(uchar ad, uchar *s);
void LCD_initial(void);
void Delayus( uchar Us );               //延时函数
void Delayms( uint Ms );
uchar PresencePlus;
unsigned long sum;
uint time_c, frey;
uchar hunthbit, tenthbit, thdbit, hdbit, tenbit, unitbit;
void  main()
{  LCD_initial( );
   string(0x80, "Press K to start");
   sum = 0;
   frey = 0;
   time_c = 0;
   TMOD = 0x15;                         // 00010101, T1dingshiT0jishu
   TH1 = 0x3c;                          // 50 ms
```

```
    TL1 = 0xb0;
    TH0 = 0x00;
    TL0 = 0x00;
    EA = 1;
    ET0 = 1;
    ET1 = 1;
    while(K==1);                        //等待按键 K
    write_command(0x01);
    TR0 = 1;
    TR1 = 1;
    while(1)
    {
        if(time_c == 19)                // 1 s 到
        {
            time_c = 0;
            TR1 = 0;
            Delayms(17);
            TR0 = 0;
            sum = frey * 65536 + TH0 * 256 + TL0;
        }
        hunthbit = sum%1000000 / 100000;
        tenthbit = sum%100000 / 10000;
        thdbit = sum %10000 / 1000;
        hdbit = sum %1000/ 100;
        tenbit = sum %100/ 10;
        unitbit = sum % 10;
        T[0] = asc[hunthbit];
        T[1] = asc[tenthbit];
        T[2] = asc[thdbit];
        T[3] = asc[hdbit];
        T[4] = asc[tenbit];
        T[5] = asc[unitbit];
        T[6] = 'H';
        T[7] = 'z';
        string(0x82, "frequency:");
        string(0xC2, T);
    }
}
void I0(void) interrupt 1
```

```
{
    frey++;
}
void   c0(void)   interrupt 3
{
    TH1 = 0x3c;
    TL1 = 0xb0;
    time_c++;
}

void check_busy(void)                        //检查忙标志函数
{
    uchar dt;
    do
    {
        dt = 0xff;
        E = 0;
        RS = 0;
        RW = 1;
        E = 1;
        dt = out;
    }while(dt&0x80);
    E = 0;
}
void write_command(uchar com)          //写命令函数
{
    check_busy();
    E = 0;
    RS = 0;
    RW = 0;
    out = com;
    E = 1;
    _nop_( );
    E = 0;
    Delayms(1);
}
void write_data(uchar dat)                 //写数据函数
{
    check_busy();
```

```
    E = 0;
    RS = 1;
    RW = 0;
    out = dat;
    E = 1;
    _nop_();
    E = 0;
    Delayms(1);
}
void LCD_initial(void)              //液晶显示器初始化函数
{
    write_command(0x38);            //写入命令 0x38：8 位两行显示，5 × 7 点阵字符
    write_command(0x0C);            //写入命令 0x0C：开整体显示，光标关，无黑块
    write_command(0x06);            //写入命令 0x06：光标右移
    write_command(0x01);            //写入命令 0x01：清屏
    Delayms(1);
}
void string(uchar ad, uchar *s)     //输出显示字符串的函数
{
    write_command(ad);
    while(*s>0)
    {
        write_data(*s++);           //输出字符串，且指针增 1
    }
}
void Delayms( uint Ms )             //毫秒延时
{
    uchar i;
    while (Ms--)
    {
        for ( i = 0; i < 112; i++ );    /*  大概 1 ms，不精确  */
    }
}
```

12.5 SPI 射频收发芯片 nRF24L01 接口设计

nRF24L01 是挪威 NORDIC 公司出品的一款新型射频收发器件，采用 4 mm × 4 mm QFN20 封装。nRF24L01 无线射频模块工作于 ISM 频段：2.4～2.5 GHz。该芯片具有功率

放大器、频率合成器、调制器和晶体振荡器等功能，还兼容了增强型 ShockBurst 技术，其中通信频道、输出功率和地址都可以通过程序进行配置，适合用于多机通信。nRF24L01 功耗低，不仅有接收模式和发送模式，还有多种低功耗工作模式，即掉电模式和空闲模式，发射功率 -6 dBm 时，工作电流仅 9 mA；接收数据时，工作电流仅 12.3 mA。nRF24L01 这种低功耗特点在世界领先。nRF24L01 更加适合采用纽扣电池供电的 2.4 GHz 应用。

1. nRF24L01 无线模块的引脚

nRF24L01 模块有 20 个引脚，表 12-5 为 nRF24L01 无线模块的 8 个主要引脚说明。其内置 2.4 GHz 天线，且内置专门的稳压电路，使用不同电源都能实现很好的通信效果。

表 12-5　nRF24L01 引脚说明

引脚信号	芯片引脚	信 号 说 明
V_{SS}	14、8、17	地信号
V_{DD}	15、7、18	电源输入，电压范围 1.9～3.6 V
CE	1	高电平有效，TX 发射或者 RX 接收模式控制
IRQ	6	低电平有效，中断输出
CSN	2	SPI 片选信号
SCK	3	SPI 时钟，由主器件产生
MOSI	4	SPI 数据输入
MISO	5	SPI 数据输出

2. nRF24L01 工作模式

nRF24L01 有四种工作模式：收发模式、配置模式、空闲模式、关机模式。具体工作模式说明见表 12-6。

表 12-6　nRF24L01 常用配置寄存器

地址(H)	寄存器名称	功　能
00	CONFIG	设置 nRF24L01 工作模式
01	EN_AA	设置接收通道及自动应答
02	EN_RXADDR	使能接收通道地址
03	SETUP_AW	设置地址宽度
04	SETUP_RETR	设置自动重发数据时间和次数
07	STATUS	状态寄存器，用于判断状态
0A～0F	RX_ADDR_P0～P5	设置接收通道地址
10	TX_ADDR	设置发送地址
11～16	RX_PW_P0～P5	设置接收通道的有效数据宽度

(1) 收发模式：有 Enhanced Shock Burst TM 收发模式、Shock Burst TM 收发模式和直接收发模式三种。

(2) 空闲模式：即待机模式，工作电流由外部的晶振频率决定，可以减少平均工作电流，避免浪费能源，减少启动时间。

(3) 关机模式：即掉电模式，最小工作电流仅为 900 nA，并保证配置字内容不会丢失。

(4) 配置模式：通过 SPI 完成配置工作，共 30 字节的配置字。

3. nRF24L01 配置寄存器及模式转换

单片机系统通过 I/O 口模拟 SPI 方式控制 nRF24L01 无线模块，通过配置字控制 nRF24L01 处理射频协议，实现各种模式间的转换，改变最低位字就可以切换接收和发送模式。其常用配置寄存器见表 12-6。

nRF24L01 工作模式由发射/接收控制引脚 CE 和 CONFIG 寄存器内部的 PWR_UP、PRIM_RX 共同控制，具体如表 12-7 所示。

表 12-7　nRF24L01 无线模块工作模式

模式	PWR_UP	PRIM_RX	CE	FIFO 寄存器状态
接收模式	1	1	1	—
发射模式 I	1	0	1	数据在 TX FIFO 寄存器中
发射模式 II	1	0	1→0	停留在发射模式，直到数据发送完
待机模式 I	1	—	0	无正在传输的数据
待机模式 II	1	0	1	TX FIFO 为空
掉电模式	0	—	—	—

4. 工作原理

(1) nRF24L01 发送数据。单片机将数据通过 I/O 口模拟 SPI 串口给无线模块 nRF24L01，由 nRF24L01 发送，需要先将 nRF24L01 配置为发射模式，再按照 SPI 时序将发送地址和有效数据写进缓冲区，在片选 CSN 为 0 时，连续写入有效数据，在发射时写入接收节点地址，然后 CE 置 1 保持 15 μs 并延迟 130 μs 后发送数据。

同时要开启自动应答，然后进入接收模式，等待接收应答信号。在此过程中，自动应答接收地址和接收节点地址要保持一致。如果接收到应答信号，则表明通信成功。TX_DS 置 1，同时清除有效数据。如果没有收到应答，就需要重新发送，并且要设置最大重发次数，当达到最大重发次数时，MAX_RT 置 1，TX_FIFO 保留数据重新发送。

当 MAX_RT 或者 TX_DS 置 1 时，IRQ 为 1 会产生中断。发射成功后，CE 为 0 则无线模块进入空闲模式 1；如果发送堆栈里有数据并且 CE 为 1，则继续发送；如果没有数据而 CE 为 1 就进入待机模式 II。

(2) nRF24L01 接收数据。在 nRF24L01 无线接收数据时，先将 nRF24L01 配置为接收模式，延时 130 μs 后等待数据到来并接收。接收方检测到有效地址和 CRC 时，就将数据包存在 RX FIFO 中，将 RX_DR 置 1，IRQ 置 0，进入中断，同时返回确认接收的应答信号，接收成功后 CE 变低，无线模块进入待机模式 I，然后单片机通过 SPI 口读取数据。

5. nRF24L01 接口应用

下面通过一个案例，介绍如何实现单片机利用 SPI 接口实现射频通信。

【例 12-5】 单片机甲采用温度传感器 DS18B20 采集温度，将温度值处理后，单片机甲用 I/O 口模拟 SPI 时序与 SPI 收发接口 nRF24L01 通信，实现对温度值的无线发送，单片机甲与 nRF24L01 接口发送电路如图 12-11 所示；单片机乙通过模拟 SPI 时序与 nRF24L01 通信，实现无线接收温度值，接收温度后显示在 LCD12864 上，单片机乙与 nRF24L01 接口芯片接收电路如图 12-12 所示。其中，CE 是模式控制线，CE 为低，和 CONFIG 共同决定 nRF24L01 的状态。CSN 是 nRF24L01 片选线，CSN 为 0 时芯片工作。MOSI 是单片机输出数据控制线。MISO 是单片机输入数据控制线。IRQ 是中断信号，当 FIFO 发完数据并收到使能 ACK、RX FIFO 收到数据和达到最大重发次数时，触发低电平，中断得到响应。

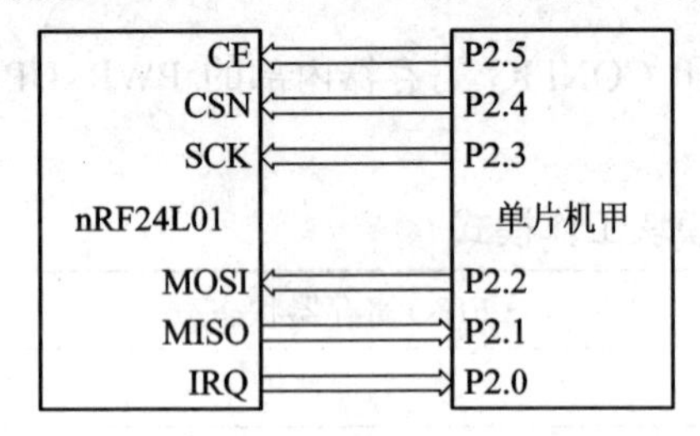

图 12-11　单片机与 nRF24L01 组成发送数据接口

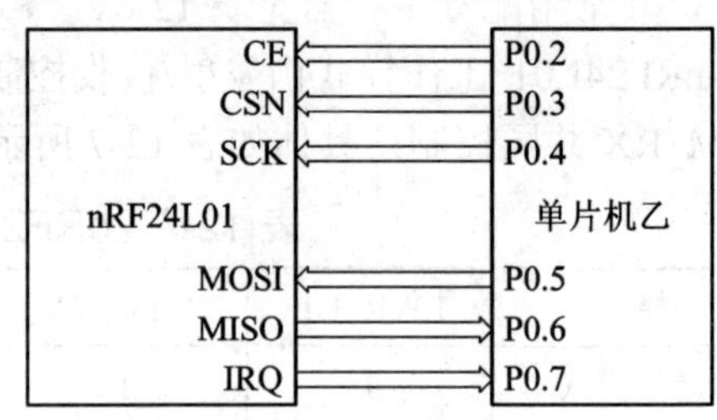

图 12-12　nRF24L01 与单片机组成接收数据接口

程序设计中，单片机甲首先将温度模块采集的温度数据通过模拟 SPI 串口给无线模块，由无线模块发送；需要先将 nRF24L01 配置为发射模式，再按照 SPI 时序将发送地址和有效数据写进缓冲区，在 CSN 为 0 时，连续写入有效数据，在发射时写入一次接收节点地址，然后 CE 置 1，保持 15 μs 并延迟 130 μs 后发送数据。

同时要开启自动应答，然后进入接收模式，等待接收应答信号。在此过程中，自动应答接收地址和接收节点地址要保持一致。如果接收到应答信号，则表明通信成功。TX_DS 置 1，同时清除有效数据。如果没有收到应答，就需要重新发送，并且要设置最大重发次数，当达到最大重发次数时，MAX_RT 置 1，TX_FIFO 保留数据重新发送。

当 MAX_RT 或者 TX_DS 置 1 时，IRQ 为 1 会产生中断。发射成功后，CE 为 0 则无线模块进入空闲模式 1；如果发送堆栈里有数据并且 CE 为 1，则继续发送；如果没有数据而 CE 为 1 就进入待机模式Ⅱ。

在无线接收温度数据时，先将 nRF24L01 配置为接收模式，延时 130 μs 后等待数据到来并接收。接收方检测到有效地址和 CRC 时，就将数据包存在 RX FIFO 中，返回确认接收的应答信号，置位状态寄存器中的接收位 RX_OK，并置硬件 IRQ 引脚为低电平等待单片机查询；接收成功后 CE 变低，无线模块进入待机模式 1，然后单片机通过 SPI 口读取数据。

单片机甲通过 DS18B20 采集温度，并通过 SPI 射频收发芯片 nRF24L01 发送温度值的参考程序如下：

```
#include "reg52.h"
#include "intrins.h"
#include "process.h"
#define uchar unsigned char
#define uint   unsigned int
/**********   NRF24L01 寄存器操作命令   ***********/
#define READ_REG              0x00      //读配置寄存器，低 5 位为寄存器地址
```

```
#define WRITE_REG        0x20      //写配置寄存器，低 5 位为寄存器地址
#define RD_RX_PLOAD      0x61      //读 RX 有效数据，1～32 字节
#define WR_TX_PLOAD      0xA0      //写 TX 有效数据，1～32 字节
#define FLUSH_TX         0xE1      //清除 TX FIFO 寄存器，发射模式下用
#define FLUSH_RX         0xE2      //清除 RX FIFO 寄存器，接收模式下用
#define REUSE_TX_PL      0xE3      //重新使用上一包数据，CE 为高，数据包被不断发送
#define NOP              0xFF      //空操作，可以用来读状态寄存器
/**********   NRF24L01 寄存器地址    *************/
#define CONFIG           0x00      //配置寄存器地址
#define EN_AA            0x01      //使能自动应答功能
#define EN_RXADDR        0x02      //接收地址允许
#define SETUP_AW         0x03      //设置地址宽度(所有数据通道)
#define SETUP_RETR       0x04      //建立自动重发
#define RF_CH            0x05      // RF 通道
#define RF_SETUP         0x06      // RF 寄存器
#define STATUS           0x07      //状态寄存器
#define OBSERVE_TX       0x08      //发送检测寄存器
#define CD               0x09      //载波检测寄存器
#define RX_ADDR_P0       0x0A      //数据通道 0 接收地址
#define RX_ADDR_P1       0x0B      //数据通道 1 接收地址
#define RX_ADDR_P2       0x0C      //数据通道 2 接收地址
#define RX_ADDR_P3       0x0D      //数据通道 3 接收地址
#define RX_ADDR_P4       0x0E      //数据通道 4 接收地址
#define RX_ADDR_P5       0x0F      //数据通道 5 接收地址
#define TX_ADDR          0x10      //发送地址寄存器
#define RX_PW_P0         0x11      //接收数据通道 0 有效数据宽度(1～32 字节)
#define RX_PW_P1         0x12      //接收数据通道 1 有效数据宽度(1～32 字节)
#define RX_PW_P2         0x13      //接收数据通道 2 有效数据宽度(1～32 字节)
#define RX_PW_P3         0x14      //接收数据通道 3 有效数据宽度(1～32 字节)
#define RX_PW_P4         0x15      //接收数据通道 4 有效数据宽度(1～32 字节)
#define RX_PW_P5         0x16      //接收数据通道 5 有效数据宽度(1～32 字节)
#define FIFO_STATUS      0x17      // FIFO 状态寄存器
/******   STATUS 寄存器 bit 位定义     *******/
#define MAX_TX      0x10           //达到最大发送次数中断
#define TX_OK       0x20           // TX 发送完成中断
#define RX_OK       0x40           //接收到数据中断
/*********     24L01 发送接收数据宽度定义    ***********/
#define TX_ADR_WIDTH      5        // 5 字节地址宽度
#define RX_ADR_WIDTH      5        // 5 字节地址宽度
```

```
#define TX_PLOAD_WIDTH   32      //32 字节有效数据宽度
#define RX_PLOAD_WIDTH   32      //32 字节有效数据宽度
sbit NRF_CE    = P2^5;
sbit NRF_CSN   = P2^4;
sbit NRF_SCK   = P2^3;
sbit NRF_MOSI = P2^2;
sbit NRF_MISO = P2^1;
sbit NRF_IRQ   = P2^0;
extern uchar rece_buf[32];
void delay_us(uchar num);
void delay_150us();
void delay(uint t);
uchar SPI_RW(uchar byte);
uchar NRF24L01_Write_Reg(uchar reg, uchar value);
uchar NRF24L01_Read_Reg(uchar reg);
uchar NRF24L01_Read_Buf(uchar reg, uchar *pBuf, uchar len);
uchar NRF24L01_Write_Buf(uchar reg, uchar *pBuf, uchar len);
uchar NRF24L01_RxPacket(uchar *rxbuf);
uchar NRF24L01_TxPacket(uchar *txbuf);
uchar NRF24L01_Check(void);
void NRF24L01_RT_Init(void);
void SEND_BUF(uchar *buf);
#define uchar unsigned char
#define uint     unsigned int;
sbit DQ=P1^5;                              // ds18b20 端口
int ReadOneTemperature(void);
int GetTpData(unsigned char Num);
bit Init_DS18B20(void);
unsigned char ReadOneChar(void);
void WriteOneChar(unsigned char dat);
void ReadNum(unsigned char *Ptr);
unsigned char SysTime;
unsigned char rece_buf[32];
unsigned int TempData;
void InitTimer0(void)                          //定时器 T0 方式 1
{
    TMOD |= 0x01;                              //定时 1 ms
    TH0 = 0xFC;                                // fbc2 ec78 252
    TL0 = 0x17;                                // 23
```

```
    EA = 1;                             // 65536 – 64535 = 1000 μs = 1 ms
    ET0 = 1;
    TR0 = 1;
}
void et0() interrupt 1 using 0          //中断服务程序
{
    TH0 = 0xFC;                         // fc17 ec78
    TL0 = 0x17;
    SysTime++;
}
const uchar TX_ADDRESS[TX_ADR_WIDTH] = {0xFF, 0xFF, 0xFF, 0xFF, 0xFF}; //发送地址
const uchar RX_ADDRESS[RX_ADR_WIDTH] = {0xFf, 0xFF, 0xFF, 0xFF, 0xFF}; //发送地址
void delay_us(uchar num)
{
    uchar i;
    for(i = 0; i > num; i++)
    _nop_();
}
void delay_150us()
{
    uint i;
    for(i = 0; i > 150; i++);
}
void delay(uint t)
{
    uchar k;
    while(t--)
    for(k = 0; k < 200; k++);
}
uchar SPI_RW(uchar byte)
{
    uchar bit_ctr;
    for(bit_ctr = 0; bit_ctr < 8; bit_ctr++)         //输出 8 位
    {
        NRF_MOSI = (byte&0x80);                      // MSB TO MOSI
        byte = (byte<<1);                            // shift next bit to MSB
        NRF_SCK = 1;                                 //时钟控制线
        byte |= NRF_MISO;                            // capture current MISO bit
    }
```

```
    return byte;
}
/*******************************************/
/* 函数功能：给 24L01 的寄存器写值(一个字节) */
/* 入口参数：reg    要写的寄存器地址         */
/*           value  给寄存器写的值           */
/* 出口参数：status 状态值                   */
/*******************************************/
uchar NRF24L01_Write_Reg(uchar reg, uchar value)
{
    uchar status;
    NRF_CSN = 0;                          // CSN = 0;
    status = SPI_RW(reg);                 //发送寄存器地址，并读取状态值
    SPI_RW(value);
    NRF_CSN = 1;                          // CSN = 1;
    return status;
}
/**********************************************/
/* 函数功能：读 24L01 的寄存器值(一个字节)      */
/* 入口参数：reg   要读的寄存器地址             */
/* 出口参数：value 读出寄存器的值               */
/**********************************************/
uchar NRF24L01_Read_Reg(uchar reg)
{   uchar value;
    NRF_CSN = 0;                          // CSN = 0;
    SPI_RW(reg);                          //发送寄存器值(位置)，并读取状态值
    value = SPI_RW(NOP);
    NRF_CSN = 1;                          // CSN = 1;
    return value;
}
/* 函数功能：读 24L01 的寄存器值(多个字节)    */
/* 入口参数：reg    寄存器地址                */
/*           *pBuf  读出寄存器值的存放数组    */
/*           len    数组字节长度              */
/* 出口参数：status 状态值                    */
uchar NRF24L01_Read_Buf(uchar reg, uchar *pBuf, uchar len)
{
    uchar status, u8_ctr;
    NRF_CSN = 0;                          // CSN = 0
```

```
    status = SPI_RW(reg);                        //发送寄存器地址，并读取状态值
    for(u8_ctr = 0; u8_ctr < len; u8_ctr++)
    pBuf[u8_ctr] = SPI_RW(0XFF);                 //读出数据
    NRF_CSN = 1;                                 // CSN = 1
    return status;                               //返回读到的状态值
}
/* 函数功能：给 24L01 的寄存器写值(多个字节)   */
/* 入口参数：reg   要写的寄存器地址            */
/*          *pBuf  值的存放数组               */
/*          len    数组字节长度               */
uchar NRF24L01_Write_Buf(uchar reg, uchar *pBuf, uchar len)
{
    uchar status, u8_ctr;
    NRF_CSN = 0;
    status = SPI_RW(reg);                        //发送寄存器值(位置)，并读取状态值
    for(u8_ctr = 0; u8_ctr < len; u8_ctr++)
    SPI_RW(*pBuf++);                             //写入数据
    NRF_CSN = 1;
    return status;                               //返回读到的状态值
}
/**********************************************/
/* 函数功能：24L01 接收数据                    */
/* 入口参数：rxbuf  接收数据数组               */
/* 返回值：  0     成功收到数据                */
/*          1     没有收到数据                */
/**********************************************/
uchar NRF24L01_RxPacket(uchar *rxbuf)
{
    uchar state;
    state = NRF24L01_Read_Reg(STATUS);                    //读取状态寄存器的值
    NRF24L01_Write_Reg(WRITE_REG+STATUS, state);  //清除 TX_DS 或 MAX_RT 中断标志
    if(state&RX_OK)                                       //接收到数据
    {
        NRF_CE = 0;
        NRF24L01_Read_Buf(RD_RX_PLOAD, rxbuf, RX_PLOAD_WIDTH);      //读取数据
        NRF24L01_Write_Reg(FLUSH_RX, 0xff);               //清除 RX FIFO 寄存器
        NRF_CE = 1;
        delay_150us();
        return 0;
```

```
    }
    return 1;                                   //没收到任何数据
}
/* 函数功能：设置 24L01 为发送模式              */
/* 入口参数：txbuf   发送数据数组              */
/* 返回值；  0x10     达到最大重发次数，发送失败*/
/*           0x20     成功发送完成              */
/*           0xff     发送失败                  */
uchar NRF24L01_TxPacket(uchar *txbuf)
{
    uchar state;
    NRF_CE = 0;                                          // CE 拉低，使能 24L01 配置
    NRF24L01_Write_Buf(WR_TX_PLOAD, txbuf, TX_PLOAD_WIDTH);  //写 32B 到 TX BUF
    NRF_CE = 1;                                          // CE 置高，使能发送
    while(NRF_IRQ == 1);                                 //等待发送完成
    state = NRF24L01_Read_Reg(STATUS);                   //读取状态寄存器的值
    NRF24L01_Write_Reg(WRITE_REG+STATUS, state);         //清除 TX_DS 或 MAX_RT 中断标志
    if(state&MAX_TX)                                     //达到最大重发次数
    {
        NRF24L01_Write_Reg(FLUSH_TX, 0xff);              //清除 TX FIFO 寄存器
        return MAX_TX;
    }
    if(state&TX_OK)                                      //发送完成
    {
        return TX_OK;
    }
    return 0xff;                                         //发送失败
}

/* 函数功能：检测 24L01 是否存在              */
/* 返回值；    0   存在                      */
/*             1   不存在                    */
uchar NRF24L01_Check(void)                                     //检测无线是否存在
{
    uchar check_in_buf[5] = {0x11, 0x22, 0x33, 0x44, 0x55};
    uchar check_out_buf[5] = {0x00};
    NRF_SCK = 0;
    NRF_CSN = 1;
    NRF_CE = 0;
```

```
    NRF24L01_Write_Buf(WRITE_REG+TX_ADDR, check_in_buf, 5);
    NRF24L01_Read_Buf(READ_REG+TX_ADDR, check_out_buf, 5);
    if((check_out_buf[0] == 0x11)&&\
        (check_out_buf[1] == 0x22)&&\
        (check_out_buf[2] == 0x33)&&\
        (check_out_buf[3] == 0x44)&&\
        (check_out_buf[4] == 0x55))return 0;
    else return 1;
}
void NRF24L01_RT_Init(void)
{
    NRF_CE = 0;
    NRF24L01_Write_Reg(WRITE_REG+RX_PW_P0, RX_PLOAD_WIDTH);  //通道0有效数据宽度
    NRF24L01_Write_Reg(FLUSH_RX, 0xff);                       //清除 RX FIFO 寄存器
    NRF24L01_Write_Buf(WRITE_REG+TX_ADDR, (uchar*)TX_ADDRESS, TX_ADR_WIDTH);
                                                                  //写 TX 节点地址
   NRF24L01_Write_Buf(WRITE_REG+RX_ADDR_P0, (uchar*)RX_ADDRESS, RX_ADR_WIDTH);
                                                  //设置 TX 节点地址,主要为了使能 ACK
    NRF24L01_Write_Reg(WRITE_REG+EN_AA, 0x01);                //使能通道 0 的自动应答
    NRF24L01_Write_Reg(WRITE_REG+EN_RXADDR, 0x01);            //使能通道 0 的接收地址
    NRF24L01_Write_Reg(WRITE_REG+SETUP_RETR, 0x1a);           //设置自动重发间隔时
                                          //间为 500 μs + 86 μs；最大自动重发次数：10 次
    NRF24L01_Write_Reg(WRITE_REG+RF_CH, 0);           //设 RF2.400 GHz = 2.4 + 0 GHz
    NRF24L01_Write_Reg(WRITE_REG+RF_SETUP, 0x0F);         //设置 TX 发射参数，0 dB 增
                                                          //益，2 Mb/s，低噪声增益开启
    NRF24L01_Write_Reg(WRITE_REG+CONFIG, 0x0f);           //配置基本工作模式的参数
                        PWR_UP, PWR_UP, EN_CRC, 16BIT_CRC，接收模式，开启所有中断
    NRF_CE = 1;                                       //CE 置高，使能发送
}
void SEND_BUF(uchar *buf)
{
    NRF_CE = 0;
    NRF24L01_Write_Reg(WRITE_REG+CONFIG, 0x0e);
    NRF_CE = 1;
    delay_us(15);
    NRF24L01_TxPacket(buf);
    NRF_CE = 0;
    NRF24L01_Write_Reg(WRITE_REG+CONFIG, 0x0f);
    NRF_CE = 1;
```

```
}
unsigned char code Sensor0[8] = {0x28, 0x30, 0xC5, 0xB8, 0x00, 0x00, 0x00, 0x8E};
unsigned char code Sensor1[8] = {0x28, 0x31, 0xC5, 0xB8, 0x00, 0x00, 0x00, 0xB9};
unsigned char code Sensor2[8] = {0x28, 0x32, 0xC5, 0xB8, 0x00, 0x00, 0x00, 0xE0};
/*----------------------------------------------
 μs 延时函数，含有输入参数 unsigned char t，无返回值
 unsigned char 是定义无符号字符变量，其值的范围是
 0～255，这里使用晶振 12 MHz，精确延时请使用汇编，大致延时
 长度为 T = tx2+5 μs
----------------------------------------------*/
void DelayUs2x(unsigned char t)
{
   while(--t);
}
/* ms 延时函数，含有输入参数 unsigned char t，无返回值
 unsigned char 是定义无符号字符变量，其值的范围是
 0～255，这里使用晶振 12 MHz，精确延时请使用汇编*/
void DelayMs(unsigned char t)
{
   while(t--)                          //大致延时 1 ms
   {  DelayUs2x(245);
      DelayUs2x(245);
   }
}
/* 18B20 初始化*/
bit Init_DS18B20(void)
{
   bit dat = 0;
   DQ = 1;                    // DQ 复位
   DelayUs2x(5);              //稍作延时
   DQ = 0;                    //单片机将 DQ 拉低
   DelayUs2x(200);            //精确延时，大于 480 μs，小于 960 μs
   DelayUs2x(200);
   DQ = 1;                    //拉高总线
   DelayUs2x(50);             // 15～60 μs 后接收 60～240 μs 的存在脉冲
   dat = DQ;                  //如果 x = 0，则初始化成功；如果 x = 1，则初始化失败
   DelayUs2x(25);             //稍作延时返回
   return dat;
}
```

```
unsigned char ReadOneChar(void)
{
    unsigned char i = 0;
    unsigned char dat = 0;
    for (i = 8; i > 0; i--)
    {
        DQ = 0;                    //给脉冲信号
        dat >>= 1;
        DQ = 1;                    //给脉冲信号
        DelayUs2x(25);
    }
    return(dat);
}
void WriteOneChar(unsigned char dat)
{
    unsigned char i = 0;
    for (i = 8; i > 0; i--)
    {
        DQ = 0;
        DQ = dat&0x01;
        DelayUs2x(25);
        DQ = 1;
        dat >>= 1;
    }
    DelayUs2x(25);
}

/*读取温度*/
int ReadOneTemperature(void)
{
    unsigned char a = 0;
    unsigned int b = 0;
    int t = 0;
    Init_DS18B20();
    WriteOneChar(0xCC);            //跳过读序号列号的操作
    WriteOneChar(0x44);            //启动温度转换
    DelayMs(10);
    Init_DS18B20();
    WriteOneChar(0xCC);            //跳过读序号列号的操作
```

```
    WriteOneChar(0xBE);                //读取温度寄存器等，前两个就是温度
    a = ReadOneChar();                 //低位
    b = ReadOneChar();                 //高位
    b <<= 8;
    t = a | b;
    return(t);
}

main()
{
    InitTimer0();
    ReadTemperature();
    while(NRF24L01_Check());           //等待检测到 nRF24L01，程序才会向下执行
    NRF24L01_RT_Init();
    for(; ; )                          //死循环
    {
        StartPro(0);
        TempData = ReadOneTemperature();
            rece_buf[1] = TempData>>8;
            rece_buf[2] = TempData;
            rece_buf[0] = 2;
            SEND_BUF(rece_buf);
        EndPro(100);
    }
}
```

单片机乙模拟 SPI 时序，接收温度并在 LCD12868 上显示温度，参考程序如下：

```
#include "reg52.h"
#include "intrins.h"
#include "process.h"
#define LCD_DATA 1
#define LCD_COMMAND 0
#define   LCD_PORT P1                  //端口定义，数据口
sbit LCD_RS = P3^7;                    //寄存器选择输入
sbit LCD_RW = P3^6;                    //液晶读写控制
sbit LCD_EN = P3^5;                    //液晶使能控制
sbit LCD_PSB = P2^1;                   //串/并方式控制
sbit LCD_RST = P2^0;                   //复位
void LCD_Write(unsigned char dat, unsigned char type);
void LcdDisData(unsigned char Row, unsigned char Line, unsigned char *Ptr);
```

```
void LCD_INITIALIZE(void);
void SetPos(unsigned char Row, unsigned char Line);
#define uchar unsigned char
#define uint    unsigned int

/**********    NRF24L01 寄存器操作命令    ***********/
#define READ_REG          0x00     //读配置寄存器，低 5 位为寄存器地址
#define WRITE_REG         0x20     //写配置寄存器，低 5 位为寄存器地址
#define RD_RX_PLOAD       0x61     //读 RX 有效数据，1～32 字节
#define WR_TX_PLOAD       0xA0     //写 TX 有效数据，1～32 字节
#define FLUSH_TX          0xE1     //清除 TX FIFO 寄存器，发射模式下用
#define FLUSH_RX          0xE2     //清除 RX FIFO 寄存器，接收模式下用
#define REUSE_TX_PL       0xE3     //重新使用上一包数据，CE 为高，数据包被不断发送
#define NOP               0xFF     //空操作，可以用来读状态寄存器
/**********    NRF24L01 寄存器地址    *************/
#define CONFIG            0x00     //配置寄存器地址
#define EN_AA             0x01     //使能自动应答功能
#define EN_RXADDR         0x02     //接收地址允许
#define SETUP_AW          0x03     //设置地址宽度(所有数据通道)
#define SETUP_RETR        0x04     //建立自动重发
#define RF_CH             0x05     //RF 通道
#define RF_SETUP          0x06     //RF 寄存器
#define STATUS            0x07     //状态寄存器
#define OBSERVE_TX        0x08     //发送检测寄存器
#define CD                0x09     //载波检测寄存器
#define RX_ADDR_P0        0x0A     //数据通道 0 接收地址
#define RX_ADDR_P1        0x0B     //数据通道 1 接收地址
#define RX_ADDR_P2        0x0C     //数据通道 2 接收地址
#define RX_ADDR_P3        0x0D     //数据通道 3 接收地址
#define RX_ADDR_P4        0x0E     //数据通道 4 接收地址
#define RX_ADDR_P5        0x0F     //数据通道 5 接收地址
#define TX_ADDR           0x10     //发送地址寄存器
#define RX_PW_P0          0x11     //接收数据通道 0 有效数据宽度(1～32 字节)
#define RX_PW_P1          0x12     //接收数据通道 1 有效数据宽度(1～32 字节)
#define RX_PW_P2          0x13     //接收数据通道 2 有效数据宽度(1～32 字节)
#define RX_PW_P3          0x14     //接收数据通道 3 有效数据宽度(1～32 字节)
#define RX_PW_P4          0x15     //接收数据通道 4 有效数据宽度(1～32 字节)
#define RX_PW_P5          0x16     //接收数据通道 5 有效数据宽度(1～32 字节)
#define FIFO_STATUS       0x17     //FIFO 状态寄存器
```

```
/******      STATUS 寄存器 bit 位定义           *******/
#define MAX_TX        0x10              //达到最大发送次数中断
#define TX_OK         0x20              //TX 发送完成中断
#define RX_OK         0x40              //接收到数据中断
/*********        24L01 发送接收数据宽度定义          ***********/
#define TX_ADR_WIDTH        5       // 5 字节地址宽度
#define RX_ADR_WIDTH        5       // 5 字节地址宽度
#define TX_PLOAD_WIDTH   32        // 32 字节有效数据宽度
#define RX_PLOAD_WIDTH   32        // 32 字节有效数据宽度
sbit NRF_CE      = P0^2;
sbit NRF_CSN    = P0^3;
sbit NRF_SCK    = P0^4;
sbit NRF_MOSI = P0^5;
sbit NRF_MISO = P0^6;
sbit NRF_IRQ    = P0^7;
void delay_us(uchar num);
void delay_150us();
void delay(uint t);
uchar SPI_RW(uchar byte);
uchar NRF24L01_Write_Reg(uchar reg, uchar value);
uchar NRF24L01_Read_Reg(uchar reg);
uchar NRF24L01_Read_Buf(uchar reg, uchar *pBuf, uchar len);
uchar NRF24L01_Write_Buf(uchar reg, uchar *pBuf, uchar len);
uchar NRF24L01_RxPacket(uchar *rxbuf);
uchar NRF24L01_TxPacket(uchar *txbuf);
uchar NRF24L01_Check(void);
void NRF24L01_RT_Init(void);
void SEND_BUF(uchar *buf);
unsigned char SysTime;
unsigned char rece_buf[32];
unsigned int TempData, SetTempData=300;
unsigned char TempToDis[6]="00.0℃";
unsigned char SetTempToDis[6]="00    ℃";
sbit Key0 = P2^2;
sbit Key1 = P2^3;
sbit beep = P2^6;
unsigned char OldKey0 = 0, OldKey1 = 0, ChangeEn = 0;
void InitTimer0(void)              //定时设定
{
```

```
    TMOD |= 0x01;                      //定时器 0 方式 1，16 位计数器
    TH0 = 0xFC;                        // fbc2 ec78
    TL0 = 0x17;
    EA = 1;                            //打开总中断
    ET0 = 1;                           //打开 T0 中断
    TR0 = 1;                           //开启定时器 0
}
void et0() interrupt 1 using 0         //定时 1 ms 的定时器
{
    TH0 = 0xFC;                        // fc17 ec78
    TL0 = 0x17;
    SysTime++;
}
const uchar TX_ADDRESS[TX_ADR_WIDTH]={0xFF, 0xFF, 0xFF, 0xFF, 0xFF};    //发送地址
const uchar RX_ADDRESS[RX_ADR_WIDTH]={0xFf, 0xFF, 0xFF, 0xFF, 0xFF};    //发送地址
void delay_us(uchar num)
{
    uchar i;
    for(i = 0; i > num; i++)
    _nop_();
}
void delay_150us()
{
    uint i;
    for(i = 0; i > 150; i++);
}
void delay(uint t)
{
    uchar k;
    while(t--)
    for(k = 0; k < 200; k++);
}
uchar SPI_RW(uchar byte)
{
    uchar bit_ctr;
    for(bit_ctr = 0; bit_ctr < 8; bit_ctr++)         //输出 8 位
    {
        NRF_MOSI = (byte&0x80);                      // MSB TO MOSI
        byte = (byte<<1);                            // shift next bit to MSB
```

```
        NRF_SCK = 1;
        byte |= NRF_MISO;                       // capture current MISO bit
        NRF_SCK = 0;
    }
    return byte;
}
/* 函数功能：给 24L01 的寄存器写值(一个字节) */
/* 入口参数：reg    要写的寄存器地址          */
/*           value  给寄存器写的值            */
/* 出口参数：status  状态值                   */
uchar NRF24L01_Write_Reg(uchar reg, uchar value)
{
    uchar status;
    NRF_CSN = 0;                            // CSN = 0;
    status = SPI_RW(reg);                   //发送寄存器地址，并读取状态值
    SPI_RW(value);
    NRF_CSN = 1;                            // CSN = 1;
    return status;
}
/* 函数功能：读 24L01 的寄存器值 (一个字节)       */
/* 入口参数：reg   要读的寄存器地址               */
/* 出口参数：value  读出寄存器的值                */
uchar NRF24L01_Read_Reg(uchar reg)
{
    uchar value;
    NRF_CSN = 0;                                 // CSN = 0;
    SPI_RW(reg);                                 //发送寄存器值(位置)，并读取状态值
    value = SPI_RW(NOP);
    NRF_CSN = 1;                                 // CSN = 1;
    return value;
}
/* 函数功能：读 24L01 的寄存器值(多个字节)   */
/* 入口参数：reg      寄存器地址              */
/*           *pBuf  读出寄存器值的存放数组    */
/*           len      数组字节长度            */
/* 出口参数：status  状态值                   */
uchar NRF24L01_Read_Buf(uchar reg, uchar *pBuf, uchar len)
{
    uchar status, u8_ctr;
```

```
    NRF_CSN = 0;                                  // CSN = 0
    status = SPI_RW(reg);                         //发送寄存器地址，并读取状态值
    for(u8_ctr = 0; u8_ctr < len; u8_ctr++)
    pBuf[u8_ctr] = SPI_RW(0XFF);                  //读出数据
    NRF_CSN = 1;                                  // CSN = 1
    return status;                                //返回读到的状态值
}
/* 函数功能：给 24L01 的寄存器写值(多个字节)  */
/* 入口参数：reg  要写的寄存器地址           */
/*           *pBuf 值的存放数组              */
/*           len   数组字节长度              */
uchar NRF24L01_Write_Buf(uchar reg, uchar *pBuf, uchar len)
{
    uchar status, u8_ctr;
    NRF_CSN = 0;
    status = SPI_RW(reg);
    for(u8_ctr = 0; u8_ctr<len; u8_ctr++)
    SPI_RW(*pBuf++);                              //写入数据
    NRF_CSN = 1;
    return status;                                //返回读到的状态值
}
/* 函数功能：24L01 接收数据                  */
/* 入口参数：rxbuf 接收数据数组              */
/* 返回值：  0     成功收到数据              */
/*           1     没有收到数据              */
uchar NRF24L01_RxPacket(uchar *rxbuf)
{   uchar state;
    state = NRF24L01_Read_Reg(STATUS);                 //读取状态寄存器的值
    NRF24L01_Write_Reg(WRITE_REG+STATUS, state);       //清除TX_DS或MAX_RT中断标志
    if(state&RX_OK)                                    //接收到数据
    {
        NRF_CE = 0;
        NRF24L01_Read_Buf(RD_RX_PLOAD, rxbuf, RX_PLOAD_WIDTH);    //读取数据
        NRF24L01_Write_Reg(FLUSH_RX, 0xff);            //清除 RX FIFO 寄存器
        NRF_CE = 1;
        delay_150us();
        return 0;
    }
    return 1;                                  //没收到任何数据
```

```
}
/* 函数功能：设置 24L01 为发送模式                          */
/* 入口参数：txbuf   发送数据数组                            */
/* 返回值；   0x10     达到最大重发次数，发送失败            */
/*            0x20     成功发送完成                          */
/*            0xff   发送失败                                */
uchar NRF24L01_TxPacket(uchar *txbuf)
{
    uchar state;
    NRF_CE = 0;                                              // CE 拉低，使能 24L01 配置
    NRF24L01_Write_Buf(WR_TX_PLOAD, txbuf, TX_PLOAD_WIDTH); //写 32B 到 TX BUF
    NRF_CE = 1;                                   // CE 置高，使能发送
    while(NRF_IRQ == 1);                                     //等待发送完成
    state = NRF24L01_Read_Reg(STATUS);                       //读取状态寄存器的值
    NRF24L01_Write_Reg(WRITE_REG+STATUS, state);             //清除TX_DS或MAX_RT中断标志
    if(state&MAX_TX)                                         //达到最大重发次数
    {
        NRF24L01_Write_Reg(FLUSH_TX, 0xff);                  //清除 TX FIFO 寄存器
        return MAX_TX;
    }
    if(state&TX_OK)                                          //发送完成
    {
        return TX_OK;
    }
    return 0xff;                                             //发送失败
}
/* 函数功能：检测 24L01 是否存在                        */
/* 返回值；    0   存在                                 */
/*             1   不存在                               */
uchar NRF24L01_Check(void)
{
    uchar check_in_buf[5] = {0x11, 0x22, 0x33, 0x44, 0x55};
    uchar check_out_buf[5] = {0x00};
    NRF_SCK = 0;
    NRF_CSN = 1;
    NRF_CE = 0;
    NRF24L01_Write_Buf(WRITE_REG+TX_ADDR, check_in_buf, 5);
    NRF24L01_Read_Buf(READ_REG+TX_ADDR, check_out_buf, 5);
    if((check_out_buf[0] == 0x11)&&\
```

```
            (check_out_buf[1] == 0x22)&&\
            (check_out_buf[2] == 0x33)&&\
            (check_out_buf[3] == 0x44)&&\
            (check_out_buf[4] == 0x55))return 0;
    else return 1;
}
void NRF24L01_RT_Init(void)
{
    NRF_CE = 0;
    NRF24L01_Write_Reg(WRITE_REG+RX_PW_P0, RX_PLOAD_WIDTH); //通道 0 有效宽度
    NRF24L01_Write_Reg(FLUSH_RX, 0xff);      //清除 RX FIFO 寄存器
    NRF24L01_Write_Buf(WRITE_REG+TX_ADDR,  (uchar*)TX_ADDRESS,  TX_ADR_WIDTH);
                                            //写 TX 节点地址
    NRF24L01_Write_Buf(WRITE_REG+RX_ADDR_P0, (uchar*)RX_ADDRESS, RX_ADR_WIDTH);
                                            //设置 TX 节点地址，使能 ACK
    NRF24L01_Write_Reg(WRITE_REG+EN_AA, 0x01);           //使能通道 0 的自动应答
    NRF24L01_Write_Reg(WRITE_REG+EN_RXADDR, 0x01);       //使能通道 0 的接收地址
    NRF24L01_Write_Reg(WRITE_REG+SETUP_RETR, 0x1a);      //设置自动重发间隔时间为
                                    500 μs + 86 μs; 最大自动重发次数：10 次
    NRF24L01_Write_Reg(WRITE_REG+RF_CH, 0);              //设置 RF 通道为 2.400 GHz，
                                                         //频率 = 2.400 GHz
    NRF24L01_Write_Reg(WRITE_REG+RF_SETUP, 0x0F);        //设置 TX 发射参数，0dB
                                           //增益，2 Mb/s，低噪声增益开启
    NRF_CE = 1;                                        // CE 置高，使能发送
}
void SEND_BUF(uchar *buf)
{
    NRF_CE = 0;
    NRF24L01_Write_Reg(WRITE_REG+CONFIG, 0x0e);
    NRF_CE = 1;
    delay_us(15);
    NRF24L01_TxPacket(buf);
    NRF_CE = 0;
    NRF24L01_Write_Reg(WRITE_REG+CONFIG, 0x0f);
      NRF_CE = 1;
}
void Delay1ms(unsigned int z )
{
      unsigned int x, y;
```

```
    for ( x = z; x > 0; x -- )
        for ( y = 250; y > 0; y -- );
}
bit LCD_BUSY()                    //忙检测
{
    bit result;
    LCD_RS = 0;
    LCD_RW = 1;
    LCD_EN = 1;                   //读状态
    Delay1ms(1);
    result = (bit)(LCD_PORT&0x80);
    LCD_EN = 0;
    return result;
}
void LCD_Write(unsigned char dat, unsigned char type)      //写显示数据到 LCD
{
    unsigned char i;
    while((LCD_BUSY()&&(i<100))){i++; }
    // while(LCD_BUSY());
    LCD_RS = type;
    LCD_RW = 0;
    LCD_EN = 0;
    Delay1ms(1);
    LCD_PORT = dat;
    Delay1ms(1);
    LCD_EN = 1;
    Delay1ms(1);
    LCD_EN = 0;
}

void LcdDisData(unsigned char Row, unsigned char Line, unsigned char *Ptr)
{   unsigned char i = 0;
    SetPos(Row, Line);                          //设置位置行，列
    while(*(Ptr+i) != '\0')
    {
        LCD_Write(*(Ptr+i), LCD_DATA);          //显示字符
        i++;
        if(i > 15)
        {   break;
```

```
        }
    }
}
void LCD_INITIALIZE(void)                        // LCD 初始化设定
{
    LCD_RST = 0;
    LCD_PSB = 1;                                 //并口方式
    Delay1ms(10);
    LCD_RST = 1;
    Delay1ms(10);
    LCD_Write(0x32, LCD_COMMAND);                //设置数据口
    LCD_Write(0x02, LCD_COMMAND);                //清 DDRAM(显示数据 RAM)
    LCD_Write(0x0C, LCD_COMMAND);                //整体显示开，游标关，反白关
    LCD_Write(0x01, LCD_COMMAND);                //写入空格清屏幕
    LCD_Write(0x06, LCD_COMMAND);                //游标及显示右移一位
    LCD_Write(0x80, LCD_COMMAND);                //设置首次显示位置
}
void SetPos(unsigned char Row, unsigned char Line)   // x: 0～7   y: 0～63
{
    unsigned char Position = 0x80;
    if(Row%2)                                    //逻辑坐标转换为物理坐标
    {
        Position = Position | 0x10;              // 0x90   第二行
    }
    if(Row > 1)
    {
        Position = Position+8+Line;              // 2 0 – 10   第三行
    }
    else
    {   Position = Position+Line;                //显示位置   第一行
    }
    LCD_Write(Position, LCD_COMMAND);
     //LCD_Write(0x80+Xpos, LCD_COMMAND);      // set X pos
}
main()
{
    InitTimer0();
    LCD_INITIALIZE();
    while(NRF24L01_Check()); //等待检测到 NRF24L01，程序才会向下执行
```

```
NRF24L01_RT_Init();
LcdDisData(0, 0, "   温度无线传输");
LcdDisData(1, 0, "车厢温度：00.0℃");
LcdDisData(2, 0, "报警温度：30   ℃");
for(; ; )
{   StartPro(0);
    if((OldKey0 == 1)&&(Key0 == 0))
    {   SetTempData = SetTempData+10;
        ChangeEn = 1;
    }
    OldKey0 = Key0;

    if((OldKey1 == 1) && (Key1==0))
    {
        SetTempData = SetTempData-10;
        ChangeEn = 1;
    }
    OldKey1 = Key1;
    if(ChangeEn == 1)
    {
        ChangeEn = 0;
        SetTempToDis[0] = SetTempData/100%10 + '0';
        SetTempToDis[1] = SetTempData/10%10 + '0';
        //SetTempToDis[3] = SetTempData/1%10 + '0';
        EA = 0;
        //LcdDisData(2, 5, SetTempToDis);
        SetPos(2, 5);
        LCD_Write(SetTempToDis[0], LCD_DATA);
        LCD_Write(SetTempToDis[1], LCD_DATA);                //送报警值无小数点
        EA = 1;
    }
    if(TempData > SetTempData)
    {
        beep = 0;                                            //蜂鸣器报警
    }
    else
    {
        beep = 1;
    }
```

```
            if(NRF_IRQ==0)                                //如果无线模块接收到数据
            {
                if(NRF24L01_RxPacket(rece_buf)==0)
                {
                    TempData = rece_buf[1];
                    TempData = TempData<<8;
                    TempData = TempData+rece_buf[2];
                    TempData = (TempData*10)>>4;    //去掉小数部分
                    TempToDis[0] = TempData/100%10+'0';
                    TempToDis[1] = TempData/10%10+'0';
                    TempToDis[3] = TempData/1%10+'0';
                    EA = 0;
                    SetPos(1, 5);
                    LCD_Write(TempToDis[0], LCD_DATA);
                    LCD_Write(TempToDis[1], LCD_DATA);
                    LCD_Write(TempToDis[2], LCD_DATA);
                    LCD_Write(TempToDis[3], LCD_DATA);
                    EA = 1;
                }
            }
            EndPro(10);
        }
    }
```

习　题　12

一、填空题

1. 步进电机是将________信号转变为________或________的________控制元件。

2. 给步进电机加一个脉冲信号，电机则转过一个________。

3. 直流电机的旋转速度与施加的________成正比，输出转矩则与________成正比。

4. 单片机控制直流电机采用的是________信号，将该信号转换为有效的________。

5. 单片机调节________就可改变步进电机的转速；而改变各相脉冲的先后顺序，就可以改变步进电机的________。

二、简答题

1. 直流电动机多应用在什么场合？其特点是什么？

2. 单片机如何调节步进电机的转速？

3. 单片机如何控制直流电动机的转速？

第 13 章　Keil C51 和 Proteus 虚拟仿真平台的使用

13.1　集成开发环境 Keil C51 简介

Keil C51 是德国 Keil Software 公司出品的 51 系列兼容单片机 C 语言软件开发系统。Keil 提供了包括 C 编译器、宏汇编、链接器、库管理和功能强大的仿真调试器等在内的完整开发方案，并通过一个集成开发环境(μVision)将这些部分组合在一起。μVision 是一个基于 Windows 的集成开发环境(IDE)，目前最新的版本是 μVision5。

13.1.1　Keil μVision5 运行环境介绍

μVision5 支持所有的 Keil 80C51 的工具软件，包括 C51 编译器、宏汇编器、链接器/定位器和目标文件至 Hex 格式转换器，μVision5 可以自动完成编译、汇编和链接程序等操作。具体说明如下：

1. C51 编译器和 A51 汇编器

由 μVision5 IDE 创建的 C 源文件或汇编源文件可以被 C51 编译器或 A51 汇编器处理，生成可重定位的 object 文件。Keil C51 编译器在遵循 ANSI 标准、支持 C 语言的所有标准特性的同时，又增加了很多与 51 单片机硬件相关的编译特性，可以实现对 51 单片机所有资源的操作。

2. LIB51 库管理器

LIB51 库管理器可以把由编译器、汇编器创建的目标文件构建成目标库(.LIB)。这些库是按规定格式排列的目标模块，可在以后被链接器使用。

3. BL51 链接器/定位器

BL51 链接器/定位器使用从库中提取出来的目标模块和由编译器、汇编器生成的目标模块创建一个绝对地址目标模块，绝对地址目标文件或模块包括不可重定位的代码和数据。所有的代码和数据都被固定在具体的存储器单元中。

4. 软件调试器

软件调试器能进行快速、可靠的程序调试。该调试器包括一个高速模拟器，可以使用它模拟整个 80C51 系统，包括片上外围器件和外部硬件。当用户从器件数据库选择器件时，这个器件的属性会被自动配置。

13.1.2　Keil C51 的安装

下面以安装 Keil C51 V9.59 版本为例进行介绍。为了使 Keil C51 软件的性能达到最佳，建议计算机的最低配置如下：

(1) 1GHz 以上 32 位或 64 位 CPU；

(2) 1GB 以上系统内存；

(3) 大于 1 GB 安装 Keil C51 软件所需的硬盘空间；

(4) Windows Vista、Windows 7、Windows 8 或 Windows 10 操作系统。

在满足系统配置的计算机上，可以按照下面的步骤安装 Keil C51 软件。

(1) 在 Keil 的官网上可下载安装程序 c51v959.exe，下载后运行该软件，出现如图 13-1 所示安装向导界面，界面上有当前版本号，并要求确认是否安装。

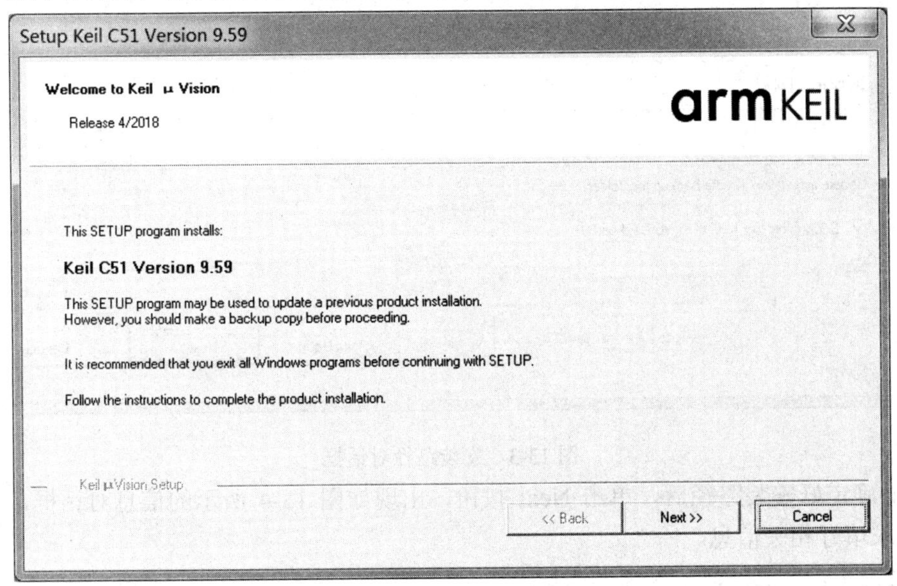

图 13-1　Keil C51 的安装向导界面

(2) 单击 Next 按钮，出现如图 13-2 所示的版权对话框。

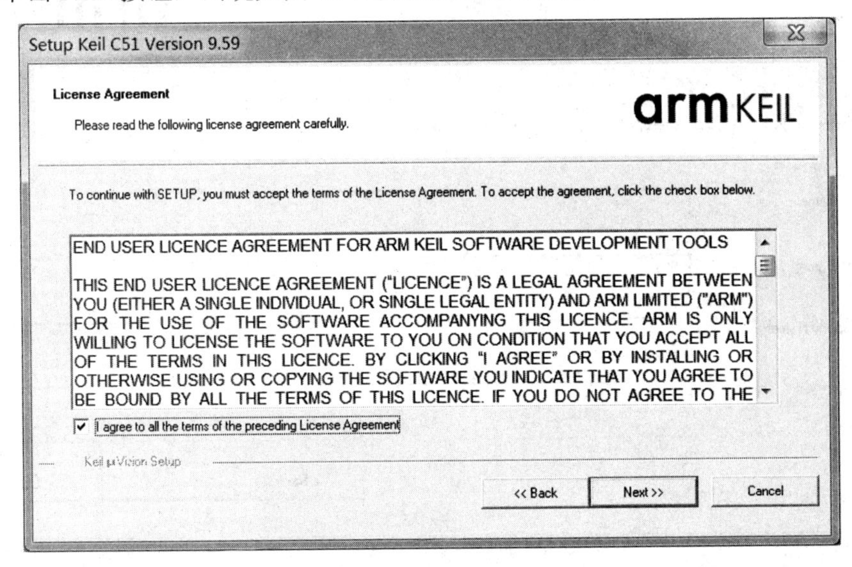

图 13-2　版权对话框

(3) 单击 Next 按钮，出现如图 13-3 所示的安装路径对话框。系统默认的安装路径为 C:\Keil，用户也可以选择其他安装路径。

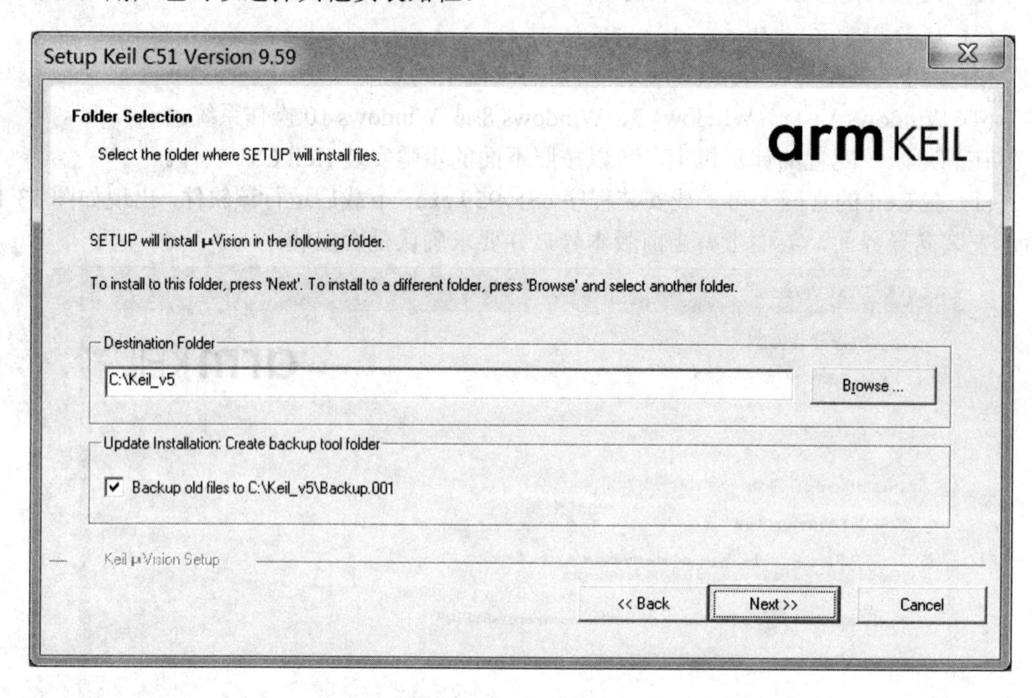

图 13-3　安装路径对话框

(4) 确定好安装路径后，单击 Next 按钮，出现如图 13-4 所示的信息对话框，用户需按照要求填好相关信息。

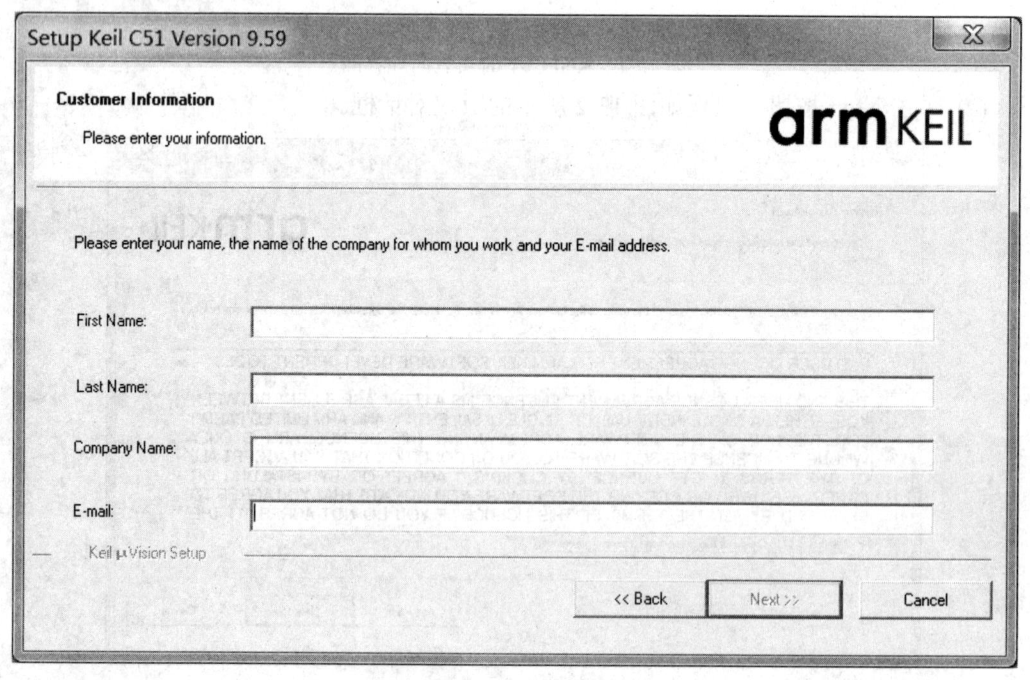

图 13-4　信息对话框

(5) 信息填好后，单击 Next 按钮，出现如图 13-5 所示的安装界面。

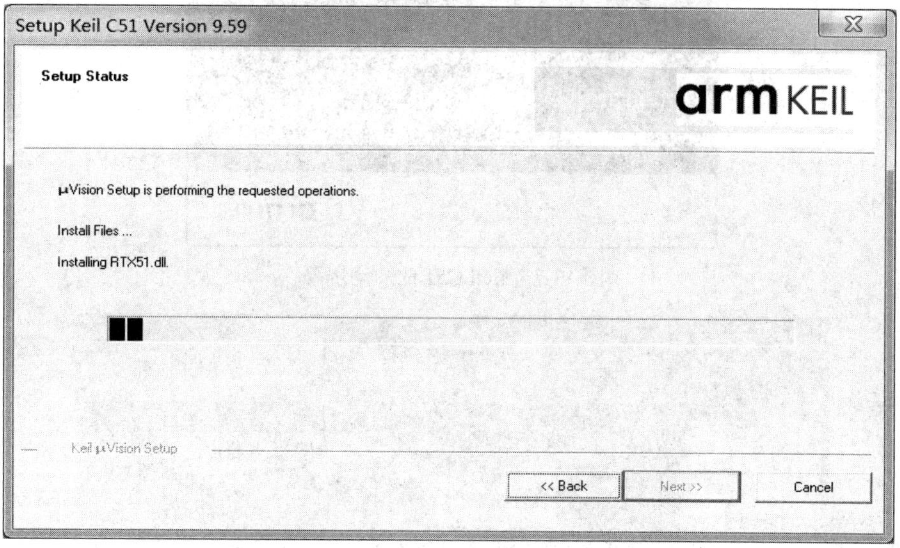

图 13-5　安装界面

(6) 安装完成后，出现如图 13-6 所示的完成对话框，单击 Finish 按钮，安装过程就全部结束了。

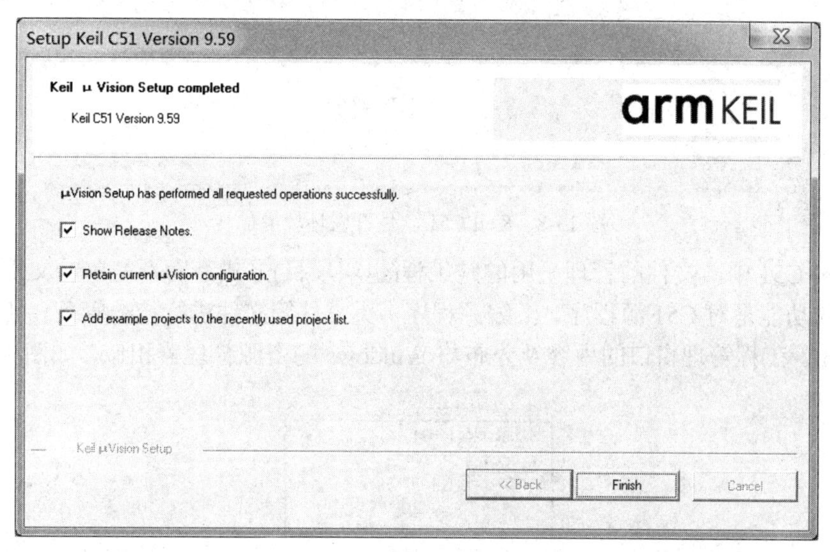

图 13-6　完成对话框

至此，Keil C51 就安装完成了，但为了不受编译代码大小限制和能有更好的用户体验，就需要购买授权或注册。

13.1.3　Keil C51 的使用

安装完成后，钟桌面上即出现 Keil C51 软件的快捷图标。单击该快捷图标，就会启动软件，屏幕如图 13-7 所示。几秒钟后出现编辑界面，如图 13-8 所示，图中标出了 Keil C51 界面各窗口的名称。

图 13-7　Keil C51 的启动屏幕

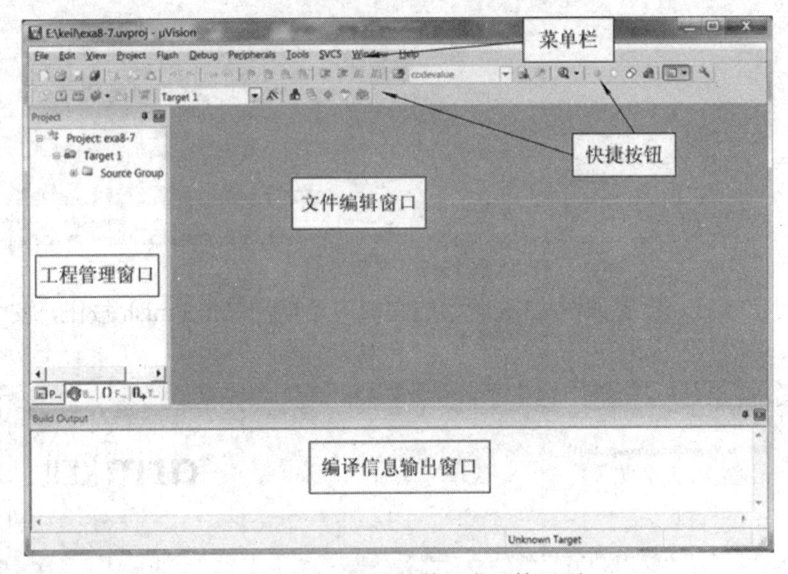

图 13-8　Keil C51 软件开发环境界面

在 Keil C51 中，文件的管理采用的是工程(也叫项目)方式，而不是单一文件方式。工程管理器的功能是对 C51 源程序、汇编源程序、头文件等文件进行统一管理，还可以对文件进行分组。工程管理窗口的内容及分布与 Windows 的资源管理器相似，如图 13-9 所示。

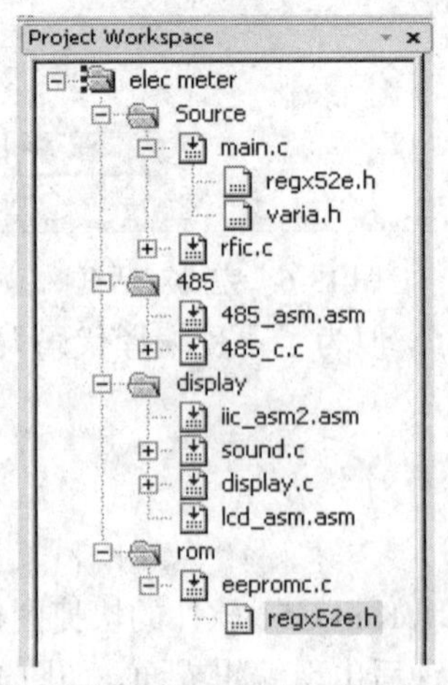

图 13-9　Keil C51 的工程管理器

下面通过简单的编程与调试，引导大家学习 Keil C51 软件的基本使用方法和调试技巧。

1. 创建工程

编写一个新的应用程序前，首先要建立工程(Project)。Keil C51 用工程管理的方法把一个程序设计中所需用到的、互相关联的程序链接在同一工程中。这样，打开一个工程时，所需要的关联程序就都进入了调试窗口，从而方便用户对工程中各个程序的编写、调试和存储。

(1) 在图 13-8 所示的编辑界面下，单击菜单栏中的 Project，出现下拉菜单，单击选中 New µVision Project 选项，如图 13-10 所示。

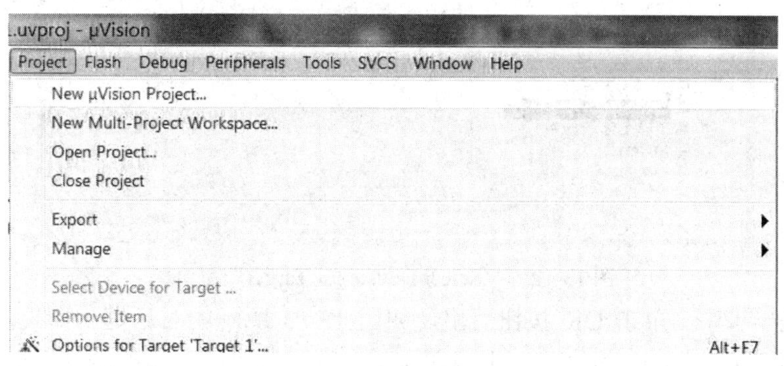

图 13-10　新建工程文件

(2) 单击 New µVision Project 选项后，弹出 Create New Project 窗口，如图 13-11 所示。在“文件名(N)”一栏输入新建工程的名字后，再选择工程的保存路径，最后单击“保存(S)”按钮即可。工程文件保存后的扩展名为“.uvproj”。以后直接双击此文件就可打开先前建立的工程。建议每新建一个工程都要在适当的磁盘位置新建一个文件夹用来保存工程文件，以方便管理。

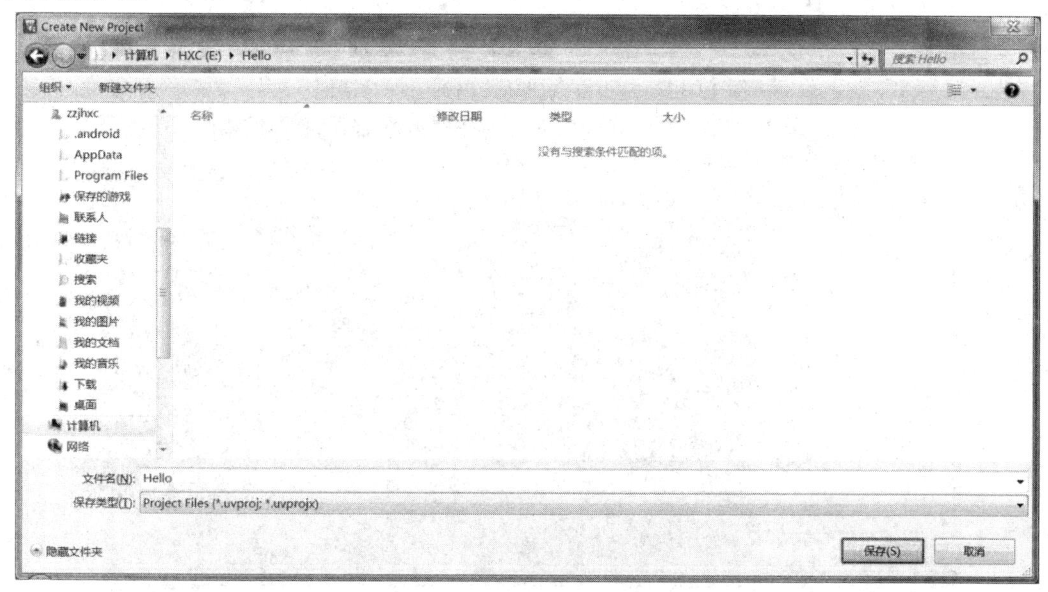

图 13-11　“Create New Project”窗口

(3) 选择单片机，单击“保存(S)”按钮后，弹出如图 13-12 所示的 Select Device for Target(选择单片机)窗口，可根据使用的单片机来选择。右边的 Description 是对用户选择芯片的介绍，然后单击 OK 按钮。

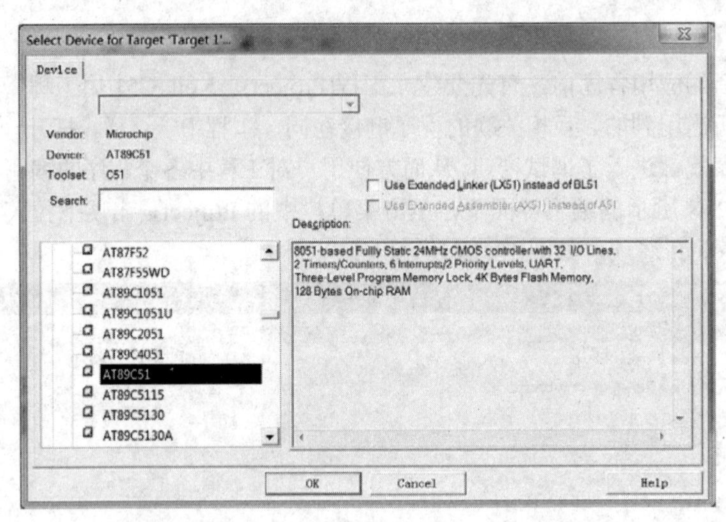

图 13-12　“Select Device for Target”窗口

(4) 在上一步中，单击 OK 按钮后出现如图 13-13 所示的对话框。如果需要复制启动代码到新建的工程，单击“是”，则出现图 13-14 所示的窗口；如单击“否”，图中的启动代码项“STARTUP.A51”不会出现。至此，新的工程已经创建完毕。

图 13-13　是否复制启动代码到工程对话框

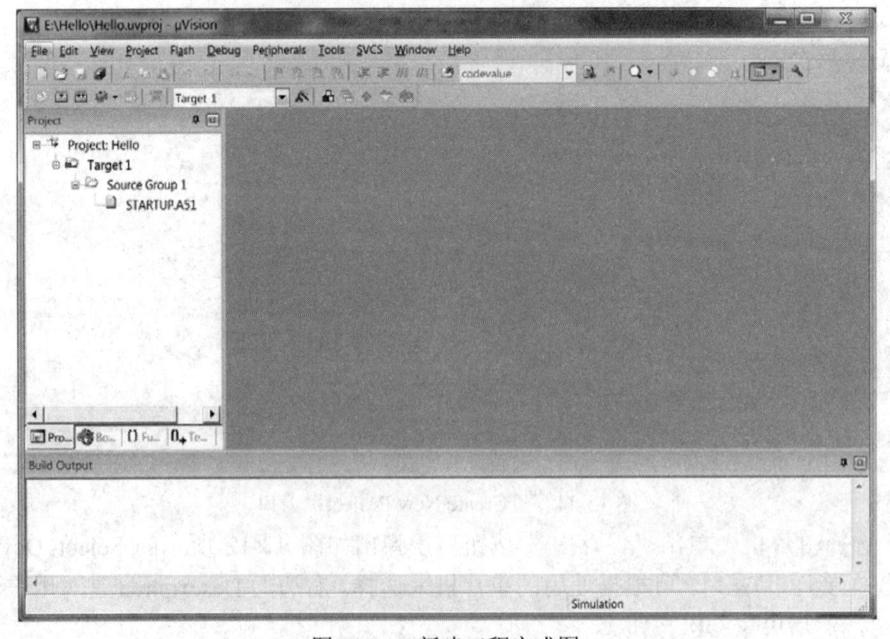

图 13-14　新建工程完成图

2. 工程的设置

工程创建完毕后还需对工程进行进一步的设置，以满足要求。右键单击工程窗口的 Target 1，选择 Options for Target'Target1'选项，出现工程设置对话框，如图 13-15 所示。该对话框有多个页面，通常需要设置的有两个，一个是 Target 页面，另一个是 Output 页面，其余设置取默认值即可。

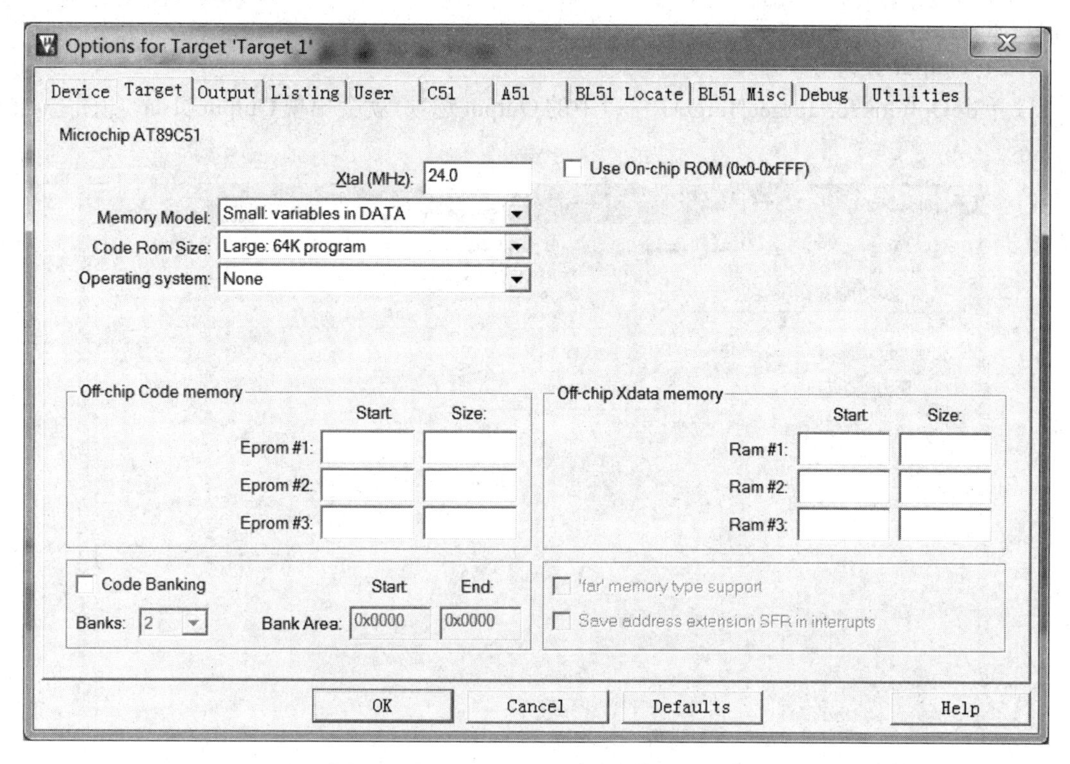

图 13-15　Options for Target 'Target1'窗口

1) Target 页面

① Xtal(MHz)：设置晶体振荡器频率，默认值是所选目标 CPU 的最高可用频率值，可根据需要重新设置。该设置与最终产生的目标代码无关，仅用于软件模拟调试时显示程序执行时间。正确设置该数值可使得显示时间与实际所用时间一致，一般将其设置成与目标样机所用的频率相同，如果不必了解程序执行时间，也可不设置。

② Memory Model：设置 RAM 的存储器模式，有 3 个选项。

- Small：所有变量都在单片机内部 RAM 中。
- Compact：可以使用 1 页外部 RAM。
- Large：可以使用全部外部扩展的 RAM。

③ Code Rom Size：设置程序空间的使用模式，有 3 个选项。

- Small：只使用低于 2 KB 的程序空间。
- Compact：单个函数的代码量不超过 2KB，整个程序可以使用 64 KB 程序空间。
- Large：可以使用全部 64 KB 程序空间。

④ Use On-chip ROM：是否仅使用片内 ROM 选项。注意，选中该项并不会影响最终生成的目标代码量。

⑤ Operation system：操作系统选项。Keil 提供了两种操作系统，即 Rtx tiny 和 Rtx full。通常不选操作系统，直接选用默认项 None。

⑥ Off-chip Code Memory：用以确定系统扩展的程序存储器的地址范围。

⑦ Off-chip Xdata Memory：用以确定系统扩展的数据存储器的地址范围。

上述选项必须根据所用硬件来决定，如果是最小应用系统，不进行任何扩展，按默认值设置。

2) Output 页面

单击 Options for Target 'Target1'窗口中的 Output 选项，就会出现 Output 页面，如图 13-16 所示。

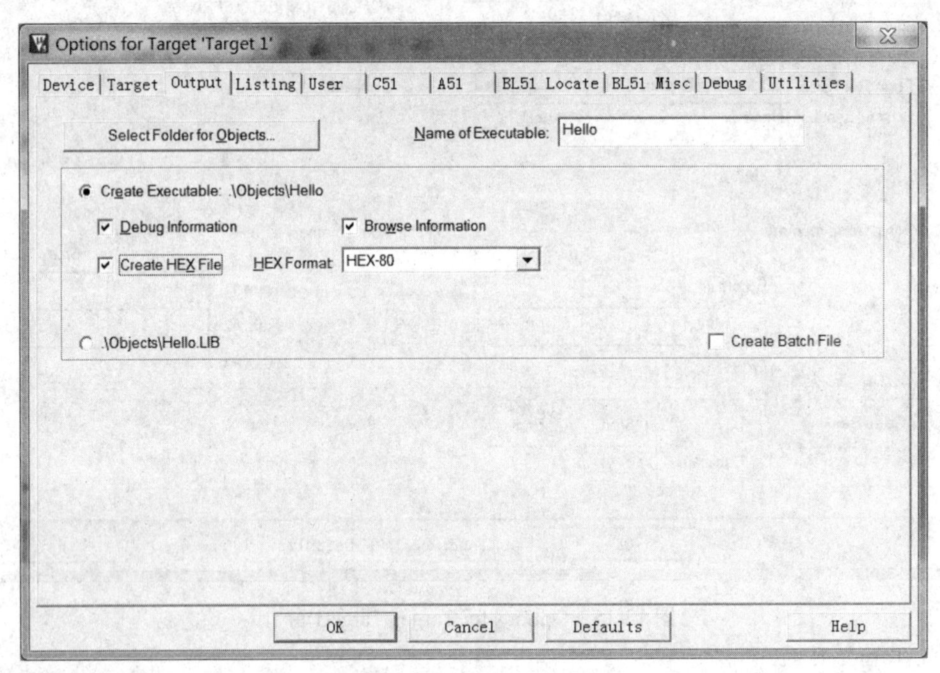

图 13-16　Output 页面

① Create HEX File：生成可执行代码文件。选择此项后即可生成单片机可运行的十六进制文件(.hex 格式文件)，扩展名为 .hex。

② Select Folder for Objects：选择最终的目标文件所在的文件夹，默认为工程文件所在文件夹下的子文件夹 Objects，通常选择默认选项。

③ Name of Executable：用于指定最终生成的目标文件的名字，默认与工程文件名相同，通常选择默认选项。

④ Debug Information：将会产生调试信息，这些信息用于调试；如果需要对程序进行调试，应选中该项。

其他选项均选择默认选项即可。

3. 建立源文件

(1) 选择 File→New 菜单命令，或单击快捷按钮，这时会出现图 13-17 所示窗口。在这个窗口中会出现一个空白的文件编辑画面，用户可在这里输入编写的程序源代码。

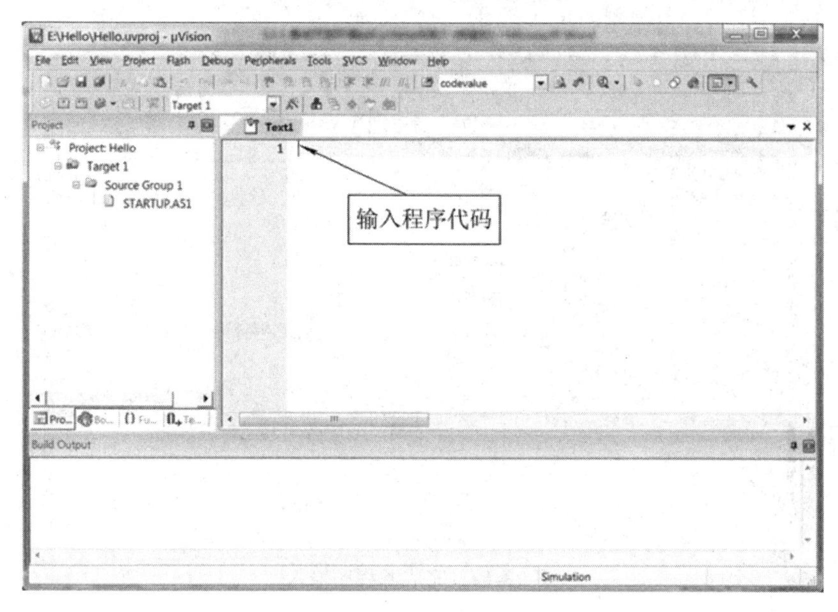

图 13-17 新建文件

(2) 选择 File→Save 菜单命令或单击快捷按钮 ，保存用户程序文件，这时会弹出图 13-18 所示的 Save As 对话框，首先选择文件的保存路径，与刚才新建的工程保存在同一路径下。然后在“文件名(N)”栏右侧的编辑框中键入文件名，同时，必须键入正确的扩展名，如果用 C51 语言编程，则扩展名为“.c”; 如果用汇编语言编程，则扩展名为“.asm”。完成上述步骤后单击“保存”按钮，此时新文件就创建完成了。

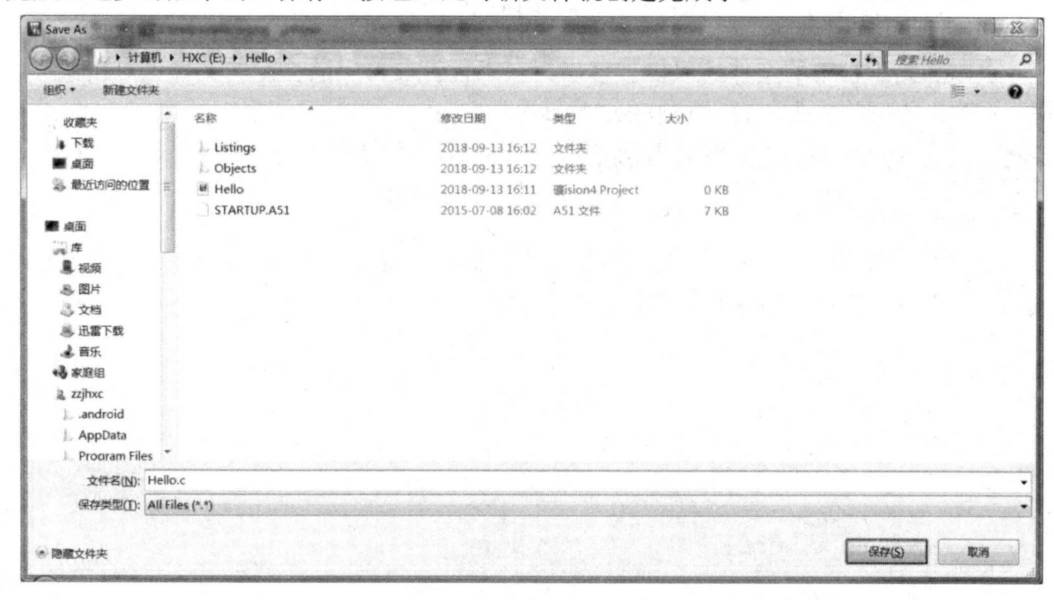

图 13-18 保存新建文件

(3) 输入 C51 源程序。输入程序时，Keil C51 会自动识别关键字，并以不同的颜色提示用户加以注意，这样会使用户少犯错误，有利于提高编程效率。程序输入完毕后窗口显示如图 13-19 所示。

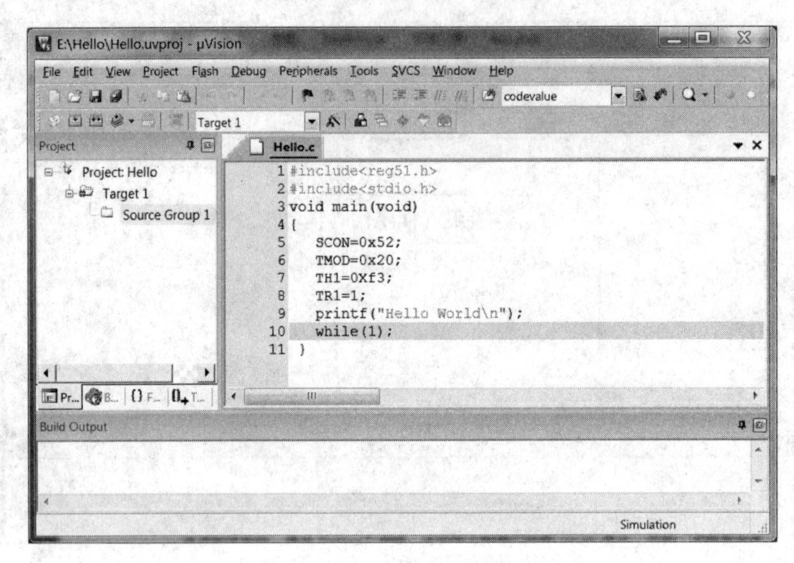

图 13-19　完成源程序输入

4. 添加用户源程序文件

新的工程文件创建完成后，就需要将用户源程序文件添加到这个工程中。在工程窗口中，右键单击 Source Group1，选择 Add Existing Files to Group 'Source Group1' 选项后，会出现如图 13-20 所示的 Add Files to Group 'Source Group1' 对话框。在该窗口中选择要添加的文件，单击这个文件后，再单击“Add”按钮，一次可以加入多个文件；文件添加完毕后，单击“Close”按钮。这时的工程窗口如图 13-21 所示。此时，文件夹中多了一个子项“Hello.c”。

已添加到工程中的文件还可以被移出：在工程管理器中欲移走的文件上点击鼠标右键，在弹出的菜单中选择 Remove File ***.c 选项即可。

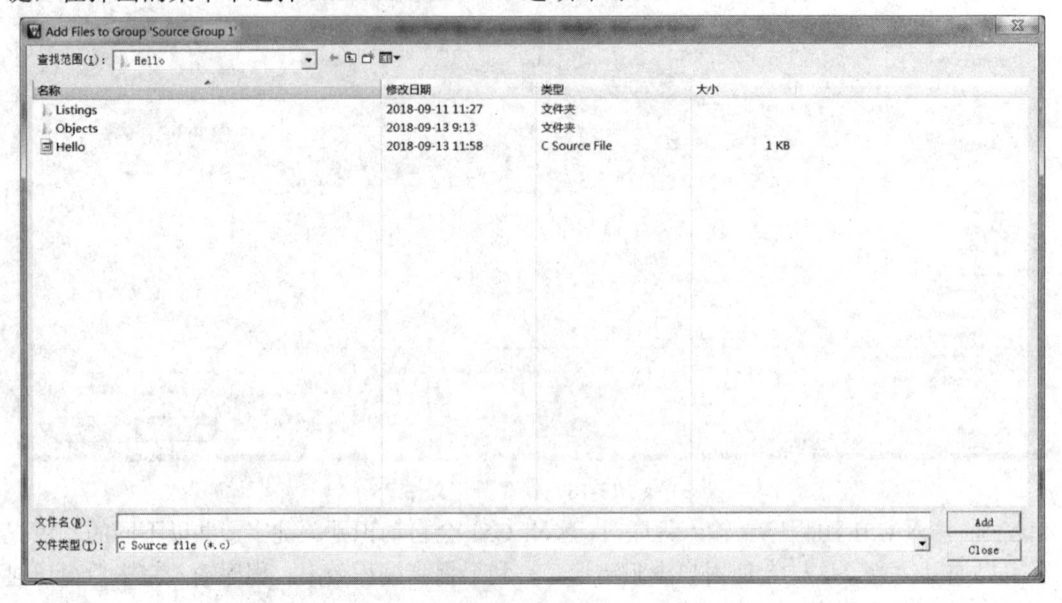

图 13-20　添加文件

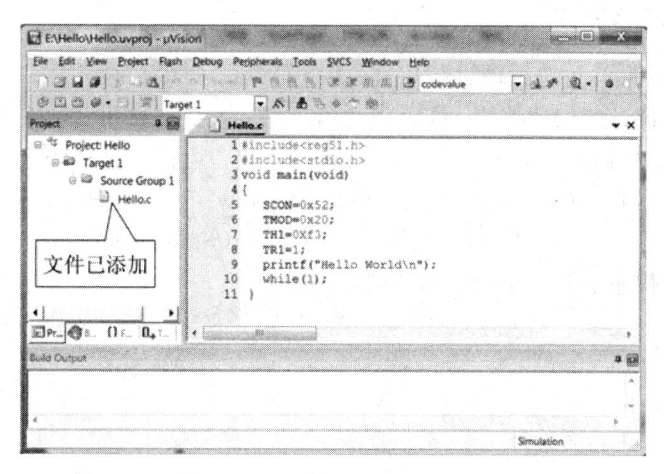

图 13-21　文件已添加到工程中

5. 工程的编译链接与调试

上面在文件编辑窗口中建立了文件“Hello.c”，并且将文件添加到了工程中，下面还需要将工程进行编译和调试，最终生成可执行的 .hex 文件。具体步骤如下：

1) 程序的编译链接

选择 Project→Build target 菜单命令或单击快捷按钮 ，对当前工程进行链接，如果当前文件已修改，软件会先对该文件进行编译，然后再链接以产生目标代码；如果选择 Project→Rebuild All target files 菜单命令或单击快捷按钮 ，将会对当前工程中的所有文件重新进行编译再链接，以确保最终生产的目标代码是最新的；而选择 Project→Translate 菜单命令或单击快捷按钮 ，则仅对当前打开的活动源文件进行编译，不进行链接。

编译信息将出现在输出窗口 Build Output 中，如果源程序中有语法错误，会有错误报告出现，双击该行，可以定位到出错的位置，对源程序反复修改之后，最终会得到如图 13-22 所示的编译无误的结果，并生成相应的目标文件(Hello.hex 文件)，该文件即可被编程器读入并写到芯片中，同时还产生了一些其他相关的文件，可被用于 Keil 的仿真与调试，这时可以进入下一步的调试工作。

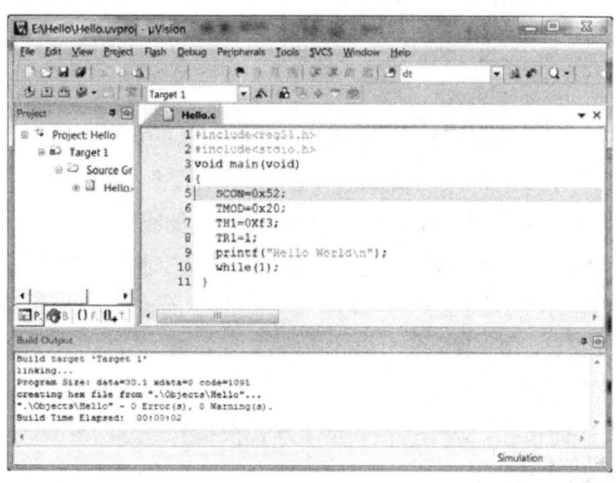

图 13-22　编译成功并生成 hex 文件的软件界面

2) 程序调试

程序编译链接后就可进行调试与仿真。选择 Debug→Start/Stop Debug Session 菜单命令或单击开始/停止调试的快捷按钮，进入程序调试状态，如图 13-23 所示。在调试状态下，可用全速运行、跟踪运行、单步运行、跳出函数、运行到光标处等方式进行调试，分别对应 Debug 菜单下的 Go、Step、Step Over、Step out、Run to Cursor line 选项，也可用与菜单命令同等功能的快捷按钮。再次选择 Debug→Start/Stop Debug Session 选项或单击开始/停止调试的快捷按钮，即可退出调试状态。

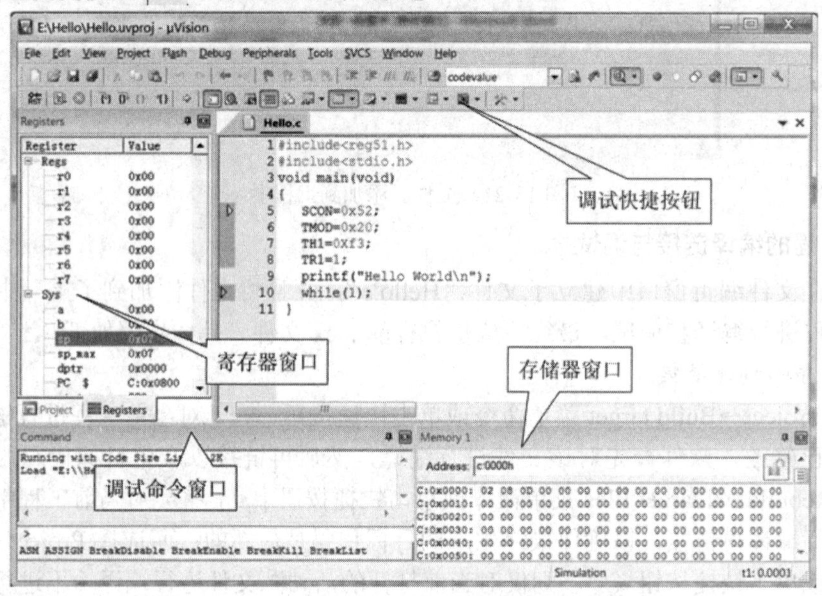

图 13-23　程序调试界面

在图 13-23 中出现了一行新增加的用于调试的快捷命令按钮，如图 13-24 所示；还有几个原来就有的用于调试的快捷按钮，如图 13-25 所示。这些图标大多数是与菜单 Debug 的下拉菜单中的各子命令一一对应的，只是快捷按钮比下拉菜单使用起来更加方便快捷。

图 13-24　调试状态下新增加的快捷命令按钮图标

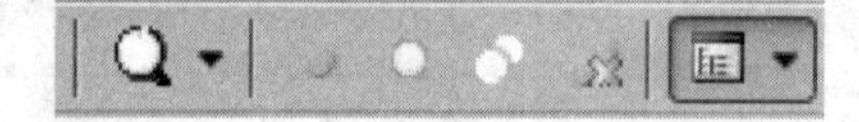

图 13-25　用于调试的其他几个快捷命令按钮图标

图 13-25 和图 13-26 中常用的调试快捷按钮的功能如下：

(1) 各调试窗口的显示/隐藏按钮。下面的按钮图标控制图 13-24 中各个窗口的开/关：

命令窗口的显示/隐藏。　　　　寄存器窗口的显示/隐藏。

存储器窗口的显示/隐藏。　　　变量窗口的显示/隐藏。

堆栈调用窗口的显示/隐藏。　　串行口窗口的显示/隐藏。

(2) 各运行方式快捷按钮。常用各种运行方式快捷按钮如下：

调试状态的进入/退出。

复位 CPU。在程序不改变的情况下，若想使程序重新开始运行，单击该图标即可。执行此命令后，程序指针返回到 0000H 地址单元。另外，一些内部特殊功能寄存器在复位期间也将回到初始状态。例如，SP 变为 07H，P3～P0 变为 FFH。

全速运行。单击该图标，实现全速运行程序。当然若程序中设置有断点，程序将执行到断点处，并等待调试指令。在全速运行期间，不允许查看任何资源，也不接受其他命令。

单步跟踪。每执行一次该命令，程序将运行一条指令。当前指令用黄色箭头标出，每执行一步操作箭头都会移动。

单步运行。该命令实现单步运行程序，此时把函数和函数调用当作一个实体来对待，因此单步运行是以语句(该语句不管是单一命令行还是函数调用)为基本执行单元。

执行返回。在用单步跟踪命令跟踪到子函数或子程序内部时，使用该命令按钮，可将程序的 PC 指针返回到调用此子程序或子函数的下一条语句。

停止程序运行。

程序调试中，如果能够灵活应用上述几种调试方式，可大大提高查找差错的效率。

(3) 断点操作快捷按钮。在程序调试中常常需要设置断点，一旦执行到该程序行即停止运行，可在断点处观察有关变量的值，以确定问题所在。常用断点操作按钮如下：

插入/清除断点。

使能/禁止断点，是开启或暂停光标所在行的断点功能。

禁止所有断点，是暂停所有断点。

清除所有的断点设置。

此外，插入或清除断点最简单的方法，是将鼠标移至需要插入或清除断点的行首后双击鼠标。

调试状态下，可观察单片机资源的状态，例如程序存储器、数据存储器、特殊功能寄存器、变量及串行口的状态。

- 寄存器的观察与修改

在调试状态下，选择 View→Registers Window 菜单命令，单击对应的快捷按钮，就会显示或隐藏寄存器窗口。在图 13-23 左面的工程管理器窗口下包含了两个标签，分别是 Project 和 Registers，即工程窗口和寄存器窗口，通过单击鼠标可以在两者之间切换。寄存器窗口中的寄存器分为两组：通用寄存器和系统寄存器。通用寄存器为 8 个工作寄存器 R0～R7，系统寄存器包括寄存器 A、B、SP、DPTR、PC、states、sec、PSW，其中 states 为运行的机器周期数，sec 为运行的时间。调试过程中，可通过两种方式修改寄存器值(除了 sec 和 states 之外)。一种是用左键双击寄存器值进行修改；另一种是在图 13-23 所示的调试命令窗口直接输入寄存器的值，如输入“A = 0x32”，则寄存器 A 的值立即显示 0x32。

- 存储器的观察与修改

在调试状态下，选择 View→Memory Window 菜单命令或单击对应的快捷按钮，就会显示或隐藏存储器窗口。存储器窗口包含 4 个标签，即有 4 个显示区，分别是 Memory 1、Memory 2、Memory 3、Memory 4。在图 13-23 所示的存储器窗口的地址栏处输入不同类型的地址，可以观察不同的存储区域。

—观察片内 RAM 直接寻址的 data 区：在 Address 栏输入 D: xxH，便显示从 xxH 地址开始的数据。高 128 字节显示的是特殊功能寄存器的内容。

—观察片内 RAM 间接寻址的 idata 区：在 Address 栏输入 I: xxH，便显示从 xxH 地址开始的数据。高 128 字节显示的也是数据区的内容。

—观察片外 RAM 的 xdata 区：在 Address 栏输入 X: xxxxH，便显示从 xxxxH 地址开始的数据。

—观察程序存储器 ROM code 区：在 Address 栏输入 C: xxxxH，便显示从 xxxxH 地址开始的程序代码。

程序存储器中的数据不能修改。其他三个区域数据的修改方法有两种，一种是用鼠标右键单击欲修改的单元，在弹出的菜单中选择 Modify Memory at 0x…命令；执行该命令，在弹出的数据输入栏中输入数据，然后用鼠标左键点击 OK 按钮即可。另一种是用鼠标左键双击欲修改的单元，直接输入新的数据即可。

• 变量的观察与修改

在调试状态下，选择 View→Watch Window 菜单命令或单击对应的快捷按钮，就会显示或隐藏变量窗口。变量窗口包含两个显示区，分别是 Watch 1 和 Watch 2，显示指定变量。双击 Enter expression，输入要观察的变量名，这样在程序运行中就可以观察这些变量的变化情况。观察变量更简单的方法是在程序停止运行时，将光标放到要观察的变量上停留大约 1 秒，就会出现对应变量的当前值。

• 串行口的观察

在调试状态下，选择 View→Serial Window 菜单命令或单击对应的快捷按钮，就会显示或隐藏串行口窗口。串行口窗口提供了一个调试串行口的界面，从串行口发送或接收的数据都可以在该窗口显示或输入。上述工程 Hello.uvproj 的运行结果如图 13-26 所示。

图 13-26　工程 Hello.uvproj 的运行结果

13.2 Proteus 虚拟仿真平台的使用

Proteus 是英国 Labcenter Electronics 公司于 1989 年开发的 EDA 工具软件，其功能强大，集电路设计、制板及仿真等多种功能于一体，在全球广泛应用。

13.2.1 Proteus 的功能与应用软件

Proteus 强大的元件库可以和任何电路设计软件相媲美；电路仿真功能可以和 Multisim 相媲美，且独特的单片机仿真功能是 Multisim 不具备的；PCB 电路制板功能可以和 Protel 相媲美。它的功能不但强大，而且每种功能都毫不逊于 Protel，是广大电子设计爱好者难得的一个工具软件。

1. Proteus 的功能

Proteus 不仅可以对电工、电子技术涉及的电路进行设计与分析，还支持 ARM7(LPC21xx)、ARM9、PIC、Atmel AVR、Motorola HCXX、MSP430 以及 8051/8052 等系列微处理器仿真；Proteus 元件库中包含几万种元件模型，可方便地对 RAM、ROM、LED/LCD 显示、键盘、按钮、开关、常用电机、ADC、DAC、总线驱动器、实时时钟芯片等通用外围设备、外部测试仪器一同仿真，其虚拟终端还可对 RS-232 总线、I^2C 总线、SPI 总线动态仿真。

单片机系统的仿真是 Proteus VSM(虚拟仿真模式)的主要特色。用户可在 Proteus 中直接编辑、编译、调试代码，并直观地看到仿真结果。VSM 甚至能仿真多个 CPU，能方便地处理含两个或两个以上微控制器的系统设计。

2. Proteus 的应用软件

Proteus 是一个基于 ProSPICE 混合模型仿真器的、完整的嵌入式系统软硬件设计仿真平台。它主要包含 ISIS 和 ARES 应用软件。

Proteus 支持第三方的软件编译和调试环境，如 Keil C51 μVision3、MPLAB(PIC 系列单片机的 C 语言开发软件)等。这使得在 Proteus 中，从原理图设计、单片机编程、系统仿真到 PCB 设计可一气呵成，真正实现了从概念到产品的完整设计，因此，缩短了设计周期，降低了生产成本，提高了设计成功率。Proteus 一般使用步骤如下：

(1) 先在 Proteus ISIS 环境下绘出单片机系统的硬件原理电路图。

(2) 在 Keil C51 环境下书写并编译好十六进制程序文件，然后在 Proteus ISIS 环境下仿真调试通过。

(3) 在 ARES 环境中完成原理图生成网络表及设计布局，根据 PCB 加工成电路板和安装焊接完成实际电路。

(4) 将程序代码通过编程器或在线烧录到单片机的程序存储器中，然后运行程序观察用户样机的运行结果。

(5) 实物运行出错时，再连接硬件仿真器或直接在线修改程序，并分析、调试。

13.2.2 Proteus ISIS 编辑环境

通过 Proteus 的 VSM(虚拟仿真模式)，可以对模拟电路、数字电路、模数混合电路、单片机及外围元器件等电子线路进行系统仿真。

Proteus 软件由 ISIS 和 ARES 两部分构成，其中 ISIS 是一款便捷的电子系统原理设计和仿真平台软件，ARES 是一款高级的 PCB 布线编辑软件。

1. Proteus ISIS 的特点

Proteus ISIS 的特点如下：

(1) 单片机仿真和 SPICE 电路仿真的完美结合。它具有模拟电路仿真、数字电路仿真、单片机及其外围电路仿真、RS-232 动态仿真、I^2C 调试器仿真、SPI 调试器仿真等功能；有各种虚拟仪器，如示波器、逻辑分析仪、信号发生器等。

(2) 强大的原理图绘制功能。

(3) 支持主流单片机系统的仿真。它支持 68000 系列、8051 系列、AVR 系列、PIC12 系列、PIC16 系列、PIC18 系列、Z80 系列、HC11 系列以及各种外围芯片。

(4) 提供软件调试功能。对硬件仿真系统和软件仿真系统同时具有全速、单步、设置断点等调试功能，可观察各个变量、寄存器等状态。

(5) 支持第三方的软件编译和调试环境，如 Keil C51 μVision3、MPLAB(PIC 系列单片机的 C 语言开发软件)等。

2. Proteus ISIS 编辑环境

Proteus 安装完后，单击桌面上的 ISIS 运行界面图标，出现的 Proteus ISIS 原理电路图绘制界面如图 13-27 所示。

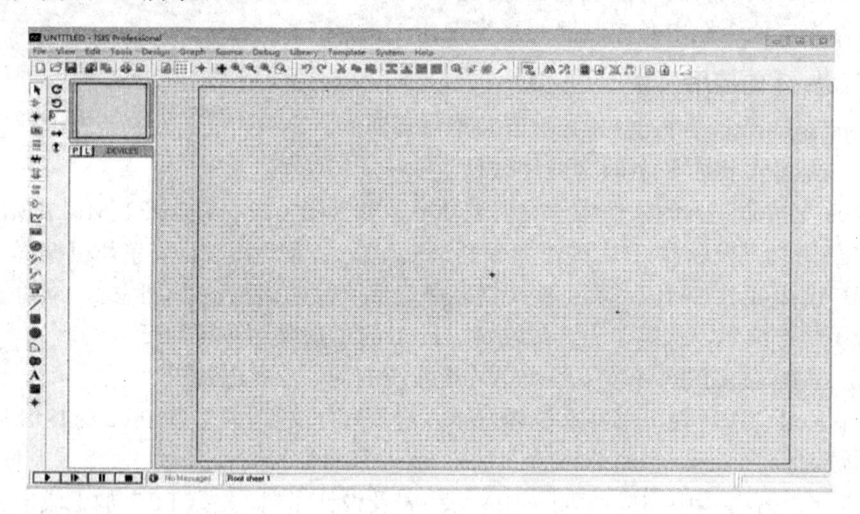

图 13-27　Proteus ISIS 原理电路图绘制界面

Proteus ISIS 编辑界面主要分为六个区域，由原理图编辑窗口、预览窗口、对象选择窗口、工具箱、主菜单栏、主工具栏等组成。

1) Proteus ISIS 界面的三个窗口

ISIS 界面主要有三个窗口：点状的栅格区域为编辑窗口，左上方为预览窗口，左下方为元器件列表区，即对象选择窗口。

(1) 原理图编辑窗口。编辑窗口用于放置元器件，进行连线，绘制原理图。

(2) 预览窗口。预览窗口可显示两种内容。

① 在预览窗口中，有两个框，固定的蓝框表示当前编辑窗口的边界，可移动的绿框表示当前编辑窗口显示的区域。单击绿框中某一点，拖动鼠标改变绿框的位置，可改变原理图的可视范围；再一次单击鼠标，将固定绿框，同时固定原理图的可视范围。

② 当从对象选择窗口中选中一个对象时，预览窗口可以预览选中的对象。

(3) 对象选择窗口。该窗口用来选择元器件、终端、仪表等对象。Proteus ISIS 对象选择窗口如图 13-28 所示，在该元件列表区域，表明当前所处模式以及选择的对象

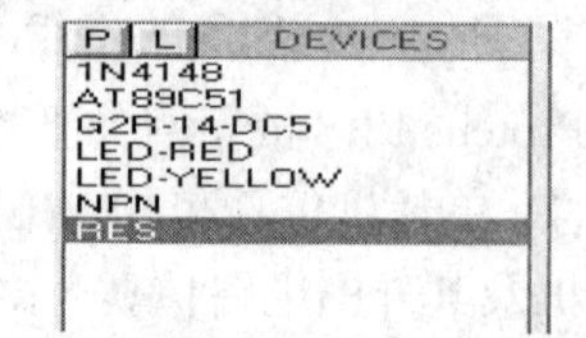

图 13-28　Proteus ISIS 对象选择窗口

列表。在该窗口有两个按钮："P"为元器件选择按钮，"L"为库管理按钮。从图 13-28 的元件列表可看出选择了 AT89C51 单片机、1N4148 高速开关二极管、G2R-14-DC5 继电器、LED、NPN 三极管、电阻等元器件。

2) 主菜单栏功能

Proteus ISIS 整体界面的最上面一行为主菜单栏，包括 File(文件)、View(视图)、Edit(编辑)、Tools(工具)、Design(设计)、Graph(图形)、Source(源文件)、Debug(调试)、Library(库)、Template(模板)、System(系统)和 Help(帮助)等命令，如图 13-29 所示。单击任一菜单后都将弹出其子菜单项。下面介绍主要的命令。

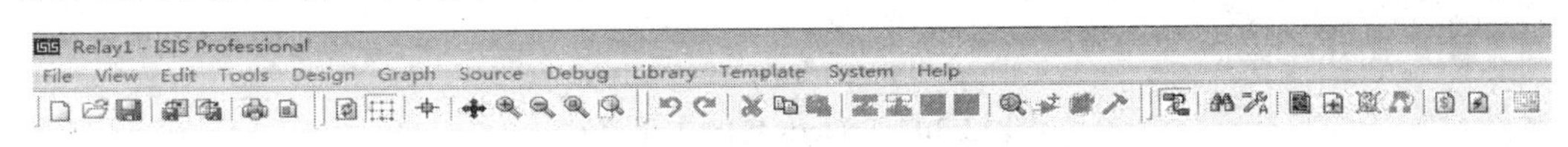

图 13-29　Proteus ISIS 主菜单栏

(1) File(文件)菜单。File(文件)菜单包括项目的新建设计、打开设计、保存设计、导入/导出文件、打印、显示设计文档，以及退出 Proteus ISIS 系统等。

Proteus ISIS 下单片机系统原理图文件扩展名为".DSN"，用于虚拟仿真。

新建一个原理图文件的主要操作步骤如下：

① 点击"文件"→"新建设计"(也可直接点击主工具栏中的快捷图标)，出现一个空的 A4 纸，新设计的默认名为"UNTITLED.DSN"。

② 给新设计项目命名时，点击"文件"→"保存设计"(也可直接点击主工具栏中的快捷图标)，输入新的文件名保存即可。

(2) View(视图)菜单。视图菜单包括是否显示网格、设置格点间距、缩放电路图及显示与隐藏各种工具栏等。

(3) Edit(编辑)菜单。编辑菜单包括撤销/恢复操作、查找与编辑元器件、剪切、复制、粘贴对象、设置多个对象的层叠关系等。

(4) Tools(工具)菜单。工具菜单包括实时注解、自动布线、查找并标记、属性分配工具、全局注解、导入文本数据、元器件清单、电气规则检查、编译网络标号、编译模型、将网络标号导入 PCB 以及从 PCB 返回原理设计等工具栏。

(5) Design(设计)菜单。设计菜单具有编辑设计属性、编辑原理图属性、编辑设计说明、配置电源、新建原理图、删除原理图、在层次原理图中总图与子图以及各子图之间互相跳转和设计目录管理等功能。

(6) Graph(图形)菜单。图形菜单具有编辑仿真图形、添加仿真曲线、仿真图形、查看日志、导出数据、清除数据和一致性分析等功能。

(7) Source(源文件)菜单。源文件菜单具有添加/删除源文件、定义代码生成工具、设置外部文本编辑器和编译等功能。

(8) Debug(调试)菜单。调试菜单具有启动调试、执行仿真、单步运行、断点设置和重新排布弹出窗口等功能。

(9) Library(库)菜单。库操作菜单具有选择元器件及符号、制作元器件及符号、设置封装工具、分解元件、编译库、自动放置库、校验封装和调用库管理器等功能。

(10) Template(模板)菜单。模板菜单可以设置图形格式、文本格式、设计颜色以及连接点和图形。

(11) System(系统)菜单。系统菜单具有设置系统环境、路径、图纸尺寸、标注字体、热键以及仿真参数和模式等功能。

(12) Help(帮助)菜单。帮助菜单具有版权信息、Proteus ISIS 学习教程和示例等功能。

3) Proteus ISIS 的主工具栏

主工具栏位于主菜单下面，以图标形式给出，如图 13-30 所示，工具栏中共有 38 个快捷按钮，栏中每一个按钮都对应一个具体的菜单命令，主要为了快捷而方便地使用命令。38 个快捷按钮分成四组，分别是 File 工具栏、View 工具栏、Edit 工具栏和 Design 工具栏。

图 13-30　Proteus ISIS 主工具栏

(1) File 工具栏的功能。

File 工具栏的 7 个快捷按钮从左到右的功能如表 13-1 所示。

表 13-1　File 工具栏的功能

序号	图标	功　能	序号	图标	功　能
1		新建一个设计文件	5		将当前选中的对象导出为一个局部文件
2		打开一个存在的设计文件	6		打印当前设计文件
3		保存当前原理图设计文件	7		选择打印的区域
4		将一个局部文件导入 Proteus ISIS			

(2) View 工具栏的功能。

View 工具栏的 8 个快捷按钮从左到右的功能如表 13-2 所示。

表 13-2　View 工具栏的功能

序号	图标	功　能	序号	图标	功　能
1		刷新显示	5		放大
2	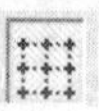	网格控制按钮	6		缩小
3	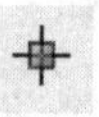	放置连线点	7		查看整张图
4		以鼠标点为中心居中	8		查看局部图

(3) Edit 工具栏的功能。

Edit 工具栏 13 个快捷按钮从左到右的功能如表 13-3 所示。

表 13-3　Edit 工具栏的功能

序号	图标	功　　能	序号	图标	功　　能
1		撤销上一步操作	8		旋转选中的块对象
2		恢复上一步的操作	9		删除选中的块对象
3		剪切选中对象	10		从库中选取器件
4		复制选中对象至剪切板	11		创建器件
5		从剪切板粘贴	12		封装工具
6		复制选中的块对象	13		释放元件
7		移动选中的块对象			

(4) Design 工具栏的功能。

Design 工具栏的 10 个快捷按钮从左到右的功能如表 13-4 所示。

表 13-4　Design 工具栏的功能

序号	图标	功　　能	序号	图标	功　　能
1		自动连线	6		移动页面/删除页面
2		查找并连接	7		退出到父页面
3		属性分配工具	8		产生元件列表
4		设计浏览器	9		产生电气规则检测报告
5		新建图纸	10		生成网表并传输到 ARES

4) Proteus ISIS 的工具箱

Proteus ISIS 整体界面的左侧为工具箱，选择不同的工具箱快捷按钮，系统将提供相应的操作工具。工具箱分模型工具栏、2D 图形模式、旋转及翻转工具栏 3 部分。选择不同的工具箱图标按钮，对象选择器会显示相应的内容。可显示对象的类型包括元器件、标注、终端、引脚、图形符号、图表、激励源和虚拟仪器等。

(1) 模型工具栏快捷按钮功能。模型工具栏快捷按钮图标及功能如表 13-5 所示。

表 13-5　模型工具栏快捷按钮图标及功能

序号	图标	功　能
1		选择要编辑参数的元件，先单击该图标，再单击要修改的元件
2		拾取元器件
3		放置节点
4	LBL	标注线标签或网络标号，通过标注相同的网络标号，表明线段或引脚在电路上连接在一起
5		输入文本，可在电路上添加说明文本
6		绘制总线，当某根线连接到总线时，需要标注网络标号
7		绘制子电路块
8		选择端子，在对象选择器中列出各种终端(输入、输出、电源和地等)
9		在对象选择器中列出各种引脚(如普通引脚、时钟引脚、反电压引脚和短接引脚等)
10		在对象选择器中列出各种仿真分析所需的图表(如模拟图表、数字图表、混合图表和噪声图表等)
11		对设计电路分割仿真
12		在对象选择器中列出各种激励源(如正弦激励源、脉冲激励源、指数激励源和 FILE 激励源等)
13		添加电压探针，电路仿真时，可显示各探针处的电压值
14		添加电流探针，电路仿真时，可显示各探针处的电流值
15		在对象选择器中列出各种虚拟仪器(如示波器、逻辑分析仪、定时/计数器和模式发生器等)

其中，单击模型工具栏中“选择端子”快捷按钮图标，在对象选择器中将列出各种常用终端供选择，如图 13-31 所示，具体端子内容如表 13-6 所示。

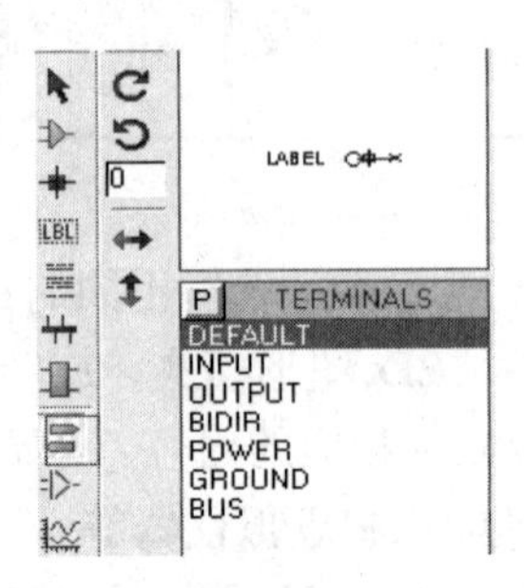

图 13-31　Proteus ISIS 常用选择端子

表 13-6 Proteus ISIS 常用选择端子图标及功能

序号	名 称	符 号	意 义
1	DEFAULT	LABEL	无定义端子
2	INPUT	LABEL	输入端子
3	OUTPUT	LABEL	输出端子
4	BIDIR	LABEL	双向端子
5	POWER	LABEL	电源端子
6	GROUND	LABEL	接地端子
7	BUS	LABEL	总线端子

(2) 2D 图形模式快捷按钮功能。2D 图形模式快捷按钮图标及功能如表 13-7 所示。

表 13-7 2D 图形模式快捷按钮图标及功能

序号	图标	功 能	序号	图标	功 能
1		画线	5		放置闭合线
2		画一个方框	6	A	放置图形文本
3		画圆	7	S	放置图形符号
4		画一段弧线	8		放置图形标记

(3) 旋转及翻转快捷按钮功能。旋转及翻转快捷按钮图标及功能如表 13-8 所示。

表 13-8 旋转及翻转快捷按钮图标及功能

序号	图标	功 能
1		顺时针方向旋转按钮，以 90° 偏置改变元器件的放置方向
2		逆时针方向旋转按钮，以 90° 偏置改变元器件的放置方向
3		水平镜像旋转按钮，以 Y 轴为对称轴，按 180° 偏置旋转元器件
4		垂直镜像旋转按钮，以 X 轴为对称轴，按 180° 偏置旋转元器件

13.2.3 Proteus 的虚拟仿真调试工具

Proteus ISIS 软件提供了多种虚拟仿真工具，可对设计好的电路图进行仿真，以检查设计结果的正确性，为单片机系统的电路设计、分析和软硬件联调带来了极大的方便。

1. 激励源

Proteus ISIS 为电路提供了如表 13-9 所示的各种类型的虚拟激励信号源，允许对其参数进行设置。单击左侧工具箱中的“Generator Mode”按钮图标，出现如图 13-32 所示的各种类型的激励信号源的名称列表；点击某一激励源，在预览窗口显示对应的符号，图

13-32 中选择的是“单周期数字脉冲发生器”，在预览窗口中显示该信号源符号。

表 13-9　Proteus ISIS 的虚拟激励信号源

序号	名称	符号	意　义
1	DC		直流电压源
2	Sine		正弦波发生器
3	Pulse		脉冲发生器
4	Exp		指数脉冲发生器
5	SFFM		单频率调频波信号发生器
6	Pwlin		任意分段线性脉冲信号发生器
7	File		File 信号发生器，数据来源 ASCII 文件
8	Audio		音频信号发生器，数据来源于 wav 文件
9	DState		单稳态逻辑电平发生器
10	DEdge		单边沿信号发生器
11	DPulse		单周期数字脉冲发生器
12	DClock		数字时钟信号发生器
13	DPattern		模式信号发生器
14	Scriptable		可编程信号源

2. 虚拟仪器

Proteus ISIS 提供了多种虚拟仪器，单击左侧工具箱中的快捷按钮“Virtual Instruments Mode”，则列出了所有的虚拟仪器名称，如图 13-33 所示；点击某一激励源，在预览窗口显示对应的符号，图 13-33 中选择了“虚拟示波器(OSCILLOSCOPE)”，在预览窗口中显示出其符号，各名称列表所对应的虚拟仪器名称如表 13-10 所示。

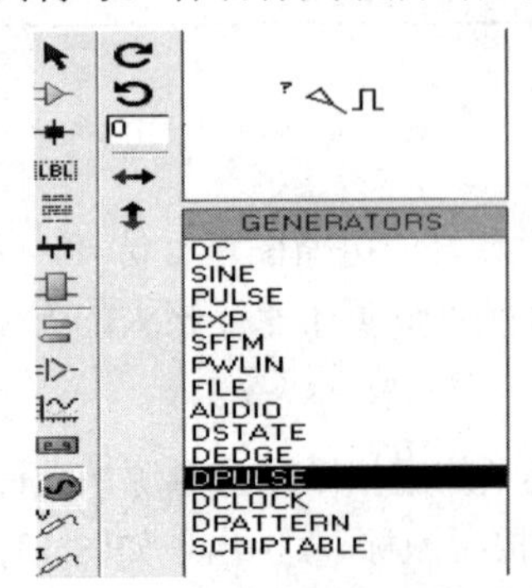

图 13-32　Proteus ISIS 各种激励信号源

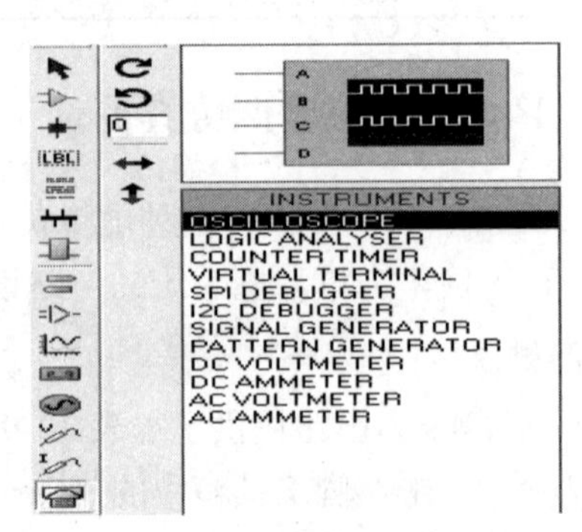

图 13-33　Proteus ISIS 的虚拟仪器列表

表 13-10　Proteus ISIS 的虚拟仪器

序号	名　称	符　号	意　义
1	OSCILLOSCOPE	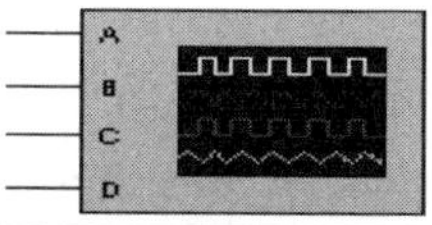	虚拟示波器
2	LOGIC ANALYSER	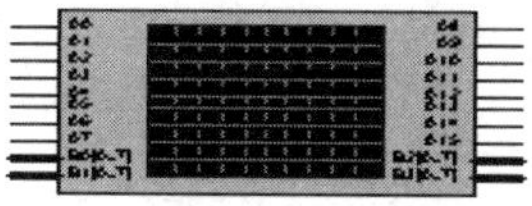	逻辑分析仪
3	COUNTER TIMER	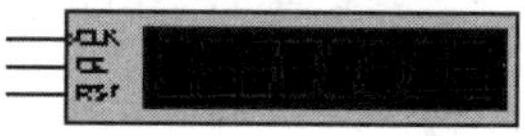	计数器/定时器
4	VIRUAL TERMINAL	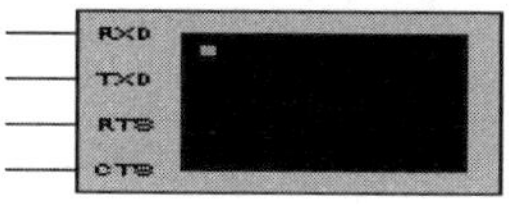	虚拟终端
5	SPI DEBUGGER		SPI 调试器
6	I2C DEBUGGER		I2C 调试器
7	SIGNAL GENERATOR	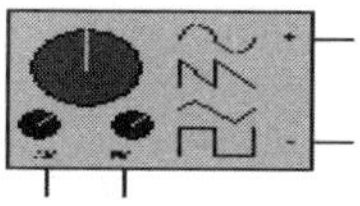	信号发生器
8	PATTERN GENERATOR	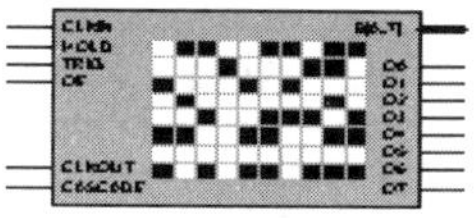	模式发生器
9	DC VOLTMETER		直流电压表
10	DC AMMETER		直流电流表
11	AC VOLTMETER		交流电压表
12	AC　AMMETER		交流电流表

3. 图表仿真

1) 图表仿真的波形类型

Proteus ISIS 的虚拟仪器为用户提供交互动态仿真功能，但仿真状态和结果随着仿真结束也消失了，不能满足打印及长期分析的要求。Proteus ISIS 还提供静态的图表仿真功能，无需运行仿真，随着电路参数的修改，电路中的各点波形将重新生成，并以图表的形式留在电路图中，供分析或打印。

在 Proteus ISIS 的左侧工具箱中选择图形模式快捷按钮“Graph Mode”，在对象选择区列出了所有的波形类别，如图 13-34 所示，其含义如表 13-11 所示。

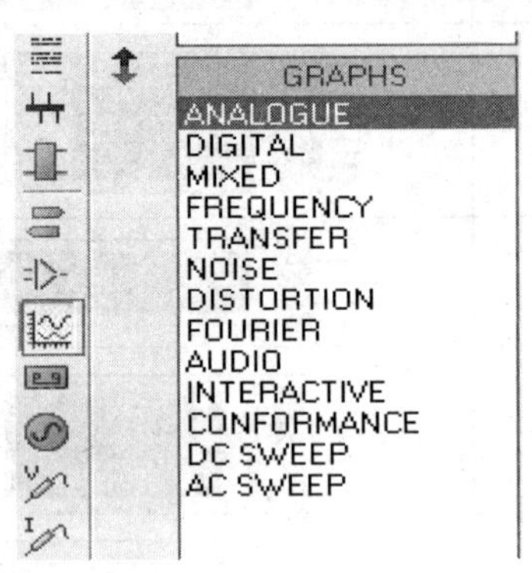

图 13-34　Proteus ISIS 仿真波形类型

表 13-11　Proteus ISIS 的仿真波形及含义

序号	名　称	意　义
1	ANALOGUE	模拟波形
2	DIGITAL	数字波形
3	MIXED	模数混合波形
4	FREQUENCY	频率响应
5	TRANSFER	转移特性分析
6	NOISE	噪声波形
7	DISTORTION	失真分析
8	FOURIER	傅里叶分析
9	AUDIO	音频分析
10	INTERACTIVE	交互分析
11	CONFORMANCE	一致性分析
12	DC SWEEP	直流扫描
13	AC SWEEP	交流扫描

2) *图表仿真功能的实现步骤*

图表仿真能自动绘制出电路中某点对地的电压或某条支路的电流相对时间轴的波形，涉及一系列按钮和菜单的选择，图表仿真功能实现步骤如下：

① 在原理图中被测点加“电压探针”，或在被测支路加“电流探针”，接着双击“电压/电流探针”，打开属性设置对话框，为电压/电流探针命名。

② 选择放置仿真波形的类别，并在原理图中拖出生成仿真波形的图表框。

③ 在图表框中添加探针，在图表框中添加需要仿真波形的电压/电流探针，即选择主菜单 Graph→Add Trace(图形→添加轨迹)，打开轨迹添加对话框。通过下拉箭头，选中所要观察的探针名称。

④ 设置图表属性。选择 Graph→Simulate Graph 命令，则生成波形。若没有出现完整波形，是因为图表框的时间轴太短导致的(缺省为 1 秒)，此时可双击图表框，打开对话框，通过设置“Stop time”修改波形的时间轴。

⑤ 单击图表仿真按钮，生成所加探针对应的波形，选择 Graph→Simulate Graph 命令或按“空格键”，不需要运行仿真，探测点波形将自动生成，且保留在原理图中，当按下“空格键”后，将刷新生成新的波形。

⑥ 存盘及打印输出。

图表仿真的应用实例，在第 9 章 9.1.3 节单片机与 DAC0832 接口的应用设计中有具体介绍。

13.2.4　仿真工具栏

Proteus ISIS 整体界面的左下角是仿真工具栏，各图标按钮的功能如表 13-12 所示。

表 13-12　仿真工具栏功能

序号	图标	功　能
1	▶	运行程序
2	▮▶	单步运行程序
3	▮▮	暂停程序运行
4	■	停止程序运行

13.2.5　Proteus 虚拟设计与仿真

下面介绍 Proteus ISIS 虚拟设计与仿真步骤，并以案例“双机通信”为例，说明 Proteus 虚拟设计的具体过程。

1. 虚拟设计与仿真步骤

在 Proteus ISIS 环境下，设计与仿真单片机系统原理图分为三步进行。

(1) Proteus ISIS 平台上的原理图设计。在 Proteus ISIS 平台上完成单片机应用系统的电路原理图设计，包括从 Proteus 原理图库中调用所需库元件、外围接口芯片、电路连接以及电气检测等。

(2) 源程序设计与生成目标代码文件。在 Keil μVision3 平台上进行源程序的输入、编译与调试，并生成十六进制目标代码文件(*.hex 文件)。

(3) 调试与仿真。在 Proteus ISIS 平台上，单击单片机芯片，加载已编译好的十六进制目标代码文件(*.hex 文件)，然后运行仿真，从而实现软硬件一体的电路仿真。

在调试时，也可使用 Proteus ISIS 与 Keil μVision3 联合仿真调试，请见 13.2.6 节介绍。

2. Proteus 虚拟设计与仿真案例

下面以案例“双机通信”的虚拟仿真为例，详细说明 Proteus ISIS 平台上原理图设计的具体操作。

1) 新建或打开一个设计文件

点击“文件”→“新建设计”(或点击主工具栏的快捷按钮)来新建一个文件。如果选择前者新建设计文件，会弹出如图 13-35 的“新建设计”窗口。

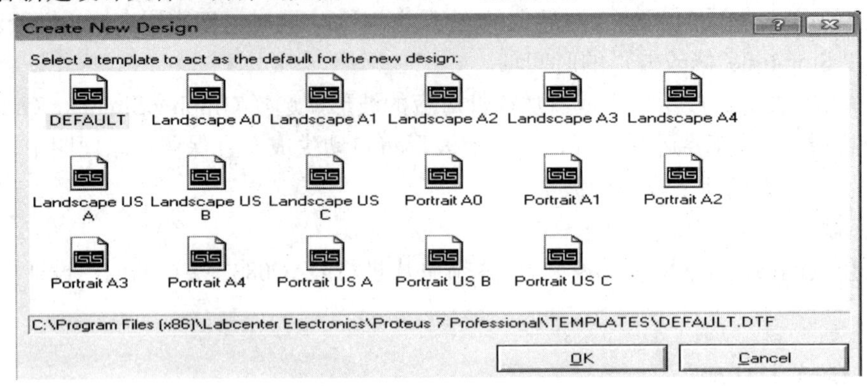

图 13-35　“新建设计”窗口

“新建设计”窗口提供多种模板，可单击选定的模板并确定，即建立一个空白文件。也可直接单击“确定”按钮，选用系统默认的“DEFAULT”模板。

2) 保存文件

第一次保存文件时，选择“文件”→“另存为(A)”，弹出图 13-36 所示的“保存 ISIS 设计文件”窗口，在“保存在”下拉菜单中选择文件的保存路径，在“文件名”位置输入“双机通信”，单击“保存”按钮，就在“案例 1”子目录下建立了一个文件名为“双机通信”的设计文件。

若不是第一次保存，可直接选择“文件”→“保存设计(S)”，或直接单击快捷图标按钮 。

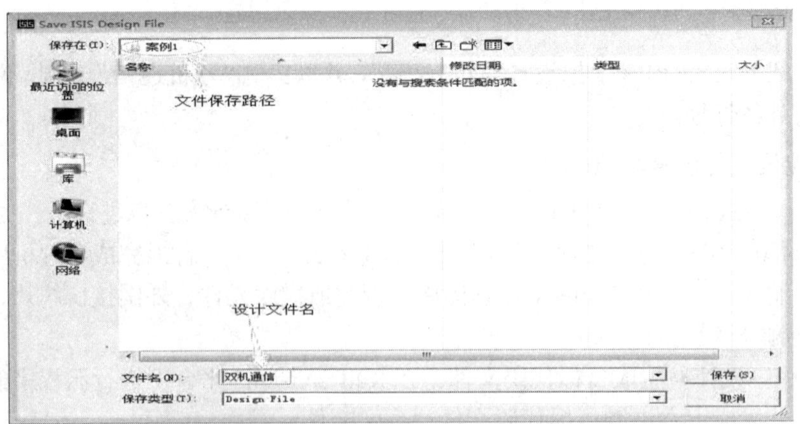

图 13-36　“保存 ISIS 设计文件”窗口

3) 打开已存在的文件

单击“文件”→“打开设计(O)”，弹出图 13-37 的“加载 ISIS 设计文件”窗口。在“查找范围”下拉列表中查找文件所在的文件夹，在名称列表中单击需打开的文件名，再单击“打开”按钮。

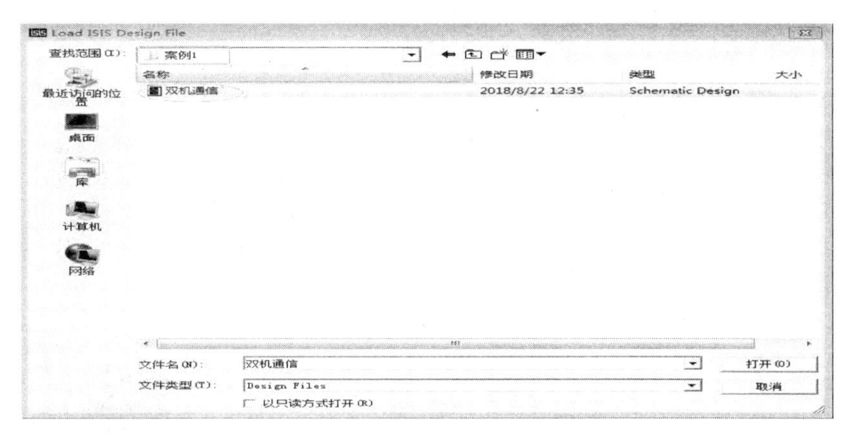

图 13-37　“加载 ISIS 设计文件”窗口

4) 元件的拾取

元件的拾取即把元件从元件拾取对话框中拾取到图形编辑界面的对象选择器中。元件拾取共有两种方法。

(1) 按类别查找拾取元件。元件是以其英文名称或器件代号在库中存放的。首先确定元件属于的大类和子类，然后在子类所列出的元件中逐个查找，根据显示的元件符号、参数来判断是否找到了所需要的元件。双击找到的元件名，该元件便拾取到编辑界面中了。

(2) 直接输入关键字拾取元件。在对元件名熟悉后，把元件名的全称或部分输入到 Pick Devices(元件拾取)对话框中的 Keywords 栏，在中间的查找结果 Results 中显示了所有电容元件，用鼠标拖动右边的滚动条，出现灰色标识的元件即为找到的匹配元件。

本例所用到的元件清单如表 13-13 所示，根据元件清单，选择元件到元件列表中。用鼠标左键单击 Proteus ISIS 界面左侧预览窗口下面的 P 按钮，如图 13-38 所示，弹出 Pick Devices(元件拾取)对话框，在 Keywords 中输入 80C51，此时在 Results 栏中出现搜索结果列表，在右侧出现“元件预览”和“PCB 预览”。双击结果列表中 80C51，在图形编辑界面的对象选择窗口会添加该元件。用同样方法依次添加表 13-13 中其他元件到对象选择窗口中。当拾取完所有元件后，单击图 13-38 中的 OK 按钮，即可关闭 Pick Devices 窗口，回到主界面。完成元件拾取后的对象选择窗口如图 13-39 所示。

表 13-13　双机通信的元件清单

元件名称	Proteus 关键字	数量	参数	所属类	所属子类
单片机	80C51	2	80C51	Microprocessor ICs	8051 Family
电容	CAP	4	22 pF	Capacitors	Generic
电解电容	CAP-ELEC	2	10 μF	Capacitors	Generic
晶振	CRYSTAL	2	12 MHz	Miscellaneous	—
电阻	RES	2	220 Ω	Resistors	Generic
电阻	RES	2	10 kΩ	Resistors	Generic
7 段数码管	7SEG-COM-AN-BLUE	1		Optoelectronics	7-Segment Displays
复位按钮	BUTTON	1		Switches&Relays	Switches

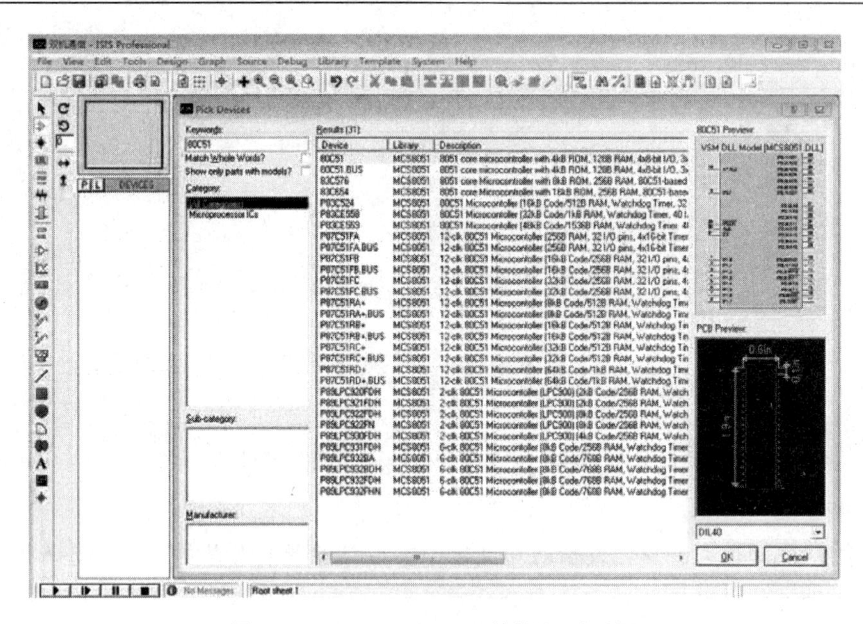

图 13-38　Pick Devices(元件拾取)对话框

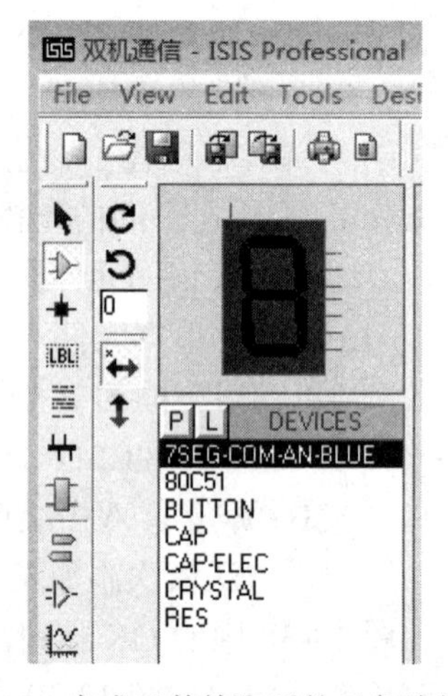

图 13-39　完成元件拾取后的对象选择窗口

5) 元件的放置、调整和参数修改

(1) 元件的放置。把元件从对象选择器中放置到图形编辑区中，用鼠标单击对象选择区中需要放置的某一元件名，把鼠标指针移动到图形编辑区合适位置，双击鼠标左键，元件即被放置到编辑区中。

在原理图设计中，除元器件外还需要电源和地等终端。单击工具栏中的快捷按钮，对象选择窗口会出现各种终端列表，可选择合适的终端放置到原理图中。

(2) 元件位置的调整。

① 删除元件：在图形编辑区的元件上单击鼠标右键选中元件(为红色)，再次单击鼠标右键删除该元件；在元件以外的区域内单击右键则取消选择。元件误删除后可用图标 找回。

② 拖动元件：单个元件选中后，单击鼠标左键不松动并拖动该元件。

③ 块移动和复制：先使用鼠标左键拖出一个选择区域，使用图标可整体复制，使

用图标则可整体移动。

④ 刷新页面：使用图标可刷新图面。

⑤ 元件方向调整：按元件位置布置好元件。使用界面左上方的四个图标、、、可改变元件的方向及对称性。

(3) 元件参数的修改。用鼠标双击需要设置参数的元件，即出现“编辑元件”窗口。例如，鼠标左键双击原理图编辑区中的电阻 R2，弹出 Edit Component(元件属性设置)对话框，把 R2 的 Resistance(阻值)由 10 kΩ 改为 220 Ω，如图 13-40 所示。

图 13-40　元件参数的修改

6) 元件的连接

(1) 两元件间绘制导线。

确定编辑窗口上方的自动连线图标为按下状态，用鼠标左键单击编辑区元件的一个端点拖动到需要连接的另一个元件的端点，先松开左键再单击鼠标左键，即完成一根连线。如想自己布线，可在需要拐点处单击鼠标左键，此时，拐点处导线的走线只能是直角。如果希望导线可按任意角度走线，确定自动连线图标为松开时，在希望的拐点处单击鼠标左键，把鼠标指针拖动到目标点，再次单击左键即可。

要删除一根连线，右键双击连线即可。

(2) 连接导线。

在需要导线连接的位置，单击连接点按钮，则在两根导线连接处或两根导线交叉处添加一个节点。

(3) 绘制总线与分支。

单击工具栏的总线“Bus”图标按钮，将鼠标放置在绘制总线的起始位置，单击鼠标左键并拖动鼠标，便可绘制出一条总线。如想要总线出现不是 90° 的转折，即按任意角度走线，且应当松开自动连线图标，在希望的拐点处单击鼠标左键，拖动鼠标到目标点，在总线的终点处双击鼠标左键，即结束总线的绘制。

在 Proteus 中，总线分支既可以用总线命令，也可以用一般连线命令。在使用总线命令画总线分支时，粗线自动变成细线。为了使电路原理图更专业，通常把总线分支画成与总线成 45° 的相互平行的斜线，如图 13-41 所示，应当松开自动连线图标，总线分支

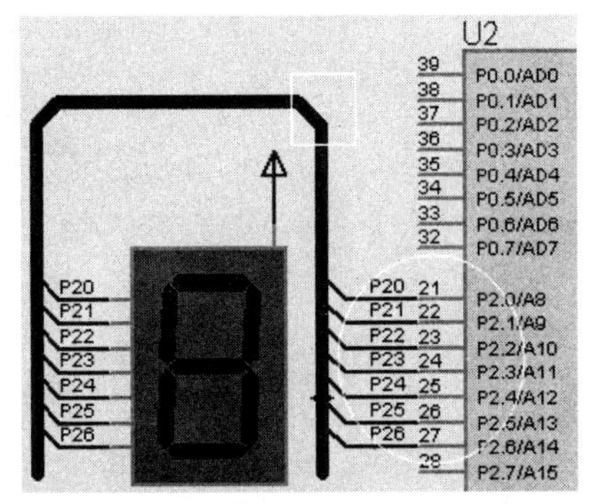

图 13-41　总线、总线分支和线标签

的走向只取决于鼠标指针的拖动。

先单击 P2.0 引脚的连接点，再拖动鼠标，在目标拐点处单击鼠标左键，然后向上拖动鼠标，在与总线成 45° 相交时再次单击鼠标左键确认，即完成一条总线分支的绘制。在 P2.1、P2.2 等其他总线的起始点依次出现了出现一个红色小方框，双击鼠标左键，完成其他总线分支的绘制。

(4) 放置线标签。

与总线相连的导线必须放置线标签，这样连接着相同线标的导线才能够导通。

从工具箱中选择 Wire Label 图标 LBL，把鼠标指向期望放置线标签的总线分支位置，被选中的导线变成虚线，鼠标指针处出现一个“×”；此时单击鼠标左键，出现 Edit Wire Label 对话框，如图 13-42 所示，在该对话框的“Label”选项卡中键入相应的文本，如 P20。单击 OK 按钮，结束文本的输入。单击工具箱中的图标，再将鼠标移至需要放置线标的导线上单击，即出现 Edit Wire Label 对话框，将线标填入“标号”栏(例如填写“D0”等)，点击 OK 按钮即可。

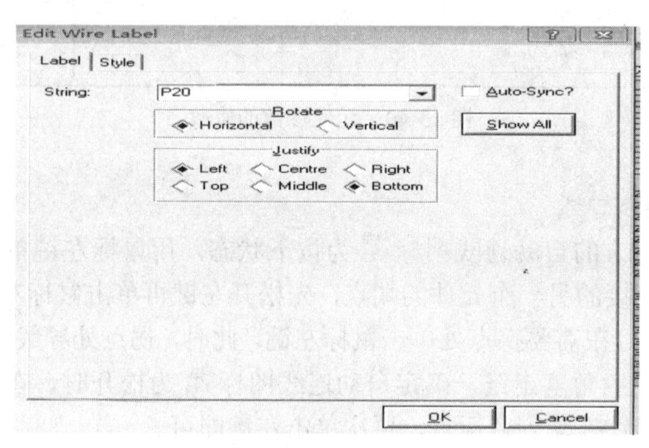

图 13-42　Edit Wire Label 对话框

(5) 在电路原理图中添加文字。

若在原理图中添加文字，点击左侧工具栏中的图形文本模式的快捷按钮**A**，然后以鼠标点击电路原理图要书写文字的位置，即出现图 13-43 所示的 Edit 2D Graphics Text 对话框。在对话框的 String 栏中，输入文字“单片机甲”，点击 OK 按钮即可。

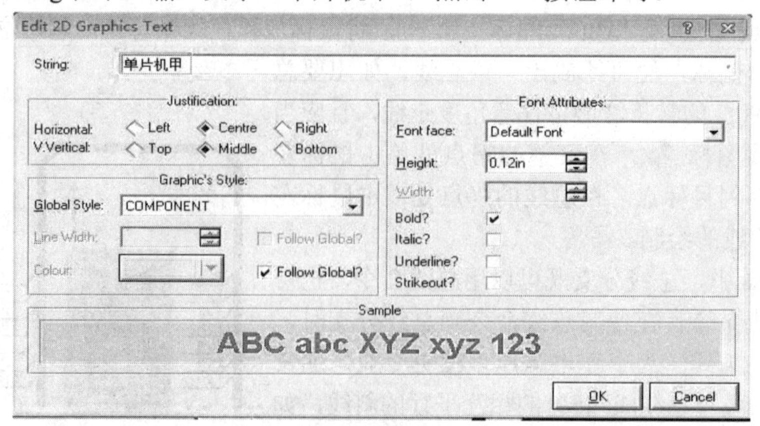

图 13-43　在电路原理图中添加文字

经上述步骤，最终画出的“双机通信”电路如图 13-44 所示。

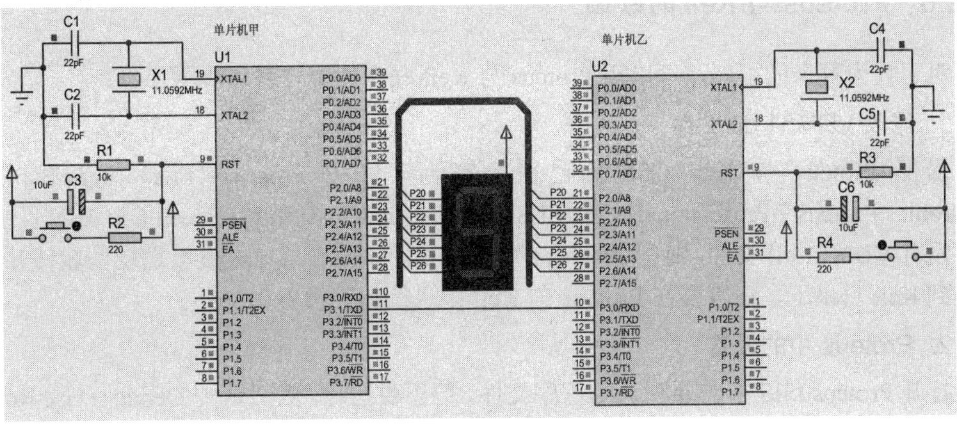

图 13-44　最终画出的“双机通信”电路

7) 加载目标代码文件、仿真运行

(1) 加载目标代码文件。

在 Keil μVision3 平台上进行源程序的输入、编译与调试，并分别生成单片机甲与单片机乙仿真运行所需要的十六进制目标代码文件(*.hex 文件)cpu1.hex 和 cpu2.hex。

因为运行时钟频率以单片机属性设置中的“Clock Frequency(时钟频率)”为准，所以需要设置时钟频率。因而，在 Proteus ISIS 中绘制电路原理图时，单片机最小系统所需的时钟振荡电路和复位电路均可省略，另外，$\overline{EA}$引脚也可悬空，不影响仿真效果。

在 Proteus 的 ISIS 中，双击编辑区中“单片机甲”，出现图 13-45 的“编辑元件”窗口，在 Program File 右侧的对话框中输入 cpu1.hex 文件，再在 Clock Frequency 中设置 11.0592MHz，则单片机甲以 11.0592 MHz 的晶振频率运行。同理，加载单片机乙所需目标代码文件“cpu2.hex”，并设置晶振频率。

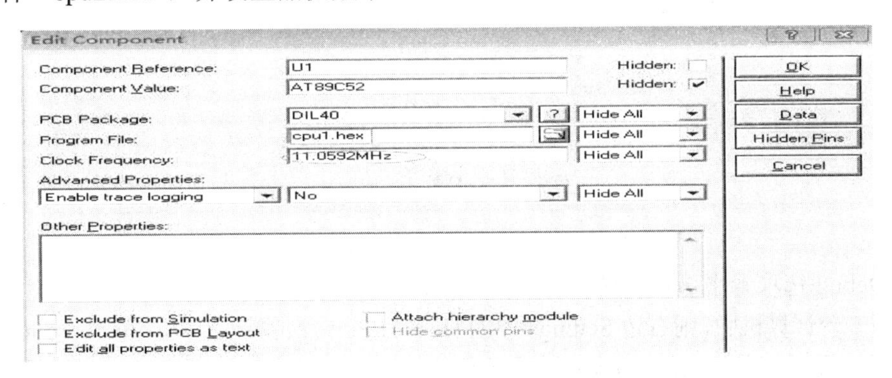

图 13-45　加载目标代码和设置时钟频率

(2) 仿真运行。

电路连接完成无误后，直接点击 Proteus ISIS 界面中仿真按钮，即可实现声、光、动等逼真的效果，还可以直观检验电路硬件及软件设计的对错。“双机通信”仿真运行效果如图 13-44 所示。单击仿真按钮，可停止仿真。

Proteus 与汇编程序调试软件 Keil 可实现联调，在微处理器运行中，如果发现程序有问题，可直接在 Proteus 的菜单中打开 Keil 对程序进行修改。

13.2.6　Proteus 与 Keil 的联调

对于较为复杂的程序，可以用 Proteus 与 Keil 联合调试，联调步骤如下：

1. 修改 VDM51.dll 文件

确保 Proteus 与 Keil C51 均已正确安装，将 C:\Program Files (x86)\Labcenter Electronics\Proteus 7 Professional\MODELS\VDM51.dll 文件复制到 C:\Keil\C51\BIN 目录中，如果没有 VDM51.dll 文件，则在 Proteus 的官方网站下载 vdmagdi.exe 联调驱动软件并将其安装到 Keil 目录下，还需要在 Proteus 与 Keil 中进行相应设置。

2. Proteus 中的设置

打开 Proteus ISIS 中需要联调的程序文件，但不要运行，然后选中 Debug→Use Romote Debug Monitor，使得 Keil 能与 Proteus 连接调试。

3. 设置 Keil 选项

在 Keil μ Vision3 中打开程序工程文件，然后单击 Project→Optioons for Target 'Target 1'(或单击工具栏上 Optioons for Target 'Target 1' 快捷按钮)，打开图 13-46 的工程对话框。

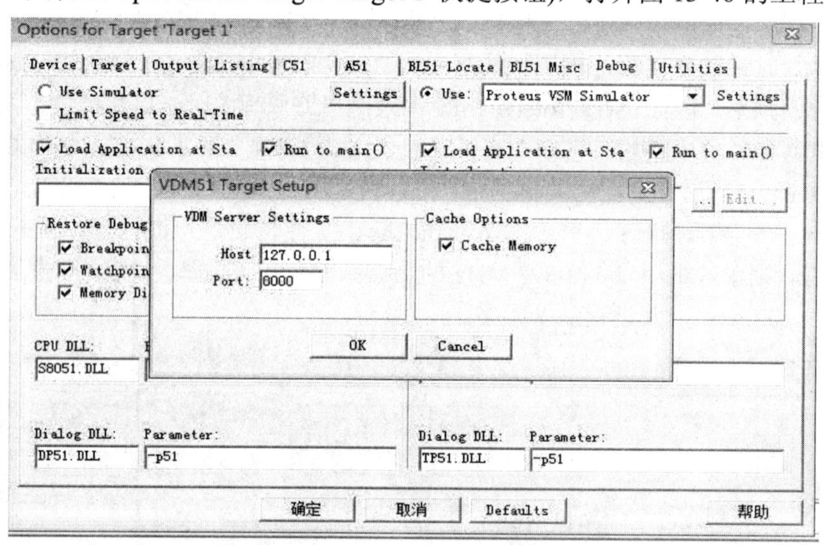

图 13-46　KeilμVision3 联调选项设置

在 Debug 选项卡中选定右边的 Use 及 Proteus VSM Simulator。如果 Proteus 与 Keil C51 安装在同一台计算机中，则右边 Settings 中的 Host 与 Port 保持默认值 127.0.0.1 与 8000 不变。

设置完成后，在 KeilμVision 3 中重新编译、链接，生成可执行目标代码文件。

4. 在 Proteus 中加载可执行目标代码文件

在打开的 Proteus ISIS 界面中，双击单片机图标，出现“编辑元件”窗口，在“Program File”右侧的对话框中选择并加载可执行的“.hex”文件。

5. Proteus 与 Keil 连接仿真调试

在 Proteus ISIS 界面中选择 Debug→Start/Restart Debugging，并在 Keil 软件中选择 Debug→Start/Stop Debug Session，然后可用 Keil 调试程序。

如果设置 Keil 中联调的程序文件全速运行，Proteus 中的单片机系统也会自动运行，出现的联调界面如图 13-47 所示。左边为 Keil μVision 3 的调试界面，右边是 Proteus ISIS 的界面。

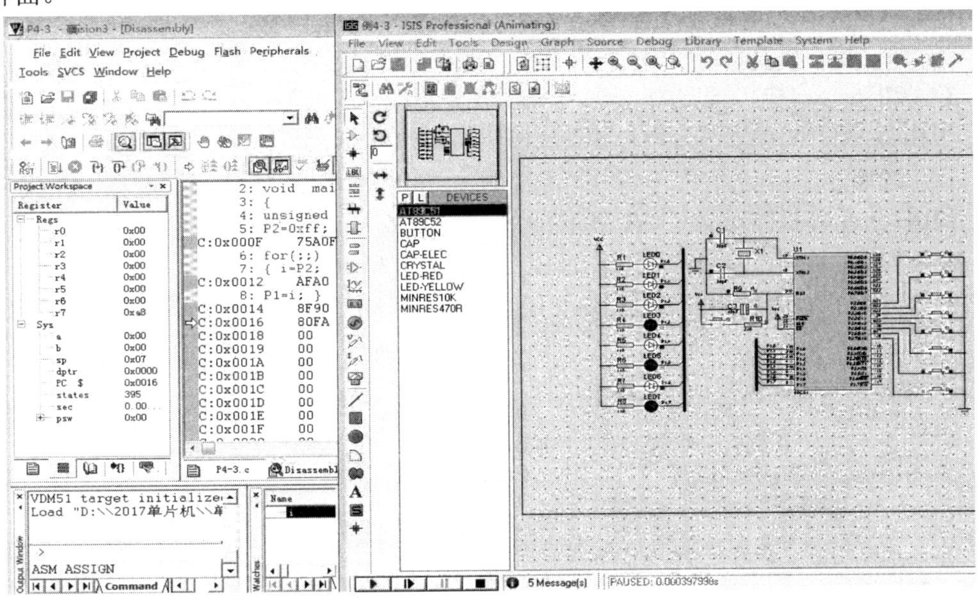

图 13-47　Proteus 与 Keil 联调界面

如果希望观察运行过程中某些变量的值或者设备状态，需要在 Keil μVision 3 中采用 Debug→Run/ Step/ Step Over 及 Breakpoint 命令进行跟踪，并观察右面的虚拟硬件系统运行的情况。

总之，需要把 Keil μVision 3 中的各种调试手段，如单步、跳出、设置断点等恰当地配合来进行单片机系统运行的软硬件联调。

习　题　13

编程题

使用 Keil C51 完成 C51 程序的编写、编译调试，在 Proteus 平台下设计电路并与软件联合调试，实现单片机控制 8 个 LED 的流水灯的软硬件设计。

参考文献

[1] 张毅刚. 单片机原理及应用：C51 编程 + Proteus 仿真[M]. 2 版. 北京：高等教育出版社，2016.
[2] 李林功. 单片机原理与应用：基于实例驱动和 Proteus 仿真[M]. 3 版. 北京：科学出版社，2016.
[3] 周国运. 单片机原理及应用(C 语言版)[M]. 北京：中国水利水电出版社，2016.
[4] 赵德安. 单片机原理与应用[M]. 北京：机械工业出版社，2012.
[5] 彭伟. 单片机 C 语言程序设计实训 100 例：基于 8051 + Proteus 仿真[M]. 2 版. 北京：电子工业出版社，2012.
[6] 朱清慧. Proteus 教程：电子线路设计、制版与仿真[M]. 北京：清华大学出版社，2011.
[7] 张毅刚. 单片机原理及接口技术(C51 编程)[M]. 2 版. 北京：人民邮电出版社，2016.
[8] 李传娣，赵常松.单片机原理、应用及 Proteus 仿真 [M]. 北京：清华大学出版社，2017.